高等职业院校新形态教材

U0664454

化学分析与检测技术

李春民　韩阳花　主编

中国林业出版社
China Forestry Publishing House

内 容 简 介

　　本教材采用理实一体型的项目式教学编写模式，以"必须、实用"为宗旨，力求简明扼要，将岗、课、赛、证融合融通。本教材结合各专业的特点和当前学生的实际情况，并与职业技能竞赛相融合，在内容上包括认识化学分析与检测、定量分析、酸碱滴定分析、配位滴定分析、氧化还原滴定分析、沉淀滴定分析和重量分析、仪器分析 7 个项目，理论言简意赅、通俗易懂，实验实训由浅入深、循序渐进，符合学生的认知规律。

　　本教材可作为高等职业院校食品工程技术、生物技术、生物制药、动物医学等专业"化学分析与检测技术"课程的理论和实训教材使用。

图书在版编目（CIP）数据

化学分析与检测技术 / 李春民，韩阳花主编 . —北京：中国林业出版社，2023.12
高等职业院校新形态教材
ISBN 978－7－5219－2533－3

Ⅰ.①化…　Ⅱ.①李…②韩…　Ⅲ.①化学分析－检验－高等职业教育－教材　Ⅳ.①O652

中国国家版本馆 CIP 数据核字（2024）第 009214 号

策划编辑：高红岩
责任编辑：李树梅
责任校对：苏　梅
封面设计：睿思视界视觉设计

————————————

出版发行：中国林业出版社
　　　　　（100009，北京市西城区刘海胡同 7 号，电话 83223120）
电子邮箱：cfphzbs@163.com
网址：www.forestry.gov.cn/lycb.html
印刷：北京中科印刷有限公司
版次：2023 年 12 月第 1 版
印次：2023 年 12 月第 1 次
开本：787mm×1092mm　1/16
印张：18.25
字数：450 千字
定价：49.00 元

数字资源

《化学分析与检测技术》
编写人员

主　　编　李春民　韩阳花

副主编　黄　敏　李　霞　王祖才

编　　者（按姓氏拼音排序）

韩阳花（新疆农业职业技术学院）

何　溪（武汉城市职业学院）

黄　敏（广东轻工职业技术学院）

李　霞（呼和浩特职业学院）

李春民（湖北生态工程职业技术学院）

刘兴刚（军事科学院军事医学研究院）

马　豪（新疆鑫源合创环保科技有限公司）

王祖才（湖北生态工程职业技术学院）

智芳芳（晋中职业技术学院）

主　　审　章承林（湖北生态工程职业技术学院）

前　言

高等职业院校的许多学科及专业（食品工程技术、生物技术、生物制药、动物医学等）和化学分析与检测紧密相连。2020 年国家教材委员会印发《全国大中小学教材建设规划（2019—2022 年）》和教育部印发《职业院校教材管理办法》，强调职业教育教材重在体现"新"和"实"，提升服务国家产业发展能力。为了适应这类专业的高等职业人才培养的要求，结合高等职业技术教育的特点、职业技能大赛的要求以及当前学生的实际情况，我们在多年教学实践的基础上，结合当前人才培养特点，并参考了一些相关教材，组织相关院校教师和企事业专家编写了这本《化学分析与检测技术》教材，致力于岗、课、赛、证的融合融通。

本教材采用理实一体型的项目式教学编写模式，包括认识化学分析与检测、定量分析、酸碱滴定分析、配位滴定分析、氧化还原滴定分析、沉淀滴定分析和重量分析、仪器分析 7 个项目。理论言简意赅，实验实训通俗易懂、操作性强，与相应的职业技能竞赛相融合，有些项目还增加了一定的实训拓展，进一步夯实和拓展化学理论和检测技能，学生可根据需要选择性地学习和训练。

本教材在编写过程中，坚持以习近平新时代中国特色社会主义思想为指导，落实立德树人根本任务，在教材内容中融入了思政元素，帮助学生塑造正确的世界观、人生观和价值观；同时引入企业的智力资源，体现校企融合、双元合作、协同育人的宗旨。在理论上以"必须、实用、够用"为宗旨，贯穿少而精的原则，力求定位准确、突出特色、富有弹性，突出了职业性、科学性、先进性，强化实践性，做到语言简洁、明晰；内容全面、实用和够用；明确了各项目的知识目标、技能目标和素质目标，通过各项目的理论知识和技能学习，培养学生的劳动精神和职业素养，激发学生的爱国热情。

本教材编写分工如下：湖北生态工程职业技术学院李春民编写项目 1、项目 3、附录；晋中职业技术学院智芳芳编写项目 2；湖北生态工程职业技术学院王祖才编写项目 4；广东轻工职业技术学院黄敏编写项目 5；新疆农业职业技术学院韩阳花编写项目 6；呼和浩特职业学院李霞编写项目 7 的理论、实验实训、小结和习题；新疆鑫源合创环保科技有限公司马豪编写项目 7 的实验实训拓展 7-Ⅰ和 7-Ⅱ；武汉城市职业学院何溪编写项目 7 的实验实训拓展 7-Ⅲ、7-Ⅳ和 7-Ⅴ；军事科学院军事医学研究院刘兴刚编写项目 7 的实验实训拓展 7-Ⅵ。全书由李春民、韩阳花统稿，湖北生态工程职业技术学院章承林教授最终审稿。

本教材编写过程中参考了一些相关教材和资料，在此向这些文献的作者们表示衷心的感谢！

由于水平有限，难免会出现错误或不恰当之处，敬请读者给予批评指正。

编　者
2023 年 9 月

目　录

项目1 认识化学分析与检测

【知识目标】

1. 了解化学分析实验实训室的基本要求。
2. 掌握化学分析实验实训的常用基本仪器的使用和规范操作。
3. 掌握规范的检测报告格式。

【技能目标】

1. 能自觉遵守实验实训室规则。
2. 能规范操作分析实验实训的常用基本仪器。

【素质目标】

1. 培养学生自觉遵守实验实训室规则的习惯。
2. 培养学生及时处理意外事故的能力和环保意识。

【项目简介】

走进化学分析实验实训室，首先应熟悉实验实训室环境，认真学习实验实训基本知识，自觉遵守实验实训室规则。本项目分别从化学分析实验实训室的基本知识和分析实验实训的常用基本仪器及其使用方法等方面进行了详细的介绍，为同学们今后能顺利地进行分析实验打下坚实的基础。

【工作任务】

任务1.1　化学分析实验实训的基本知识

1.1.1　分析实验实训室基本要求

1.1.1.1　分析实验实训室规则

①实训前认真预习实验原理和实验内容，明确目的和要求，熟悉仪器的使用方法、操作步骤和注意事项，写好预习报告。

②进入实验实训室后，应熟悉水电开关及灭火器材等安全用具的放置地点和使用方法。常用灭火器及其适用范围见表1-1。

③实训前应认真检查药品、仪器是否齐全。如发现有破损或缺少应立即报告指导教师，经教师确认并进行更换或补充后，方可进行实训。

④端正实训态度。实训时遵守纪律，保持安静，集中精力，认真操作，积极思考，认真观察实验现象，如实记录实验数据，不得擅自离开。若实验中失误太多或数据间差别太大，

表 1-1　常用灭火器及其适用范围

名称	药液成分	适用范围和注意事项
泡沫灭火器	硫酸铝和碳酸氢钠	用于一般失火及油类着火；因为泡沫能导电，所以不能用于扑灭电器设备着火
四氯化碳灭火器	液态四氯化碳	用于电器设备及汽油、丙酮等着火；四氯化碳在高温下生成剧毒的光气，不能在狭小和通风不良的实验室使用；注意四氯化碳与金属钠接触会爆炸
二氧化碳灭火器	液态二氧化碳	用于电器设备失火及忌水的物质及有机物着火；注意喷出的二氧化碳使温度骤降，手若握在喇叭筒上易被冻伤
干粉灭火器	碳酸氢钠等盐类与适宜的润滑剂和防潮剂	用于油类、电器设备、可燃气体及遇水燃烧等物质着火

应重做。

⑤严禁在实训室内饮食、吸烟、嬉闹，保持安全有序。

⑥实训中所用的任何化学药品，都不得随意散失、遗弃和污染。取用药品后及时盖好瓶塞，以保证药品品质的完好和实训室安全。实训室所有的药品不得带出室外。对腐蚀性、易燃、易爆、刺激性、有毒物质的使用要严格遵守使用要求，避免出现意外。有毒药品使用后应将剩余部分交给教师。实训产生的废液、废渣等应倒入指定容器内统一处理，以免污染环境或发生意外。

⑦爱护仪器、节约水电。实训室内的所有仪器在使用前必须熟悉使用说明和要求，严格按照操作规程进行操作，听从指导，切不可随意乱动，以防仪器损坏或事故发生。如发现仪器有故障，立即停止使用，并上报给指导教师。损坏仪器要声明登记。

⑧保持实训室干净整洁。台面应始终保持清洁有序，实训中应按规定的量取用试剂，做到节约试剂。实训完毕后，将玻璃器皿清洗干净，清理台面，打扫实训室。关闭水、电开关等，经教师检查合格后方可离开。

⑨规范填写实训报告单。每次实训前，将上次的实训报告交给教师，凡未参加实训者，其实训报告一律无效。

1.1.1.2　分析实验实训室安全守则

安全第一、预防为主。在化学实验实训中，经常要接触到易碎的玻璃器皿和易燃、易爆、有腐蚀性或有毒的药品，实验过程中常常需要用明火加热，稍有不慎，就有可能发生意外事故。因此，进行实训时，思想上必须高度重视安全问题，接受必要的安全教育，严格遵守实训操作规程和安全规则，确保人身安全和实训的正常进行。

①做好个人防护。实训前穿戴好实验服、防护镜、橡胶手套等。

②不要用湿手、湿物接触电源；水、电、气使用完毕应立即关闭。开启、加热或倾倒装有腐蚀性物质、易燃、易爆、刺激性、有毒物质时，要严格遵守使用要求，以防止出现意外。在搬运盛有浓酸的容器时，严禁用一只手握住细瓶颈搬动，防止瓶落地裂开；嗅闻气体时，应用手轻拂气体，能产生有刺激性或有毒气体的实训必须在通风橱内进行或注意实训室通风，以免中毒。有中毒症状者，应立即到室外通风处。

③凡做有毒和有恶臭气体的实训，应在通风橱内进行；凡做易挥发和易燃物质的实训，都应在远离火源的地方进行。

④取用药品要选用药匙等专用器具，不能用手直接拿取，防止药品接触皮肤造成伤害。

⑤有毒试剂、浓酸、浓碱具有强腐蚀性，不得进入口内或接触伤口。禁止任意混合各种试剂药品，以免发生意外事故。

⑥使用玻璃仪器时，要按操作规程，轻拿轻放，以免破损而造成伤害。

⑦实训室内严禁吸烟、饮食，严禁把食具带进实训室。

⑧实训完毕后，应及时洗手，离开实训室前应检查水、电、燃气和门窗，以确保安全。

1.1.1.3　分析实验实训室废弃物的环保处理

在化学实训中难免会产生各种各样的有毒、有害的废液、废气和废渣（"三废"）。如果不经过必要的处理直接排放，会对环境和人身造成危害，而且废弃物中的贵重或有用的成分没有回收，在经济上也是损失。因此，实训室"三废"处理应做到以下几点：

①爱护环境、保护环境、节约资源、减少废弃物的产生，努力创造良好的实训环境，并减少对实训室的环境造成污染。

②实训室所有药品、中间产品、集中收集的废弃物等，必须贴上标签，注明名称，防止误用和因情况不明而处理不当造成环境污染事件或其他意外事故。

③废液必须集中处理，应根据废液种类及性质的不同分别收集在不同的废液桶内，并贴上标签，以便处理。如果是废酸液，可先用耐酸塑料窗纱或玻璃纤维过滤，滤液加碱（废碱）中和，调 pH 值至 6～8，并用大量水稀释后方可排放。严格控制向下水道排放各类污染物，向下水道排放废水必须符合排放标准，严禁把易燃、易爆和容易产生有毒气体的物质倒入下水道。

④严格控制废气的排放，必要时要对废气吸收处理。处理有毒性、挥发性或带刺激性物质时，必须在通风橱内进行，防止散溢到室内，但排到室外的气体必须符合排放标准。

⑤严禁乱扔固体废弃物，要将其分类收集，分别处理。

⑥接触过有毒物质的器皿、滤纸、容器等要分类处理后集中处理。

⑦控制噪声，积极采取隔声、减声和消声措施，使其环境噪声符合国家规定的《社会生活环境噪声排放标准》（GB 22337—2008），噪声应小于 70 dB。

⑧一旦发生环境污染事件，应及时处理上报。

1.1.1.4　分析实验实训室意外事故的处理办法

分析实验实训室医药箱应具备下列急救药品和器具：医用酒精、碘酒、红药水、创可贴、止血粉、烫伤油膏（或万花油）、1％硼酸或 2％乙酸溶液、1％碳酸氢钠溶液或2％硼砂溶液、75％乙醇、3％双氧水等；医用镊子、剪刀、纱布、药棉、棉签和绷带等。在实训中，一旦发生了意外，要沉着冷静处理，充分发挥医药箱在紧急情况下的作用。

（1）眼伤

当腐蚀性的化学试剂溅入眼内，应立即用缓慢的流水彻底冲洗（如果是浓硫酸，最好先用干布轻轻擦去）。若是强酸灼伤，应先用大量冷水冲洗，然后用1%碳酸氢钠溶液或2%硼砂溶液淋洗灼伤处；若是强碱灼伤，则先用大量冷水冲洗，再用2%乙酸溶液或3%硼酸溶液洗涤，最后用水洗，并及时去医院；当玻璃渣或其他异物进入眼睛时，绝不要用手揉擦，尽量闭上眼睛且不要转动眼球，可任其流泪。也不要试图让别人去除碎屑，用纱布轻轻包住眼睛后，立即送医院处理。

（2）烧伤

烧伤的急救方法因缘由不同而异。

①化学烧伤。首先必须用大量的水冲洗患处。有机物灼伤，则用乙醇擦去有机物；溴的灼伤，用乙醇或10%硫代硫酸钠溶液擦至患处不再有黄色为止，再用水冲洗，并涂上甘油；酸灼伤，用稀碳酸氢钠溶液或稀氨水清洗，再用水洗并涂上氧化锌软膏；碱灼伤，用1%硼酸或2%乙酸溶液清洗，再用水洗，并涂上硼酸软膏。

②明火灼伤。要立即离开着火处，迅速用冷水冷却。轻度的火烧伤，用冰水冲洗。如果皮肤并未破裂，那么可擦治烧伤的药物，使伤处及早恢复。当大面积的皮肤受到伤害时，可以用湿毛巾冷却，然后用洁净纱布覆盖伤处防止感染，并立即送医院治疗。

③着火。及时灭火。万一衣服着火，切勿奔跑，要有目的地走向最近的灭火毯（石棉毯）或灭火喷淋器。用灭火毯将身体包住，火会很快熄灭。

（3）割伤

若小的割伤，先将伤口处的异物取出，洗净伤口，贴上创可贴或涂上红药水。若严重割伤，出血多时，则必须立即用手指压住或把相应动脉扎住，以便尽快止血。若绷带被血浸透，不要换掉，再盖上一块施压，并立即送往医院治疗。

（4）烫伤

被火焰、蒸汽、红热的玻璃或铁器等烫伤，立即将伤处用大量的水冲淋或浸泡，以迅速降温避免深度烧伤。若起水泡，不宜挑破，可在伤处涂烫伤膏或万花油；严重烫伤时，应送医院治疗。

（5）中毒的急救

因口服引起的轻微中毒，可饮用温热的食盐水（20 g食盐溶于200 mL热水），把手指伸入咽喉后部，促使呕吐。误食碱者，应饮大量水再喝些牛奶；误食酸者，先喝水，再服氢氧化镁乳剂，再饮一些牛奶，不要用催吐剂。重金属盐中毒者，喝一杯含有几克硫酸镁的水溶液，立即就医，也不要用催吐剂。因吸入引起中毒时，立即到空气清新的地方做深呼吸。

（6）触电

立即切断电源，或用非导电体将电线从触电者身上移开。如已休克，则应立即将触电者移到新鲜空气处进行人工呼吸，并及时请医生到现场施救。

1.1.1.5 常用危险化学品的分类及标志

常用危险化学品的分类及标志如图1-1所示。

图 1-1　常用危险化学品图标

1.1.2　分析实验实训室用水

1.1.2.1　分析实验实训室用水规格

分析实验实训室用水共分为 3 个级别：一级水、二级水、三级水。国家标准(GB/T 6682—2008)规定分析实验实训室用水的技术指标见表 1-2。

表 1-2　分析实验实训室用水的技术指标

名称		一级	二级	三级
pH 值范围(25℃)		—	—	5.0～7.5
电导率(25℃)/(mS·m⁻¹)	≤	0.01	0.10	0.50
可氧化物质(以 O 计)/(mg·L⁻¹)	≤	—	0.08	0.4
吸光度(254 nm，1 cm 光程)	≤	0.001	0.01	—
蒸发残渣(105℃±2℃)/(mg·L⁻¹)	≤	—	1.0	2.0
可溶性硅(以 SiO₂ 计)/(mg·L⁻¹)	≤	0.01	0.02	—

1.1.2.2 分析实验实训室用水的制备及用途

分析实验实训室用水的源水应为饮用水或适当纯度的水，其制备方法及用途见表1-3。

表1-3 分析实验实训室用水的制备及用途

级别	制备方法	用途
一级水	可用二级水经过石英设备蒸馏或离子交换混合床处理后，再经过 $0.2\ \mu m$ 微孔滤膜过滤来制备	用于有严格要求的分析实验，包括对颗粒有要求的实验，如高效液相色谱分析用水
二级水	可用多次蒸馏或离子交换等方法制取	用于无机痕量分析等实验，如原子吸收光谱分析用水
三级水	可用蒸馏或离子交换等方法制取	用于一般化学分析实验

1.1.3 化学试剂

化学试剂是具有不同纯度标准的精细化学品，其价格因纯度不同而有所差别，有的相差还很大。因此，做实验时应按实验对试剂纯度的要求选用不同规格的试剂，既不能盲目追求准确度而选用高纯度的试剂以免造成浪费，又不随意降低试剂规格影响实验结果。下面简要介绍化学试剂的分类和规格及化学试剂的存放和取用知识。

1.1.3.1 化学试剂的分类和规格

化学试剂按用途可分为一般试剂、标准试剂、特殊试剂、高纯度试剂等；按化学组成、结构和性质又可分为无机试剂、有机试剂。我国化学试剂的等级标准根据化学试剂的纯度和杂质含量分为5个等级，并规定了试剂包装的标签颜色及应用范围(表1-4)。

表1-4 化学试剂等级及应用范围

等级	名称	符号	标签标志	应用范围
一级	优级纯(保证试剂)	G. R.	绿色	精密分析研究工作
二级	分析纯(分析试剂)	A. R.	红色	分析实验
三级	化学纯	C. P.	蓝色	一般化学实验
四级	实验试剂	L. R.	棕色	一般化学辅助实验
生化试剂	生物试剂	B. R.	咖啡色或玫红色	生化实验及医用化学实验

1.1.3.2 试剂的存放

固体试剂存放在广口瓶内，液体试剂存放在细口试剂瓶中。一些用量少但使用频繁的试剂(如指示剂、定性分析试剂等)可盛装在滴瓶内。见光易分解的试剂(如硝酸银)应放在棕色瓶内。盛装强碱性试剂(如氢氧化钠溶液)的细口瓶要用橡皮塞。易腐蚀玻璃的试剂(如氟化物等)应保存在塑料瓶中。过氧化氢通常存放在不透明的塑料瓶中。每一个试剂瓶上都贴有标签，标明试剂的名称、浓度、配制日期和配制人等。

1.1.3.3 试剂的取用

(1)固体试剂

用干燥、洁净的药匙取用固体试剂。称取一定量的固体试剂时，可将试剂放到纸上、表面皿、烧杯等干燥洁净的玻璃容器或称量瓶内进行称量；具有腐蚀性、强氧化性或易潮解的试剂不能在纸上称量，应放在称量瓶等玻璃容器内称量。试剂取用后应立即盖紧瓶盖；多取出的试剂不能倒回原瓶内。将固体试剂送入试管的方法如图1-2～图1-4所示。

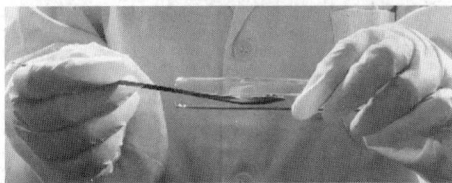

图 1-2　用钥匙往试管里送固体试剂

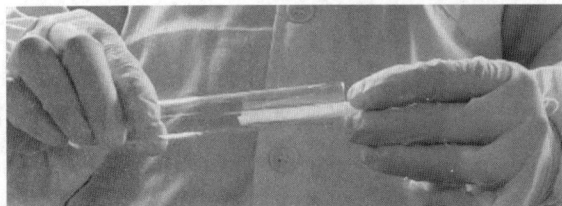

图 1-3　用纸槽往试管里送固体试剂

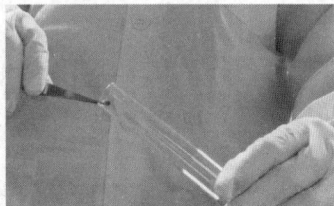

图 1-4　块状固体沿壁管慢慢滑下

（2）液体试剂

用倾斜法从细口瓶中取液体试剂。取下瓶盖倒放在桌上，右手握住试剂瓶上贴标签的一面，逐渐倾斜试剂瓶，使液体试剂沿瓶口流入试管、量筒等容器中。若所用的容器为烧杯，则倾倒液体试剂时可用玻璃棒引流，如图1-5所示。倒出所需量试剂后，将试剂瓶口在容器上靠一下，再使瓶口竖立，以免液滴沿试剂瓶外壁流下。用完后，立即将瓶盖盖上。

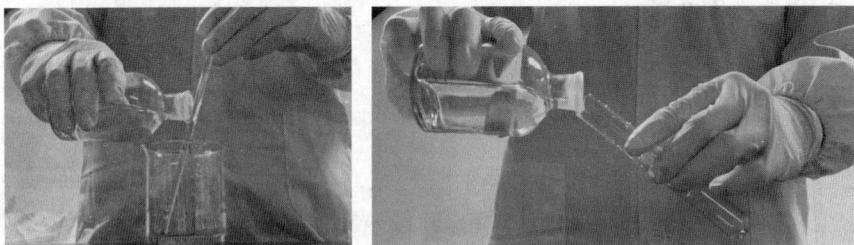

图 1-5　倾斜法

取用滴瓶中的液体试剂时，要用滴瓶中的滴管，不能用别的滴管。滴管必须保持垂直，避免倾斜，尤忌倒立，否则液体试剂会流入橡皮头内而被污染。滴管的尖端不可接触容器的内壁，更不能插到其他溶液里，也不能把滴管放在原滴瓶以外的任何地方，以免杂质玷污。

定量取用液体试剂时，根据要求可选用量筒和移液管等。

1.1.4　化学分析实训报告

1.1.4.1　实训记录注意事项

化学分析与检测过程中，各种测量数据及有关现象应及时、准确地记录下来，秉持严谨求实的科学态度，绝对不允许拼凑、修改或伪造数据。

实训中有关仪器的型号、厂家，装置及溶液的配制等，应如实进行记录。

记录实训中的测量数据时，应注意有效数字的正确表达、修约及运算。如发现数据记错、算错、测错等而需更改数据时，可将原来的数据用一横线或斜线划去，并在其上方写出正确的数据。记录中的文字叙述部分，应尽可能简明扼要；数据记录部分，应先设计一定的表格样式，这样更为整齐、有条理。

1.1.4.2 实训报告内容

分析检测完成后，应根据实训中的现象和数据记录相关信息，及时认真地撰写实训报告。一份合格的报告应包括以下 9 个方面的内容：

①实验名称和实验日期。报告中必须写明名称和日期。除此之外，有时还应记录天气状况、温度和相对温度等。

②实验目的及要求。简明扼要地指出进行该实验的目的和要求。

③实验原理。简述该实验的基本理论及相关化学反应式，作为进行此项实训的理论依据。

④主要试剂与仪器或实验装置图。应列出实训所需的主要试剂与仪器的名称、规格及数量，制备实验要求画出实验装置图。

⑤实验步骤。按操作时间先后顺序条理清晰地表达实训进行的过程，实验步骤按不同实训要求，用箭头、方框、表格等形式表达既可减少文字，又简单明了，实训过程中需要特别注意和小心操作的地方要着重注明，切忌抄袭教材。

⑥实验现象或原始数据表格。应及时、准确、客观地记录实验现象或原始数据。能用表格形式表达的最好用表格，一目了然，便于分析和比较。

⑦数据处理。对实训中记录的原始数据列表加以整理。表格应精心设计，使其易于显示数据的变化规律及参数之间的相互关系。项目栏要列出所测数据的名称、代号及量纲单位。数据处理方法应符合规定。

⑧实验结果。它是整个实训的成果和核心，是对实验现象、实验数据进行客观分析和处理之后得出的结论，并以表格或作图的方式来表达。图与表格要符合规范要求，并做必要的说明。

⑨问题与讨论。问题是对实训思考题的解答或对实验内容及方法提出的改进意见和建议，便于学生与教师进行交流和探讨。讨论是对影响实验结果的主要因素、异常现象或数据的解释。

目前的各级职业技能竞赛要求参赛者自拟实训报告，需包括健康、安全、环境（HSE）的描述，实验计划，实验过程，数据记录及处理，结论和结果评价等。

任务 1.2　常用化学分析基本仪器和操作

1.2.1　常用化学分析基本仪器

常用化学分析基本仪器的介绍见表 1-5。

表 1-5 常用化学分析基本仪器介绍

仪器	主要用途	注意事项
干燥器	下层放干燥剂，可保持内部放置的固体样品的干燥	防止盖子滑动打破；加热的物品待稍冷却后才能放入，隔一定时间开一次盖子来调节干燥器内的压力，直至放置物品完全冷却为止
称量瓶	精确称量时，放置称量物质	用纸条包裹（或戴手套）取放
玻璃砂芯漏斗　玻璃砂芯坩埚	过滤溶液，使固液分离	不能过滤强碱性溶液
分液漏斗	两相液体分离、液体洗涤和萃取富集；作制备反应中加液仪器	①不能用火焰直接加热②活塞不能互换③进行萃取时，振荡初期应放气数次
普通漏斗	过滤沉淀，作加液器；粗颈漏斗可用来转移固体试剂	①不能用火焰直接烘烤，过滤的液体也不能太热②过滤时漏斗颈尖端要紧贴盛接容器的内壁
酸式、碱式滴定管	准确测量流出液体的体积，用于分析滴定	①按滴定剂的酸碱性选用酸式或碱式滴定管②滴定管的颜色为无色或棕色，见光易分解或有色滴定剂宜用棕色滴定管③活塞为聚四氟乙烯材质时，酸性、碱性溶液均可盛装

（续）

仪器	主要用途	注意事项
移液管	准确移取一定量的溶液	①不能加热 ②读数方法同量筒，未标"吹"字，不可用外力使残留在末端尖嘴溶液流出 ③用毕立即洗净
洗瓶	内装蒸馏水，主要用于淋洗仪器内壁	使用时尖嘴不要碰到被淋洗仪器内壁
容量瓶	用于准确配制和稀释溶液，规格以刻度以下的容积(mL)表示	①瓶塞配套，不能互换 ②不能加热 ③不可贮存溶液，长期不用时在瓶塞与瓶口间夹上纸条
烧杯	用于配制溶液、溶解样品，进行反应、加热蒸发等，还可用于滴定	①加热前先将外壁水擦干，不可干烧 ②反应液体不超过容积的2/3，加热液体不超过容积的1/3
普通试管和离心试管	普通试管用作少量药剂的反应容器；离心试管用于沉淀离心分离	①普通试管可直接用火加热，硬质的可加热至高温，但不能骤冷 ②离心试管不能直接加热，只能用水浴加热 ③反应液体不超过容积的1/2，加热液体不超过容积的1/3 ④加热前试管外壁要擦干，要用试管夹夹持；加热时试管口不要对着人，要不断振荡，使试管下部受热均匀 ⑤加热液体时，试管与桌面成45°；加热固体时，试管口略向下倾斜

（续）

仪器	主要用途	注意事项
量杯 量筒	粗略量取—定体积的液体	①不能加热或量取热的液体 ②不能用作反应容器，也不能用来配制或稀释溶液
广口瓶 细口瓶 滴瓶	广口瓶盛放固体试剂；细口瓶和滴瓶盛放液体试剂或溶液；棕色瓶用于盛放见光易分解、易挥发的不稳定试剂	①不能加热 ②磨口塞或滴管要原配套，不得互换使用；存放碱液瓶应用胶塞 ③不可在瓶内配制热效应大的溶液 ④滴管不能吸得太满，也不能倒置，防止液体进入胶帽
酒精灯	加热仪器	①灯壶中的酒精容量不应少于1/3，不应多于2/3 ②点灯要使用火柴或打火机，不准用燃着的酒精灯去点燃另一盏酒精灯，不得向燃着的酒精灯中加酒精 ③熄灭酒精灯，应用灯帽盖灭，切忌用嘴吹，盖灭后还应将灯帽提起一下
坩埚	用于制样、分析过程中高温灼烧样品	不同性质的样品，选用不同材质的坩埚
研钵	用于研磨团体物质；按固体物质的性质和硬度可选用不同质地的研钵	不能用火直接加热
胶头滴管和塑料滴管	吸取或滴加少量液体试剂	①内部、外部均应洗净 ②同滴瓶的滴管

(续)

仪器	主要用途	注意事项
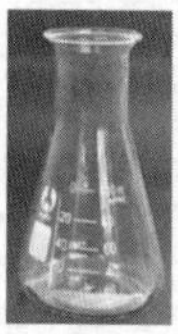  锥形瓶 碘量瓶	反应容器(可避免液体大量蒸发);用于加热、处理样品和滴定的容器;碘量瓶用于碘量法中	①可加热至高温,底部垫石棉网 ②碘量瓶磨口塞要原配,加热时要打开瓶塞
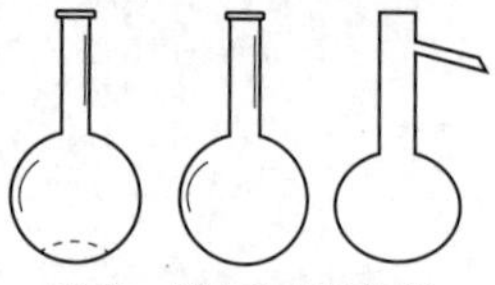 平底、圆底和蒸馏烧瓶	反应容器;反应物较多,且需要较长时间加热时;蒸馏烧瓶用于液体蒸馏,也可用作少量气体的发生装置	加热时应放在石棉网上,加热前外壁应擦干;圆底烧瓶竖放桌上时,应垫以合适的器具,以防滚动或打坏
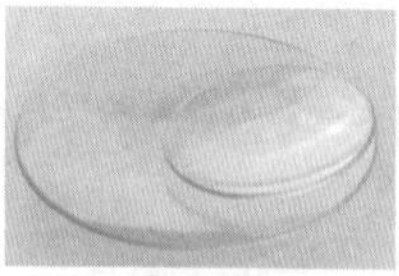 表面皿	盖在烧杯上,防止液体迸溅或其他用途	不能用火直接加热
 蒸发皿	蒸发、浓缩用;随液体性质不同选用不同材质的蒸发皿	瓷蒸发皿加热前应擦干外壁;可直接用火加热,溶液不能超过2/3;加热后不能骤冷
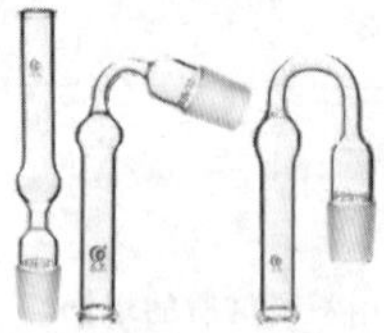 干燥管	放置干燥剂以干燥气体	①干燥剂或吸收剂必须有效 ②球形管干燥剂置于球形部分,U形管干燥剂置于管中,在干燥剂面上填充棉花 ③两端的大小不同,大头进气,小头出气

1.2.2 常用化学分析仪器的基本操作

1.2.2.1 玻璃仪器的洗涤和干燥

(1)玻璃仪器的洗涤

实验前后,都必须将所用玻璃仪器洗涤干净。如用不干净的仪器进行实验时,仪器上的杂质和污物将会对实验产生影响,使实验得不到正确的结果,严重时可导致实验失败。实验后要及时清洗仪器,避免残留物质固化后,造成洗涤更加困难。

洗涤仪器的方法很多,一般应根据实验的要求、污物的性质和沾污的程度,以及仪器的类型和形状来选择合适的洗涤方法。

一般来说,污物主要有灰尘、可溶性物质和不溶性物质、有机物及油污等。洗涤方法可分为以下几种:

①一般洗涤。应根据实验要求、污物性质和沾污程度来选择适宜的洗涤方法。例如，烧杯、试管等仪器，一般先用自来水冲洗仪器上的灰尘和易溶物，再选用粗细、大小等不同型号的毛刷，蘸取洗衣粉或肥皂水，转动毛刷刷洗仪器的内壁直至刷洗干净为止，然后用自来水彻底冲洗。洗涤试管时要注意避免毛刷底部的铁丝将试管捅破，同时洗涤仪器时应该一个一个地洗，不要同时多个仪器一起洗，这样很容易将仪器碰坏或摔坏。

用自来水洗净的玻璃仪器，往往还残留着一些 Ca^{2+}、Mg^{2+}、Cl^- 等，如果实验中不允许这些离子存在，就要用蒸馏水再漂洗几次。用蒸馏水洗涤仪器的方法应采用"少量多次"法，因此常使用洗瓶。挤压洗瓶使其喷出一股细水流，均匀地喷射在仪器内壁上并不断转动仪器，并将水倒掉，如此重复 3 次即可。这样既提高了效率又节约了蒸馏水。

②铬酸洗液。25 g 重铬酸钾固体（工业品）溶于 50 mL 蒸馏水中，冷却后向溶液中慢慢加入 450 mL 工业浓硫酸。冷却后贮存在试剂瓶中备用。铬酸洗液呈暗红色，具有强酸性、强腐蚀性和强氧化性，对具有还原性的污物（如有机物、油污等）的去污能力特别强。特别适用于一些口小、管细等形状特殊的容量仪器（如移液管、容量瓶等）的洗涤。装洗液的瓶子应盖好盖子，以防吸潮。洗涤时，将仪器内的水尽量倾出，加入少量洗液，倾斜并转动仪器，使仪器内壁完全被洗液润湿，转动几圈后，将铬酸洗液倒回原瓶内，用自来水清洗残留的洗液，再用去离子水或蒸馏水荡洗几次即可。在洗液多次使用后颜色变绿时，即 Cr(Ⅵ)变为Cr(Ⅲ)时，就丧失了去污能力，不能继续使用。由于该洗液成本较高，且对环境不友好，故尽量不用。

废铬酸洗液的再生：先将废铬酸洗液在 110～130℃且不断搅拌下浓缩，除去大量水分后，冷却至室温，以每升浓缩液加入 10 g 高锰酸钾的比例，缓慢加入高锰酸钾，边加边搅拌，直至溶液呈深褐色或微紫色为止。

③碱性高锰酸钾洗液。4 g 高锰酸钾溶于水中，加入 10 g 氢氧化钠，用水稀释至100 mL。该洗液用于清洗油污或其他有机物质。洗后容器沾污处有褐色二氧化锰析出，再用工业浓盐酸(1∶1)或草酸洗液(5～10 g 草酸溶于 100 mL 水中，加入少量浓盐酸)、硫酸亚铁、亚硫酸钠等还原剂去除。

使用洗液时应注意安全，以免溅到皮肤和衣物上。

玻璃仪器清洗干净的标志：用水冲洗后，水均匀地附着在仪器内壁，既不成股流下，也不聚集成水珠。如果仍有水珠黏附在内壁上，说明仪器还未洗净，需要进一步进行清洗。凡是已经洗净的仪器，绝不能用抹布或纸擦干，因为抹布或纸上的纤维会附着在仪器上。

(2)玻璃仪器的干燥

不同的实验对玻璃仪器的干燥程度有不同的要求。有些实验仅需仪器洗涤干净即可，但有些需要在无水条件下进行的实验，经常需要所用的玻璃仪器干燥后才能使用。常用的干燥方法如下：

①晾干。将洗净的仪器倒置在干净的表面皿上，并放入实验柜内或仪器架上使其自然晾干。

②烘干。将洗净的仪器内的水倒尽，放入 105～120℃电烘箱内或红外灯干燥箱内烘干。

③吹干。急于干燥的或不适合放入烘箱的玻璃仪器可用吹干的方法。通常先用少量易挥发的溶剂（如乙醇、乙醚、丙酮等）淋洗一下仪器，将淋洗液倒净回收，然后用吹风机按冷风—热风—冷风的顺序吹，则干得更快。

1.2.2.2 常用容量玻璃仪器的使用

化学实验中常用的液体度量仪器（如量筒、量杯、容量瓶、移液管、滴定管等）都不能加热，更不能用作反应容器。

（1）量筒

量筒是常用来量取液体体积的仪器。由于容量不同，可根据需要选择相应的规格。如需要量取 8.5 mL 液体时，应选用 10 mL 量筒（测量误差为±0.1 mL），以保证测量的准确度。

（2）容量瓶

容量瓶主要用来配制标准溶液或定量地稀释溶液。

①检漏。容量瓶在使用前，必须检查是否漏水。检漏时，在容量瓶中加水至标线附近，盖好瓶塞，用滤纸擦干瓶口溢出的水。一只手用食指按住瓶塞，其余手指拿住瓶颈标线以上部分，另一只手用指尖托住瓶底边缘，将瓶倒立 30 s，如图 1-6(a)所示，然后用滤纸检查瓶塞是否有水渗出。如不漏水，则将瓶直立，把瓶塞转动 180°，再检查一次。确定不漏水后，用橡皮筋或线绳将塞子系在瓶颈上，以免沾污、摔碎或丢失。

②转移溶液。用固体配制溶液时，将准确称量的固体物质置于烧杯中，用少量蒸馏水或其他溶剂完全溶解（必要时可加热），待溶液冷却至室温后，用右手将玻璃棒伸入容量瓶中，使其下端靠在标线以下的瓶颈内壁，左手拿烧杯并将烧杯嘴边缘紧贴玻璃棒中下部，倾斜烧杯小心地使溶液沿玻璃棒引流到容量瓶中，如图 1-6(b)所示。待溶液全部流完后，将烧杯沿玻璃棒轻轻上提，再直立烧杯。残留在烧杯内壁和玻璃棒上的少许溶液要用洗瓶自上而下吹洗 5～6 次，每次洗涤液都需按上述方法全部转移至容量瓶中。

③定容。完成定量转移后，加水稀释至容量瓶容积的 2/3 左右时，用右手食指和中指夹住瓶塞的扁头，将容量瓶拿起，按同一方向摇动几周，使溶液初步混匀，继续加水至距刻度线 1～2 cm 处后，等 1～2 min 使附着在瓶颈内壁的溶液流下后，改用胶头滴管逐滴加水至弯月面恰好与刻度线相切。盖上瓶塞。

④摇匀。定容后，用左手食指按住瓶塞，其余手指拿住瓶颈标线上部，右手的指尖托住瓶底边缘，如图 1-6(c)所示。再将瓶倒立，待气泡上升到顶部后，旋摇容量瓶混匀溶液，如图 1-6(d)所示，再倒转过来。如此反复多次（一般 10～15 次），使溶液充分混匀（每摇几次应将瓶塞微微提起并旋转 180°，然后塞上再摇）。

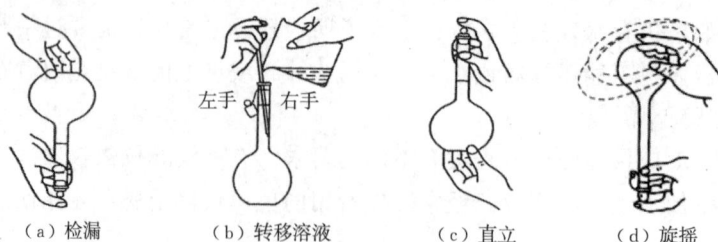

（a）检漏　　（b）转移溶液　　（c）直立　　（d）旋摇

图 1-6　容量瓶的使用

（3）移液管

移液管是用来精确量取一定体积液体的仪器，它有两种形式：球形移液管（大肚移液管）和刻度移液管（吸量管）。后者精度略低于前者，通常用于量取少量溶液。

①润洗。移取溶液前，移液管若不干净可用洗液洗涤，再用自来水和蒸馏水洗净，并用滤纸吸干管外壁及尖端内外的水分，然后用待移取溶液润洗 3 次。方法是：先从试剂瓶中倒

出少许溶液至烧杯中,然后左手持洗耳球并挤出球内气体,右手拇指及中指捏持管颈标线以上的地方,将其下端插入液面1~2 cm处,再将洗耳球伸入移液管上口,如图1-7(a)所示,左手放松,待液面上升到移液管中部膨大部分的1/3左右时(吸量管为管容积的1/3处左右),迅速用右手食指按紧管口并勿使溶液回流,将移液管取出液面,横置,用两手的拇指及食指分别拿住移液管的两端,边转动边使溶液遍及管内壁,当溶液流至标线刻度线以上且距上口2~3 cm时,将管直立,由尖嘴放出溶液,弃去。如此反复润洗3次。

②移取溶液。用移液管吸取溶液时,眼睛注意管内液面的上升情况。移液管应随着容器中溶液的液面下降而下伸。当液面上升到标线以上时,迅速用右手食指按紧管口,将移液管尖嘴从液面下取出,用滤纸擦干移液管下端外壁的残液后,靠在容器内壁上(容器倾斜,移液管直立),稍微放松食指让溶液慢慢流出,当移液管内液面下降到与标线相切时,立即按紧食指使溶液不再流出。把移液管移至准备接收溶液的容器中,使其尖嘴接触容器内壁,抬起食指,使溶液沿器壁自由流下,如图1-7(b)所示。待溶液全部流尽,停留15 s左右,取出移液管。若移液管上面未标有"吹"字,尖嘴内的溶液不必吹出,因为标定移液管的体积时没把这部分溶液计算在内。如果移液管上标有"吹"字,则应将留在管端的溶液吹出。

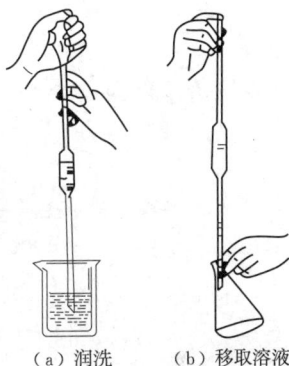

(a) 润洗　　(b) 移取溶液

图1-7　移液管的使用

③用后处理。使用完毕后,及时用自来水冲洗干净。如仍有残垢,则还需用洗液洗涤,再用自来水冲洗干净,最后用蒸馏水冲洗2~3次,立于移液管架上,自然沥干,切不可用烘箱烘干。

(4)滴定管

滴定管是在分析滴定中,用于准确测量消耗的滴定剂体积的一类玻璃量器。滴定管一般分成酸式和碱式两种。酸式滴定管的刻度管和下端的尖嘴玻璃管通过玻璃活塞相连,适于盛装酸性、中性和氧化性溶液;碱式滴定管的刻度管与尖嘴玻璃管通过橡皮管相连,在橡皮管中装有一颗玻璃珠,用于控制溶液的流出速度。碱式滴定管用于盛装碱性溶液。如果活塞是聚四氟乙烯材质的滴定管,则可盛装酸性或碱性溶液。

①洗涤。滴定管可先用滴定管刷蘸肥皂水或其他洗涤剂洗涤(但不能用去污粉),用自来水冲洗干净后,再用蒸馏水洗数次。如有油污,酸式滴定管可直接在管中加入洗液浸泡,而碱式滴定管由于橡皮管会被氧化剂腐蚀,所以用洗液洗时,将碱式滴定管上口倒置于盛有洗液的烧杯中,将尖嘴口接在抽水泵上。打开抽水泵,轻捏玻璃球,待洗液徐徐上升到接近橡皮管处放开玻璃球,待洗液浸泡一段时间后,脱离抽水泵,拔去橡皮管,让洗液流尽,依次用自来水和蒸馏水冲洗数次后装上橡皮管和洗净的玻璃球及尖嘴玻璃管。总之,为了尽快而方便地洗净滴定管,可根据脏物的性质、弄脏的程度选择合适的洗涤剂和洗涤方法。脏物去除后,需用自来水多次冲洗。把水放掉以后,其内壁应该均匀地附着一薄层水。如管壁上还挂有水珠,说明未洗净,必须重新洗涤。

长期不用的滴定管应将活塞和活塞套擦拭干净,并夹上薄纸后再保存,以防止活塞和活塞套之间黏住而打不开。

②检漏。检查滴定管是否漏水时,可将滴定管内装水至"0"刻度左右,并将滴定管夹在管夹上。酸式滴定管,将活塞用水润湿后插入塞套内,直立2 min,观察活塞边缘和管端有

无水渗出；将活塞旋转 180°后，再观察一次。如漏水，应拆下活塞，重新涂凡士林。碱式滴定管要检查内置玻璃珠的大小和橡皮管粗细是否匹配，如漏水，说明玻璃珠太小或橡皮管老化，需要更换。

③涂凡士林。使用酸式滴定管时，如果活塞转动不灵活或漏水，必须将滴定管平放于实验台上，取下活塞，用滤纸将活塞和活塞槽内的水擦干，然后在活塞表面均匀地涂上一层薄薄的凡士林，也可将凡士林涂在活塞的两头[图 1-8(a)]，注意不要堵塞活塞孔。把涂好凡士林的活塞插进活塞槽里[图 1-8(b)]，单方向旋转活塞，直到活塞与活塞槽接触处全部透明为止[图 1-8(c)]。涂好的活塞转动要灵活，而且不漏水。最后用橡皮筋套在活塞的末端，以防活塞脱落或破损。

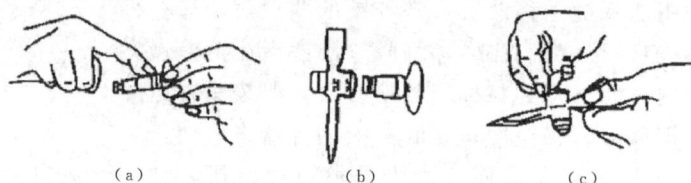

（a）   （b）   （c）

图 1-8   活塞涂凡士林的操作方法

④装液。加入滴定溶液前，先用蒸馏水清洗滴定管 2~3 次，每次约 10 mL。清洗时，两手握住滴定管，慢慢旋转，让水遍及全管内壁，然后将水从两端放出。再用滴定剂润洗 3 次，每次用量为 5~10 mL。润洗方法与用蒸馏水洗涤相同。润洗完毕，装入滴定液至"0"刻度以上，检查活塞附近（或橡皮管内）有无气泡。滴定管第一次装滴定液时，管下端尖嘴流液口一般有气泡存在，滴定前必须排除。排气泡时，酸式滴定管可迅速旋转活塞，使溶液快速冲下带走气泡；碱式滴定管可将橡皮管向上弯曲 45°，挤捏玻璃珠，使溶液从尖嘴处快速喷出，带走气泡（图 1-9）。补加滴定剂至"0"刻度线以上，调节液面在"0"刻度处，备用。

⑤滴液。滴定操作在锥形瓶或烧杯中进行，如图 1-10 所示。使用酸式滴定管时，左手的拇指在管前，食指和中指在管后，手指稍微弯曲，轻轻向内扣住活塞，手心空握，以免活塞松动或可能顶出活塞使溶液从活塞隙缝中渗出，同时转动活塞，控制溶液流出速度。使用碱式滴定管时，左手的拇指在前，食指在后捏住橡皮管中玻璃珠所在部位稍上处，捏挤橡皮管使其与玻璃珠之间形成一条缝隙，溶液即可流出。但注意不能捏挤玻璃珠下方的橡皮管，否则空气进入而形成气泡。

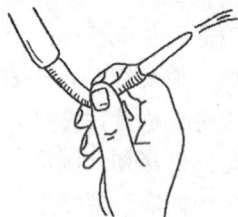

图 1-9   碱式滴定管内气泡的排除   **图 1-10   滴定操作**

在锥形瓶中滴定时，用右手拿住瓶颈，使瓶底离台面 2~3 cm，调节滴定管的高度，使滴定管伸入瓶口 1~2 cm。左手按前述滴加溶液，右手运用腕力向同一方向做圆周运动摇动锥形瓶，边滴加边摇动；在烧杯中进行滴定时，右手持玻璃棒搅拌溶液。每次滴定最好从

"0"刻度开始，这样可固定在某一段体积范围内滴定，以减少因滴定刻度不均匀造成的体积误差。

⑥读数。读数时，将滴定管从滴定架上取下，用右手大拇指和食指捏住滴定管上部无刻度处，让滴定管自然下垂。待溶液稳定后，视线与液面保持水平，无色或浅色溶液读取与弯月面最低处相切的刻度，如图 1-11 所示。如弯月面不清楚，可在滴定管后面衬一张白纸，以便于观察；有色溶液（如高锰酸钾溶液）其弯月面是不够清晰的，读数时，视线应与液面两侧的最高点相切，如图 1-12 所示。蓝线滴定管读溶液的两个弯月面与蓝线相交点。注意滴定管读数精确至小数点后第二位。

⑦用后处理。滴定管使用完毕，把其中的溶液倒出弃去（不能倒回原瓶），用自来水冲洗数次后，再用蒸馏水洗净，然后盖上滴定管帽或小试管，倒置于滴定架上，自然沥干。要注意保持管口和管尖的清洁。

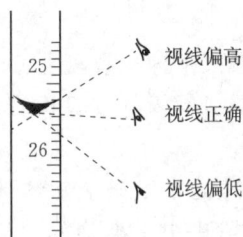

图 1-11　读数视线的位置　　　　图 1-12　有色溶液的读数

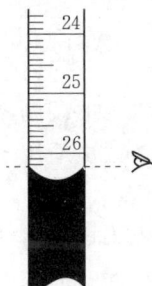

1.2.2.3　常用称量仪器

托盘天平、电光分析天平及电子分析天平是化学分析实验常用的称量仪器。目前随着电子天平的普及，托盘天平和电光分析天平已逐渐被电子天平所替代。

（1）电子分析天平

电子分析天平是最新一代的天平，是根据电磁力平衡原理直接称量的，称量不需要砝码，放上被称物后，在几秒内即达到平衡显示读数，称量速度快、精度高，可精确至 0.000 1 g。其外形如图 1-13 所示。

使用方法如下：

①清扫天平称量盘面等内部区域，检查水平。调整地脚螺栓高度，使水平仪内空气气泡位于圆环中央。

图 1-13　电子分析天平

②预热。接通电源，预热 30 min（天平在初次接通电源或长时间断电之后，至少需要预热 30 min）。为取得理想的测量结果，一般不切断电源，天平应保持在待机状态。

③称量。按开关键"ON/OFF"，显示器全亮，约 2 s 后显示天平的型号，然后是称量模式 0.000 0 g。否则，按一下去皮键"TARE"清零。将被称物轻轻放在称量盘上，关上天平门，待显示屏上的数字稳定并出现质量单位"g"后，读数并记录称量结果。

④关机。称量完毕，取出被称物，清扫天平，整理台面。如果不久还要继续使用，可暂不按"ON/OFF"键，或者按一下"ON/OFF"键，关闭显示器，但不拔电源插头，使天平处

于待机状态。若长时间不用天平，则应拔掉电源插头，盖上防尘罩。

（2）普通电子天平

普通电子天平如图 1-14 所示。普通电子天平的称量精度低，只能准确至 0.1 g 或 0.01 g，仅适用于粗略（精确度要求不高）的称量。使用方法与电子分析天平类似，但比分析天平使用简单，不需要进行调水平和开关门等操作。

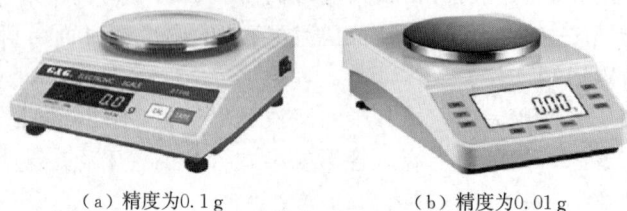

（a）精度为0.1g　　　　　　（b）精度为0.01g

图 1-14　普通电子天平

（3）样品称取方法

①直接称量法。将天平调到零点后，把物体放在天平的称量盘上，天平平衡后的读数即是所称物的质量。这种方法适用于称量洁净干燥的器皿、棒状或块状的金属等不吸潮，且在空气中性质稳定的物质。

②减量称量法。先将样品置于称量瓶中，用洁净的小纸条或塑料薄膜套在称量瓶中部（图 1-15），或直接戴手套进行拿取，放至天平称量盘中央，准确称出称量瓶和样品的总量 m_1 g，然后取出称量瓶，打开瓶盖，用称量瓶盖轻轻敲瓶的上部，使样品慢慢落入容器中（图 1-16），样品的质量不要求固定的数值，只需在一定范围内即可。将称量瓶盖好，放回天平称量盘上，称量值为 m_2 g。两次质量之差（$m_1 - m_2$）g 就是倾出样品的质量。当样品为易吸潮、易氧化或易与二氧化碳反应时，可用此法。若是液体样品（如浓硫酸、双氧水等），可将样品装入小滴瓶中代替称量瓶并按上述步骤进行。

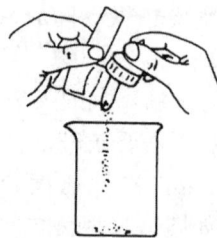

图 1-15　称量瓶的拿取　　　　　图 1-16　从称量瓶中敲出样品的操作

③固定质量称量法。这种方法是为了称取指定质量的物质。将表面皿或称量纸放在分析天平上准确称量其质量（电子分析天平可通过去皮处理），然后用药匙将样品逐渐加入表面皿或称量纸上，直到所加样品与目标质量相符。此项操作必须十分仔细，若不慎多加入样品，则用药匙取出多加样品，直至符合要求为止。称量准确后，取出表面皿或称量纸，将样品直接转入接收器中。

1.2.2.4　常用过滤仪器

（1）普通漏斗

分离溶液与沉淀最常用的操作是过滤法。当溶液和沉淀的混合物通过滤器时，沉淀就留在滤器上，溶液则通过滤器。过滤后所得的溶液通常称为滤液。若沉淀需要经过灼烧后再称量，应使用定量滤纸和细长颈漏斗过滤。

　　根据沉淀量的多少选择滤纸的大小，一般要求沉淀的总体积不得超过滤纸锥体高度的 1/3。滤纸的大小应与漏斗的大小相适应，一般滤纸上沿应低于漏斗上沿约 1 cm。漏斗一般选长颈(颈长 20～25 cm)的。漏斗锥体角度应为 60°。颈的直径要小些(通常是 3～5 mm)，以便颈内容易保留液柱，这样才能因液柱的重力而产生抽滤作用，过滤才能迅速。

　　滤纸一般按四折法折叠，如图 1-17 所示，先把滤纸整齐地对折并按紧，再对折但不要按紧，把折成圆锥形的滤纸放入漏斗中。为了使滤纸和漏斗内壁贴紧而无气泡，常把滤纸三层的外面两层滤纸折角处撕下一角，此小块滤纸保存在洁净干燥的表面皿中，以备擦拭烧杯中的沉淀用。

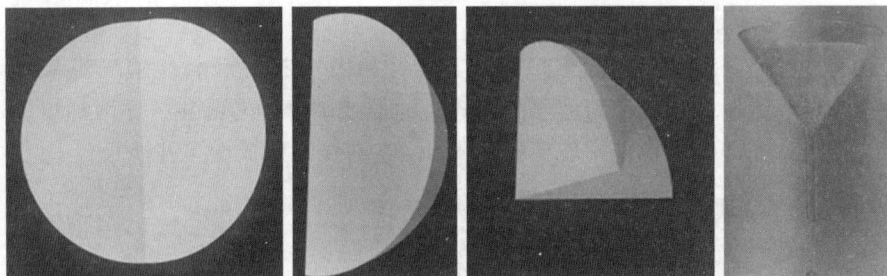

图 1-17　滤纸的折叠和安放

　　过滤一般分 3 个阶段进行：首先采用倾泻法尽可能多地过滤上清液；其次洗涤沉淀并把沉淀转移至漏斗上；最后清洗烧杯和洗涤漏斗上的沉淀。

　　当沉淀的密度较大或结晶颗粒较大，静置后容易沉降至容器的底部时，可用倾泻法。首先让固-液系统充分静置(图 1-18)，沉淀上部出现的上清液倾入漏斗中(图 1-19)。待上清液基本转移完后，对沉淀进行初步洗涤。洗涤时，可往盛着沉淀的容器内加入少量蒸馏水、乙醇等洗涤剂吹洗烧杯四周内壁，然后把沉淀和洗涤剂充分搅匀后静置，使沉淀沉降，再小心地倾出洗涤液。如此洗涤 3～4 次后，加少量洗涤液于烧杯中，搅拌，使洗涤液和沉淀混合均匀，一并倾入漏斗中。

　　再重复操作数次，使大部分沉淀转移至漏斗中。烧杯中残留的少量溶液则可按图 1-20 将玻璃棒横放在烧杯口上，使玻璃棒伸出烧杯嘴 2～3 cm，烧杯嘴朝向漏斗。用左手食指按住玻璃棒上方，其余手指拿住烧杯，放至漏斗上方，杯底略朝上，玻璃棒下端对准三层滤纸处，右手拿洗瓶冲洗杯壁上所附着的沉淀，使沉淀和洗液一起沿着玻璃棒流入漏斗中(注意勿使溶液溅出)。

　　加热后冷却陈化过程中往往使一些细小沉淀附着在烧杯壁上而难以洗脱，可用小片滤纸擦"活"后再冲洗。即将折叠滤纸时撕下的滤纸放入烧杯壁的中上部，用水润湿后先擦拭玻璃棒，再用玻璃棒压住滤纸擦拭烧杯壁。擦拭后的滤纸用玻璃棒拨入漏斗中，然后用洗涤液冲洗烧杯壁，把擦"活"的沉淀微粒冲洗到漏斗中。

　　沉淀全部转移至滤纸上后，还要继续洗涤，方法如图 1-21 所示，用洗瓶以细小缓慢的洗涤液流从略低于滤纸边缘的地方沿漏斗壁螺旋向下吹洗，以除去沉淀表面吸附的杂质和残留的母液，绝不可骤然浇在沉淀上。待上一次洗液流完后，再进行下一次洗涤。如此反复多次直至洗净沉淀。

　　应根据具体情况选择适当方法检验沉淀是否洗净。

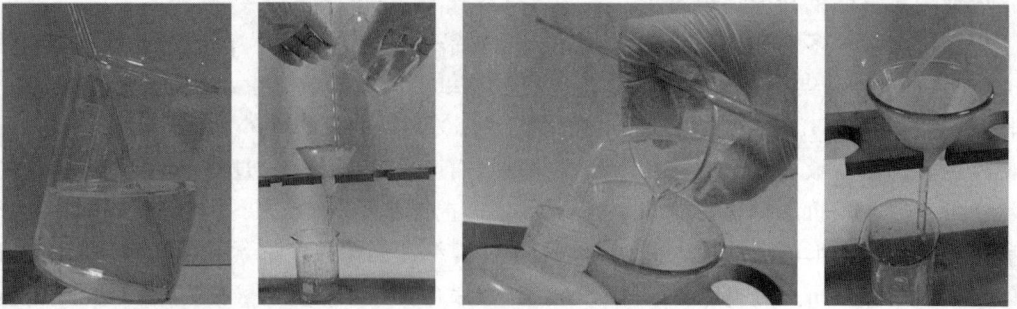

图 1-18　烧杯倾斜静置　图 1-19　倾泻法过滤　图 1-20　少量残留沉淀的冲洗　图 1-21　沉淀的洗涤

（2）微孔玻璃过滤器

微孔玻璃过滤器分坩埚形和漏斗形两种类型，如图 1-22（a）（b）所示。前者称为玻璃坩埚式过滤器或玻璃滤坩；后者称为玻璃漏斗式过滤器或玻璃砂芯漏斗。这两种玻璃过滤器虽然形状不同，但其底部滤片皆是用玻璃砂在 600℃ 左右烧结制成的多孔滤板。

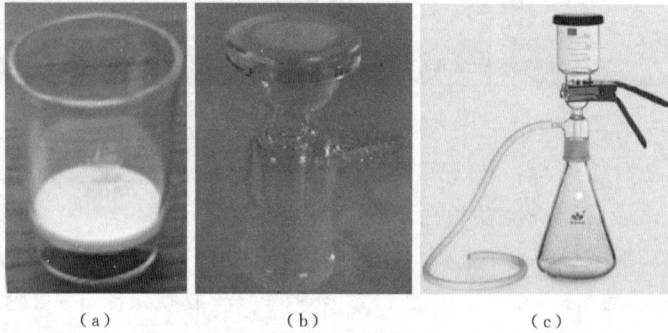

（a）　　　　　　　（b）　　　　　　　（c）

图 1-22　玻璃过滤器和吸滤瓶

坩埚（或漏斗）根据滤板孔径分级，由大到小可分为 6 级，见表 1-6。

表 1-6　坩埚（或漏斗）的孔径分布

坩埚（或漏斗）级别	G_1	G_2	G_3	G_4	G_5	G_6
滤板孔径/μm	80～120	40～80	15～40	5～15	2～5	<2

玻璃滤坩和玻璃砂芯漏斗配合吸滤瓶使用[图 1-22（c）]。玻璃滤坩通过一特制的橡皮座接在吸滤瓶上，用水泵（或真空泵）抽气。过滤时应先打开水泵，接上橡皮管，再倒入过滤溶液。过滤完毕，应先拔下橡皮管，再关闭水泵，否则由于瓶内负压，会使自来水倒吸入瓶内。

1.2.2.5　干燥器

干燥器是带有磨口盖子的密闭玻璃器皿。坩埚及沉淀经过烘干或灼烧后必须放在干燥器中冷却，以避免其吸收空气中的水分。

干燥器中最常使用的干燥剂是变色硅胶和无水氯化钙。其他干燥剂还有硫酸钙、氧化铝、浓硫酸等。

使用干燥器时，先用干抹布将干燥器内壁及多孔瓷板擦干净，然后将一张干净的纸卷成圆筒状，将干燥剂倒入干燥器，以避免干燥剂沾污干燥器内壁的上部，干燥剂装至干燥器下室一半的位置即可，不可太多，否则易沾污坩埚。装好干燥剂后，在干燥器的磨口上涂一层薄而均匀的凡士林，盖上盖子。

打开干燥器时，一只手按住干燥器下部，另一只手按住盖子上的圆顶向旁边推开，如图 1-23 所示。盖子取下后，应将磨口向上放在桌上。盖盖子时，也应平推着盖好。搬动干燥器时，用拇指按住盖子，以防盖子滑落打破，如图 1-24 所示。

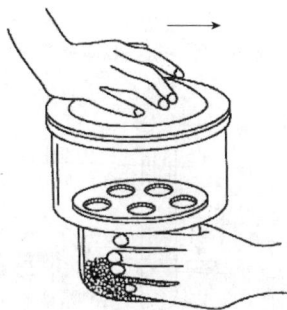

图 1-23 开启干燥器的方法

图 1-24 搬动干燥器的方法

1.2.2.6 酸度计

酸度计又称 pH 计(图 1-25)，是测定溶液 pH 值的精密仪器。实验室常用的酸度计型号有多种，如雷磁 25型、pH S-2 型、pH S-3 型、pH S-3C 型、pH SW-3D 型等。它们的结构和精密度略有差别，但原理相同，基本上由电极和电位计两大部分组成，电极是 pH 计的检测部分，电位计是其指示部分。

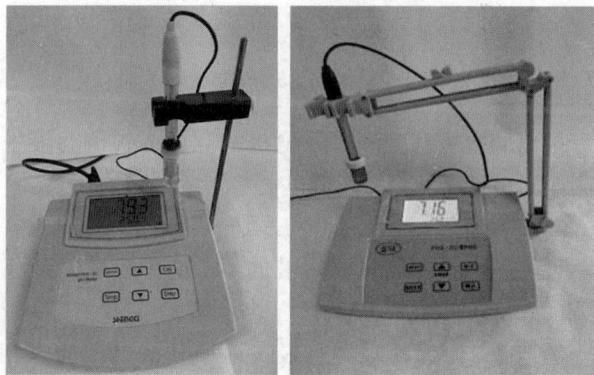

图 1-25 酸度计

(1)基本原理

利用酸度计测 pH 值的方法是电位测定法。它是将测量电极(玻璃电极)与参比电极(饱和甘汞电极)一起浸入被测溶液中，组成一个原电池。由于在一定温度条件下，饱和甘汞电极的电极电势是一个定值，且不随溶液 pH 值的变化而变化；而玻璃电极是 H^+ 选择电极，它的电极电势随溶液 pH 值的变化而改变，当待测溶液的 pH 值不同时，就产生不同的电动势。因此，用酸度计测量溶液的 pH 值，实质上就是测定溶液的电动势，并直接用 pH 刻度值表示出来，因而从酸度计上可以直接读出溶液的 pH 值。

①玻璃电极(图 1-26)。是由对 H^+ 有特殊敏感作用的玻璃膜组成，底部是由导电玻璃吹制成的薄膜小球，球泡内装 $0.1 \text{ mol} \cdot \text{L}^{-1}$ HCl 溶液(或一定 pH 值的缓冲溶液)，溶液中插一个 Ag-AgCl 内参比电极。将玻璃电极浸入被测溶液内，便组成原电池的一端，可表示为

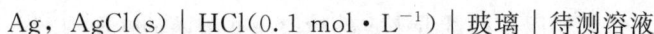

$$\text{Ag，AgCl(s)} \mid \text{HCl}(0.1 \text{ mol} \cdot \text{L}^{-1}) \mid 玻璃 \mid 待测溶液$$

导电玻璃薄膜把两种溶液分开，被测溶液中的 H^+ 与电极玻璃球泡表面水化层进行离子交换，球泡内层也同样产生电极电势。由于内层 H^+ 浓度不变，而外层 H^+ 浓度在变化，所以该电极电势随待测溶液的 H^+ 浓度的变化而改变，即

$$E_{玻} = E_{玻}^{\ominus} + 0.059c_{H^+} = E_{玻}^{\ominus} - 0.059pH$$

②饱和甘汞电极(图1-27)。由金属汞、氯化亚汞和氯化钾溶液组成，是常用的参比电极。电极反应为

$$Hg_2Cl_2 + 2e^- \Longrightarrow 2Hg + 2Cl^-$$

该电极的稳定性好，电极电势不随溶液pH值的变化而变化，在一定的温度下是一个定值，在25℃时为0.245 V，所以可作参比电极。

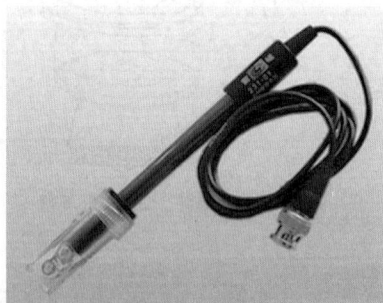

图1-26　玻璃电极

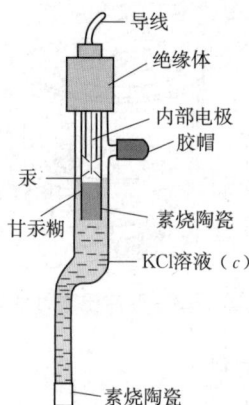

图1-27　饱和甘汞电极

把玻璃电极和饱和甘汞电极一起插入被测溶液中组成原电池，并连接上精密电位计，即可测电池电动势E，在25℃时

$$E = E_{正} - E_{负} = E_{甘汞} - E_{玻} = 0.245 - E_{玻}^{\ominus} + 0.059pH = K + 0.059pH$$

可见，电动势与被测溶液的pH值呈线性关系。

(2)pH S-3C型酸度计操作步骤

①准备。将pH玻璃电极、饱和甘汞电极插入相应的电极插座中，用蒸馏水清洗电极，再用滤纸轻轻吸干电极上的水分。将电源线插入电源插座中，接通电源，预热30 min。

②标定。仪器在测量之前必须要用已知pH值的标准缓冲溶液进行标定。将选择旋钮拨至pH档，旋转温度旋钮，使旋钮白线对准溶液温度值，把斜率旋钮顺时针旋到底。将电极插入pH=6.86的标准缓冲溶液中，旋转定位调节旋钮，使仪器读数显示为6.86。再将电极洗净、吸干，若测定的溶液偏酸性，则插入pH=4.01的标准缓冲溶液中，旋转斜率调节旋钮，使仪器读数显示为4.01。重复定位，直至不用再旋转定位或斜率调节旋钮。若测定溶液偏碱性，应用pH=6.86和pH=9.18的标准缓冲溶液标定仪器。一般情况下，在24 h内仪器不需再重复标定。

③pH值测定。把电极洗净吸干后插入待测溶液中，摇动烧杯，使溶液混合均匀，在显示屏上读出溶液的pH值。注意标定时标准缓冲溶液的温度与状态(静止或流动)和被测溶液的温度和状态要尽量一致。测量完毕，将电极洗净、吸干后插入保护液中。

1.2.2.7　常用试纸

在实验过程中，经常使用某些试纸来定性检验一些溶液的性质或某些物质的存在，操作简单，使用方便。试纸种类很多，常用的有石蕊试纸、pH试纸、淀粉碘化钾试纸和醋酸铅试纸。无论哪种试纸，都不要直接裸手拿取，以免手上带有的化学品污染试纸。同时，从容器中取出试纸后，应立即盖严容器，以防止容器内试纸受到空气中某些气体的污染。

(1)石蕊试纸

石蕊试纸用于检验溶液的酸碱性。实验前将石蕊试纸剪成小条，用镊子夹取，放在干燥洁净的表面皿上，再用玻璃棒蘸取待检验的溶液，滴在试纸上，观察石蕊试纸的颜色，切不可将试纸投入溶液中检验。

(2)pH 试纸

pH 试纸用于检验溶液的 pH 值，有广泛和紧密之分。使用方法与石蕊试纸相同，但最后须将 pH 试纸所显示的颜色与标准比色卡比较，才可得出溶液的 pH 值。

(3)淀粉碘化钾试纸

淀粉碘化钾试纸主要定性地检验氧化性气体(如 Cl_2)。在一张滤纸条上，滴加 1 滴淀粉溶液和 1 滴碘化钾溶液即成淀粉碘化钾试纸，然后将试纸粘在玻璃棒一端悬放在试管口上方，若逸出的气体较少，可将试纸伸进试管，但勿使试纸接触溶液或试管壁。

(4)醋酸铅试纸

醋酸铅试纸用于检验反应中是否有硫化氢气体产生。在一张滤纸条上滴加醋酸铅溶液即成醋酸铅试纸，其使用方法同淀粉碘化钾试纸。

【任务实施】

实验实训 1-1　天平的称量练习

一、实验目的

1. 学会天平的使用。
2. 学会正确取用固体试剂的操作。
3. 学会直接称量法和减量称量法的操作。

二、实验原理

掌握正确的称量方法及严格遵守天平的使用规则是成功完成定量分析实验实训、维护好天平及提高实验实训效率的基本保证。

三、仪器和试剂

仪器：电子分析天平、普通电子天平、表面皿、镊子、干燥器、称量瓶、烧杯等。
试剂：NaCl(A. R.)、金属片。

四、实验步骤

1. 直接称量法

(1)调节普通电子天平的零点，用镊子将洁净干燥的表面皿放在天平称量盘上，称出表面皿的质量。再用镊子将金属片放到表面皿上，称出表面皿和金属片的总质量。将数据填入表 1-7，并计算出金属片的质量。

(2)调节电子分析天平的零点，用镊子将表面皿放在电子分析天平称量盘上，准确称出其质量。然后用镊子将金属片放到表面皿上，精确称出它们的总质量，计算出金属片的质量。将数据填入表 1-7 中。

表 1-7　直接称量数据记录表

天平种类	表面皿和金属片总质量/g	表面皿质量/g	金属片质量/g
普通电子天平			
电子分析天平			

直接称量法还可以将表面皿放在天平称量盘上，去皮调节零点，再将金属片放到表面皿上进行称量，直接得到金属片的质量。

2. 减量称量法

(1)用纸带从干燥器中取出装有固体 NaCl 的称量瓶，在普通电子天平上粗称其总质量(准确至 0.1 g)。然后在电子分析天平上准确称出其总质量(准确至 0.1 mg)。

(2)取出称量瓶，打开瓶盖，从中倾倒出 1～1.5 g 固体 NaCl 于烧杯中，迅速盖上盖子。再将称量瓶分别放在普通电子天平和电子分析天平上称量。记录数据，填入表 1-8 中，并计算倒入烧杯中的 NaCl 的质量。

表 1-8　减量称量数据记录表

天平种类	称量瓶和 NaCl 的总质量/g		倒入烧杯中的 NaCl 的质量/g
	倾出前	倾出后	
普通电子天平			
电子分析天平			

五、思考题

1. 什么情况下用直接称量法？什么情况下用减量称量法？

2. 使用电子分析天平时为什么要强调轻开、轻关天平旋钮？

3. 用减量法称取样品时，若称量瓶内的样品吸湿，将对称量结果造成什么误差？若样品倒入烧杯后吸湿，对称量是否有影响？

实验实训 1-2　常用玻璃仪器的操作练习

一、实验目的

1. 掌握常用玻璃仪器的洗涤方法。
2. 掌握移液管、容量瓶、滴定管等玻璃仪器的正确操作。

二、实验原理

分析化学实验实训首先面对的就是常用玻璃仪器的洗涤和正确操作，因此在各种实验实训之前必须熟悉各种分析实验实训中常用的各种仪器及其使用方法。

三、仪器和试剂

仪器：试管、试管架、试管刷、移液管、量筒、容量瓶、玻璃棒、烧杯、酸式滴定管、碱式滴定管、锥形瓶、试剂瓶、洗瓶、胶头滴管。

试剂：洗液(洗衣粉或肥皂水、铬酸洗液)、纯水。

四、实验步骤

1. 洗涤玻璃仪器

根据玻璃仪器具体情况对试管、移液管、容量瓶、酸式滴定管、碱式滴定管进行一般洗涤或用洗液洗涤。洗涤干净后整齐地放在实训台上备用。

2. 容量瓶的操作练习

洗净的容量瓶按以下的顺序进行操作练习(烧杯中事先装入 30 mL 左右的纯水当作目标溶液)：容量瓶检漏→用玻璃棒引流，转移烧杯中的溶液至容量瓶中→用少量纯水洗涤玻璃棒和烧杯 3 次，洗液同样引入容量瓶中→用洗瓶加纯水至容量瓶容积的 2/3→平摇容量瓶→继续加纯水至距标线 1~2 cm 处，等待 1~2 min→调液面至凹液面和刻线相切→盖上盖子，摇匀。

3. 移液管的操作练习

洗净的移液管按以下的顺序进行操作练习：用试剂瓶中的溶液(以水代替)润洗 2~3 遍后，准确移取 5.00 mL、10.00 mL、25.00 mL 溶液至锥形瓶中。

4. 滴定管的操作练习

(1)酸式滴定管的操作练习

洗净的酸式滴定管按以下的顺序进行操作练习：检漏→润洗→装入试剂瓶中的溶液(用纯水代替)→排气泡→调零→滴定(在锥形瓶中进行)→读数，做到熟练地一边控制滴定速度，一边匀速摇动锥形瓶即可。使用完毕，把滴定管中的溶液倒出弃去，用自来水冲洗数次后，再用蒸馏水洗净，然后盖上滴定管帽，倒置于滴定架上，自然沥干。

(2)碱式滴定管的操作练习

洗净的碱式滴定管的操作练习顺序与酸式滴定管相同。

五、思考题

1. 使用容量瓶时为什么要首先检查瓶口是否漏水？如何正确检查？
2. 移液管中残留的最后一滴溶液需要吹出吗？
3. 使用滴定管有哪些操作步骤？

项目 1 小结

1. 分析实验实训室基本要求包括实验实训室规则、安全守则、废弃物环保处理及实验实训室意外事故的处理办法等。
2. 化学试剂的分类、规格、存放及正确取用。
3. 实验实训的实验数据应实事求是，坚持严谨的科学态度如实记录，并整理成规范的、完整的实验实训报告。

4. 分析化学实验实训基本仪器的简介及相关操作，特别是常用仪器（如量筒、容量瓶、移液管、酸式滴定管、碱式滴定管、漏斗、干燥器、电子分析天平、酸度计等）的操作和注意事项。

习题 1

1. 选择题

(1) 下述条例中（　　）不是化学实验实训室的一般安全守则。

    A. 实验人员要严格坚守岗位、精心操作

    B. 实验人员必须熟悉实训用仪器设备的性能和使用方法，并按操作规程精心操作

    C. 凡遇有毒、有害、易挥发的液体时，实验人员必须在通风橱内进行，并要加强个人保护

    D. 实验中产生的废酸、废碱、废渣等，应集中并自行处理

(2) 使用易燃、易爆物应在（　　）。

    A. 通风橱内进行，操作人员至少应有两人

    B. 通风橱内进行，操作人员不用佩戴安全防护用具

    C. 通风橱内进行，操作人员应佩戴安全防护用具

    D. 哪里都可以

(3) 下列有关实验室安全知识说法正确的是（　　）。

    A. 稀释硫酸必须在烧杯等耐热容器中进行，且只能将水在不断搅拌下缓缓注入硫酸

    B. 有毒、有腐蚀性液体操作不必在通风橱内进行

    C. 氰化物、砷化物的废液应小心倒入废液缸，均匀倒入水槽中，以免腐蚀下水道

    D. 易燃溶剂加热应采取水浴加热或沙浴，并避免明火

(4) 在实验室，遇到事故采取的措施正确的是（　　）。

    A. 不小心把药品溅到皮肤或眼内，应立即用大量清水冲洗

    B. 割伤应立即用清水冲洗

    C. 在实验中，衣服着火时，应就地躺下、奔跑或用湿衣服在身上抽打灭火

    D. 若不慎吸入溴蒸气、氯气等有毒气体或刺激性的气体，不可吸入少量的乙醇或乙醚的混合蒸气来解毒

(5) 下列物质着火时，（　　）能用水灭火。

    A. 苯、C_{10} 以下烷烃的燃烧　　　　　B. 切断电源电器的燃烧

    C. 碱金属或碱土金属的燃烧　　　　　D. 纸或棉絮的燃烧

(6) 电器着火时不能使用的灭火剂为（　　）。

    A. 干粉　　　　B. 四氯化碳　　　　C. 卤烷　　　　D. 泡沫

(7) 能准确量取一定量液体体积的仪器是（　　）。

    A. 试剂瓶　　　　B. 刻度烧杯　　　　C. 移液管　　　　D. 量筒

(8) 下列玻璃仪器使用时需要用操作溶液润洗的是（　　）。

    A. 容量瓶、滴定管　　　　　　　　B. 滴定管、移液管

    C. 锥形瓶、移液管　　　　　　　　D. 容量瓶、锥形瓶

(9)下列仪器可直接加热的是(　　)。

    A. 容量瓶、量筒 　　　　　　B. 烧杯、锥形瓶

    C. 量筒、锥形瓶 　　　　　　D. 移液管、试管

(10)下面移液管的使用正确的是(　　)。

    A. 一般不必吹出残留液 　　　B. 用蒸馏水淋洗后即可移液

    C. 用后洗净,加热烘干后即可再用 D. 移液管只能粗略地量取一定量液体体积

(11)有关容量瓶的使用正确的是(　　)。

    A. 通常可以用容量瓶代替试剂瓶使用

    B. 先将固体药品转入容量瓶后加水溶解配制成标准溶液

    C. 用后洗净并用烘箱烘干

    D. 定容时,无色溶液弯月面下缘和标线相切即可

(12)有关滴定管的使用错误的是(　　)。

    A. 使用前应洗干净,并检漏

    B. 滴定管洗净后可加热烘干附在内壁的水迹

    C. 要求较高时,要进行体积校正

    D. 滴定前应保证尖嘴部分无气泡

(13)各种试剂按纯度从高到低的代号顺序是(　　)。

    A. A. R. ＞L. R. ＞C. P. ＞G. R. 　　B. G. R. ＞C. P. ＞A. R. ＞L. R.

    C. G. R. ＞A. R. ＞C. P. ＞L. R. 　　D. C. P. ＞A. R. ＞L. R. ＞G. R.

(14)化学纯试剂可用于(　　)。

    A. 工厂的一般分析工作 　　　B. 直接配制标准溶液

    C. 标定滴定分析标准溶液 　　D. 分析实验

(15)下列所述(　　)不是检测报告填写中的注意事项。

    A. 要按检验报告的格式填写

    B. 不能有缺项或漏项

    C. 运用公式合理、规范

    D. 报出的数值一般应保持与标准指标数字有效数字位数一致

2. 填空题

(1)玻璃仪器洗净的标志是_____。

(2)配制溶液的操作步骤有_____、_____、_____、_____。

3. 简答题

(1)称取样品时,什么情况下采用减量称量法?什么情况选用固定质量称量法?

(2)容量瓶如何检漏?用容量瓶配制一定浓度的溶液时如何转移、定容和摇匀?

(3)如何对酸式和碱式滴定管排气泡?

(4)如何正确对滴定管中装有的无色溶液和有色溶液进行读数?

项目 2　定量分析

【知识目标】

1. 了解定量分析的一般程序。
2. 熟悉定量分析误差的分类、特点和减免方法。
3. 掌握准确度和精密度的含义及表达方式。
4. 熟悉有效数字的含义、修约和运算规则。
5. 了解滴定分析法的基本原理、分类及相关知识。

【技能目标】

1. 能准确判断误差的来源，并采取相应的减免措施。
2. 会计算误差和偏差，以此来衡量准确度和精密度。
3. 能正确地完成滴定分析中的数据处理及计算。
4. 能正确操作常用滴定分析仪器。

【素质目标】

培养学生严谨求实的工作作风。

【项目简介】

定量分析是测定分析对象中有关成分的确切含量，是我们在工农业生产、科学研究、环境监测、疾病诊断、药物分析等许多领域不可或缺的一项重要工作，也和我们的日常生活息息相关。了解定量分析的基本知识，掌握定量分析的一般程序，误差和偏差的概念及分析数据处理方法是做好分析工作的前提。滴定分析是定量分析中重要的分析方法之一，它是以化学反应为基础建立的分析方法，依据化学反应类型的不同分为：酸碱滴定法、配位滴定法、氧化还原滴定法和沉淀滴定法。这些方法理论成熟、原理通俗易懂、设备简单、操作简便，常称为经典分析方法。

【工作任务】

任务 2.1　定量分析的一般程序

定量分析是测定分析对象中有关成分的确切含量。在工农业生产和科学研究工作中需要进行定量分析的样品种类繁多，这些样品来源不同，分析目的不同，因而分析方法和手段也不相同。但无论什么样品，只要进行定量分析，一般分析程序大致分为样品的采集和制备、样品的预处理、样品的测定、数据处理及结果评价等步骤。

2.1.1 样品的采集和制备

从大量的分析材料中抽取一小部分作为分析材料的过程称为采样，所抽取的分析材料称为样品或试样。分析测定所需样品的量较少，而可供测定对象的量往往很大，这就要求所采的样品具有代表性和客观性。采样是定量分析中的第一步，合理的采样是分析结果是否准确可靠的基础。

采样的具体方法依分析材料的性质、均匀程度、数量多少及分析项目的不同而异，通常按多点采样原则进行采集。初步采集的原始样品往往量比较大，组成也不均匀，不宜直接使用，一般要经过粉碎、过筛、混匀和缩分等步骤制成分析样品，贮于磨口广口瓶中，贴好标签备用。标签上要注明样品的名称、采集地点、采集时间、采集人和必要的说明等。

采集后的样品，应防止被污染、吸附损失、分解、变质等，同时因采集后很难现场测定，往往需要对样品进行合理保存，再拿回实验室进行测定。

2.1.2 样品的预处理

样品的预处理就是把样品中的被测成分转化为合适的可测状态。定量分析中，除少数采用干法分析外，一般以湿法分析为主。湿法分析是将样品分解后转入溶液中，然后进行测定，常用的方法有溶解和熔融两种。溶解是将样品溶解在水、酸或其他溶剂中。熔融是将样品和某种酸性或碱性溶剂混合，在高温下使待测组分转变为易溶于水或酸的化合物。处理过程中应注意以下几个问题：

①样品必须分解完全，待测组分不应损失且其状态应有利于测定。对复杂样品还要进行分离或掩蔽干扰成分，以消除干扰成分对测定结果的影响。

②不应引入干扰物质和待测组分。

2.1.3 样品的测定

在对预处理后的样品进行测定前，需要选择合适的测定方法。选择测定方法一般要了解以下几个方面的问题。

2.1.3.1 被测组分的性质

了解被测组分的性质有助于选择适当的测定方法。例如，测定水中钙、镁离子的含量可选用 EDTA 配位滴定法，因为 EDTA 易和钙、镁形成稳定的配合物，且有合适的指示剂指示终点，测量结果准确。对于钾、钠等离子，由于它们的配合物一般不够稳定，又不具有氧化还原性，因此用传统的滴定分析方法测定就不够理想，若选用火焰光度法或原子吸收分光光度法等仪器分析则会获得较为准确的实验结果。

2.1.3.2 被测组分的含量

根据分析时所用样品的量分为常量分析、半微量分析、微量分析和超微量分析，见表 2-1。

根据所分析的组分在样品中的相对含量可以分为常量（$>1\%$）组分分析、微量（$0.01\%\sim1\%$）组分分析和痕量（$<0.01\%$）组分分析。被测组分含量的高低也是选择分析方法的因素之一。适用于测定常量组分的方法一般不适于测定微量组分或更低浓度的物质，反之亦然。因此在选择方法时，应考虑欲测组分的含量范围。对于高含量组分的测定，可用传统的滴定分析法测定，对于微量组分的测定，应选用灵敏度较高的仪器分析进行测定。

表 2-1   各种分析样品用量分类

分类名称	所需样品质量 m/mg	所需样品体积 V/mL
常量分析	100～1 000	＞10
半微量分析	10～100	1～10
微量分析	0.1～10	0.01～1
超微量分析	＜0.1	＜0.01

2.1.3.3   测定的具体要求

应明确测定的目的和要求，其中主要包括需要测定的组分、准确度及完成测定的速度等。测定时应使所选择的方法，在能满足所要求准确度的前提下，尽量在较短时间内完成。

2.1.3.4   实验室条件

选择分析方法时应根据实验室条件，尽可能地采用新的分析技术及方法。

2.1.4   数据处理及结果评价

分析过程中会得到相关的数据，对这些数据要按照一定的规则进行分析处理，计算出被测组分的含量，同时对分析结果的准确性作出评价，并在此基础上形成分析报告。

任务 2.2   定量分析中的误差及数据处理

受分析方法、测量仪器、试剂和分析工作者主观条件等方面的限制，以及随机因素的影响，测定结果客观上存在着难以避免的误差。因此，在定量分析中应该对分析结果的准确性和可靠性进行分析判断，检查误差产生的原因，采取减小误差的有效措施，提高分析结果的准确度。

2.2.1   定量分析中的误差

误差是测量值与真实值之差。根据误差的性质与产生的原因，可将误差分为系统误差和偶然误差两大类。

2.2.1.1   系统误差

系统误差也称可测误差，它是由于在测定过程中某些确定的、经常性的因素造成分析结果系统地偏高或偏低。在同一条件下重复测定时，它会重复出现。因此，系统误差具有重现性和单向性的特点。若能找出产生误差的原因，就可以采取措施减小误差，提高分析结果的准确度。

根据系统误差的性质和产生的原因主要有以下几种：

①方法误差。由于分析方法本身不完善所引起的误差。例如，在滴定分析中由于反应不完全、沉淀的溶解或吸附、滴定终点和化学计量点不符、杂质的干扰等都会产生误差，使分析结果系统地偏高或偏低。

②仪器误差。由于仪器本身不够精确所引起的误差。例如，分析天平的绝对误差为±0.000 1 g，而普通电子天平的绝对误差为±0.1 g 或±0.01 g。仪器的灵敏度不同，产生

的误差大小则不同。另外，滴定管、移液管的刻度不均匀或不准确等也会给测量结果带来一定的误差。

③试剂误差。由于使用的试剂不纯、含有微量杂质和被测组分引起的误差，尤其是基准物质纯度不高时影响更大。

④操作误差。在正常操作条件下，由操作人员主观因素所造成的误差。例如，称取样品时没有注意样品的吸湿；不正确的读数方法造成滴定管的读数偏高或偏低；对滴定终点的颜色判断偏深或偏浅等。

由于产生系统误差的原因很多，要针对不同情况采用相应方法来减小或消除系统误差。

①选择合适的分析方法。主要目的是减小方法误差对测定结果的影响。一般情况下，滴定分析法的灵敏度不高，适用于高含量组分的测定；而仪器分析法的灵敏度高，适用于低含量组分的测定。因此，在对样品进行分析时，必须事先了解样品的性质和待测组分的含量范围，以便选择合适的分析方法。

②对照实验。用已知准确含量的标准样品，按所选用的测定方法进行的测定。将测定结果与标准样品的已知含量进行比较，得出分析的误差大小，同时求出校正系数。即

$$校正系数 = \frac{标准样品中组分的已知含量}{标准样品中组分的测定结果}$$

$$试样中待测组分的含量 = 校正系数 \times 试样测定结果$$

③空白实验。按所选用的分析方法以蒸馏水代替样品进行的分析。得到的结果称为空白值。从样品的分析结果中减去空白值，就可以得到更接近于真实值的结果。如果空白值过大，减去空白值会引起更大的误差。这时就必须采取提纯试剂或蒸馏水等措施来降低空白值。

④校正仪器。仪器不准确引起的系统误差，可以通过校准仪器来减少其影响。例如，砝码、移液管和滴定管等在精确分析中必须进行校准。在日常分析中，因仪器出厂时已校准，一般不需要进行校正。

2.2.1.2 偶然误差

偶然误差也称不可测误差，它是由于某些难以控制的、随机的偶然因素造成的。如由于测定时的环境温度、气压、相对湿度的偶然波动及仪器性能的微小变化等原因引起的。偶然误差对测定结果的影响时大时小、时正时负，难以控制，但在同样的条件下进行多次重复测定时，它符合正态分布规律，即小误差出现的概率大，大误差出现的概率小，正、负误差出现的概率相等，如图 2-1 所示。

图 2-1 中横轴代表误差，纵轴代表误差发生的频率。根据偶然误差的分布规律可知，在消除了系统误差的情况下，重复测定次数增加时，偶然误差的算术平均值的误差将逐渐接近于零。因此，利用多次重复测求算术平均值的方法可减小偶然误差对分析结果的影响。实验证明，当测定次数大于 10 次时，误差便减小到不显著的程度。实际工作中，通常对一个样品平行测定 3~4 次，取算术平均值，便可得到较准确的分析结果。

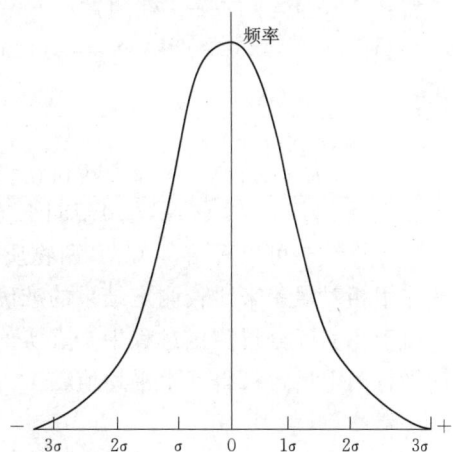

图 2-1 偶然误差的正态分布曲线

系统误差和偶然误差都是指正常操作的情况下所产生的误差。因操作不细心，不按规程操作而引起分析结果出现的差异，则称为"过失"。它不属于误差范围，而属于工作失误，如加错试剂、读错读数、试液损失和计算错误等。在实际工作中出现误差时，应认真分析原因。如果确定是因为过失引起的，测定结果必须舍弃并重新测定。因此，分析工作者必须熟悉方法原理，熟练操作技术，严格遵守操作规程，以便提高分析结果的准确性。

2.2.2 准确度与精密度

2.2.2.1 准确度与误差

分析结果与真实值相接近的程度称为准确度。在实际分析测定中，一般不知道真实值的大小，只能通过确定一些相对准确的物质和分析结果作为真实值。例如，各种基准物质如纯锌、邻苯二甲酸氢钾等，以及国家颁布的一些标准样品的标准值常当作真实值处理。

准确度用误差表示。误差越小，表示分析结果的准确度越高；反之，误差越大，分析结果的准确度则越低。所以，误差的大小是衡量准确度高低的尺度。

误差的表示方式分为绝对误差和相对误差两种。

绝对误差(E_a)表示测量值(x)与真实值(x_T)之差。

$$E_a = x - x_T \tag{2-1}$$

测量值大于真实值时，绝对误差为正值，表示测定结果偏高；测量值小于真实值时，绝对误差为负值，表示测定结果偏低。

相对误差(E_r)是指绝对误差在真实值中所占的比例。分析化学中，相对误差用百分率表示。

$$E_r = \frac{E_a}{x_T} \times 100\% \tag{2-2}$$

若两次分析结果的绝对误差相等，它们的相对误差却不一定相等，真实值越大者，其相对误差越小；反之，真实值越小者，其相对误差越大。

【例 2-1】 用分析天平称量 A、B 两物质的质量分别为 0.175 4 g 和 1.754 2 g。A、B 两物质的真实质量分别为 0.175 5 g、1.754 3 g。求出用该分析天平称量 A、B 两物质时的绝对误差和相对误差，并比较称量结果的准确度。

解： $E_a(A) = x_A - x_T = 0.175\ 4\ g - 0.175\ 5\ g = -0.000\ 1\ g$

$E_a(B) = x_B - x_T = 1.754\ 2\ g - 1.754\ 3\ g = -0.000\ 1\ g$

$E_r(A) = \dfrac{E_a(A)}{x_T} \times 100\% = \dfrac{-0.000\ 1}{0.175\ 5} \times 100\% = -0.057\%$

$E_r(B) = \dfrac{E_a(B)}{x_T} \times 100\% = \dfrac{-0.000\ 1}{1.754\ 3} \times 100\% = -0.005\ 7\%$

从计算结果可以看出，A、B 两物质的绝对误差相同，但它们的相对误差却相差 10 倍。因此，用相对误差来比较测定结果的准确度更为确切。

由于在实际分析测定过程中，真实值的大小是不可能知道的，所以，通常在对样品进行多次平行测定后，求得算术平均值($\bar{x}$)，作为接近真实值的最合理值。

$$\bar{x} = \frac{x_1 + x_2 + \cdots + x_n}{n} = \frac{\sum\limits_{i=1}^{n} x_i}{n} \tag{2-3}$$

2.2.2.2 精密度与偏差

精密度是指在相同的条件下多次平行测定结果相互接近的程度。精密度高，表示分析结果的重现性好，结果可靠。精密度常用偏差来衡量。

(1)绝对偏差与相对偏差

绝对偏差是指在一组平行测定值中，单次测量值(x_i)与算术平均值($\overline{x}$)之差，用d_i表示。

$$d_i = x_i - \overline{x} \tag{2-4}$$

相对偏差是指绝对偏差在算术平均值中所占的百分率，用d_r表示。

$$d_r = \frac{d_i}{\overline{x}} \times 100\% \tag{2-5}$$

绝对偏差和相对偏差只能说明单次测定结果对平均值的接近程度。为了更好地说明测定结果的精密度，在分析工作中通常用平均偏差和标准偏差来表示。

(2)平均偏差与相对平均偏差

平均偏差($\overline{d}$)是指单次测量值绝对偏差的绝对值之和的平均值。

$$\overline{d} = \frac{|d_1| + |d_2| + \cdots + |d_n|}{n} = \frac{\sum\limits_{i=1}^{n} |d_i|}{n} \tag{2-6}$$

相对平均偏差($\overline{d_r}$)是指平均偏差在算术平均值中所占的百分率。

$$\overline{d_r} = \frac{\overline{d}}{\overline{x}} \times 100\% \tag{2-7}$$

【例 2-2】 某分析员在一次实验中得到的测得值为：20.16%、20.14%和20.13%，则这次测定的平均值、绝对偏差、相对偏差、平均偏差和相对平均偏差分别为多少？

解： $\overline{x} = \dfrac{20.12\% + 20.14\% + 20.13\%}{3} = 20.13\%$

$d_1 = 20.12\% - 20.13\% = -0.01\%$ $d_{r_1} = \dfrac{-0.01\%}{20.13\%} \times 100\% = -0.0497\%$

$d_2 = 20.14\% - 20.13\% = +0.01\%$ $d_{r_2} = \dfrac{+0.01\%}{20.13\%} \times 100\% = 0.0497\%$

$d_3 = 20.13\% - 20.13\% = 0$ $d_{r_3} = \dfrac{0}{20.13\%} \times 100\% = 0$

$\overline{d} = \dfrac{|-0.01\%| + |0.01\%| + 0}{3} = 0.0067\%$

$\overline{d_r} = \dfrac{0.0067\%}{20.13\%} \times 100\% = 0.033\%$

(3)标准偏差与相对标准偏差

当测定所得的数据分散度较大时，仅用平均偏差不能说明精密度的高低，需要采用标准偏差来衡量精密度。标准偏差又称均方根偏差，用符号 S 表示。当测定次数不多时($n < 20$)，则

$$S = \sqrt{\frac{d_1^2 + d_2^2 + \cdots + d_n^2}{n-1}} = \sqrt{\frac{\sum\limits_{i=1}^{n} d_i^2}{n-1}} \tag{2-8}$$

式中，$n-1$ 为自由度 f。

相对标准偏差(S_r)又称变动系数，是标准偏差在算术平均值中所占的百分率。

$$S_r = \frac{S}{\bar{x}} \times 100\% \tag{2-9}$$

(4)极差与相对极差

极差(R)等于一组平行测量值中最大值与最小值之差。

$$R = x_{max} - x_{min} \tag{2-10}$$

相对极差(R_r)是指极差在算数平均值中所占的百分率。

$$R_r = \frac{R}{\bar{x}} \times 100\% \tag{2-11}$$

2.2.2.3 准确度与精密度的关系

准确度表示测量的正确性，精密度表示测量的重现性。系统误差影响分析结果的准确度，偶然误差影响分析结果的精密度。所以，在分析和计算过程中，如果未消除系统误差，虽然分析结果有很高的精密度，但并不能说明准确度高，即单从精密度看，不考虑系统误差，仍得不出正确的结论，只有在消除了系统误差后，精密度高的分析结果，才是既准确又精密的。

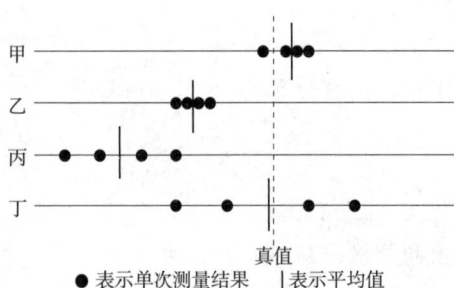

甲
乙
丙
丁

真值

● 表示单次测量结果　| 表示平均值

图 2-2　不同工作者分析同一样品的结果

如图 2-2 所示，甲、乙、丙、丁四人对同一样品进行分析的结果中，甲的分析结果准确度与精密度均好，结果可靠；乙的分析结果精密度高但准确度低，说明在测定中存在不可忽略的系统误差；丙的分析结果中，精密度和准确度均比较低，结果当然不可靠；丁的分析结果精密度非常低，尽管由于较大的正、负误差恰好抵消而使平均值接近真值，但并不能说明其测定的准确度高，显然丁的结果只是偶然的巧合，并不可靠。

由此可见，准确度高必然精密度高，但精密度高，其准确度并不一定也高。精密度是保证准确度的前提，精密度低，所测结果不可靠，因此就失去了衡量准确度的先决条件，其准确度自然也不高。

2.2.3　分析数据的处理

2.2.3.1　有效数字

有效数字是指在分析工作中仪器能够测量到的数字。它包括所有的准确数字和最后一位可疑数字。有效数字不仅表明数量的大小，也反映测量的准确度。例如，用分析天平称得 0.204 6 g 物质，数字前三位是准确的，第四位是估计值，有 ±0.000 1 g 的误差。

在记录实验数据过程中，对于如何确定有效数字的位数，应注意以下几点：

(1)"0"在实验数据中具有双重意义

非零数字前的零只定位，不是有效数字，非零数字后的零都是有效数字。如在 23.006 0 中，数字中间和后面的"0"都是有效数字；在 0.036 0 中，前面两个"0"是定位数字而不是有效数字，后面一个"0"则是有效数字。另外，如 1 800 这样的数字，最好采用指数形式表示，否则有效数字的位数含混不清，一般看成是四位有效数字，但它可能为三位或两位，因此，在记录数据时应根据实际要求将结果写成指数形式,即 1.800×10^3(四位)、1.80×10^3(三位)、1.8×10^3(两位)。

(2)对数值的有效数字的确定

对于分析化学中常用的 pH、$\lg K$ 等对数值,其有效数字只取决于它们小数点后面数字的位数,整数部分是相应的真实值 10 的方次,只起定位作用。如 pH = 4.00,有效数字为两位,转化为测量值为 $c_{H^+} = 1.0 \times 10^{-4}$ mol·L^{-1}。

(3)有效数字不因单位的改变而改变

如称重 0.030 5 g,前面两个"0"都不是有效数字而是定位数字,只与称量的单位有关。如果单位用"mg"表示,则变成 30.5 mg,前面的"0"就消失了,有效数字位数不变,仍为三位。

(4)在计算中表示倍数、分数的数字并非测量值,认为其有无限多位

这些特殊的数字就认为是准确值,无估计值,其有效数字的位数一般与题意相符。相对原子质量、相对分子质量等的取值也应与题意相符。

2.2.3.2 有效数字的修约与运算

(1)有效数字的修约

对实验数据进行分析处理时,必须合理保留有效数字而舍弃多余的尾数,这个过程称为有效数字的修约。在对实验数据进行分析计算前,都需要对实验数据进行修约。有效数字的修约遵循"四舍六入,五后有数就进一,五后没数看单双"的规则。即当尾数≤4 时将其舍去;当尾数≥6 时就进一位;当尾数为 5 而后面有不为零的数时,进一位;当尾数为 5 而后面为零,若 5 前面为偶数(包括零)则舍去,为奇数则进一位。根据这一规则,将下列测量值修约为三位有效数字时,结果应为

$$7.642\ 3 \longrightarrow 7.64$$
$$3.246\ 0 \longrightarrow 3.25$$
$$0.046\ 35 \longrightarrow 0.046\ 4$$
$$6.265\ 0 \longrightarrow 6.26$$
$$2.325\ 40 \longrightarrow 2.33$$

(2)有效数字的运算

①加减法。几个数据相加或相减,其有效数字的保留应以小数点后位数最少(绝对误差最大)的数为准确定位数,将多余的数字修约后,再进行运算。

【例 2-3】 $0.041 + 21.641\ 5 + 3.064\ 51 = ?$

解:这 3 个数据中,0.041 的小数点后位数最少,绝对误差最大(± 0.001)。因此,应以 0.041 为准进行修约,保留有效数字位数到小数点后第三位。所以结果为

$$0.041 + 21.641\ 5 + 3.064\ 51 = 0.041 + 21.642 + 3.065 = 24.748$$

②乘除法。几个数相乘或相除,其有效数字的保留应以有效数字位数最少(相对误差最大)的数为准,将多余的数字修约后,再进行乘除运算。

【例 2-4】 $0.034\ 1 \times 16.64 \times 3.045\ 72 = ?$

解:0.034 1 的有效数字位数最少,因此应以 0.034 1 为准,保留三位有效数字,然后相乘得

$$0.034\ 1 \times 16.64 \times 3.045\ 72 = 0.034\ 1 \times 16.6 \times 3.05 = 1.73$$

2.2.4 分析数据的评价

在一系列平行测量所得的数据中，常含有个别数据与其他数据偏离较远，如不舍去，将会影响分析结果的准确性。这些偏离较远的数值称为可疑值。可疑值的产生既可能是由于分析测试中过失造成的，也可能是由于偶然误差造成的。因此，判断可疑值的取舍，实质上就是区分它是由过失造成的，还是由偶然误差引起的。过失造成的就应舍弃，偶然误差造成的就应保留。如果不知道可疑值是否含有过失，则不能随意取舍，必须借助于统计学的方法判断。目前，常用的方法有四倍法（$4\bar{d}$ 法）和 Q 值检测法。

(1)四倍法（$4\bar{d}$ 法）

当测定次数少于 4 次时，对于偏差大于 $4\bar{d}$ 的个别测定值可以舍去。方法如下：

①对一组平行测定结果按从小到大排列：x_1，x_2，x_3，…，x_n，将最大值或最小值列为可疑值。

②可疑值 x_i 除外，求其余数据的平均值 $\bar{x}$ 和平均偏差 $\bar{d}$。

③求出可疑值 x_i 与平均值 $\bar{x}$ 的差值的绝对值 $|x_i-\bar{x}|$。

④将 $|x_i-\bar{x}|$ 与 $4\bar{d}$ 比较，如果 $|x_i-\bar{x}|>4\bar{d}$，则舍去，否则保留。

【例 2-5】 某含氯样品的测定中，测定 4 次结果分别为 30.22%、30.34%、30.38% 和 30.42%，问 30.22% 这一数据是否应该舍去？

解：设 30.22% 为可疑值，其余 3 个数值的算术平均值和平均偏差计算结果分别为

$$\bar{x}=\frac{30.34\%+30.38\%+30.42\%}{3}=30.38\%$$

$$\bar{d}=\frac{|30.34\%-30.38\%|+|30.38\%-30.38\%|+|30.42\%-30.38\%|}{3}=0.03\%$$

根据四倍法得

$$4\bar{d}=4\times0.03\%=0.12\%$$

$$|30.22\%-30.38\%|=0.16\%>0.12\%$$

所以，测定结果 30.22% 数据应该舍去。

四倍法的优点是简单、方便，但这样处理问题的误差较大，所以此方法只能用于处理一些要求不高的数据。

(2)Q 值检验法

当测量次数为 3～10 时，根据所要求的置信度，用 Q 值检验法检验可疑数据是否可以舍去。具体步骤如下：

①将测定结果按从小到大的顺序排列，则最大值 x_n 或最小值 x_1 为可疑值。

②计算 Q 值。

检验 x_n：
$$Q=\frac{x_n-x_{n-1}}{x_n-x_1}$$

或者，检验 x_1：
$$Q=\frac{x_2-x_1}{x_n-x_1}$$

③根据置信度的要求，查 Q 值表（表 2-2）。当计算的 Q 值大于或等于表中的 Q 值时，则舍去，否则应保留。

注意：Q 值检验法只适合于一组数据中只有一个可疑值的检验。

表 2-2　Q 值表（置信度 0.90 和 0.95）

测定次数 n	3	4	5	6	7	8	9	10
$Q_{0.90}$	0.94	0.76	0.64	0.56	0.51	0.47	0.44	0.41
$Q_{0.95}$	1.53	1.05	0.86	0.76	0.69	0.64	0.60	0.58

【例 2-6】 某样品的 7 次平行测定值是：25.09、24.95、24.98、25.03、24.78、25.11、25.04，问 24.78 这个数据可否舍弃？（置信度为 0.95）

解： 将这组数据从小到大进行排列：24.78、24.95、24.98、25.03、25.04、25.09、25.11。

在这一组数据中，24.78 为最小值，25.11 为最大值。

求出 Q 值：

$$Q = \frac{24.95 - 24.78}{25.11 - 24.78} = 0.52$$

查 Q 值表得

当 n＝7 时，$Q_{0.95}＝0.69＞Q$

所以，24.78 这个数据应保留。

任务 2.3　滴定分析法

滴定分析法是将一种已知准确浓度的试剂溶液通过滴定管滴加到被测物质的溶液中，直到所加试剂与被测物质按化学反应计量关系完全反应为止，然后根据所加试剂的浓度和体积，计算出被测物质的含量。根据所利用化学反应类型的不同，滴定分析法主要分为酸碱滴定法、沉淀滴定法、氧化还原滴定法和配位滴定法，主要用来测定常量组分（质量分数大于 1%），是从事分析工作必须要掌握的基本分析方法。滴定分析法具有设备简单、操作简便、测定迅速、准确度较高（相对误差一般为 $\pm 0.1\% \sim \pm 0.2\%$）等优点，广泛用于工农业生产、日常生活以及科学研究等各个领域。

2.3.1　滴定分析法的基本概念

用滴定分析法进行定量分析时，首先，将被测定物质的溶液置于一定的容器（通常为锥形瓶）中，并加入少量适当的指示剂，然后用一种已知准确浓度的溶液通过滴定管逐滴加到容器中，当滴入的已知准确浓度的溶液与被测定物质的溶液按化学反应式所表示的化学计量关系定量反应完全时，由指示剂的颜色变化指示终点的到达，停止滴定。在滴定分析过程中，有几个重要概念，现介绍如下：

①标准溶液。已知准确浓度的溶液。一般通过滴定管逐滴加到被测物质的溶液中，也称滴定剂。

②滴定。用一种已知准确浓度的溶液通过滴定管逐滴加到被测物质溶液的容器中的过程。

③待滴定液。浓度待测定的样品溶液。

④基准物质。能够用于直接配制或标定标准溶液浓度的物质，称为基准物质或基准试剂。如 $KHC_8H_4O_4$、$CaCO_3$、$H_2C_2O_4 \cdot 2H_2O$、$Na_2B_4O_7 \cdot 10H_2O$ 等，此类物质必须符合纯

度高、稳定性高、摩尔质量较大、物质组成与化学式相符、参加反应严格按化学方程式定量地进行完全，且没有副反应等条件。

⑤化学计量点。标准溶液与待滴定液按化学反应计量关系完全反应时的点称为化学计量点，简称计量点(或理论终点、等量点等)。

⑥滴定终点。为了确定计量点，通常会在待滴定液中加入一种合适的指示剂，指示剂的颜色发生突然变化的点，称为滴定终点，简称终点。它是滴定过程终止的信号，此时，应立刻停止滴定。

⑦滴定误差。在实际滴定分析过程中，指示剂并不一定正好在计量点时变色，以致滴定终点与计量点不一定完全符合，由此而造成的误差称为滴定误差。滴定误差是滴定分析的主要误差来源之一，它的大小主要取决于滴定反应的完全程度和指示剂的选择是否适当。

2.3.2　滴定分析法对化学反应的要求

滴定分析法是以化学反应为基础的，但并不是所有的化学反应都可以使用滴定分析法，适合滴定分析法的反应必须具备以下几个条件：

①反应必须定量地完成。滴定分析法所依据的化学反应必须严格按一定的化学方程式进行，不能有副反应发生，反应要进行完全，通常要达到 99.9% 以上。这是定量分析进行定量计算的前提。

②反应必须迅速完成。滴定反应要能在瞬间完成，对于速度慢的反应，有时可通过加热或加入催化剂等方法来加快反应速度。

③反应必须有适当的方法确定滴定终点。在滴定分析法中只有极少数标准溶液，如高锰酸钾本身颜色可以指示终点外，绝大多数滴定反应需要加入合适的指示剂，或用其他方法(如电位滴定、电导滴定等)确定终点。

④反应必须无干扰杂质存在。

2.3.3　滴定分析法分类

(1)酸碱滴定法

酸碱滴定法(又称中和滴定法)是利用酸和碱在水中以质子转移反应为基础的滴定分析方法。利用酸碱反应进行容量分析时，用酸作滴定剂可以测定碱，用碱作滴定剂可以测定酸，是一种用途极为广泛的分析方法。最常用的酸标准溶液是盐酸(有时也用硝酸和硫酸)，碱标准溶液是氢氧化钠(有时也用氢氧化钾或氢氧化钡)。其基本反应为

$$H^+ + OH^- \Longrightarrow H_2O$$

(2)配位滴定法

配位滴定法(又称络合滴定法)是以配位反应为基础，利用配位剂作标准溶液滴定待测物质，从而形成配合物的一种滴定分析法。常用的配位剂有乙二胺四乙酸(EDTA，常用 Y 表示)等，多用于对金属离子(M)进行测定，实际应用非常广泛。反应通式可表示为

$$M + Y \Longrightarrow MY$$

(3)氧化还原滴定法

氧化还原滴定法是以氧化还原反应为基础，利用物质的氧化还原性质进行分析的一种滴定方法。例如，用 $KMnO_4$ 标准溶液滴定水的化学耗氧量，反应方程式为

$$4MnO_4^- + 5C + 12H^+ == 4Mn^{2+} + 5CO_2 \uparrow + 6H_2O$$

（4）沉淀滴定法

沉淀滴定法是以沉淀反应为基础的一种滴定分析方法。例如，用 $AgNO_3$ 标准溶液测定样品溶液中 Cl^- 的浓度，其反应方程式为

$$Ag^+ + Cl^- == AgCl \downarrow$$

2.3.4　滴定分析法的滴定方式

（1）直接滴定

把标准溶液直接滴加到被测样品溶液中的方式称为直接滴定。凡是能满足滴定分析上述 4 个滴定条件要求的反应，都可以采用直接滴定。直接滴定具有操作简单、准确度高等优点，是滴定分析法中最基本、最常用的滴定方式。

（2）间接滴定

有时被测物质并不能直接与标准溶液作用，但却能和另一种可以与标准溶液直接作用的物质反应，这时便可采用间接法进行滴定。例如，Ca^{2+} 既不能直接被酸或碱滴定，也不能直接和氧化剂作用，就只能采用间接法滴定。可先将 Ca^{2+} 定量地沉淀为 CaC_2O_4，过滤分离后用 H_2SO_4 溶解沉淀，再用 $KMnO_4$ 标准溶液滴定与 Ca^{2+} 定量结合的 $C_2O_4^{2-}$，便可间接测定钙的含量。

其反应如下：

$$Ca^{2+} + C_2O_4^{2-} == CaC_2O_4 \downarrow$$
$$CaC_2O_4 + H_2SO_4 == CaSO_4 + H_2C_2O_4$$
$$2MnO_4^- + 5C_2O_4^{2-} + 16H^+ == 2Mn^{2+} + 10CO_2 \uparrow + 8H_2O$$

（3）返滴定

当被测物是固体或与标准溶液反应较慢，或没有适宜的指示剂时，可采用返滴定法。即先向待测物质溶液中加入已知过量的标准溶液，待反应完成后，再用另一种标准溶液滴定剩余的前一种标准溶液。最后，根据反应所消耗的前后两种标准溶液的物质的量，求出待测物质的含量。例如，固体 $CaCO_3$ 因不溶于水而不能用 HCl 直接滴定，可先加入已知过量的 HCl 标准溶液，待反应完成后，再用 NaOH 标准溶液返滴定剩余的 HCl。由消耗的 HCl 和 NaOH 的物质的量之差即可求出固体 $CaCO_3$ 的含量。

（4）置换滴定

对于某些物质的反应不能按照化学计量关系定量进行，或伴随有副反应时，可以使它先与另一种物质起反应，置换出一定量能被滴定的物质，然后用适当的滴定剂进行滴定，这种滴定方法称为置换滴定。例如，$Na_2S_2O_3$ 不能用来直接滴定 $K_2Cr_2O_7$ 和其他强氧化剂，这是因为在酸性溶液中氧化剂可将 $S_2O_3^{2-}$ 氧化为 $S_4O_6^{2-}$ 或 SO_4^{2-} 等混合物质，没有一定的计量关系。但是可利用 $K_2Cr_2O_7$ 在酸性溶液中与 KI 的反应生成定量的 I_2，而 I_2 与 $Na_2S_2O_3$ 在一定条件下的反应有确定的计量关系。因此，通过 $Na_2S_2O_3$ 标准溶液滴定被 $K_2Cr_2O_7$ 定量置换出来的 I_2，可测得 $K_2Cr_2O_7$ 的含量。其反应式如下：

$$Cr_2O_7^{2-} + 6I^- + 14H^+ == 2Cr^{3+} + 3I_2 + 7H_2O$$
$$Na_2S_2O_3 + I_2 == 2NaI + Na_2S_4O_6$$

通过间接滴定、返滴定、置换滴定的应用，丰富了滴定分析法的内容，大大扩展了滴定分析法的应用范围。

2.3.5 滴定分析法中的标准溶液

2.3.5.1 溶液浓度的表示方法

滴定所得的分析结果是由标准溶液的浓度及其体积决定的。标准溶液的浓度常用以下两种方式表示。

(1)质量分数

混合体系中,溶质 B 的质量(m_B)占溶液总质量(m)的百分数,用符号 w_B 表示。表达式为

$$w_B = \frac{m_B}{m} \times 100\% \tag{2-12}$$

这种表示方法比较简单,在工农业生产、医学以及日常生活中经常使用。市售浓酸、浓碱大多用这种方法表示。

(2)质量浓度

表示单位体积溶液中溶质 B 的质量,用符号 ρ_B 表示。单位为 $g \cdot L^{-1}$、$mg \cdot L^{-1}$、$\mu g \cdot mL^{-1}$、$\mu g \cdot L^{-1}$ 等。

$$\rho_B = \frac{\text{溶质质量}}{\text{溶液总体积}} = \frac{m_B}{V} \tag{2-13}$$

(3)物质的量浓度

以单位体积(V)的溶液中所含溶质 B 的物质的量(n_B)叫作溶质 B 的物质的量浓度,用符号 c_B 表示。其常用单位为 $mol \cdot L^{-1}$ 或 $mol \cdot mL^{-1}$,也可用 $mol \cdot m^{-3}$ 表示。表达式为

$$c_B = \frac{n_B}{V} \tag{2-14}$$

使用物质的量浓度时,必须指明物质的基本单元,即系统中组成物质的基本组分。

2.3.5.2 标准溶液的配制和标定

标准溶液的配制方法有直接配制法和间接配制法两种。

(1)直接配制法

准确称取一定质量的基准物质,待完全溶解于适量水后,在室温下定量移入容量瓶,用蒸馏水稀释至刻度,配成一定体积的溶液,然后根据所称物质的质量和容量瓶的体积,即可直接算出该标准溶液的准确浓度。这种方法称为直接配制法。例如,欲配制 $0.100\ 0$ mol·L^{-1} NaCl 标准溶液 $1\ 000$ mL,可在分析天平上准确称取分析纯 NaCl $5.844\ 0$ g 置于烧杯中,加适量蒸馏水溶解后,用玻璃棒引流,转移至 $1\ 000$ mL 容量瓶中,烧杯和玻璃棒用蒸馏水洗涤 $2\sim3$ 次,洗液一并转移至容量瓶中,再加蒸馏水稀释至刻度,摇均,即得浓度为 $0.100\ 0$ mol·L^{-1} NaCl 标准溶液。

直接用来配制标准溶液的纯物质叫作基准物质,或称基准试剂。

基准物质必须具备下列条件:

①试剂纯度要高。一般要求纯度在 99.9% 以上,其中杂质含量应少到可以忽略不计。

②物质的组成固定。即物质的称量形式必须精确地符合一定的化学式。如草酸 $H_2C_2O_4 \cdot 2H_2O$,称量时的结晶水含量必须与化学式相符合。

③性质稳定。基准物质在配制和贮存过程中应不易发生变化。例如,在烘干时不分解,称量时不易吸湿,不因氧化还原而变质等。

表 2-3　滴定分析常用的基准物质

基准物质	使用前的干燥条件	标定对象
Na_2CO_3	270℃±10℃除去水、CO_2	酸
$Na_2B_4O_7 \cdot 10H_2O$	室温保存在装有蔗糖和NaCl饱和溶液的密闭器皿中	酸
$KHC_8H_4O_4$	100～125℃除去水	碱
$Na_2C_2O_4$	150～200℃除去水	$KMnO_4$
$K_2Cr_2O_7$	100～110℃除去水	$Na_2S_2O_3$
As_2O_3	室温保存于干燥器皿中	$KMnO_4$
Cu	室温保存于干燥器皿中	EDTA
Zn	室温保存于干燥器皿中	EDTA
NaCl	500～600℃除去水	$AgNO_3$

滴定分析中常用的基准物质见表 2-3 所列。

（2）间接配制法（标定法）

在实际应用中，许多化学试剂由于纯度不够，或在空气中不稳定（易挥发、易吸收水分）等原因，如 NaOH 很容易吸收空气中的 CO_2 和水分；$KMnO_4$、$Na_2S_2O_3$ 等杂质较多，且见光易分解，均不宜用直接法配制，宜用间接法配制。即先用这类试剂配成接近所需浓度的溶液，然后用基准物质或用另一种已知浓度的标准溶液来测定它的准确浓度。这种测定标准溶液浓度的过程叫作标定。

标定标准溶液浓度的方法有以下两种。

①用基准物质标定。称取一定量的基准物质，溶解后用待标定的溶液滴定，然后根据待标定的溶液所消耗的体积和称取的基准物质的质量即可算出该溶液的准确浓度。大多数标准溶液是通过这种标定的方法测量其准确浓度的。

为了使标定得更加准确，选用的基准物质和被标定物质之间的反应，除了要满足滴定反应的 4 个条件外，最好基准物质还要有较大的摩尔质量，因为摩尔质量越大，称取的量越多，称量误差就越小，所标定的结果就越准确。

②与标准溶液进行比较。准确吸取一定量的待标定溶液，用一种标准溶液去滴定；或者反过来，准确吸取一定量的标准溶液，用待标定溶液滴定。根据滴定至终点时，两种溶液所消耗的体积及标准溶液的浓度，就可计算出待标定溶液的准确浓度。使用这种方法时，要求标准溶液浓度的准确度要高，否则就会直接影响待标定溶液浓度的准确性。因此，应尽量采用基准物质标定法。

标定时，无论采用哪种方法，一般要求应平行做 3～4 次，取其平均值，标定的相对偏差在 0.1%～0.2%。配制和标定溶液的量器，必要时需进行校正。

标定好的标准溶液要在试剂瓶上贴好标签妥善存放。溶液保存于瓶中，由于蒸发，在瓶的内壁上会有水滴凝聚，使溶液浓度发生变化，因此在每次使用前应将溶液摇匀。对于一些不够稳定的溶液，应根据它们的性质装在不同材质、颜色的试剂瓶中，存放在适宜的地点。

2.3.6　滴定分析法的计算

计算是定量分析中一个非常重要的环节。滴定分析法的计算比较复杂，如标准溶液的配制与标定，标准溶液和被测物质之间反应的计量关系，以及测定结果的计算等。如果概念不清，或运算及处理方法不对，就容易发生差错，得到错误的结果。

2.3.6.1　被测物质的量与滴定剂的量之间的关系

设被测物质 A 与滴定剂 B 之间的反应为

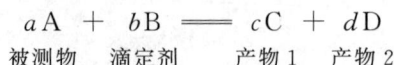

$$aA \; + \; bB \Longrightarrow cC \; + \; dD$$
$$\text{被测物} \qquad \text{滴定剂} \qquad \text{产物1} \qquad \text{产物2}$$

达到化学计量点时，被测物的量 $c_A V_A$ 与滴定剂的量 $c_B V_B$ 之间满足

$$c_A V_A : c_B V_B = a : b \tag{2-15}$$

式中，$a:b$ 是被测物 A 与滴定剂 B 反应时的计量系数比。同时，被测物质 A 的物质的量 n_A 可用 $n_A = m_A/M_A$ 表示。则被测物 A 的质量 m_A 为

$$m_A = \frac{a}{b} c_B V_B M_A \tag{2-16}$$

式中，c_B 为滴定剂 B 的浓度（$mol \cdot L^{-1}$）；V_B 为滴定所消耗的滴定剂 B 的体积（L）；M_A 为被测物 A 的摩尔质量（$g \cdot mol^{-1}$）。

2.3.6.2　滴定分析中有关的计算

【**例 2-7**】　称取不纯 Na_2CO_3 样品 0.500 0 g，采用浓度 0.256 4 $mol \cdot L^{-1}$ HCl 标准溶液进行滴定，消耗体积 18.55 mL，计算样品中 Na_2CO_3 的含量。

解：滴定反应为

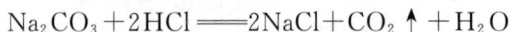

$$Na_2CO_3 + 2HCl \Longrightarrow 2NaCl + CO_2 \uparrow + H_2O$$

$$M_{Na_2CO_3} \qquad 2 \; mol$$

$$m_{Na_2CO_3} \qquad c_{HCl} V_{HCl}$$

$$m_{Na_2CO_3} = \frac{c_{HCl} V_{HCl} M_{Na_2CO_3}}{2} = \frac{0.256\,4 \; mol \cdot L^{-1} \times 18.55 \times 10^{-3} \; L \times 106 \; g \cdot mol^{-1}}{2}$$

$$= 0.252\,1 \; g$$

$$w_{Na_2CO_3} = \frac{m_{Na_2CO_3}}{m_{样}} \times 100\% = \frac{0.252\,1 \; g}{0.500\,0 \; g} \times 100\% = 50.42\%$$

【**例 2-8**】　称取一定量的 $CaCO_3$ 固体，加入 0.205 0 $mol \cdot L^{-1}$ HCl 溶液 80.00 mL 与 $CaCO_3$ 作用，剩余的 HCl 用 0.200 0 $mol \cdot L^{-1}$ NaOH 回滴，用去 5.45 mL，计算 $CaCO_3$ 的质量。

解：滴定反应为

$$NaOH + HCl \Longrightarrow NaCl + H_2O$$

即

$$n_{NaOH} = n_{HCl(剩)}$$

则与 $CaCO_3$ 反应的 HCl 的物质的量为

$$n_{HCl} = n_{HCl(总)} - n_{HCl(剩)} = n_{HCl(总)} - n_{NaOH}$$

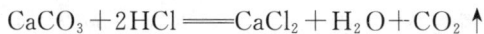

$$CaCO_3 + 2HCl = CaCl_2 + H_2O + CO_2\uparrow$$

$$M_{CaCO_3} \qquad 2\ mol$$

$$m_{CaCO_3} \qquad n_{HCl(总)} - n_{NaOH}$$

$$2m_{CaCO_3} = (n_{HCl} - n_{NaOH}) \cdot M_{CaCO_3}$$

$$m_{CaCO_3} = \frac{(c_{HCl}V_{HCl} - c_{NaOH}V_{NaOH}) \cdot M_{CaCO_3}}{2}$$

$$= \frac{(0.205\ 0\ mol \cdot L^{-1} \times 80.00 \times 10^{-3}\ L - 0.200\ 0\ mol \cdot L^{-1} \times 5.45 \times 10^{-3}\ L) \times 100\ g \cdot moL^{-1}}{2}$$

$$= 0.765\ 5\ g$$

【任务实施】

实验实训　滴定分析基本操作练习

一、实验目的

1. 熟悉甲基橙和酚酞指示剂的使用和终点的颜色变化。
2. 进一步掌握滴定管的操作技术和读数方法。
3. 学习正确读数、记录数据和结果处理的方法。

二、实验原理

将一种物质的溶液，从滴定管滴加到锥形瓶或烧杯的另一种溶液中的过程称为滴定。滴定到两物质按照化学计量关系恰好定量反应完全时称为化学计量点。为了正确确定化学计量点，常在被测溶液中加入一种指示剂，它在化学计量点附近发生颜色变化，其颜色变化的转折点称为滴定终点，简称终点。

一定浓度的 NaOH 和 HCl 溶液相互滴定到达终点时所消耗的体积比应是一定的，可用此来检验滴定操作技术及判断终点的能力。

用 HCl 溶液滴定 NaOH 溶液时，选择甲基橙作指示剂，颜色由黄色变为橙色即为终点；NaOH 溶液滴定 HCl 溶液时，选择酚酞作指示剂，颜色由无色变为浅红色即为终点。

三、仪器和试剂

仪器：酸式滴定管、碱式滴定管、锥形瓶、量筒、洗瓶。

试剂：$0.100\ 0\ mol \cdot L^{-1}$ HCl 标准溶液、$0.100\ 0\ mol \cdot L^{-1}$ NaOH 标准溶液、0.1％甲基橙指示剂（将 0.1 g 甲基橙溶于 100 mL 热水中）、0.1％酚酞指示剂（将 0.1 g 酚酞溶于 90 mL乙醇中，加水至 100 mL）。

四、实验步骤

1. 滴定管的准备

将两支滴定管（一支酸式，另一支碱式）检漏并洗涤干净。用约 1/3 滴定管的 $0.100\ 0\ mol \cdot L^{-1}$

HCl 标准溶液润洗酸式滴定管 3 次、以除去沾在管壁及活塞上的水分。同理，用 0.100 0 mol·L^{-1} NaOH 标准溶液润洗碱式滴定管 3 次。将 0.100 0 mol·L^{-1} HCl 标准溶液和 0.100 0 mol·L^{-1} NaOH 标准溶液分别装入酸式滴定管和碱式滴定管中，排气泡，将液面调至"0"刻度处。

2. 滴定终点的判断练习

(1)甲基橙作指示剂

在锥形瓶中加入约 25 mL 蒸馏水、2 滴 0.1% 甲基橙指示剂，从碱式滴定管中放出 1～2 滴 NaOH 标准溶液，观察其呈现的颜色为黄色，再向酸式滴定管中滴加 0.100 0 mol·L^{-1} HCl 标准溶液，观察其呈现的颜色为橙色，如此反复滴加 NaOH 标准溶液和 HCl 标准溶液，直至做到加半滴 NaOH 标准溶液，锥形瓶中溶液的颜色由橙色变黄色，加半滴 HCl 标准溶液，锥形瓶中溶液的颜色由黄色变橙色，即能控制加入半滴溶液为止。

(2)酚酞作指示剂

在锥形瓶中加入约 25 mL 蒸馏水、2 滴 0.1% 酚酞指示剂，从碱式滴定管中放出 1～2 滴 NaOH 标准溶液，观察其呈现的颜色为红色，再向酸式滴定管中滴加 0.100 0 mol·L^{-1} HCl 标准溶液，观察其呈现的颜色为无色，如此反复滴加 NaOH 标准溶液和 HCl 标准溶液，直至做到加半滴 NaOH 标准溶液，锥形瓶中溶液的颜色由无色变浅红色，加半滴 HCl 标准溶液，锥形瓶中溶液的颜色由浅红色变无色，即能控制加入半滴溶液为止。

3. 酸、碱标准溶液浓度的比较

(1)以甲基橙为指示剂，用 0.100 0 mol·L^{-1} HCl 标准溶液滴定 0.100 0 mol·L^{-1} NaOH 标准溶液

添加对应的酸、碱溶液，调整酸式滴定管、碱式滴定管液面至"0"刻度处。从碱式滴定管中放出 20～25 mL NaOH 标准溶液于 250 mL 洁净的锥形瓶内，加入 2 滴 0.1% 甲基橙指示剂。用 0.100 0 mol·L^{-1} HCl 标准溶液进行滴定，同时不断摇动锥形瓶使溶液混合。滴定至近终点(淡橙色)时，可用少量蒸馏水淋洗锥形瓶内壁，使附于瓶内壁上的溶液流下，继续慢慢滴定至溶液由黄色转变为橙色且 30 s 内不褪色为止。记录滴定管的读数，准确至 0.01 mL。反复练习滴定操作和观察滴定终点，直至得出的数据中 HCl 溶液的用量相差不超过 0.02 mL，而且能准确判断滴定终点为止。

(2)以酚酞为指示剂，用 0.100 0 mol·L^{-1} NaOH 标准溶液滴定 0.100 0 mol·L^{-1} HCl 标准溶液

添加对应的酸、碱溶液，调整酸式滴定管、碱式滴定管液面至"0"刻度处。从酸式滴定管中放出 20～25 mL HCl 标准溶液于 250 mL 洁净的锥形瓶内，加入 2 滴 0.1% 酚酞指示剂。用 0.100 0 mol·L^{-1} NaOH 标准溶液进行滴定，同时不断摇动锥形瓶使溶液混匀。滴定至近终点(溶液局部出现红色，摇动后随即消失)时，可用少量蒸馏水淋洗锥形瓶内壁，使附于瓶内壁上的溶液流下，继续慢慢滴定至溶液恰由无色转变为浅红色且 30 s 内不褪色为止。记录滴定管的读数，准确至 0.01 mL。反复练习滴定操作和观察滴定终点，直至得出的数据中 NaOH 溶液的用量相差不超过 0.02 mL，而且能准确判断滴定终点为止。

五、数据处理及结果

将实验数据及结果填入表 2-4 和表 2-5。

表 2-4　HCl 溶液滴定 NaOH 溶液实验结果

平行实验	1	2	3	4	5
V_{NaOH}/mL					
V_{HCl}/mL					
V_{HCl}/V_{NaOH}					
V_{HCl}/V_{NaOH}平均值					
相对极差/%					

表 2-5　NaOH 溶液滴定 HCl 溶液实验结果

平行实验	1	2	3	4	5
V_{HCl}/mL					
V_{NaOH}/mL					
V_{HCl}/V_{NaOH}					
V_{HCl}/V_{NaOH}平均值					
相对极差/%					

六、思考题

1. 两支滴定管使用前为什么要用所盛溶液洗 3 次？

2. 用作滴定的锥形瓶是否需要干燥？是否需要用被滴定溶液润洗以除去瓶中的水分？为什么？

项目 2 小结

1. 定量分析的一般程序大致可分为样品的采集和制备、预处理、测定和数据处理与结果评价等步骤。

2. 误差是指分析结果与真实值之间的差值，它是客观存在的。根据误差的性质和来源，可将其分为系统误差和偶然误差。根据各自的特点选择不同的方法来减小误差。

3. 准确度是指测定值与真实值的接近程度，表示测量结果的准确性。其大小可用误差来衡量。

4. 精密度是指在相同的条件下多次平行测定结果之间的相互接近的程度，表示测定结果的再现性。常用偏差来衡量。

5. 有效数字是指在分析工作中实际可以测量的有意义的数字。它包括确定的数字和最后一位估计的不确定的数字。对实验数据进行分析处理时，修约遵循"四舍六入，五后有数就进一，五后没数看单双"的规则。

6. 滴定分析法是一种传统的定量分析方法，是指将一种已知其准确浓度的试剂溶液（称为标准溶液）由滴定管滴加到被测物质的溶液中，直到所加试剂的物质的量与被测物质的物质的量刚好符合化学反应式所表示的化学计量关系完全反应为止，并有适当的指示剂指示滴定终点的分析方法。主要用于测定常量组分（质量分数大于 1%）。该方法具有设备简单、操作简便、测定快速、准确度较高（相对误差为 $\pm 0.1\% \sim \pm 0.2\%$）、应用广泛等优点，是化学分析法中重要的分析方法之一，适用于多种化学反应类型的测定及多个领域的分析研究。

习题 2

1. 下列情况会引起什么误差？如何减小？
   (1)蒸馏水中含有被测离子
   (2)滴定管未校正
   (3)滴定时溅出溶液
   (4)天平的零点突然有变动
   (5)样品未充分混匀
   (6)含量为99％的金属锌作为基准物质标定 EDTA 溶液

2. 选择题
   (1)系统误差的性质是(　　)。
   　A. 随机产生　　　　　　　　　　B. 具有单向性
   　C. 呈正态分布　　　　　　　　　D. 难以测定
   (2)下列措施可减小偶然误差的是(　　)。
   　A. 校准仪器　　　　　　　　　　B. 进行空白实验
   　C. 增加平行测定次数　　　　　　D. 进行对照实验
   (3)滴定分析中，若怀疑试剂在放置中失效可通过(　　)的方法检验。
   　A. 仪器校正　　　B. 对照实验　　　C. 空白实验　　　D. 无合适方法
   (4)在不加样品的情况下，用与测定样品同样的方法、步骤进行的定量分析，称为
   (　　)。
   　A. 对照实验　　　B. 空白实验　　　C. 平行实验　　　D. 预实验
   (5)下述论述中错误的是(　　)。
   　A. 方法误差属于系统误差　　　　B. 系统误差包括操作误差
   　C. 系统误差具有单向性　　　　　D. 系统误差呈现正态分布
   (6)测量结果与被测量真值之间的一致程度，称为(　　)。
   　A. 重复性　　　B. 再现性　　　C. 准确性　　　D. 精密性
   (7)使用万分之一分析天平用差减法进行称量时，为使称量的相对误差在0.1％以内，样
   品质量应(　　)。
   　A. 在0.2g以上　　　　　　　　B. 在0.2g以下
   　C. 在0.1g以上　　　　　　　　D. 在0.4g以上
   (8)一个样品分析结果的准确度不好，但精密度好，可能存在(　　)。
   　A. 操作失误　　　B. 记录有差错　　　C. 使用试剂不纯　　　D. 随机误差大
   (9)有效数字加减运算结果的误差取决于其中(　　)。
   　A. 位数最多的　　　　　　　　　B. 位数最少的
   　C. 绝对误差最大的　　　　　　　D. 绝对误差最小的
   (10)准确度、精密度、系统误差、偶然误差的关系，下列说法中正确的是(　　)。
   　A. 精密度高，不一定能保证准确度高　B. 偶然误差小，准确度一定高
   　C. 系统误差小，准确度一般偏高　　　D. 准确度高，偶然误差一定小

(11)对同一盐酸溶液进行标定，甲的相对平均偏差为 0.1％、乙的为 0.4％、丙的为 0.8％，对其实验结果的评论错误的是(　　)。

A. 甲的精密度最高　　　　　　　　B. 甲的准确度最高

C. 丙的精密度最低　　　　　　　　D. 丙的准确度最低

(12)$NaHCO_3$ 纯度的技术指标为≥99.0％，下列测定结果不符合要求的是(　　)。

A. 0.990 5　　　B. 0.990 1　　　C. 0.989 4　　　D. 0.989 5

(13)算式(30.582−7.44)+(1.6−0.526 3)中，绝对误差最大的数据是(　　)。

A. 30.582　　　B. 7.44　　　C. 1.6　　　D. 0.5263

(14)下列数据中，有效数字位数为四位的是(　　)。

A. $c_{H^+}=0.002\ mol\cdot L^{-1}$　　　　B. pH＝8.89

C. $400\ mg\cdot L^{-1}$　　　　　　　　D. $w_{HCl}=14.06\%$

(15)将下列数字修约成三位有效数字，其中(　　)是错误的。

A. 6.535 0→6.54　B. 6.534 2→6.53　C. 6.540→6.55　D. 6.525 2→6.53

(16)下列数据记录正确的是(　　)。

A. 分析天平 0.28 g　　　　　　　　B. 滴定管 25.00 mL

C. 移液管 25 mL　　　　　　　　　D. 量筒 25.00 mL

(17)用存有干燥剂的干燥器中的硼砂标定盐酸时，会使标定结果(　　)。

A. 偏高　　　B. 偏低　　　C. 无影响　　　D. 不能确定

(18)将 1 245.51 修约为四位有效数字，正确的是(　　)。

A. 1.246×10^3　　　B. 1245　　　C. 1.245×10^3　　　D. 12.45×10^3

(19)进行中和滴定时，事先不应该用所盛溶液润洗的仪器是(　　)。

A. 酸式滴定管　　B. 碱式滴定管　　C. 锥形瓶　　　D. 移液管

(20)要准确量取 25.00 mL 稀盐酸，可用的量器是(　　)。

A. 25 mL 的量筒　　　　　　　　　B. 25 mL 的酸式滴定管

C. 25 mL 的碱式滴定管　　　　　　D. 25 mL 的烧杯

3. 测定 $FeSO_4\cdot7H_2O$ 样品，得到 Fe 含量(％)为 20.01、20.03、20.04、20.05，计算结果的平均值、平均偏差和相对平均偏差。

4. 测定样品中 CaO 的含量，结果如下：20.48％、20.54％、20.53％、20.51％、20.60％，试求用 Q 检验法检验 20.60％是否舍去？($Q_{0.90}=0.64$)

5. 用基准物质 Na_2CO_3 标定 HCl 溶液时，下列情况对测定结果有何影响？

(1)基准物质 Na_2CO_3 使用前未烘干

(2)在 HCl 标准溶液倒入滴定管前，没有用 HCl 溶液润洗滴定管

(3)锥形瓶中的 Na_2CO_3 用蒸馏水溶解时，多加了 50 mL 蒸馏水

(4)滴定管活塞漏出 HCl 溶液

(5)滴到锥形瓶壁上的 HCl 溶液未及时淋洗下来就继续滴定，直至滴定终点

(6)俯视滴定管，读取滴定体积

6. 下列数值中有几位有效数字？

(1)1.057 0　　　(2)1.600　　　(3)5.24×10^{-10}　　　(4)0.037

(5)0.023 0　　　(6)pH＝5.30

7. 某样品两人分析结果为

甲：40.15％、40.14％、40.16％、40.15％

乙：40.25％、40.01％、40.10％、40.24％

试问哪一个结果比较可靠？并说明理由。

8. 某样品含氯的质量分数经 4 次测定，结果为 34.30％、34.15％、34.33％、34.30％。试检验有无可疑值，是否舍弃？（用四倍法检验）

9. 用无水碳酸钠标定盐酸溶液时，准确称取无水碳酸钠 0.116 2 g，以甲基橙为指示剂，滴定至终点时消耗 23.78 mL 盐酸溶液，计算该盐酸溶液的准确浓度。

10. 分析不纯的 $CaCO_3$（不含干扰物质），称取样品 0.300 0 g，加入浓度为 0.250 0 mol·L^{-1} HCl 标准溶液 25.00 mL。用浓度为 0.201 2 mol·L^{-1} NaOH 标准溶液返滴定过量的 HCl 溶液，消耗体积为 5.84 mL，求 $CaCO_3$ 的质量百分数。

项目 3 酸碱滴定分析

【知识目标】

1. 掌握酸碱质子理论。
2. 掌握各种酸碱溶液中 pH 值的计算。
3. 掌握缓冲溶液作用原理、计算及应用。
4. 掌握酸碱滴定法的规范操作和实验数据的正确处理。

【技能目标】

1. 会正确配制并准确标定酸碱标准溶液。
2. 会绘制一元酸碱滴定曲线，并根据滴定曲线选择合适的指示剂。
3. 能准确判断滴定终点。
4. 能应用酸碱滴定法测定酸性或碱性的物质以及能转化成酸性或碱性的物质。

【素质目标】

1. 培养学生严谨求实的职业素养。
2. 培养学生的团队意识和劳动精神。

【项目简介】

首先学习酸碱质子理论，从本质上认识酸、碱及酸碱反应，进而应用质子理论比较各种酸、碱溶液的酸碱性及其 pH 值的计算。酸碱滴定法是以酸碱中和反应为基础的滴定分析方法，反应实质就是质子的传递过程。在滴定过程中，滴定溶液常无明显的外观变化，需用酸碱指示剂的颜色变化来指示滴定终点。根据滴定过程中随着滴定剂的加入量，溶液 pH 值的变化情况而绘制的曲线称为滴定曲线。根据滴定曲线，特别是化学计量点前后的 pH 值的变化情况，选择合适的指示剂，可准确地指示滴定终点。

酸碱滴定法既可以直接测定一般的酸性或碱性物质，也可以间接测定那些发生反应后能够生成酸或碱的物质，应用十分广泛。

【工作任务】

任务 3.1 酸碱质子理论及其应用

酸碱是两类重要的化学物质，人们对酸碱的认识，经历了一个由浅入深、由表及里的漫长过程。19 世纪 80 年代，瑞典物理化学家阿伦尼乌斯(Arrhenius)首先提出了经典的酸碱电离理论。该理论认为：在水中电离时所生成的阳离子全部都是 H^+ 的物质叫作酸；电离时所生成的阴离子全部都是 OH^- 的物质叫作碱，酸碱反应的实质是 H^+ 与 OH^- 反应生成

H_2O 的反应。酸碱电离理论对化学科学的发展起了积极的作用，影响深远，直到现在这个理论对处理水溶液中的酸碱反应仍在普遍应用。然而，越来越多的反应是在非水溶液中进行的，而且许多不含 H^+ 和 OH^- 的物质也表现出酸碱的性质，这是酸碱电离理论无法解释的。此外，酸碱电离理论把碱限制为氢氧化物，氨水显碱性这一事实就无法解释。这说明酸碱电离理论尚不完善。正是这些不足，促使人们进一步地研究和思考酸、碱以及酸碱反应的本质。随着人们对酸碱的认识逐渐加深，酸碱的范围也越来越广，更多的化学物质被纳入了酸碱的范畴。于是便产生了布朗斯特（Bronsted）-劳莱（Lowry）的酸碱质子理论，从本质上来认识酸、碱以及酸碱反应。

3.1.1　酸碱质子理论

酸碱质子理论认为：凡是能给出质子（H^+）的物质为酸，凡是能接受质子（H^+）的物质为碱；能给出多个质子（H^+）的物质为多元酸，能接受多个质子（H^+）的物质为多元碱；酸碱反应的实质是质子（H^+）从一种物质向另一种物质的转移。

在酸碱质子理论中，酸和碱既可以是分子，也可以是阴离子或阳离子，并且当酸给出质子后就生成了碱，碱接受质子后就成了酸。用简式表示为

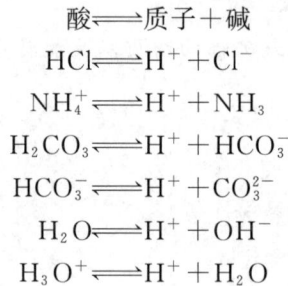

$$酸 \Longrightarrow 质子 + 碱$$
$$HCl \Longrightarrow H^+ + Cl^-$$
$$NH_4^+ \Longrightarrow H^+ + NH_3$$
$$H_2CO_3 \Longrightarrow H^+ + HCO_3^-$$
$$HCO_3^- \Longrightarrow H^+ + CO_3^{2-}$$
$$H_2O \Longrightarrow H^+ + OH^-$$
$$H_3O^+ \Longrightarrow H^+ + H_2O$$

从以上几个例子可以看出，酸或碱可以是中性分子，也可是阴离子或阳离子，有的物质在不同的反应中可以作为酸给出质子，也可以作为碱获得质子，如 HCO_3^-。

可以看出，在酸碱质子理论中，酸和碱不是决然对立的两类物质，而是共存的。酸（HA）给出质子后变成碱（A^-），碱（A^-）接受质子后变成酸（HA），这种相互转化、相互依存的关系称为共轭关系。HA 和 A^- 称为共轭酸碱对。共轭酸的酸性越强，它的共轭碱的碱性越弱；共轭酸的酸性越弱，它的共轭碱的碱性就越强。

在酸碱质子理论中，没有盐的概念。例如，NH_4Cl 中的 NH_4^+ 是酸，Cl^- 是碱；Na_2CO_3 中的 CO_3^{2-} 为碱，而 Na^+ 既不给出质子也不接受质子，为非酸非碱物质。有些物质如 HCO_3^-、H_2O 等，在某个共轭酸碱对中是碱，但在另一个共轭酸碱对中却是酸。此类物质称为两性物质。常见的共轭酸碱对见表 3-1 所列。

表 3-1　常用共轭酸碱对

酸		共轭碱	
名称	化学式	名称	化学式
盐酸	HCl	氯离子	Cl^-
硫酸	H_2SO_4	硫酸氢根离子	HSO_4^-
乙酸	CH_3COOH	乙酸根离子	CH_3COO^-
磷酸二氢根离子	$H_2PO_4^-$	磷酸氢根离子	HPO_4^{2-}

（续）

酸		共轭碱	
名称	化学式	名称	化学式
磷酸氢根离子	HPO_4^{2-}	磷酸根离子	PO_4^{3-}
碳酸氢根离子	HCO_3^-	碳酸根离子	CO_3^{2-}
铵根离子	NH_4^+	氨	NH_3
水	H_2O	氢氧根离子	OH^-
水合氢离子	H_3O^+	水	H_2O

　　酸碱质子理论扩大了酸和碱的范围，同时酸碱反应并没有局限在水溶液中进行，也适用于在非水溶液中或气相中进行。

3.1.2　酸碱质子理论的应用

3.1.2.1　水的质子自递平衡

　　按照酸碱质子理论，水既能作为酸给出质子，又可作为碱接受质子，故水是两性物质，在水中存在水分子之间的质子传递。反应方程式如下：

$$H_2O + H_2O \Longrightarrow H_3O^+ + OH^-$$

　　此反应称为水的质子自递。为了简便，常用 H^+ 代替 H_3O^+，水的质子自递反应又常简化为

$$H_2O \Longrightarrow H^+ + OH^-$$

　　这个反应的平衡常数称为水的质子自递常数，又称为水的离子积常数，用 K_w 表示。即

$$K_w = c_{H^+} \cdot c_{OH^-} \tag{3-1}$$

　　水的质子自递反应是吸热过程，因此，K_w 的大小与浓度、压力无关，而与温度有关。温度一定时，K_w 是一个常数。温度升高，K_w 增大（表 3-2）。在 295～298 K 时，由于 K_w 随温度变化不是很明显，为计算方便，一般在室温工作时，K_w 均取值 1.0×10^{-14}。

表 3-2　水的离子积常数与温度的关系

T/K	273	291	295	298	313	373
K_w	1.3×10^{-15}	7.4×10^{-15}	1.00×10^{-14}	1.008×10^{-14}	2.917×10^{-14}	7.4×10^{-13}

　　水的离子积不仅适用于纯水，也适用于所有稀的水溶液。

3.1.2.2　酸碱反应的实质

　　按照酸碱质子理论，酸碱中和反应的实质就是两个共轭酸碱对之间的质子传递。可用一个普通的公式表示酸碱反应：

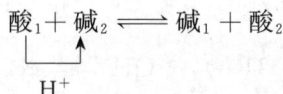

$$酸_1 + 碱_2 \Longrightarrow 碱_1 + 酸_2$$

$$H^+$$

　　酸₁把质子传递给了碱₂，自身变为碱₁，碱₂从酸₁接受质子后变为酸₂。酸₁是碱₁的共轭酸，碱₂是酸₂的共轭碱。这种质子传递的反应，既不要求反应必须在某溶剂中进行，也不要求酸先解离生成独立的质子再加到碱上，而只是质子从一种物质传递到另一种物质中去。例如：

$$HCl + NH_3 \Longrightarrow OH^- + NH_4^+$$

$$CH_3COOH + OH^- \Longrightarrow CH_3COO^- + H_2O$$

3.1.2.3 酸碱解离平衡

在一定温度下，弱电解质在水溶液中达到解离平衡时，解离所产生的各种离子浓度的乘积与溶液中未解离的分子浓度之比，称为解离平衡常数(K)，简称解离常数。弱酸的解离常数用K_a表示；弱碱的解离常数用K_b表示。根据酸碱质子理论，酸碱解离平衡实际上是弱酸和弱碱在水中发生的质子转移平衡，解离平衡常数的大小则表示弱酸或弱碱给出或接受质子能力的大小。在相同条件下，K_a越大，表示弱酸给出质子的能力越强，其酸性越强，反之越弱；K_b越大，表示弱碱接受质子的能力越强，则其碱性就越强，反之越弱。

(1)一元弱酸、弱碱的解离平衡

根据酸碱质子理论，在水溶液中，一元弱酸的解离就是酸与水之间的质子传递反应，即酸(HA)给出质子转变为其共轭碱(A^-)，而水接受质子变为其共轭酸(H_3O^+)，解离方程式可表示为

$$HA + H_2O \Longrightarrow A^- + H_3O^+$$

通常为了书写方便，该反应常简化为

$$HA \Longrightarrow A^- + H^+$$

解离常数为

$$K_a = \frac{c_{A^-} \cdot c_{H^+}}{c_{HA}}$$

一元弱碱的解离就是碱与水之间的质子传递反应，即碱(A^-)接受质子转变为其共轭酸(HA)，而水给出质子转变为其共轭碱(OH^-)。

$$A^- + H_2O \Longrightarrow HA + OH^-$$

$$K_b = \frac{c_{HA} \cdot c_{OH^-}}{c_{A^-}}$$

HA 和 A^- 为共轭酸碱对，从上面的解离式可以得到它们的解离常数的关系

$$K_a K_b = \frac{c_{A^-} \cdot c_{H^+}}{c_{HA}} \frac{c_{HA} \cdot c_{OH^-}}{c_{A^-}} = c_{H^+} \cdot c_{OH^-} = K_w \tag{3-2}$$

(2)二元弱酸(或弱碱)的解离平衡

二元弱酸(或弱碱)在水中的解离也是其与水的质子传递反应。它们是分步进行的，如二元弱酸 H_2CO_3 在水中的解离分两步：

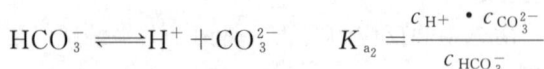

$$H_2CO_3 \Longrightarrow H^+ + HCO_3^- \qquad K_{a_1} = \frac{c_{H^+} \cdot c_{HCO_3^-}}{c_{H_2CO_3}}$$

$$HCO_3^- \Longrightarrow H^+ + CO_3^{2-} \qquad K_{a_2} = \frac{c_{H^+} \cdot c_{CO_3^{2-}}}{c_{HCO_3^-}}$$

CO_3^{2-} 是二元弱碱，其在水中的质子传递分以下两步：

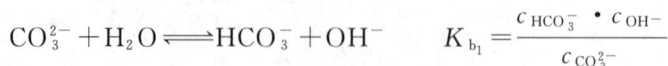

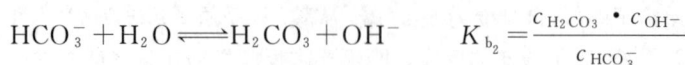

$$CO_3^{2-} + H_2O \Longrightarrow HCO_3^- + OH^- \qquad K_{b_1} = \frac{c_{HCO_3^-} \cdot c_{OH^-}}{c_{CO_3^{2-}}}$$

$$HCO_3^- + H_2O \Longrightarrow H_2CO_3 + OH^- \qquad K_{b_2} = \frac{c_{H_2CO_3} \cdot c_{OH^-}}{c_{HCO_3^-}}$$

H_2CO_3 和 HCO_3^-、HCO_3^- 和 CO_3^{2-} 为共轭酸碱对，则有

$$K_{a_1} K_{b_2} = K_w$$

$$K_{a_2} K_{b_1} = K_w$$

同理，可以推导出其他多元弱酸弱碱的 K_a、K_b 的关系。如对于三元弱酸、弱碱的 K_a、K_b 的关系有

$$K_{a_1} K_{b_3} = K_w$$
$$K_{a_2} K_{b_2} = K_w$$
$$K_{a_3} K_{b_1} = K_w$$

任务 3.2 溶液的酸度

3.2.1 溶液的酸度表示法

由于许多化学反应都是在 c_{H+} 较小的溶液中进行，如果用 c_{H+} 来表示溶液的酸度大小，计录和使用等都不方便，故常用 pH 值表示此类溶液的酸度。pH 值即溶液中 H^+ 浓度的负对数，表达式为

$$pH = -\lg c_{H+} \tag{3-3}$$

c_{OH-}、K_w 也可以用相对应的负对数表示：

$$pOH = -\lg c_{OH-} \tag{3-4}$$
$$pK_w = -\lg K_w \tag{3-5}$$

在 25℃时，$c_{H+} \cdot c_{OH-} = K_w = 1.0 \times 10^{-14}$，故

$$pH + pOH = pK_w = 14 \tag{3-6}$$

pH、pOH、c_{H+}、c_{OH-} 与溶液酸碱性之间的关系见表 3-3。

表 3-3 **pH、pOH、c_{H+}、c_{OH-} 与溶液酸碱性之间的关系**

	酸性增强 ←				中性	碱性增强 →			
c_{H+}	10^0	10^{-2}	10^{-4}	10^{-6}	10^{-7}	10^{-8}	10^{-10}	10^{-12}	10^{-14}
pH	0	2	4	6	7	8	10	12	14
c_{OH-}	10^{-14}	10^{-12}	10^{-10}	10^{-8}	10^{-7}	10^{-6}	10^{-4}	10^{-2}	10^0
pOH	14	12	10	8	7	6	4	2	0

pH 值的使用范围一般在 0~14。对于 $c_{H+} > 1$ mol·L^{-1}（或 $c_{OH-} > 1$ mol·L^{-1}）的溶液，直接用物质的量浓度表示溶液的酸碱性反而更方便。

3.2.2 酸碱溶液中的 pH 值计算

3.2.2.1 强酸、强碱溶液

强酸、强碱在水中几乎全部离解，在一般情况下溶液 pH 值的计算比较简单。如 0.1 mol·L^{-1} HCl 溶液，其 c_{H+} 也等于 0.1 mol·L^{-1}，溶液的 pH=1.0。但当强酸或强碱溶液的浓度小于 10^{-6} mol·L^{-1} 时，计算该溶液的酸度除了考虑酸或碱本身解离出来的 H^+ 或 OH^- 浓度之外，还必须考虑水的质子传递作用所提供的 H^+ 或 OH^-。

3.2.2.2 一元弱酸、弱碱溶液

一元弱酸 HA，其浓度为 c mol·L^{-1}，在水溶液中存在的解离平衡有

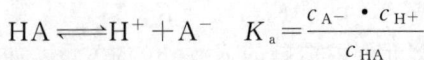

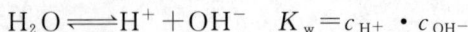

$$HA \Longrightarrow H^+ + A^- \quad K_a = \frac{c_{A^-} \cdot c_{H^+}}{c_{HA}}$$

$$H_2O \Longrightarrow H^+ + OH^- \quad K_w = c_{H^+} \cdot c_{OH^-}$$

可见，溶液中的 H^+ 一方面来自 HA 的解离，另一方面来自 H_2O 的解离。

$$c_{H^+} = c_{A^-} + c_{OH^-} = \frac{K_a \cdot c_{HA}}{c_{H^+}} + \frac{K_w}{c_{H^+}}$$

$$c_{H^+}^2 = K_a \cdot c_{HA} + K_w \tag{3-7}$$

当 $c/K_a \geqslant 500$，解离的弱酸极少，可以忽略不计。因此 $c_{HA} \approx c$；

当 $c \cdot K_a > 20K_w$，忽略水的解离，式(3-7)整理得

$$c_{H^+} = \sqrt{c \cdot K_a} \tag{3-8}$$

此式为计算一元弱酸溶液中 H^+ 浓度的最简式。

当 $c \cdot K_a > 20K_w$，$c/K_a < 500$ 时，水的解离可以忽略，但一元弱酸溶液自身的解离却不能忽略，则 $c_{HAc} = c - c_{H^+}$，带入式(3-7)得

$$c_{H^+}^2 = K_a(c - c_{H^+}) + K_w$$

$$c_{H^+} = \frac{-K_a + \sqrt{K_a^2 + 4K_a \cdot c}}{2} \quad (c \cdot K_a > 20K_w, c/K_a < 500) \tag{3-9}$$

同理，可求得一元弱碱溶液中 OH^- 浓度的计算公式

$$c_{OH^-} = \sqrt{c \cdot K_b} \quad (c \cdot K_b > 20K_w, c/K_b \geqslant 500) \tag{3-10}$$

$$c_{OH^-} = \frac{-K_b + \sqrt{K_b^2 + 4K_b \cdot c}}{2} \quad (c \cdot K_b > 20K_w, c/K_b < 500) \tag{3-11}$$

【例 3-1】 计算 $0.10 \text{ mol} \cdot L^{-1}$ NH_4NO_3 溶液的 pH 值（NH_3 的 $K_b = 1.77 \times 10^{-5}$）。

解：NH_4NO_3 在水溶液中全部电离为 NH_4^+、NO_3^-，在质子理论里，NO_3^- 为一元碱，但水溶液中的 NO_3^- 并不参与质子的传递，显中性；NH_4^+ 能给出质子，为一元酸。

由已知得 NH_3 的 $K_b = 1.77 \times 10^{-5}$，则其共轭酸 NH_4^+ 的 K_a 为

$$K_a = \frac{1.0 \times 10^{-14}}{1.77 \times 10^{-5}} = 5.65 \times 10^{-10}$$

由于 $c \cdot K_a = 0.10 \times 5.65 \times 10^{-10} = 5.65 \times 10^{-11} > 20K_w$

$$\frac{c}{K_a} = \frac{0.10}{5.65 \times 10^{-10}} = 1.77 \times 10^8 > 500$$

因此，用最简式进行计算溶液中的 c_{H^+}：

$$c_{H^+} = \sqrt{c \cdot K_a} = \sqrt{0.10 \times 5.65 \times 10^{-10}} = 7.5 \times 10^{-6} (\text{mol} \cdot L^{-1})$$

$$pH = -\lg c_{H^+} = -\lg 7.5 \times 10^{-6} = 5.13$$

【例 3-2】 计算 $0.10 \text{ mol} \cdot L^{-1}$ NaAc 溶液的 pH 值（HAc 的 $K_a = 1.76 \times 10^{-5}$）。

解：NaAc 在水溶液中全部电离为 Na^+、Ac^-，Na^+ 不能提供或接受质子，为非酸非碱性物质；Ac^- 能接受质子，为一元碱。

由已知得 HAc 的 $K_a = 1.76 \times 10^{-5}$，则其共轭碱 Ac^- 的解离常数 K_b 为

$$K_b = \frac{K_w}{K_a} = \frac{1.0 \times 10^{-14}}{1.76 \times 10^{-5}} = 5.68 \times 10^{-10}$$

$$c \cdot K_b = 0.10 \times 5.68 \times 10^{-10} = 5.68 \times 10^{-11} > 20K_w$$

$$\frac{c}{K_b} = \frac{0.10}{5.68 \times 10^{-10}} = 1.76 \times 10^8 > 500$$

因此，用最简式计算溶液中的 OH^- 浓度：

$$c_{OH^-} = \sqrt{c \cdot K_b} = \sqrt{0.10 \times 5.68 \times 10^{-10}} = 7.54 \times 10^{-6} (mol \cdot L^{-1})$$

$$pOH = -lg c_{OH^-} = -lg 7.54 \times 10^{-6} = 5.12$$

$$pH = 14 - 5.12 = 8.88$$

3.2.2.3 多元弱酸、弱碱溶液

多元弱酸、弱碱在溶液中的质子传递是分步进行的，如 H_2S 在水溶液中有二级解离：

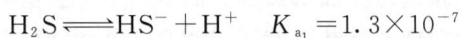

$$H_2S \Longrightarrow HS^- + H^+ \quad K_{a_1} = 1.3 \times 10^{-7}$$

$$HS^- \Longrightarrow S^{2-} + H^+ \quad K_{a_2} = 7.1 \times 10^{-15}$$

由于 $K_{a_1}/K_{a_2} > 10^4$，即 $K_{a_1} \gg K_{a_2}$，说明二级解离比一级解离困难得多。因此，在实际计算中，当 $c \cdot K_{a_1} > 20K_w$ 且 $c/K_{a_1} \geqslant 500$ 时，一般可忽略第二步等后一级的解离，近似作为一元弱酸、弱碱处理。公式如下：

多元弱酸： $\quad c_{H^+} = \sqrt{c \cdot K_{a_1}} \quad (c/K_{a_1} \geqslant 500、c \cdot K_{a_1} > 20K_w、K_{a_1}/K_{a_2} \geqslant 10^4)$ （3-12）

多元弱碱： $\quad c_{OH^-} = \sqrt{c \cdot K_{b_1}} \quad (c/K_{b_1} \geqslant 500、c \cdot K_{b_1} > 20K_w、K_{b_1}/K_{b_2} \geqslant 10^4)$ （3-13）

【例 3-3】 计算 25℃ 时 $0.10 \text{ mol} \cdot L^{-1}$ H_2S 的 pH 值。

解：查表得 $K_{a_1} = 1.3 \times 10^{-7}$、$K_{a_2} = 7.1 \times 10^{-15}$

由于 $K_{a_1}/K_{a_2} > 10^4$，计算 H^+ 浓度时只考虑一级解离。

$$H_2S \Longrightarrow HS^- + S^{2-}$$

又 $\dfrac{c}{K_{a_1}} = \dfrac{0.10}{1.3 \times 10^{-7}} > 500$、$c \cdot K_{a_1} = 0.10 \times 1.3 \times 10^{-7} = 1.3 \times 10^{-8} > 20K_w$，则

溶液的 H^+ 浓度： $c_{H^+} = \sqrt{c \cdot K_{a_1}} = \sqrt{0.10 \times 1.3 \times 10^{-7}} = 1.1 \times 10^{-4} (mol \cdot L^{-1})$

$$pH = -lg c_{H^+} = -lg 1.1 \times 10^{-4} = 3.95$$

3.2.2.4 两性物质溶液

两性物质如 NaHA 在溶液中既可以从溶剂中获得质子变为共轭酸 H_2A，又可以失去质子变为共轭碱 A^{2-}。

$$HA^- + H_2O \Longrightarrow H_2A + OH^-$$

$$HA^- + H_2O \Longrightarrow A^{2-} + H_3O^+$$

当 $K_{a_1} \gg K_{a_2}$，且 $c \cdot K_{a_1} > 20K_w$，$c/K_{a_1} > 20$ 时，溶液的 H^+ 浓度可按下式做近似计算：

$$c_{H^+} = \sqrt{K_{a_1} K_{a_2}} \tag{3-14}$$

一般来说，两性物质中的 H^+ 浓度等于其相应的两个共轭酸碱的质子转移平衡常数乘积的平方根。例如：

$$NaH_2PO_4 \text{ 溶液：} c_{H^+} = \sqrt{K_{a_1} K_{a_2}}$$

$$Na_2HPO_4 \text{ 溶液：} c_{H^+} = \sqrt{K_{a_2} K_{a_3}}$$

任务 3.3　缓冲溶液

许多化学反应对酸度有严格的要求，只有将酸度控制在适宜的、稳定的 pH 值范围内，反应才能顺利进行。如人体血液的 pH 值在 7.35～7.45 才能维持机体的酸碱平衡，否则将会引起机体的功能失调而导致各种疾病。另外，农作物的正常生长、酶的催化活性、注射药剂的配制等，都需要保持在一定的 pH 值范围内。因此，控制溶液的 pH 值，使其在一定范围内保持相对稳定，在化学和药学上都具有重要意义。

能够抵抗外加少量酸、碱或适度加水稀释，而本身 pH 值基本保持不变的溶液，称为缓冲溶液。常见的缓冲溶液由弱酸及其共轭碱、弱碱及其共轭酸以及多元弱酸弱碱的共轭酸碱对组成。

3.3.1　缓冲溶液的缓冲原理

以弱酸 HAc 和其共轭碱 NaAc 组成的缓冲溶液为例，说明其抗酸、抗碱、抗稀释的作用。在该体系中存在如下解离：

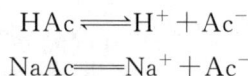

$$HAc \Longleftrightarrow H^+ + Ac^-$$

$$NaAc \Longrightarrow Na^+ + Ac^-$$

由于溶液中存在着大量的 Ac^-，同离子效应抑制了 HAc 的解离，溶液中的 HAc 浓度也较大。故在 HAc - NaAc 体系中有大量的 HAc 和 Ac^- 存在，H^+ 少量存在。

当加入少量强酸（如 HCl）时，溶液中的 H^+ 浓度增大，但由于溶液中存在着大量的 Ac^-，它能接受 H^+，生成解离度很小的 HAc，即

$$Ac^- + H^+ \Longleftrightarrow HAc$$

从而消耗了少量的外加 H^+，溶液的 pH 值基本保持不变。显然，此时溶液中的 Ac^- 起到了抗酸的作用，为该缓冲溶液的抗酸成分。

当加入少量强碱（如 NaOH）时，溶液中的 H^+ 就和外来的 OH^- 结合成难电离的水，导致 H^+ 减少，但同时也促使溶液中大量存在的 HAc 的解离平衡向右移动，解离出来的 H^+ 迅速补充溶液中被消耗掉的 H^+，即

$$H^+ + OH^- \Longleftrightarrow H_2O$$

$$HAc \Longleftrightarrow H^+ + Ac^-$$

从而也抵消了外加的少量 OH^-，保持溶液 pH 值基本不变。显然，此时溶液中的 HAc 起到了抗碱作用，为该缓冲溶液的抗碱成分。

当加少量水稀释时，溶液中 H^+ 浓度和其他离子浓度相应地降低，这使 HAc 的同离子效应减弱，解离度增大，解离平衡向增大 H^+ 浓度的方向移动，达到新的平衡时，H^+ 浓度变化不大，故 pH 值几乎保持不变。

其他类型的缓冲溶液的作用原理，与上述缓冲溶液的作用原理相同。

常见的缓冲溶液见表 3-4。

缓冲体系除了用作控制溶液的酸度之外，还可以作为标准缓冲溶液，用作酸度计的参比液。表 3-5 是几种常用的标准缓冲溶液。

表 3-4 常用的缓冲溶液

缓冲溶液	共轭酸	共轭碱	pK_a(25℃)
$H_3PO_4 - NaH_2PO_4$	H_3PO_4	$H_2PO_4^-$	2.16
甲酸 - NaOH	HCOOH	$HCOO^-$	3.74
HAc - NaAc	HAc	Ac^-	4.75
$H_2CO_3 - NaHCO_3$	H_2CO_3	HCO_3^-	6.35
$NaH_2PO_4 - Na_2HPO_4$	$H_2PO_4^-$	HPO_4^{2-}	7.21
$NH_3 - NH_4Cl$	NH_4^+	NH_3	9.25
$NaHCO_3 - Na_2CO_3$	HCO_3^-	CO_3^{2-}	10.25
$NaH_2PO_4 - NaOH$	HPO_4^{2-}	PO_4^{3-}	12.66

表 3-5 常用的标准缓冲溶液

标准缓冲溶液	pH 值(25℃时的标准值)
0.034 0 mol·L^{-1}饱和酒石酸氢钾	3.56
0.050 0 mol·L^{-1}邻苯二甲酸氢钾	4.01
0.250 mol·L^{-1} NaH_2PO_4 - 0.250 mol·L^{-1} Na_2HPO_4	6.86
0.010 0 mol·L^{-1}硼砂	9.18
饱和氢氧化钙	12.45

3.3.2 缓冲溶液 pH 值的计算

缓冲溶液的 pH 值可以根据解离平衡常数来推导,以 HAc - NaAc 组成的缓冲溶液为例,它们的解离平衡方程式为

$$HAc \Longrightarrow H^+ + Ac^-$$
$$NaAc \Longrightarrow Na^+ + Ac^-$$

解离常数表达式为

$$K_a = \frac{c_{Ac^-} \cdot c_{H^+}}{c_{HAc}}$$

移项得

$$c_{H^+} = \frac{K_a \cdot c_{HAc}}{c_{Ac^-}}$$

体系中的 Ac^- 浓度是由 HAc 和 NaAc 电离的 Ac^- 浓度的总和。HAc 的电离度本来就小,同离子效应的影响使 HAc 电离度更小,因此达到平衡时,体系中的 HAc 可近似看作未发生解离,其浓度近似为原来弱酸的浓度,用 $c_{酸}$ 表示;同理,体系中的 Ac^- 的浓度可近似地看作全部由 NaAc 解离所提供,用 $c_{碱}$ 表示。则上式可表示为

$$c_{H^+} = \frac{K_a \cdot c_{酸}}{c_{碱}}$$

左右取对数得

$$pH = pK_a + \lg \frac{c_{碱}}{c_{酸}} \tag{3-15}$$

同理，对于弱碱及其共轭酸组成的缓冲溶液的 OH^- 浓度和 pOH 值的计算公式为

$$c_{OH^-}=\frac{K_b \cdot c_{碱}}{c_{酸}}$$

$$pOH=pK_b+lg\frac{c_{酸}}{c_{碱}} \tag{3-16}$$

$$pH=pK_w-pOH=pK_w-pK_b+lg\frac{c_{碱}}{c_{酸}} \tag{3-17}$$

由以上公式可看出，在共轭酸碱对组成的缓冲溶液中：

①缓冲溶液的 pH 值主要取决于 K_a（或 K_b）值。选择缓冲对的时候应根据所需缓冲溶液 pH 值的要求，使 pK_a（或 pK_b）尽量接近所需的 pH 值。

②当温度一定时，对同一缓冲系，pK_a（或 pK_b）值是一定的。缓冲溶液的 pH 值主要由 $c_{酸}/c_{碱}$（或 $c_{碱}/c_{酸}$）决定，该比值称为缓冲比。可通过改变酸碱的浓度来调整缓冲溶液的 pH 值。缓冲溶液的缓冲比通常控制在 0.1～10 比较合适，比值接近 1 时，缓冲能力最大。即缓冲溶液的缓冲范围在 $pH=pK_a\pm1$ 或 $pOH=pK_b\pm1$。超出此范围则认为失去了缓冲作用。

③稀释缓冲溶液时，两组分的浓度以相同倍数缩小，而比值不变，溶液的 pH 值也不变。

【例 3-4】 计算 100 mL 含有 0.040 mol·L^{-1} HAc 和 0.060 mol·L^{-1} NaAc 溶液的 pH 值。当向该溶液中分别加入：(1)10.00 mL 0.050 mol·L^{-1} HCl；(2)10.00 mL 0.050 mol·L^{-1} NaOH；(3)10.00 mL H_2O。试比较加入前后溶液的 pH 值的变化。

解： 已知 HAc 的 $K_a=1.76\times10^{-5}$ 得，$pK_a=4.75$。该缓冲溶液的 pH 值为

$$pH=pK_a+lg\frac{c_{碱}}{c_{酸}}=4.75+lg\frac{0.060}{0.040}=4.93$$

(1)当加入了 10 mL 0.050 mol·L^{-1} HCl 后，

$$pH=pK_a+lg\frac{c_{碱}}{c_{酸}}=4.75+lg\frac{\dfrac{0.060\ mol\cdot L^{-1}\times0.1\ L-0.010\ L\times0.050\ mol\cdot L^{-1}}{0.10\ L+0.01\ L}}{\dfrac{0.040\ mol\cdot L^{-1}\times0.10\ L+0.010\ L\times0.050\ mol\cdot L^{-1}}{0.10\ L+0.01\ L}}=4.84$$

(2)当加入了 10 mL 0.050 mol·L^{-1} NaOH 后，

$$pH=pK_a+lg\frac{c_{碱}}{c_{酸}}=4.75+lg\frac{\dfrac{0.060\ mol\cdot L^{-1}\times0.1\ L+0.010\ L\times0.050\ mol\cdot L^{-1}}{0.10\ L+0.01\ L}}{\dfrac{0.040\ mol\cdot L^{-1}\times0.10\ L-0.010\ L\times0.050\ mol\cdot L^{-1}}{0.10\ L+0.01\ L}}=5.02$$

(3)当加入 10.00 mL H_2O 后，

$$pH=pK_a+lg\frac{c_{碱}}{c_{酸}}=4.75+lg\frac{\dfrac{0.060\ mol\cdot L^{-1}\times0.1\ L}{0.10\ L+0.01\ L}}{\dfrac{0.040\ mol\cdot L^{-1}\times0.10\ L}{0.10\ L+0.01\ L}}=4.93$$

此例说明：外加少量强酸、强碱或加适量水稀释时，缓冲溶液的 pH 值基本保持不变。

3.3.3 缓冲溶液的选择和配制

3.3.3.1 缓冲溶液的选择

不同的缓冲溶液只有在有效的 pH 值范围内才起到缓冲作用。一般来说，不同的缓冲溶

液具有不同的缓冲能力和缓冲范围，应根据实际情况来选择不同的缓冲溶液。选择时应注意以下几个方面：

①所使用的缓冲溶液对测量无干扰，不能与在反应体系中的反应物或生成物发生作用。

②所需的缓冲溶液的 pH 值应在所选的缓冲系的缓冲范围（$pK_a \pm 1$）。为了获得较大的缓冲效果，所选择的弱酸的 pK_a 应尽可能接近缓冲溶液的 pH 值。弱碱的 pK_b 应尽可能接近缓冲溶液的 pOH 值。

③缓冲溶液要有足够大的缓冲能力。当缓冲组分比值固定时，总浓度越大，则外加相同的强酸、强碱或稀释后比值变化越小，缓冲能力越强；当总浓度固定，缓冲组分的比值为 1 时，缓冲能力最大。

3.3.3.2　缓冲溶液的配制

为了获得较好的缓冲效果，在配制缓冲溶液时，应使缓冲组分的浓度较大，但又不宜太大。通常在 $0.1 \sim 1.0 \ mol \cdot L^{-1}$。配制可按下列步骤和要求进行：

①依据要求配制的缓冲溶液的 pH 值，选择合适的缓冲对。

②根据选择的缓冲对的 pK_a 值和所要配制的缓冲溶液的 pH 值，计算出缓冲对的浓度比。

③根据计算结果配制缓冲溶液，并使共轭酸碱对的浓度尽量在 $0.1 \sim 1.0 \ mol \cdot L^{-1}$。

【例 3-5】　25℃ 时，欲配制 $1.00 \ L \ pH = 9.80$，NH_3 的浓度为 $0.1000 \ mol \cdot L^{-1}$ 的缓冲溶液，问需用 $6.00 \ mol \cdot L^{-1}$ 氨水多少毫升和固体 NH_4Cl 多少克？如何配制？

解：根据 $pH = pK_a + lg \dfrac{c_{碱}}{c_{酸}}$，得

$$9.80 = 9.25 + lg \frac{0.1000 \ mol \cdot L^{-1}}{c_{NH_4^+}}$$

$$c_{NH_4^+} = 0.028 \ mol \cdot L^{-1}$$

则加入固体 NH_4Cl 的质量：$m_{NH_4Cl} = 0.028 \ mol \cdot L^{-1} \times 53.5 \ g \cdot mol^{-1} \times 1.00 \ L = 1.5 \ g$

氨水的用量：$V_{NH_3 \cdot H_2O} = \dfrac{1.00 \ L \times 0.1000 \ mol \cdot L^{-1}}{6.00 \ mol \cdot L^{-1}} = 0.0168 \ L = 16.8 \ mL$

配制方法：准确称取 1.5 g 固体 NH_4Cl 溶于少量水中，加入 16.8 mL $6.00 \ mol \cdot L^{-1}$ 氨水，然后加水定容至 1.00 L。

3.3.4　缓冲溶液的应用

缓冲溶液在工农业生产以及化学、生物学、医学等各个领域都有着重要的用途。在工农业生产中，为了使某些反应能够在一定的 pH 值范围内进行，常要借助于缓冲溶液。土壤中一般含有碳酸及其盐类、土壤腐殖质及其盐类组成的缓冲对，所以土壤溶液是很好的缓冲溶液，具有比较稳定的 pH 值，有利于微生物的正常活动和农作物的生长发育。

人体在代谢过程中会不断产生各种酸性（如碳酸、磷酸、乳酸等）和碱性（如柠檬酸钠、磷酸二氢钠、碳酸氢钠等）物质。这些物质进入人体血液内并没有显著地改变血液的酸度，血液的 pH 值仍维持在 $7.35 \sim 7.45$。这是因为人体的血液也是缓冲溶液，且同时存在多组缓冲对，主要有 $H_2CO_3 - NaHCO_3$、$NaH_2PO_4 - Na_2HPO_4$、血浆蛋白-血浆蛋白盐、血红蛋白-血红蛋白盐等，以保证人体正常的生理活动能在相对稳定的酸度下进行。

任务 3.4　酸碱滴定法

酸碱滴定法是以酸碱中和反应为基础的滴定分析方法，所以又称中和滴定法，反应实质是质子的传递过程。酸碱滴定法的标准溶液总是强酸或强碱，所以质子传递的速度都很快，且操作方便、反应过程简单，副反应少，满足滴定分析的要求。酸碱滴定法既可以直接测定一般的酸性或碱性物质，也可以间接测定那些发生反应后能够生成酸或碱的物质，应用较为广泛。

由于在滴定过程中，滴定溶液常无明显的外观变化，需用酸碱指示剂的颜色变化来指示滴定终点。实际分析操作中的滴定终点与理论上的化学计量点往往不能恰好符合，它们之间会存在一定的差别，由此而引起的误差称为终点误差。

3.4.1　酸碱指示剂

在酸碱滴定中用来指示滴定终点的物质叫作酸碱指示剂。酸碱指示剂一般是结构比较复杂的有机弱酸或有机弱碱，它们的酸式和碱式结构具有不同的颜色。

3.4.1.1　酸碱指示剂的变色原理

当酸碱滴定达到化学计量点后，酸碱指示剂也参与了质子的传递反应，指示剂获得质子转化为酸式或失去质子转化为碱式，从而引起溶液颜色的变化，指示酸碱滴定的终点。

下面以甲基橙和酚酞为例分别加以说明。

（1）甲基橙

甲基橙是一种双色指示剂，属于有机弱碱，在水溶液中的解离平衡为

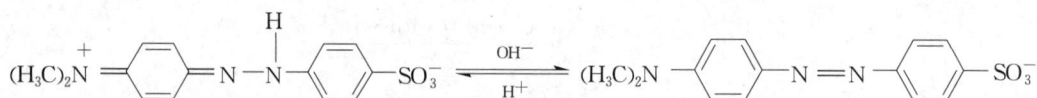

$$(H_3C)_2\overset{+}{N} = = N-\underset{H}{N}--SO_3^- \underset{H^+}{\overset{OH^-}{\rightleftharpoons}} (H_3C)_2N--N=N--SO_3^-$$

可见，增大溶液的酸度，平衡向左移动，甲基橙主要以红色的酸式（醌式）结构存在；减小溶液的酸度，甲基橙主要以黄色的碱式（偶氮式）结构存在。两型体之间的过渡色为橙色。这种不同型体之间的转化是可逆的，所以呈现的颜色变化也是可逆的。根据实验测定，当溶液的 $pH \leqslant 3.1$ 时，甲基橙呈红色；$pH \geqslant 4.4$ 时呈黄色；$3.1 < pH < 4.4$ 时，甲基橙由红色逐渐变为黄色，称为甲基橙的变色范围。

（2）酚酞

酚酞是一种单色指示剂，属于有机弱酸，在水溶液中的解离平衡为

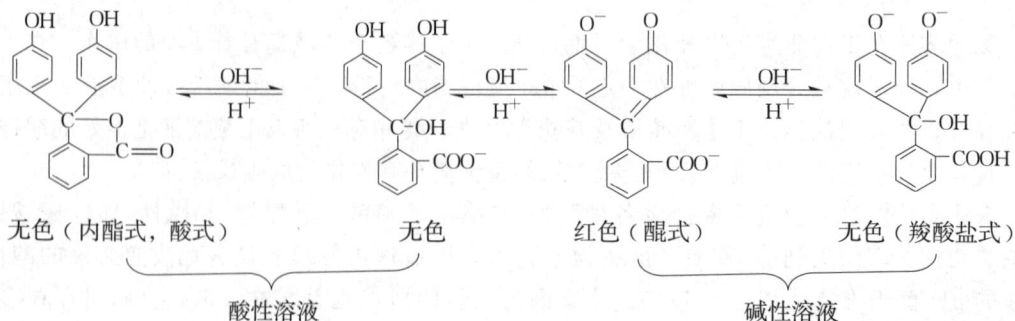

无色（内酯式，酸式）　　　　无色　　　　红色（醌式）　　　　无色（羧酸盐式）

酸性溶液　　　　　　　　　　　碱性溶液

可见，酚酞在酸性溶液中以各种无色形式存在；当溶液的 pH 值升高到一定数值时，酚酞转化为红色的醌式；当溶液的碱性太浓时，酚酞又转化为无色的羧酸盐式。根据实际测

定，当溶液的 pH≤8 时，酚酞呈无色；pH≥10 时，酚酞呈红色；8＜pH＜10 时，酚酞逐渐由无色变为浅红色，称为酚酞的变色范围。

由上可知，酸碱指示剂的变色与溶液的酸度有关，且具有一定的范围。

3.4.1.2　酸碱指示剂的变色范围

酸碱指示剂的颜色变化与溶液的 pH 值有关。现以弱酸型指示剂为例来讨论指示剂的颜色变化与溶液 pH 值变化的关系。指示剂的酸式 HIn 和碱式 In^- 在溶液中达到平衡。

$$HIn \Longrightarrow H^+ + In^-$$

$$K_{HIn} = \frac{c_{H^+} \cdot c_{In^-}}{c_{HIn}}$$

$$\frac{c_{In^-}}{c_{HIn}} = \frac{K_{HIn}}{c_{H^+}}$$

对于给定的指示剂，在一定温度下，其解离常数 K_{HIn} 的值为一定值，由此可见，比值 $\frac{c_{In^-}}{c_{HIn}}$ 的大小是由溶液中的 c_{H^+} 所决定的。一般来说，当一种颜色物质的浓度相当于另一种颜色物质浓度的 10 倍以上时，人眼看到的是浓度大的物质的颜色，而当两物质的浓度差别不是很大（10 倍以内）时，则人眼看到是这两种颜色的混合色。即

① $\frac{c_{In^-}}{c_{HIn}} \leqslant \frac{1}{10}$，$c_{H^+} \geqslant 10K_{HIn}$，pH≤$pK_{HIn}-1$，指示剂呈酸式色。

② $\frac{c_{In^-}}{c_{HIn}} \geqslant 10$，$c_{H^+} \leqslant \frac{K_{HIn}}{10}$，pH≥$pK_{HIn}+1$，指示剂呈碱式色。

③ $\frac{1}{10} < \frac{c_{In^-}}{c_{HIn}} < 10$，$\frac{K_{HIn}}{10} < c_{H^+} < 10K_{HIn}$，$pK_{HIn}-1 < pH < pK_{HIn}+1$，指示剂呈混合色。

因此，当溶液的 pH 值由 $pK_{HIn}-1$ 变化到 $pK_{HIn}+1$，就能明显地看到指示剂由酸式色变为碱式色。在 pH＝$pK_{HIn}\pm1$，人眼所看到的是指示剂的混合色，称为指示剂的理论变色范围。当 $c_{In^-} = c_{HIn}$ 时，pH＝pK_{HIn}，此点称为指示剂的理论变色点。

实际上依靠人眼观察出来的指示剂的变色范围与理论变色范围是有差别的。这是由于人眼对各种颜色的敏感度不同，加上两种颜色互相掩盖而影响观察的结果。例如，甲基橙的 $pK_{HIn}＝3.4$，理论变色范围为 2.4～4.4，而实测范围为 3.1～4.4。

表 3-6 列出了一些常用的酸碱指示剂及其变色范围。

表 3-6　常用酸碱指示剂

| 指示剂 | 变色范围 | 颜色 | | pK_{HIn} | 浓度 |
		酸式色	碱式色		
百里酚蓝（第一次变色）	1.2～2.8	红	黄	1.6	0.1%的 20%乙醇溶液
甲基黄	2.9～4.0	红	黄	3.3	0.1%的 90%乙醇溶液
甲基橙	3.1～4.4	红	黄	3.4	0.05%的水溶液
溴酚蓝	3.1～4.6	黄	紫	4.1	0.1%的 20%乙醇溶液或其钠盐的水溶液
溴甲酚绿	3.8～5.4	黄	蓝	4.9	0.1%水溶液，每 100 mL 指示剂加 0.05 mol·L^{-1} NaOH 2.9 mL

（续）

指示剂	变色范围	颜色		pK$_{HIn}$	浓度
		酸式色	碱式色		
甲基红	4.4～6.2	红	黄	5.2	0.1%的60%乙醇溶液
溴百里酚蓝	6.0～7.6	黄	蓝	7.3	0.1%的20%乙醇溶液
中性红	6.8～8.0	红	黄橙	7.4	0.1%的60%乙醇溶液
酚酞	8.0～10.0	无	红	9.1	0.1%的90%乙醇溶液
百里酚蓝（第二次变色）	8.0～9.6	黄	蓝	8.9	0.1%的20%乙醇溶液
百里酚酞	9.4～10.6	无	蓝	10.0	0.1%的90%乙醇溶液

3.4.1.3　使用酸碱指示剂注意事项

（1）指示剂用量的影响

指示剂用量不宜过多，也不能太少。用量过多，一方面，颜色转变不敏锐，如果是单色指示剂，将会使变色范围向 pH 值低的一方移动，使滴定终点提前到达。另一方面，指示剂本身就是弱酸或弱碱，滴定过程中也会消耗一定的酸或碱的标准滴定溶液，影响分析结果的准确性；用量过少，因人对颜色的辨别能力受到限制，也影响分析结果的准确性。通常被滴定试液为 20～30 mL 时，酸碱指示剂的用量为 2～3 滴。

（2）温度的影响

温度的改变导致指示剂常数 K_{HIn} 发生变化，指示剂的变色范围也会随之改变。例如，甲基橙在室温下的变色范围是 3.1～4.4，在 100℃时为 2.5～3.7。

（3）滴定顺序的影响

在具体选择指示剂时，由于肉眼对不同颜色的敏感程度不同，因而还应注意滴定过程中滴定顺序对指示剂变色的影响。例如，酚酞由酸式色变为碱式色，即由无色变为红色，颜色变化明显，容易观察；反之，由红色变为无色，颜色变化不明显，往往容易滴定过量。因此，NaOH 溶液滴定 HCl 溶液时，选用酚酞作指示剂，终点颜色变化非常敏锐；反之则容易滴定过量。

（4）混合指示剂

在酸碱滴定中，有时需要将指示剂的变色范围控制在很窄的 pH 值范围内，或使终点颜色变化敏锐，则可采用混合指示剂。混合指示剂主要是利用颜色互补的作用原理，使酸碱滴定的终点变色敏锐，变色范围变窄。常用的混合指示剂有两种：

①由两种或两种以上酸碱指示剂按一定比例混合而成。例如，用甲基红（pK$_{HIn}$＝5.2）与溴甲酚绿（pK$_{HIn}$＝4.9）按 1：3 的比例混合后，在 pH＜5.1 的溶液中呈酒红色，在 pH＞5.1 的溶液中呈绿色，而在 pH＝5.1 变色点处的中间色为灰色，终点的颜色变化非常敏锐。

②由某种酸碱指示剂与一种惰性染料按一定比例混合。惰性染料在分析的过程中并不发生颜色的改变，只起着背景的作用。当溶液的 pH 值达到某个数值，指示剂的颜色与染料的颜色互补，使溶液的颜色变化十分明显，易于观察。

常用的酸碱混合指示剂列于表 3-7 中。

表 3-7　几种常用的酸碱混合指示剂

指示剂的组成	变色点 pH 值	颜色		备注
		酸式色	碱式色	
1 份 0.1%甲基黄乙醇溶液 1 份 0.1%亚甲基蓝乙醇溶液	3.25	蓝紫	绿	pH＝3.2 蓝紫色 pH＝3.4 绿色
1 份 0.1%甲基橙水溶液 1 份 0.25%靛蓝二磺酸钠水溶液	4.1	紫	黄绿	pH＝4.1 灰色
3 份 0.1%溴甲酚绿乙醇溶液 1 份 0.2%甲基红乙醇溶液	5.1	酒红	绿	pH＝5.1 灰色
1 份 0.1%溴甲酚绿钠盐水溶液 1 份 0.1%氯酚红钠盐水溶液	6.1	黄绿	蓝紫	pH＝5.8 蓝色 pH＝6.2 蓝紫色
1 份 0.1%中性红乙醇溶液 1 份 0.1%亚甲基蓝乙醇溶液	7	蓝紫	绿	pH＝7.0 蓝紫色
1 份 0.1%甲酚红钠盐水溶液 3 份 0.1%百里酚蓝钠盐水溶液	8.3	黄	紫	pH＝8.2 粉色 pH＝8.4 紫色
1 份 0.1%酚酞乙醇溶液 2 份 0.1%甲基氯乙醇溶液	8.9	绿	紫	pH＝8.8 浅蓝色 pH＝9.0 紫色
1 份 0.1%酚酞乙醇溶液 1 份 0.1%百里酚乙醇溶液	9.9	无	紫	pH＝9.6 玫瑰红 pH＝10.0 紫色

3.4.2　酸碱滴定曲线和指示剂的选择

酸碱滴定过程中，随着滴定剂不断地滴定到被滴定溶液中，溶液的 pH 值不断地变化。根据滴定过程中随着滴定剂的加入量，溶液 pH 值的变化情况而绘制的曲线称为滴定曲线。根据滴定曲线，特别是化学计量点前后的 pH 值的变化情况，选择合适的指示剂，准确地指示滴定终点。否则，将会引起较大的滴定误差。

3.4.2.1　强酸强碱之间的滴定

强酸、强碱在溶液中是全部解离的，强酸是以 $H^+（H_3O^+）$ 的形式存在，强碱是以 OH^- 的形式存在，滴定过程的基本反应为

$$H^+ + OH^- \Longrightarrow H_2O$$

现以 $0.100\ 0\ mol \cdot L^{-1}$ NaOH 滴定 20.00 mL $0.100\ 0\ mol \cdot L^{-1}$ HCl 为例，讨论强酸、强碱相互滴定时的滴定曲线和指示剂的选择。整个滴定过程可分为 4 个阶段，各个不同滴定阶段的 pH 值计算如下：

①滴定开始前。这个阶段还未开始滴定，滴定的 NaOH 的体积 $V_{NaOH}＝0.00$ mL，溶液的 c_{H^+} 等于强酸 HCl 溶液的原始浓度。

$$c_{H^+}＝0.100\ 0\ mol \cdot L^{-1}\quad pH＝1.00$$

②滴定开始至化学计量点前。在此阶段，溶液的 pH 值由剩余的 HCl 的量决定。

$$c_{H^+}＝\frac{c_{HCl}(V_{HCl}-V_{NaOH})}{V_{HCl}+V_{NaOH}}$$

如 NaOH 的滴定体积 $V_{NaOH}＝19.98$ mL(剩余的 HCl 的体积为 0.02 mL)时，即相对误差为 −0.1%时，则

$$c_{H^+}＝\frac{0.100\ 0\ mol \cdot L^{-1} \times (20.00-19.98)mL}{20\ mL+19.98\ mL}＝5.0 \times 10^{-5}\ mol \cdot L^{-1}\quad pH＝4.30$$

③化学计量点时。当滴定反应进行到化学计量点时，已滴定的 NaOH 溶液的量为 20.00 mL，此时 HCl 恰好和 NaOH 完全中和，溶液呈中性，因此

$$c_{H+} = c_{OH-} = 1.00 \times 10^{-7} \text{ mol} \cdot L^{-1} \quad pH = 7.00$$

④化学计量点后。由于 NaOH 溶液过量，溶液呈碱性，溶液的 pH 值根据过量的 NaOH 来计算。如 NaOH 的滴定体积 $V_{NaOH} = 20.02$ mL（NaOH 过量 0.02 mL），相对误差为 $+0.1\%$ 时，则

$$c_{OH-} = \frac{0.100\ 0 \text{ mol} \cdot L^{-1} \times (20.02 - 20.00) \text{ mL}}{20.02 \text{ mL} + 20.00 \text{ mL}} = 5.0 \times 10^{-5} \text{ mol} \cdot L^{-1}$$

$$pOH = 4.30, \quad pH = 9.70$$

用类似的方法可逐一计算滴定过程中滴定溶液的 pH 值，计算结果列于表 3-8。以滴定剂 NaOH 溶液的加入量或滴定分数为横坐标，以其相对应的 pH 值为纵坐标作图，则得到如图 3-1 所示的强碱滴定强酸的滴定曲线。

表 3-8　$0.100\ 0$ mol · L^{-1} NaOH 滴定 20.00 mL $0.100\ 0$ mol · L^{-1} HCl

加入 NaOH 的体积/mL	HCl 被滴定的体积 百分数/%	剩余 HCl 体积/ mL	过量 NaOH 的体积/mL	溶液中的 c_{H+} / (mol · L^{-1})	溶液的 pH 值	
0.00	0.00	20.00		1.00×10^{-1}	1.00	
10.00	50.00	10.00		3.33×10^{-2}	1.48	
18.00	90.00	2.00		5.26×10^{-4}	2.28	
19.80	99.00	0.20		5.02×10^{-4}	3.30	
19.98	99.90	0.02		5.00×10^{-5}	4.30	突跃范围
20.00	100.0	0.00		1.00×10^{-7}	7.00	
20.02	100.1		0.02	2.00×10^{-11}	9.70	
20.20	100.2		0.20	2.00×10^{-12}	10.70	
22.00	110.0		2.00	2.10×10^{-12}	11.70	
40.00	200.0		20.00	5.00×10^{-13}	12.50	

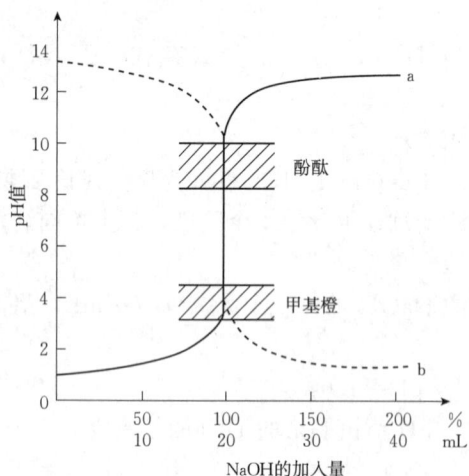

图 3-1　$0.100\ 0$ mol · L^{-1} NaOH 滴定 20.00 mL $0.100\ 0$ mol · L^{-1} HCl 的滴定曲线

从图 3-1 中曲线 a 可以看出：滴定开始时溶液中存在着较多的 HCl，加入的 NaOH 对溶液的 pH 值改变不大，当 NaOH 溶液滴定至 19.98 mL 时，离化学计量点只差 0.02 mL（约半滴，误差为 -0.1%），pH 值只改变了 3.3 个单位，曲线比较平坦。当中和了剩余的半滴 HCl 后，仅过量了 0.02 mL NaOH（误差为 $+0.1\%$），但溶液的 pH 值却从 4.30 急剧升高至 9.70，变化了 5.40 个 pH 单位，在滴定曲线上出现了一段近似垂直于横坐标的直线段。此线段在分析化学上称为滴定突跃，并将滴定误差在 $\pm 0.1\%$ 的范围内，溶液 pH 值的变化区间称为滴定突跃范围。突跃过后，再继续滴入 NaOH 溶液，曲线又趋于平坦。

根据滴定曲线，最理想的指示剂应该恰好在化学计量点变色。但实际上，凡在突跃范围内颜色变化明显的指示剂均可准确地指示滴定终点。在上述滴定中，突跃范围 pH 值为

4.3~9.7。在此范围变色的指示剂如酚酞(变色范围为 8~10,从无色滴至浅红色)、甲基红(变色范围为 4.4~6.2,从红色滴至橙色)、甲基橙(变色范围为 3.1~4.4,从红色滴定至恰好变为黄色)等均可选择,且误差均可控制在 ±0.1% 的范围内。由此可见,只要指示剂的变色范围全部或大部分落在滴定突跃范围内,就可进行选择。这也是选择指示剂的基本原则。

以上讨论的是 0.100 0 mol·L^{-1} NaOH 溶液滴定 0.100 0 mol·L^{-1} HCl 溶液的情况。同理,0.100 0 mol·L^{-1} HCl 溶液滴定 0.100 0 mol·L^{-1} NaOH 溶液,滴定曲线如图 3-1 中曲线 b 所示,pH 变化方向相反,突跃范围 pH 值为 9.70~4.30。此时选用甲基红最为合适,溶液颜色由黄色变为橙色即为终点。理论上也可选酚酞,溶液颜色由红色变为无色,但由眼观察往往有滞后现象,易产生较大的误差,故习惯上不选;如果选择甲基橙,当溶液由黄色变为橙色的时候,溶液的 pH 值很难保持在 4.3 以上,误差会很大,因此不宜使用。

如果强酸、强碱的浓度发生改变,虽然化学计量点 pH 值仍为 7.00,但是突跃范围会随之改变,如图 3-2 所示。

由图 3-2 可见,酸碱浓度越大,滴定的突跃范围也越大,可供选择的指示剂就越多;酸碱浓度越小,滴定突跃范围也越小,指示剂的选择就会有所限制。当然,滴定剂浓度也不能太高,否则在

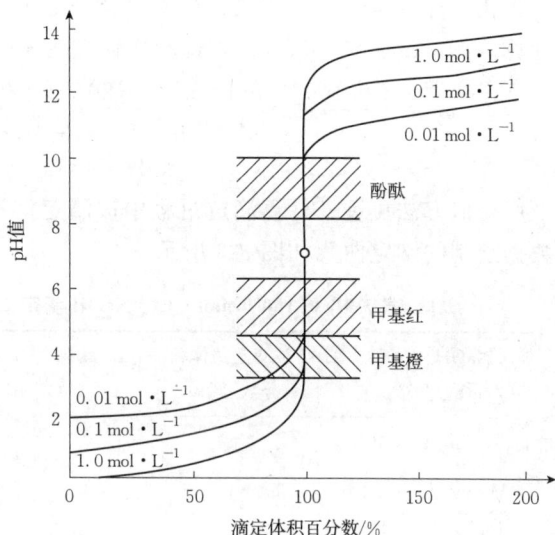

图 3-2 不同浓度的强碱滴定强酸的滴定曲线

接近化学计量点时也容易过量滴入(即使是半滴),从而导致终点误差较大。因此,酸碱滴定中的标准溶液的浓度通常为 0.1~0.2 mol·L^{-1}。

3.4.2.2 强碱(酸)滴定一元弱酸(碱)

一元弱酸可用强碱来滴定,一元弱碱可用强酸来滴定。

(1)强碱滴定一元弱酸

此类滴定的基本反应为

$$HA+OH^- \rightleftharpoons H_2O+A^-$$

现以 0.100 0 mol·L^{-1} NaOH 滴定 20.00 mL 0.100 0 mol·L^{-1} HAc 为例,讨论滴定过程中 pH 值的变化及滴定曲线的情况。整个滴定过程按照不同的溶液组成情况分为 4 个阶段,各个不同滴定阶段的 pH 值计算如下:

①滴定前。此阶段还未进行滴定,滴定的 NaOH 溶液的体积 $V_{NaOH}=0.00$ mL,此时溶液的酸度由 0.100 0 mol·L^{-1} HAc 的离解决定。

由于 $c/K_a=0.100\ 0/1.8\times10^{-5}>500$,$c·K_a>20K_w$

用最简式得 $c_{H+}=\sqrt{c·K_a}=\sqrt{0.100\ 0\times1.76\times10^{-5}}=1.34\times10^{-3}$(mol·L^{-1})

$$pH=2.87$$

②滴定开始至化学计量点前。这个阶段是未反应的弱酸 HAc 及反应产物 Ac$^-$ 组成的缓冲溶液,所以酸度按缓冲溶液公式计算。由于 $c_{HAc}=c_{NaOH}=0.100\ 0$ mol·L^{-1},若 $V_{NaOH}=19.98$ mL,则溶液的 pH 值为

$$pH=pK_a+\lg\frac{c_{Ac^-}}{c_{HAc}}=pK_a+\lg\frac{V_{NaOH}}{V_{HAc}+V_{NaOH}}=4.75+\lg\frac{19.98\ mL}{20.00\ mL-19.98\ mL}=7.75$$

③化学计量点时。此时 HAc 被完全中和成 NaAc，溶液为一元弱碱体系，按一元弱碱溶液的最简公式进行计算。

$$c_{OH^-}=\sqrt{c\cdot K_w}=\sqrt{c\cdot\frac{K_w}{K_a}}=\sqrt{\frac{0.100\ 0}{2}\times\frac{10^{-14}}{1.76\times10^{-5}}}=7.54\times10^{-6}(mol\cdot L^{-1})$$

$$pOH=5.28\quad pH=8.72$$

④化学计量点后。此阶段，NaOH 溶液已过量，溶液的 pH 值根据过量的 NaOH 的量来计算。如 $V_{NaOH}=20.02\ mL$，即相对误差为 $+0.1\%$ 时，有

$$c_{OH^-}=\frac{0.100\ 0\ mol\cdot L^{-1}\times(20.02-20.00)mL}{20.00\ mL+20.02\ mL}=5.0\times10^{-5}\ mol\cdot L^{-1}$$

$$pOH=4.30\quad pH=9.70$$

用类似方法可逐一计算滴定过程中被滴定溶液的 pH 值。部分计算结果列于表 3-9。根据数据绘制的滴定曲线如图 3-3 所示。

表 3-9　0.100 0 mol·L⁻¹ NaOH 滴定 20.00 mL 0.100 0 mol·L⁻¹ HAc

加入 NaOH/ (V/mL)	HAc 被滴定的体积 百分数/%	剩余 HAc/ (V/mL)	过量 NaOH/ (V/mL)	溶液的 pH 值
0.00	0.00	20.00		2.87
10.00	50.00	10.00		4.75
18.00	90.00	2.00		5.70
19.80	99.00	0.20		6.74
19.98	99.90	0.02		7.75
20.00	100.0	0.00		8.72
20.02	100.1		0.02	9.70
20.20	100.2		0.20	10.70
22.00	110.0		2.00	11.70
40.00	200.0		20.00	12.50

（19.98～20.20 pH 值为突跃范围）

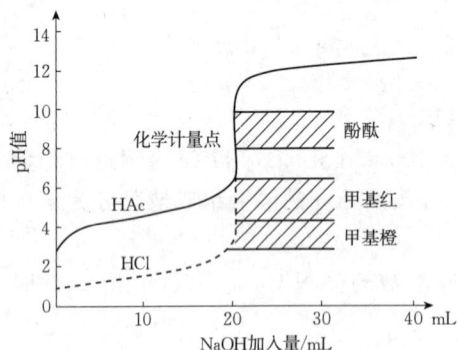

图 3-3　0.100 0 mol·L⁻¹NaOH 滴定 20.00 mL 0.100 0 mol·L⁻¹HAc 的滴定曲线

图 3-3 中的虚线是相同浓度 NaOH 滴定 HCl 的滴定曲线。从计算结果和滴定曲线上可知，0.100 0 mol·L⁻¹ NaOH 滴定同浓度的 HAc 的突跃范围 pH 值为 7.75～9.70，比同样浓度的 NaOH 滴定 HCl 的突跃范围小很多，而且化学计量点的 pH 值不是 7.00 而是 8.72，在弱碱性范围内，因此只能选择在碱性范围内变色的指示剂，如酚酞、百里酚酞等，而不能选择甲基橙、甲基红等在酸性范围内变色的指示剂。

强碱滴定不同强度的一元弱酸时，滴定突跃范围的大小不仅与溶液的浓度有关，而且与弱酸的解离常数 K_a 有关。一般情况下，当 K_a 一定时，酸的浓度越大，pH 值的突跃范围也越大；当酸的浓度一定时，K_a 越大，即酸性越强，pH 值的突跃范围也越大。图 3-4 表示的是 0.100 0 mol·L⁻¹ NaOH 溶液滴定0.100 0 mol·L⁻¹各种强度

一元弱酸的滴定曲线，该图清楚地表明了 K_a 对滴定突跃范围的影响。

从图 3-4 可以看出，如果弱酸的 K_a 太小，或酸的浓度太低时，滴定的突跃范围会很小，当小到一定程度后就无法进行准确滴定了。只有当 $c \cdot K_a \geqslant 10^{-8}$ 时，此滴定才有较明显的突跃（0.3 个 pH 单位以上），如果能选择在此突跃范围内变色的指示剂，就可以使终点误差在 $\pm 0.2\%$ 以内。因此，通常把 $c \cdot K_a \geqslant 10^{-8}$ 作为一元弱酸能否被直接准确滴定的条件。

（2）强酸滴定一元弱碱

与强碱滴定一元弱酸相似，对一元弱碱的

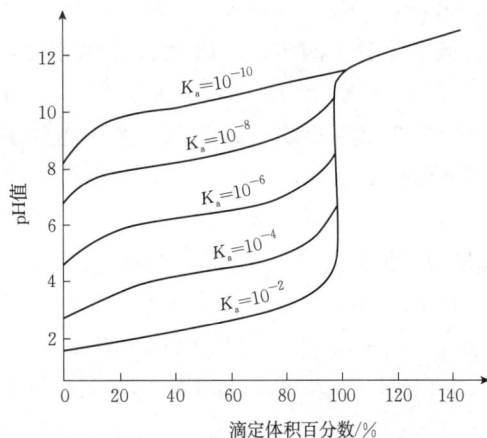

图 3-4　NaOH 滴定不同强度弱酸的滴定曲线

滴定，只有 $c \cdot K_b \geqslant 10^{-8}$ 时，才会有较为明显的滴定突跃，才能保证终点误差在 $\pm 0.2\%$ 以内。故 $c \cdot K_b \geqslant 10^{-8}$ 就是一元弱碱能否被准确直接滴定的条件。必须指出，弱酸和弱碱之间不能滴定，因无明显的 pH 值突跃，无法用一般的指示剂确定滴定终点。故在酸碱滴定中，一般以强碱和强酸作为滴定剂。对于 $c \cdot K_a < 10^{-8}$ 的弱酸或 $c \cdot K_b < 10^{-8}$ 的弱碱，可采用其他方法进行测定，如使用仪器检测终点、利用适当的化学反应使弱酸或弱碱强化、在非水介质中滴定等。

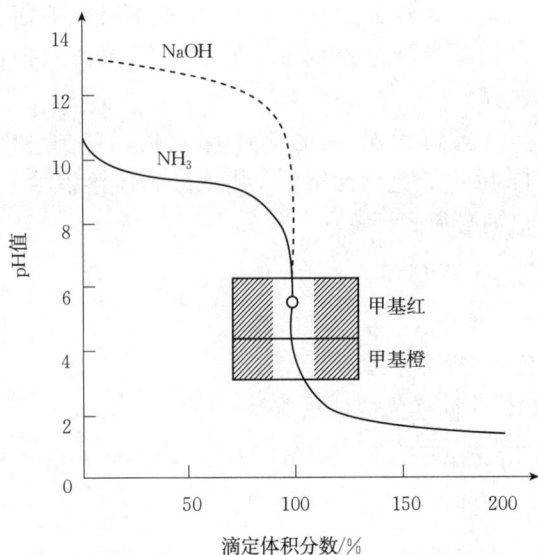

图 3-5　0.100 0 mol · L^{-1} HCl 溶液滴定

0.100 0 mol · L^{-1} 氨水溶液的滴定曲线

图 3-5 是用 0.100 0 mol · L^{-1} HCl 溶液滴定 0.100 0 mol · L^{-1}NH$_3$ 溶液的滴定曲线。由图可见，该滴定体系中化学计量点的 pH 值及突跃范围均比强酸滴定强碱的小，且都在酸性区域。因此，对于这类滴定应选择在酸性范围内变色的指示剂，如甲基红、甲基橙等。

3.4.2.3　多元弱酸、弱碱的滴定

多元弱酸（碱）在水溶液中是分步解离的，对多元弱酸（碱）的滴定，有下面几个问题需要解决：多元弱酸（碱）的每步解离能否都被准确滴定？在能被准确滴定的情况下能否进行分步滴定？应选择什么指示剂？

（1）强碱滴定多元弱酸

多元弱酸的滴定过程一般较为复杂，

滴定的突跃相对较小，相对允许误差也较大，滴定曲线也多由仪器测定。已经证明多元弱酸能否被准确滴定取决于其浓度 c 和各级解离常数 K_a 的大小，而能否分步滴定取决于各相邻两级 K_a 的比值大小。例如，对于二元弱酸 H_2A：

①若 $c \cdot K_{a_1} \geqslant 10^{-8}$，$c \cdot K_{a_2} \geqslant 10^{-8}$，$K_{a_1}/K_{a_2} \geqslant 10^4$，则两级解离的 H^+ 不仅可被直接滴定，而且可以分步滴定。

②若 $c \cdot K_{a_1} \geqslant 10^{-8}$，$c \cdot K_{a_2} \geqslant 10^{-8}$，$K_{a_1}/K_{a_2} < 10^4$，则两级解离的 H^+ 均可被直接滴定，但不能分步滴定，一次性滴定到第二化学计量点。

③若 $c \cdot K_{a_1} \geqslant 10^{-8}$，$c \cdot K_{a_2} < 10^{-8}$，$K_{a_1}/K_{a_2} \geqslant 10^4$，则只有第一级解离的 H^+ 能被准确滴定，形成一个突跃，而第二级解离的 H^+ 不能被准确滴定，但它不影响第一级解离 H^+ 的准确滴定。

对于三元酸分步滴定的判断，可用类似的方法处理。现以 $0.100\ 0\ mol \cdot L^{-1}$ NaOH 溶液滴定同浓度的 H_3PO_4 溶液为例予以说明。

H_3PO_4 在水中有三级解离：

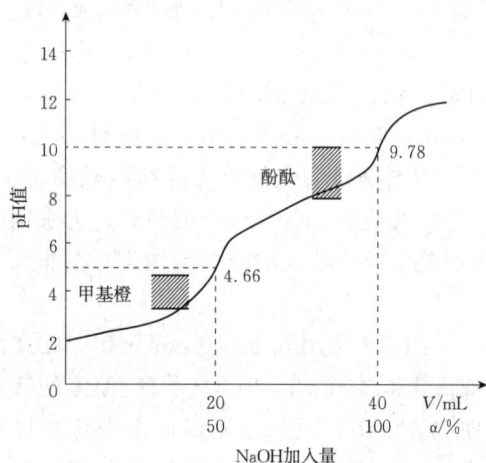

$$H_3PO_4 \Longrightarrow H^+ + H_2PO_4^- \quad K_{a_1} = 7.6 \times 10^{-3}$$
$$H_2PO_4^- \Longrightarrow H^+ + HPO_4^{2-} \quad K_{a_2} = 6.3 \times 10^{-8}$$
$$HPO_4^{2-} \Longrightarrow H^+ + PO_4^{3-} \quad K_{a_3} = 4.4 \times 10^{-13}$$

显然，因 $c \cdot K_{a_1} = 7.6 \times 10^{-4} > 10^{-8}$，$c \cdot K_{a_2} = 6.3 \times 10^{-9} \approx 10^{-8}$ 且 $K_{a_1}/K_{a_2} = 1.2 \times 10^5 > 10^4$，而 $c \cdot K_{a_3} \ll 10^{-8}$，所以只有前两级解离出的 H^+ 可被 NaOH 标准溶液分步滴定至终点，在第一、第二化学计量点附近各有一个较不明显的滴定突跃，而第三级解离的 H^+ 不能被准确滴定，如图 3-6 所示。

NaOH 滴定 H_3PO_4 的过程中，pH 值的准确计算较为复杂，这里不做介绍。下面只讨论化学计量点的 pH 值的计算和指示剂的选择。

当到达第一化学计量点时，生成物为 $H_2PO_4^-$，是两性物质，用两性物质溶液的 pH 值的最简式计算。

图 3-6 $0.100\ 0\ mol \cdot L^{-1}$ NaOH 滴定 $0.100\ 0\ mol \cdot L^{-1}$ H_3PO_4 溶液的滴定曲线

$$c_{H^+} = \sqrt{K_{a_1} \cdot K_{a_2}} = \sqrt{7.6 \times 10^{-3} \times 6.3 \times 10^{-8}} = 2.2 \times 10^{-5}\ (mol \cdot L^{-1})$$
$$pH = 4.66$$

可选择甲基橙(橙色→黄色)或甲基红(红色→橙色)作指示剂。

当到达第二化学计量点时，生成物为 HPO_4^{2-}，同样为两性物质。

$$c_{H^+} = \sqrt{K_{a_2} \cdot K_{a_3}} = \sqrt{6.3 \times 10^{-8} \times 4.4 \times 10^{-13}} = 1.7 \times 10^{-10}\ (mol \cdot L^{-1})$$
$$pH = 9.78$$

可选择酚酞作指示剂。

值得注意的是，由于滴定反应交叉进行，使化学计量点附近的曲线倾斜，滴定突跃不明显，终点误差较大，如果第一、第二化学计量点分别改用溴甲酚绿-甲基红(变色点pH值为5.1，颜色由酒红色→绿色)和酚酞-百里酚酞(变色点pH值为9.9，颜色由无色→紫色)混合指示剂，不仅指示剂的变色范围与滴定突跃范围相吻合，而且相应的终点颜色变化也更明显，有利于降低终点误差。若对分析结果的准确度要求更高时，则需采用电位滴定法。

其他多元酸的滴定依此类推。

（2）强酸滴定多元弱碱

在质子理论中，多元碱一般是指多元酸与强碱作用生成的盐，如 Na_2CO_3、$Na_2B_2O_7$ 等。多元弱碱的滴定，情况与多元弱酸的滴定完全相似。多元弱碱分步滴定的条件为：

①若 $c \cdot K_{b_1} \geqslant 10^{-8}$，$K_{b_1}/K_{b_2} \geqslant 10^4$，则第一级解离的 OH^- 可被强酸直接滴定。

②若 $c \cdot K_{b_2} \geqslant 10^{-8}$，$K_{b_1}/K_{b_2} \geqslant 10^4$，则第二级解离的 OH^- 可被强酸分步滴定。

图 3-7 是 $0.100\ 0\ mol \cdot L^{-1}$ 的 HCl 标准溶液滴定 $0.100\ 0\ mol \cdot L^{-1}$ Na_2CO_3 溶液的滴定曲线。由于 $K_{b_1} = 1.8 \times 10^{-4}$，$K_{b_2} = 2.4 \times 10^{-8}$，$c \cdot K_{b_1} \geqslant 10^{-8}$，$K_{b_1}/K_{b_2} \approx 10^4$，因此 Na_2CO_3 的两级解离可被 HCl 分步滴定。

第一化学计量点，反应产物为 $NaHCO_3$，溶液的 pH 值可按两性物质 pH 值的最简式进行计算。

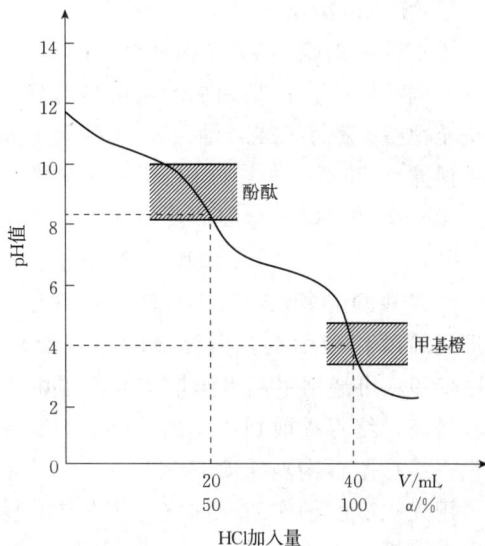

图 3-7　$0.100\ 0\ mol \cdot L^{-1}$ HCl 滴定 $0.100\ 0\ mol \cdot L^{-1}\,Na_2CO_3$ 溶液的滴定曲线

$$c_{H^+} = \sqrt{K_{a_1} \cdot K_{a_2}} = \sqrt{4.2 \times 10^{-7} \times 5.6 \times 10^{-11}} = 4.85 \times 10^{-9} (mol \cdot L^{-1})$$
$$pH = 8.32$$

溶液呈弱碱性，可选择酚酞作指示剂。

第二化学计量点，反应产物为 CO_2 的饱和溶液，浓度约为 $0.04\ mol \cdot L^{-1}$，故此时可按多元弱酸溶液的 pH 值的最简式进行计算。

$$c_{H^+} = \sqrt{c \cdot K_{a_1}} = \sqrt{0.040 \times 4.30 \times 10^{-7}} = 1.3 \times 10^{-4} (mol \cdot L^{-1})$$
$$pH = 3.89$$

可选用甲基橙作指示剂。由于滴定过程中生成的 H_2CO_3 只能慢慢地转化为 CO_2，容易形成 CO_2 的过饱和溶液，使溶液的终点提前到达，滴定时应注意在终点附近剧烈摇动溶液，必要时可加热煮沸溶液以除去 CO_2，冷却后再继续滴定至终点，以提高分析的准确度。

3.4.3　酸碱标准溶液的配制与标定

在酸碱滴定法中，常用的酸标准溶液是盐酸，有时也用硫酸。常用的碱标准溶液是氢氧化钠，有时也用氢氧化钾或氢氧化钡。酸碱标准溶液的浓度常为 $0.1\ mol \cdot L^{-1}$，有时根据需要也配制成 $1\ mol \cdot L^{-1}$ 或 $0.01\ mol \cdot L^{-1}$。若浓度太高，则消耗试剂太多，会造成浪费；若浓度太低，则不易得到准确的结果。

3.4.3.1　酸标准溶液

硫酸虽然稳定性较好，但它的第二级解离常数较小，因此只在需要较浓的溶液或分析过程中需要加热时才会使用。盐酸因其价格低廉、易于得到，酸性强且性质稳定等诸多优点用得较为广泛。但市售盐酸中的 HCl 易挥发，通常浓度不确定，因此需用间接法配制，即先将浓盐酸配制成近似所需的浓度，然后用基准物质进行标定。标定时，常用的基准物质有无水碳酸钠和硼砂两种。

（1）无水碳酸钠

无水碳酸钠（Na_2CO_3）容易获得纯品，价格便宜。用无水碳酸钠基准物质标定盐酸容易得到准确的结果。但是无水碳酸钠具有较强的吸湿性，使用前必须在 $270\sim300℃$ 高温炉中灼烧至恒重，然后密封于瓶中，保存于干燥器中备用。另外，称量速度要快，以免因吸潮而引入误差。

无水碳酸钠标定盐酸的反应式为

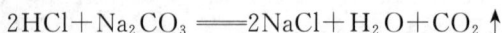

$$2HCl+Na_2CO_3 =\!=\!= 2NaCl+H_2O+CO_2\uparrow$$

从强酸滴定多元弱碱中可知，当滴定 Na_2CO_3 到第一化学计量点时，溶液的 $pH\approx8.3$，可选用酚酞作指示剂，但终点颜色判断较为困难，当滴定到第二化学计量点时，溶液的 $pH\approx3.9$，可选用甲基橙作指示剂，但由于此时易形成 CO_2 的过饱和溶液，致使溶液酸度略有增高，终点提前到达，加之指示剂变色不够明显，致使终点误差较大。因此，滴定时应注意在终点附近剧烈摇动溶液。

用无水碳酸钠作基准物质的缺点是其易吸潮，摩尔质量较小，称量误差较大，终点指示剂变色不敏锐。

（2）硼砂

硼砂（$Na_2B_4O_7\cdot10H_2O$）具有摩尔质量大，不易吸潮，称量误差小，容易制得纯品等诸多优点，但当空气中相对湿度小于 39% 时易风化而失去部分结晶水。因此，应将其保存在相对湿度为 60%（糖和食盐的饱和溶液）的恒湿器中。

硼砂水溶液实际上是同等浓度的 H_3BO_3 和 $H_2BO_3^-$ 混合而成的，其标定盐酸的反应式为

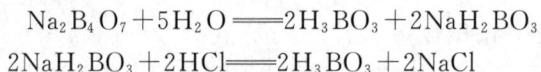

$$Na_2B_4O_7+5H_2O =\!=\!= 2H_3BO_3+2NaH_2BO_3$$
$$2NaH_2BO_3+2HCl =\!=\!= 2H_3BO_3+2NaCl$$

总反应式为

$$Na_2B_4O_7+2HCl+5H_2O =\!=\!= 4H_3BO_3+2NaCl$$

由于反应产物为弱酸 H_3BO_3（$K_a=7.3\times10^{-10}$），化学计量点时溶液呈弱酸性，指示剂常选用甲基红，溶液由黄色变为橙色即为终点。

3.4.3.2　碱标准溶液

NaOH 固体易吸潮、易吸收空气中的 CO_2 和水分，生成杂质 Na_2CO_3，且含有少量的硫酸盐、氯化物等，因此需采用间接法配制，即先将 NaOH 配成近似所需浓度的溶液，然后用基准物质进行标定。用来标定 NaOH 溶液的基准物质有多种，常见的有邻苯二甲酸氢钾和草酸。

（1）邻苯二甲酸氢钾

邻苯二甲酸氢钾（$KHC_8H_4O_4$，简写为 KHP）容易制得纯品，不含结晶水，不易吸收空气中的水分，易保存，易溶于水，且摩尔质量大，因此它是标定 NaOH 最理想的基准物质。滴定反应为

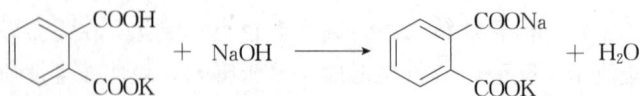

由于反应产物邻苯二甲酸钾钠呈弱碱性，因此标定溶液时用酚酞作指示剂。到达滴定终点时，溶液颜色由无色变为微红色。

（2）草酸

草酸（$H_2C_2O_4 \cdot 2H_2O$）为二元弱酸，稳定性高，相对湿度在 $50\% \sim 95\%$ 时不风化也不吸水，常保存于密闭容器中。

由于草酸的 K_1、K_2 相差不够大，草酸只能被一次滴定到 $C_2O_4^{2-}$。滴定反应为

$$2NaOH + H_2C_2O_4 \Longrightarrow Na_2C_2O_4 + 2H_2O$$

化学计量点时，生成物 $Na_2C_2O_4$ 溶液呈弱碱性，因此常用酚酞作指示剂。到达滴定终点时，溶液颜色由无色变为微红色。

由于草酸的摩尔质量不太大，且与 NaOH 反应按 1∶2 的物质的量进行，因此，为了减小误差，在称取草酸时，可多称一些草酸配成标准溶液，然后移取部分溶液来进行 NaOH 的标定。

任务 3.5　酸碱滴定法的应用

酸碱滴定法可直接滴定一般酸碱性的物质外，也能间接地测定许多非酸性或碱性的物质。

3.5.1　混合碱的测定

混合碱通常是指 NaOH 和 Na_2CO_3 或 Na_2CO_3 和 $NaHCO_3$ 的混合物。

3.5.1.1　烧碱中 NaOH 和 Na_2CO_3 的测定

烧碱中常常含有杂质 Na_2CO_3，其分析方法有两种：双指示剂法和氯化钡法。其中，双指示剂法简便、快捷，被广泛用于生产实际中。

（1）双指示剂法

准确称取一定量的样品溶解，先以酚酞作指示剂，用 HCl 标准溶液进行滴定，溶液颜色由红色变为微红色为止，消耗的 HCl 标准溶液的体积为 V_1 mL，此时溶液中的 NaOH 全部被中和，而 Na_2CO_3 只被滴定到 $NaHCO_3$。再以甲基橙为指示剂，继续用 HCl 标准溶液进行滴定，溶液由黄色变为橙色即可，记下所消耗的 HCl 标准溶液的体积为 V_2 mL，这是滴定 $NaHCO_3$ 所消耗的体积。由化学方程式可知，Na_2CO_3 滴定到 $NaHCO_3$ 以及 $NaHCO_3$ 滴定到 H_2CO_3 所消耗的 HCl 标准溶液的体积是相等的，则 NaOH 和 Na_2CO_3 含量的计算公式为

$$w_{NaOH} = \frac{c_{HCl}(V_1 - V_2)M_{NaOH}}{m_0 \times 1\,000} \times 100\%$$

$$w_{Na_2CO_3} = \frac{c_{HCl} \cdot V_2 \cdot M_{Na_2CO_3}}{m_0 \times 1\,000} \times 100\%$$

式中，w_{NaOH}、$w_{Na_2CO_3}$ 分别为 NaOH 和 Na_2CO_3 的含量（%）；c_{HCl} 为盐酸标准溶液的浓度（$mol \cdot L^{-1}$）；M_{NaOH} 为 NaOH 的摩尔质量（40.01 $g \cdot mol^{-1}$）；$M_{Na_2CO_3}$ 为 Na_2CO_3 的摩尔质量（105.99 $g \cdot mol^{-1}$）；m_0 为样品的质量（g）；1 000 为单位换算系数。

（2）氯化钡法

准确称量样品，溶解后稀释至一定体积，准确吸取等体积试液两份，分别做如下操作：第一份试液以甲基橙作指示剂，用 HCl 标准溶液滴定至甲基橙由黄色变为橙色，消耗的 HCl 标准溶液的体积为 V_1 mL，这时 NaOH 和 Na_2CO_3 全部被中和，且 Na_2CO_3 被中和至 H_2CO_3。第二份试液中先加入 $BaCl_2$，使 Na_2CO_3 生成 $BaCO_3$ 沉淀，在沉淀存在的情况下，加入酚酞指

示剂，用 HCl 标准溶液滴定，溶液颜色由无色变为淡红色为止。消耗 HCl 标准溶液的体积为 V_2 mL，显然 V_2 仅为 NaOH 所消耗的。即

$$w_{NaOH} = \frac{c_{HCl} \cdot V_2 \cdot M_{NaOH}}{m_0 \times 1\,000} \times 100\%$$

$$w_{Na_2CO_3} = \frac{c_{HCl}(V_1 - V_2)M_{Na_2CO_3}}{2m_0 \times 1\,000} \times 100\%$$

3.5.1.2   纯碱中 Na₂CO₃ 和 NaHCO₃ 的测定

纯碱由 NaHCO₃ 转化而成，其分析测定方法也有双指示剂法和氯化钡法两种。分析过程也与烧碱中 NaOH 和 Na₂CO₃ 的测定相似。

在双指示剂法中，先以酚酞作指示剂，滴定至淡红色时，消耗的 HCl 标准溶液的体积 V_1 mL，此时溶液中的 Na₂CO₃ 被滴定到 NaHCO₃，再以甲基橙为指示剂，溶液由黄色变为橙色时，消耗 HCl 的体积为 V_2 mL，此时 NaHCO₃ 被滴至 H₂CO₃。各物质含量的计算公式为

$$w_{Na_2CO_3} = \frac{c_{HCl} \cdot V_1 \cdot M_{Na_2CO_3}}{m_0 \times 1\,000} \times 100\%$$

$$w_{NaHCO_3} = \frac{c_{HCl}(V_2 - V_1)M_{NaHCO_3}}{m_0 \times 1\,000} \times 100\%$$

双指示剂法不仅用于混合碱的定量分析，还可用于未知碱样的定性和定量分析。若碱样可能含有 NaOH、Na₂CO₃、NaHCO₃ 或它们的混合物。设在酚酞终点时用去 HCl 标准溶液的体积为 V_1 mL，继续滴定至甲基橙终点时又消耗 HCl 标准溶液的体积为 V_2 mL，则可通过表 3-10 来分析未知碱样的组成。

表 3-10 V_1、V_2 的大小与未知碱样的组成

V_1 与 V_2 的关系	$V_1 > V_2$，$V_2 \neq 0$	$V_1 < V_2$，$V_1 \neq 0$	$V_1 = V_2$	$V_1 \neq 0$，$V_2 = 0$	$V_1 = 0$，$V_2 \neq 0$
碱样成分	NaOH + Na₂CO₃	Na₂CO₃ + NaHCO₃	Na₂CO₃	NaOH	NaHCO₃

3.5.2   铵盐中氮含量的测定

肥料、土壤、食品、动物及植物等样品常常需要测定其中氮的含量，一般是将样品加以适当的处理，使各种含氮化合物都转化为氨态氮，然后进行测定。常用的凯氏法定氮就是将样品在 CuSO₄ 催化剂下，用浓硫酸消煮（消化）分解，使各种含氮化合物都转化为 K_a 极小的 NH_4^+，虽不能直接滴定，但可用以下两种方法进行间接测定。

（1）蒸馏法

将处理好的含有 NH_4^+ 的铵盐样品溶液置于蒸馏瓶中，加过量的浓 NaOH 溶液使 NH_4^+ 转化为 NH₃，加热蒸馏出的 NH₃ 用已知浓度的过量的 HCl 标准溶液吸收，生成 NH₄Cl。蒸馏完毕后，再用 NaOH 标准溶液回滴过量的 HCl。在化学计量点时，溶液的 pH 值由 NH₄Cl 决定，约为 5.1，故采用甲基红作指示剂，终点颜色由红色变为橙色。氮含量的计算公式为

$$w_N = \frac{(c_{HCl} \cdot V_{HCl} - c_{NaOH} \cdot V_{NaOH})M_N}{m_0 \times 1\,000} \times 100\%$$

式中，w_N 为氮含量（%）；c_{HCl} 为 HCl 标准溶液的浓度（mol·L⁻¹）；V_{HCl} 为所加 HCl 标准溶

液的体积(mL)；c_{NaOH} 为 NaOH 标准溶液的浓度(mol·L⁻¹)；V_{NaOH} 为滴定过量 HCl 所消耗的 NaOH 标准溶液的体积(mL)；M_N 为 N 的摩尔质量(14.01 g·mol⁻¹)；m_0 为样品的质量(g)；1 000 为单位换算系数。

(2)甲醛法

甲醛与铵盐作用，定量生成强酸和一元弱酸质子化的六次甲基四铵。其反应为

$$4NH_4^+ + 6HCHO \longrightarrow (CH_2)_6N_4H^+ + 3H^+ + 6H_2O$$

$$H^+ + OH^- = H_2O$$

由于 $(CH_2)_6N_4H^+$ 的酸性较强，因此，可以酚酞作指示剂，用 NaOH 标准溶液直接滴定。计算公式为

$$w_N = \frac{c_{NaOH} \cdot V_{NaOH} \cdot M_N}{m_0} \times 100\%$$

甲醛试剂中常含有甲酸，使用前应用 NaOH 标准溶液中和除去。另外，甲醛法只适用于测定 NH_4Cl、$(NH_4)_2SO_4$、NH_4NO_3 等强酸形式的铵盐中的氮。对于弱酸形式的铵盐如 NH_4HCO_3、$(NH_4)_2CO_3$ 等，则不能直接测定。

【任务实施】

实验实训 3-1　0.1 mol·L⁻¹ NaOH 标准溶液的配制和标定

一、实验目的

1. 学会 NaOH 标准溶液的配制和标定方法。
2. 掌握酸碱指示剂酚酞的使用和终点的颜色变化。
3. 熟悉碱式滴定管的使用方法和滴定操作技术。

二、实验原理

由于 NaOH 易吸潮、易与空气中的 CO_2 反应，故采用间接法配制。

用来标定 NaOH 标准溶液的基准物质有多种，常见的主要有邻苯二甲酸氢钾($KHC_8H_4O_4$，简写为 KHP，摩尔质量为 204.22 g·mol⁻¹)和草酸($H_2C_2O_4·2H_2O$，摩尔质量 126.07 g·mol⁻¹)，其中以邻苯二甲酸氢钾使用最广泛。相对于草酸而言，邻苯二甲酸氢钾不含结晶水，容易制得纯品，摩尔质量大，比较稳定，在空气中不吸水，容易保存，是较好的基准物质。它与氢氧化钠的反应式为

反应物之间的摩尔比为 1∶1。化学计量点的产物邻苯二甲酸钾钠是二元弱碱($K_{b_1} = 2.6 \times 10^{-9}$)，化学计量点时溶液的 pH≈9，为弱碱性，因此，选用酚酞作指示剂，滴定终点由无色变为浅红色。

NaOH 标准溶液的浓度可由下式计算求得

$$c_{NaOH} = \frac{m_{KHP} \times 1\,000}{(V_{NaOH} - V_0)M_{KHP}}$$

式中，c_{NaOH}为 NaOH 标准溶液的浓度（mol·L^{-1}）；m_{KHP}、M_{KHP}分别为 $KHC_8H_4O_4$ 的质量（g）和摩尔质量（204.22 g·mol^{-1}）；V_{NaOH}为滴定时所消耗的 NaOH 标准溶液的体积（mL）；V_0为空白实验所消耗的 NaOH 标准溶液的体积（mL）；1 000 为单位换算系数。

三、仪器和试剂

仪器：电子分析天平、称量瓶、容量瓶、烧杯、玻璃棒、碱式滴定管、锥形瓶。

试剂：NaOH（A.R.）、邻苯二甲酸氢钾（基准物质，A.R.，105～110℃干燥至恒重）、0.1%酚酞指示剂（取 0.1 g 酚酞溶于 90 mL 乙醇，加水至 100 mL）。

四、实验步骤

1. 0.1 mol·L^{-1} NaOH 标准溶液的配制

称取约 1.1 g NaOH 于烧杯中，加入新煮沸并冷却至室温的蒸馏水溶解，转移至 250 mL 塑料试剂瓶中，加水稀释至 250 mL，用橡皮塞塞好瓶口，充分摇匀，备用。

2. 0.1 mol·L^{-1} NaOH 标准溶液的标定

准确称取 0.4～0.5 g 邻苯二甲酸氢钾 3 份，分别置于 250 mL 锥形瓶中，加 20～30 mL 新煮沸过的蒸馏水（热水），小心摇动使其溶解。冷却后，滴加 2～3 滴 0.1%酚酞指示剂，用待标定的 NaOH 标准溶液滴定至溶液由无色转为微红色且 30 s 内不褪色即为滴定终点。记录标定所用的 NaOH 溶液的体积 V_{NaOH}，并计算 NaOH 溶液的浓度。

平行测定 3 次，并做空白实验。根据邻苯二甲酸氢钾的质量 m 和消耗的 NaOH 标准溶液的体积 V_{NaOH} 计算出所配溶液的浓度，并贴上标签。要求 3 份滴定结果的相对偏差不大于 ±0.2%，否则应重新标定。

五、数据记录及处理

将实验数据及结果填入表 3-11。

表 3-11　实验结果

平行实验		1	2	3
称量瓶和样品质量（第一次读数）m_1/g				
称量瓶和样品质量（第二次读数）m_2/g				
邻苯二甲酸氢钾的质量（m_1-m_2）/g				
NaOH 标准溶液的体积/mL	初读数			
	终读数			
	净用量			
空白/mL				
NaOH 标准溶液的浓度/(mol·L^{-1})				
NaOH 标准溶液的平均浓度/(mol·L^{-1})				
相对极差/%				

六、思考题

1. 氢氧化钠标准溶液能否采用直接法配制？为什么？

2. 放入基准物质的锥形瓶，其内壁是否必须干燥？为什么？溶解基准物质所用水的体积是否需要准确？为什么？

3. 用邻苯二甲酸氢钾标定氢氧化钠溶液时，为什么用酚酞作指示剂而不用甲基红或甲基橙作指示剂？

实验实训 3-2　市售乙酸含量的测定

一、实验目的

1. 巩固 NaOH 标准溶液的配制和标定方法。

2. 巩固碱式滴定管的使用方法和滴定操作技术。

3. 掌握强碱滴定弱酸的基本原理及指示剂的选择。

二、实验原理

因乙酸的 $K_a = 1.8 \times 10^{-5}$，满足 $c \cdot K_a \geqslant 10^{-8}$ 的滴定条件，故可用 NaOH 标准溶液直接滴定分析。此滴定属于强碱滴定弱酸，化学计量点时溶液呈弱碱性，可选用酚酞作指示剂。整个操作过程中注意除去所用碱标准溶液和蒸馏水中的 CO_2。

三、仪器和试剂

仪器：电子分析天平、称量瓶、容量瓶、烧杯、玻璃棒、碱式滴定管、锥形瓶。

试剂：NaOH（A. R.）、邻苯二甲酸氢钾（基准物质，A. R.，105～110℃ 干燥至恒重）、0.1％酚酞指示剂、原料乙酸样品。

四、实验步骤

1. 0.5 mol·L⁻¹ NaOH 标准溶液的配制

称取约 5.1 g NaOH 固体于 100 mL 烧杯中，加入新煮沸并冷却至室温的蒸馏水溶解，转移至 250 mL 试剂瓶中，加水稀释至 250 mL，用橡皮塞塞好瓶口，充分摇匀，备用。

2. 0.5 mol·L⁻¹ NaOH 标准溶液的标定

准确称取 3.6 g 基准试剂邻苯二甲酸氢钾于锥形瓶中，加蒸馏水溶解，加 2 滴 0.1％酚酞指示剂，用待标定的 NaOH 溶液滴定至溶液的颜色由无色变为淡粉色，并保持 30 s 不褪色即为终点。计算 NaOH 标准溶液的浓度。

平行测定 3 次，同时做空白实验。

3. 原料乙酸含量分析

准确称取 1.0 g 原料乙酸样品，加入 50 mL 去除二氧化碳的水，加 2 滴 0.1％酚酞指示剂，用 NaOH 标准溶液滴定至溶液呈淡粉色，并保持 30 s 不褪色即为终点，记录滴定消耗的 NaOH 标准溶液的体积。

平行测定 3 次，同时做空白实验。

五、数据记录及处理

1. 实验数据及结果（表 3-12 和表 3-13）

（1）NaOH 标准溶液的标定

表 3-12　NaOH 标准溶液的标定结果

平行实验		1	2	3
称量瓶和样品质量（第一次读数）m_1/g				
称量瓶和样品质量（第二次读数）m_2/g				
邻苯二甲酸氢钾的质量（m_1-m_2）/g				
NaOH 标准溶液的体积/mL	初读数			
	终读数			
	净用量			
空白/mL				
NaOH 标准溶液的浓度/(mol·L^{-1})				
NaOH 标准溶液的平均浓度/(mol·L^{-1})				
相对极差/%				

（2）乙酸含量的测定

表 3-13　乙酸含量的测定

平行实验		1	2	3
称量瓶和样品质量（第一次读数）m_1/g				
称量瓶和样品质量（第二次读数）m_2/g				
称取乙酸样品的质量（m_1-m_2）/g				
消耗 NaOH 标准溶液的体积/mL	初读数			
	终读数			
	净用量			
空白/mL				
乙酸质量分数/%				
乙酸质量分数平均值/%				
相对极差/%				

2. 计算公式

（1）NaOH 标准溶液浓度的计算公式

$$c_{NaOH} = \frac{m_{KHP} \times 1\,000}{(V_{NaOH} - V_0)M_{KHP}}$$

式中，c_{NaOH} 为 NaOH 标准溶液的浓度（mol·L^{-1}）；m_{KHP}、M_{KHP} 分别为 $KHC_8H_4O_4$ 的质量（g）和摩尔质量（204.22 g·mol^{-1}）；V_{NaOH} 为滴定时所消耗的 NaOH 标准溶液的体积

（mL）；V_0 为空白实验所消耗的 NaOH 标准溶液的体积（mL）；1 000 为单位换算系数。

（2）乙酸的质量分数计算公式

$$w_{HAc} = \frac{c_{NaOH} \cdot V_{NaOH} \cdot M_{HAc}}{m_{样品} \times 1\,000} \times 100\%$$

式中，w_{HAc} 为乙酸的质量分数（%）；c_{NaOH} 为 NaOH 标准溶液的浓度（$mol \cdot L^{-1}$）；V_{NaOH} 为乙酸样品所消耗的氢氧化钠标准溶液的体积（mL）；M_{HAc} 为乙酸的摩尔质量（60.05 g·mol^{-1}）；$m_{样品}$ 为称取样品的质量（g）；1 000 为单位换算系数。

（3）相对极差（R_r）的计算公式

$$R_r = \frac{X_1 - X_2}{\overline{X}} \times 100\%$$

式中，X_1 为平行测定的最大值；X_2 为平行测定的最小值；$\overline{X}$ 为平行测定的平均值。

实验实训 3-3　0.1 mol·L^{-1} HCl 标准溶液的配制和标定

一、实验目的

1. 掌握 HCl 标准溶液的配制和标定方法。
2. 学会观察指示剂甲基橙的变色和终点的控制。
3. 熟悉酸式滴定管的使用方法和滴定操作技术。

二、实验原理

市售盐酸为无色透明的液体，质量分数为 36%～38%，相对密度约为 1.18 g·mL^{-1}，由于 HCl 易挥发，故 HCl 标准溶液需用间接法来配制。

常用来标定盐酸的基准物质有硼砂（$Na_2B_4O_7 \cdot 10H_2O$）和无水碳酸钠（Na_2CO_3）两种。本实验采用 Na_2CO_3 作基准物质，其优点是容易提纯，价格便宜，缺点是 Na_2CO_3 的摩尔质量较小，具有吸湿性。因此 Na_2CO_3 固体需先在 270～300℃ 高温炉中灼烧至恒重，然后置于干燥器中冷却后备用。化学计量点时溶液的 pH＝3.89，因此选用酸性范围内变色的指示剂。可选用甲基橙作指示剂，溶液的颜色由黄色转变为橙色时即为终点。

反应本身由于产生 H_2CO_3 会使滴定突跃不明显，致使指示剂颜色变化不够敏锐，因此，接近滴定终点之前，最好把溶液加热煮沸 2 min，并摇动以赶走 CO_2，冷却后再滴定。由于饱和的二氧化碳的水溶液的 pH 值正好处于甲基橙的变色范围之中，因此可不必加热，只需在终点附近剧烈摇动溶液即可。如使用甲基红-溴甲酚绿等其他指示剂时，则需要加热。反应方程式为

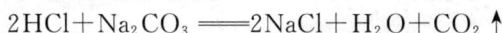

$$2HCl + Na_2CO_3 == 2NaCl + H_2O + CO_2 \uparrow$$

根据 Na_2CO_3 的质量和所消耗的 HCl 体积，可以计算出 HCl 的准确浓度 c_{HCl}。计算公式如下：

$$c_{HCl} = \frac{2m_{Na_2CO_3} \times 1\,000}{(V_{HCl} - V_0)M_{Na_2CO_3}}$$

式中，$m_{Na_2CO_3}$ 为称取的 Na_2CO_3 的质量（g）；$M_{Na_2CO_3}$ 为 Na_2CO_3 的摩尔质量（105.99 g·

mol^{-1}）；V_{HCl}为消耗的 HCl 标准溶液的体积（mL）；V_0为空白实验所消耗的 HCl 标准溶液的体积（mL）；1 000 为单位换算系数。

本实验也可以用已标定的 NaOH 标准溶液来标定。以酚酞作指示剂，终点溶液颜色由无色变为浅粉色。反应方程式为

$$NaOH + HCl \xrightarrow{\hspace{1cm}} NaCl + H_2O$$

根据 NaOH 标准溶液的浓度和所消耗的体积，计算出 HCl 的准确浓度 c_{HCl}。

三、仪器和试剂

仪器：电子分析天平、酸式滴定管、量筒、移液管、锥形瓶、烧杯、玻璃棒、容量瓶、装有碱石灰的带塞的球形干燥管、电炉。

试剂：Na_2CO_3（A.R.，在 270～300℃下干燥 2～3 h，放于干燥器内冷却备用）、浓盐酸（36.5%，1.18 g·mL^{-1}）、0.1%甲基橙指示剂、溴甲酚绿-甲基红指示剂（将 1 g·L^{-1}溴甲酚绿乙醇溶液与 2 g·L^{-1}甲基红乙醇溶液按 3∶1 混合）。

四、实验步骤

1. 0.1 mol·L^{-1} HCl 标准溶液的配制

在通风橱中用洁净的量筒量取浓盐酸约 4.5 mL，注入预先盛有适量蒸馏水的带有玻璃塞的试剂瓶中，加水稀释至 500 mL，充分摇匀。

2. 0.1 mol·L^{-1} HCl 标准溶液的标定

准确称取 0.15～0.20 g 预先烘干的 Na_2CO_3 3 份，分别放在 250 mL 锥形瓶内，加 50 mL 新煮沸过的蒸馏水溶解，摇匀，加 2～3 滴 0.1%甲基橙指示剂，用 HCl 标准溶液滴定至溶液由黄色变为橙色（也可以加入 5～6 滴溴甲酚绿-甲基红指示剂，由绿色变为暗红色），煮沸 2 min，加盖装有碱石灰的球形干燥管，冷却，继续滴定至溶液再呈橙色（若溴甲酚绿-甲基红指示剂则再次呈暗红色）即为终点。

平行测定 3 次，同时做空白实验。

五、数据记录及处理

将实验数据和结果填入表 3-14。

表 3-14　HCl 标准溶液标定结果

平行实验		1	2	3
称量瓶和样品质量（第一次读数）m_1/g				
称量瓶和样品质量（第二次读数）m_2/g				
Na_2CO_3 的质量（m_1-m_2）/g				
消耗 HCl 标准溶液的体积/mL	初读数			
	终读数			
	净用量			
空白/mL				
HCl 标准溶液的浓度/（mol·L^{-1}）				

（续）

平行实验	1	2	3
HCl 标准溶液的平均浓度/(mol·L^{-1})			
相对极差/%			

六、思考题

1. 为什么配制 HCl 标准溶液用间接法配制，而不用直接法配制？

2. 用预先未干燥或因保存不当而吸潮的 Na_2CO_3 为基准试剂标定盐酸溶液，对盐酸溶液的浓度有何影响？

3. 盛装 Na_2CO_3 溶液的锥形瓶是否需要用 Na_2CO_3 溶液润洗？

4. 用 Na_2CO_3 标定 HCl 是否可用酚酞指示剂？

实验实训 3-4　混合碱中各组分含量的测定

一、实验目的

1. 进一步熟练滴定操作和滴定终点的判断。

2. 掌握双指示剂法测定 Na_2CO_3 和 $NaHCO_3$ 混合物的原理、方法和计算。

3. 了解强酸滴定二元弱酸的滴定过程、突跃范围及指示剂的选择。

二、实验原理

欲测定混合碱样中各组分的含量，通常有双指示剂法和 $BaCl_2$ 法。双指示剂法简便、快速，广泛应用于生产实际中。

本实验所用的双指示剂为酚酞和甲基橙。在混合碱样溶液中先加酚酞指示剂，用 HCl 标准溶液滴至红色刚好褪去，到达第一化学计量点（pH＝8.3），此时溶液中的 NaOH 被滴定完全，而 Na_2CO_3 被滴定生成 $NaHCO_3$，反应式为

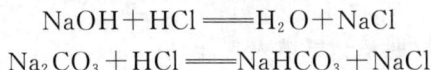

$$NaOH + HCl \Longrightarrow H_2O + NaCl$$

$$Na_2CO_3 + HCl \Longrightarrow NaHCO_3 + NaCl$$

设此时用去 HCl 标准溶液的体积为 V_1 mL。再加入甲基橙指示剂，继续用 HCl 标准溶液滴定至溶液由黄色变为橙色即为终点，到达第二化学计量点（pH＝3.89），反应式为

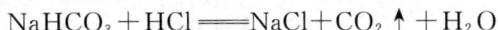

$$NaHCO_3 + HCl \Longrightarrow NaCl + CO_2 \uparrow + H_2O$$

设此时所消耗的 HCl 标准溶液的体积为 V_2 mL。根据 V_1、V_2 的大小关系可以判断混合碱的组成，并计算各自的含量。

当 $V_1 > V_2$，试液为 NaOH 和 Na_2CO_3 的混合物。

$$w_{NaOH} = \frac{c_{HCl}(V_1 - V_2)M_{NaOH}}{m_0 \times 1\,000} \times 100\%$$

$$w_{Na_2CO_3} = \frac{c_{HCl} \cdot V_2 \cdot M_{Na_2CO_3}}{m_0 \times 1\,000} \times 100\%$$

当 $V_1 < V_2$，试液为 Na_2CO_3 和 $NaHCO_3$ 的混合物。

$$w_{Na_2CO_3} = \frac{c_{HCl} \cdot V_1 \cdot M_{Na_2CO_3}}{m_0 \times 1\,000} \times 100\%$$

$$w_{NaHCO_3} = \frac{c_{HCl}(V_2 - V_1)M_{NaHCO_3}}{m_0 \times 1\,000} \times 100\%$$

此外，若 $V_1 = V_2$，则只有 Na_2CO_3，若 $V_1 = 0$，$V_2 > 0$，则只有 $NaHCO_3$；若 $V_1 > 0$，$V_2 = 0$，则只有 $NaOH$。

三、仪器和试剂

仪器：电子分析天平、酸式滴定管、锥形瓶、烧杯、移液管。

试剂：混合碱样、$0.10\ mol \cdot L^{-1}\ HCl$ 标准溶液（准确浓度以标签为准）、0.1% 酚酞指示剂、0.1% 甲基橙指示剂，溴甲酚绿-甲基红指示剂（将 $1\ g \cdot L^{-1}$ 溴甲酚绿乙醇溶液与 $2\ g \cdot L^{-1}$ 甲基红乙醇溶液按 3∶1 混合）。

四、实验步骤

1. 混合碱样溶液的配制

称取 $1.3 \sim 1.5\ g$ 混合碱样于 $100\ mL$ 烧杯中，加少量蒸馏水溶解，定量转移至 $250\ mL$ 容量瓶中，加水稀释至刻度，充分摇匀。

2. 混合碱样中各组分的测定

用移液管准确移取混合碱样溶液 $25\ mL$ 于 $250\ mL$ 锥形瓶中，加 $25\ mL$ 蒸馏水，滴加 $2 \sim 3$ 滴 0.1% 酚酞指示剂，用 $0.10\ mol \cdot L^{-1}\ HCl$ 标准溶液进行滴定，颜色由红色变为近无色为止，记下所消耗的 HCl 标准溶液的体积 V_1；再滴加 $1 \sim 2$ 滴 0.1% 甲基橙指示剂，继续用 HCl 标准溶液进行滴定，溶液由黄色变为橙色即可（也可以加入 $5 \sim 6$ 滴溴甲酚绿-甲基红指示剂，由绿色变为暗红色），记下所消耗的 HCl 标准溶液的总体积 V_2。

平行测定 3 次。根据所消耗的 HCl 标准溶液的体积 V_1 和 V_2 的大小，确定混合碱样的成分，并计算出混合碱样中各组分的含量。

五、数据记录及处理

得出实验结论，将实验数据及结果填入表 3-15。

由 V_1 _____ V_2 得，混合物的组成为 _____。

注意：混合物的组分一经确定后，表格里的组分 1 和组分 2 必须换成具体的名称。

表 3-15　测定结果

平行实验	1	2	3
称取混合碱的质量/g			
移取混合碱液的体积/mL			
V_1/mL			
V_2/mL			
组分 1 含量/%			
组分 1 平均含量/%			

（续）

平行实验	1	2	3
组分 1 相对极差/%			
组分 2 含量/%			
组分 2 平均含量/%			
组分 2 相对极差/%			

六、思考题

1. 双指示剂法中，达到第二计量点时为什么不用加热除去 CO_2？

2. 测定一批混合碱时，若出现：①$V_1 > V_2$；②$V_1 < V_2$；③$V_1 = V_2$；④$V_1 = 0$，$V_2 > 0$；⑤$V_1 > 0$，$V_2 = 0$ 5 种情况时，各样品的组成有何差别？

【任务实施拓展】

实验实训拓展 3-Ⅰ 食醋总酸度的测定

一、实验目的

1. 进一步巩固滴定管、容量瓶、移液管的使用方法和滴定操作技术。
2. 进一步拓展强碱滴定弱酸的基本原理及指示剂的选择。

二、实验原理

食醋的主要成分是乙酸（HAc），此外还有少量其他有机酸，如乳酸等。因乙酸的 $K_a = 1.8 \times 10^{-5}$，乳酸的 $K_a = 1.4 \times 10^{-4}$，都能满足 $c \cdot K_a \geqslant 10^{-8}$ 的滴定条件，故均可直接滴定分析。实际测得的结果是食醋的总酸度，但因乙酸含量多，故常用乙酸含量表示。此滴定属于强碱滴定弱酸，可用 NaOH 标准溶液直接滴定，化学计量点时溶液呈弱碱性，可选用酚酞作指示剂。

测得总酸度以乙酸的含量 ρ_{HAc}（g/100 mL）来表示。化学方程式如下：

$$NaOH + HAc \xrightarrow{\quad\quad} NaAc + H_2O$$

总酸度的计算公式：

$$\rho_{HAc}(g/100\ mL) = \frac{c_{NaOH}(V_{NaOH} - V_0)M_{HAc}}{V_{HAc} \times 1\ 000} \times 100$$

式中，c_{NaOH}、V_{NaOH} 分别为 NaOH 的浓度（mol·L⁻¹）和滴定所消耗的体积（mL）；M_{HAc}、V_{HAc} 分别为 HAc 的摩尔质量（g·mol⁻¹）和所量取的体积（mL）；V_0 为空白实验所消耗的 NaOH 标准溶液的体积（mL）；100、1 000 均为单位换算系数。

食醋中含乙酸 3%～5%，浓度较大，滴定前需要进行稀释。如果食醋的颜色较深，必须加活性炭脱色，否则会影响终点的观察。

三、仪器和试剂

仪器：电子分析天平、碱式滴定管、锥形瓶、移液管、容量瓶。

试剂：0.100 0 mol·L⁻¹ NaOH 标准溶液、0.1% 酚酞指示剂、食醋样品。

四、实验步骤

1. 食醋试液的制备

用移液管准确移取食醋样品 10.00 mL 放入 250 mL 容量瓶中，加蒸馏水定容至刻线并摇匀。

2. 食醋总酸度的测定

分别用移液管吸取 25.00 mL 稀释过的醋样 3 份于 250 mL 锥形瓶中，加入 25 mL 蒸馏水，加入 2～3 滴酚酞指示剂，用 0.10 mol·L⁻¹ NaOH 标准溶液滴定至溶液呈浅红色，并在 30 s 内不褪色即为终点。

平行测定 3 次，同时做空白实验。

五、数据记录及处理

将实验数据及结果填入表 3-16。

表 3-16　测定结果

平行实验		1	2	3
移取食醋样品体积/mL				
消耗 NaOH 标准溶液的体积/mL	初读数			
	终读数			
	净用量			
空白/mL				
食醋总酸度/(g/100 mL)				
总酸度平均值/(g/100 mL)				
相对极差/%				

六、思考题

1. 为什么要把食醋进行稀释后再测定？
2. 测定食醋总酸度时，为什么选择酚酞指示剂？能否用甲基橙作为指示剂？
3. 若以甲基红作指示剂，则消耗的 NaOH 标准溶液的体积偏大还是偏小？

实验实训拓展 3-Ⅱ　铵盐中氮含量的测定

一、实验目的

1. 掌握甲醛法测定铵盐中氮含量的实验原理和方法。

2. 学会用酸碱滴定法间接测定氮肥中的含氮量。

3. 拓展酸碱滴定分析的应用。

二、实验原理

氮在无机化合物和有机化合物中的存在形式比较复杂，其含量通常以总氮、铵态氮、硝酸态氮、酰胺态氮等形式表示，氮含量的测定方法主要有两种：

①蒸馏法。又称凯氏定氮法，适用于无机物、有机物中含氮量的测定，准确度高。

②甲醛法。适用于铵盐中铵态氮的测定，方法简便、应用广泛。

铵盐 NH_4Cl 和 $(NH_4)_2SO_4$ 是常用的无机化肥，是强酸弱碱盐，由于 NH_4^+ 的酸性太弱（$K_a = 5.6 \times 10^{-10}$），不能用 NaOH 标准溶液直接滴定。但可将铵盐与甲醛作用，定量生成六次甲基四胺盐和 H^+，反应式如下：

$$4NH_4^+ + 6HCHO \Longrightarrow (CH_2)_6N_4H^+ + 3H^+ + 6H_2O$$

生成的 H^+ 和 $(CH_2)_6N_4H^+$（$K_a = 7.1 \times 10^{-6}$）用 NaOH 标准溶液直接滴定。滴定终点的产物 $(CH_2)_6N_4$ 为弱碱，化学计量点时，溶液的 pH 值约为 8.7，可用酚酞作指示剂，滴定至溶液由无色变为微红色即为终点。

由上述反应式可见，$1\ mol\ NH_4^+$ 相当于 $1\ mol\ H^+$，$1\ mol\ NH_4^+$ 含有 $1\ mol$ 氮，因此氮与 NaOH 的化学计量比为 $1:1$，由滴定所消耗的 NaOH 标准溶液的量即可计算出样品中的氮含量。计算公式如下：

$$w_N = \frac{c_{NaOH}(V_{NaOH} - V_0)M_N}{m_{样品} \times 1\ 000} \times 100\%$$

式中，w_N 为氮含量（%）；c_{NaOH}、V_{NaOH} 分别为 NaOH 标准溶液的浓度（$mol \cdot L^{-1}$）和所消耗的体积（mL）；V_0 为空白实验所消耗的 NaOH 标准溶液的体积（mL）；M_N 为氮的摩尔质量（$14.01\ g \cdot mol^{-1}$）；$m_{样品}$ 为所取样品的质量（g）；$1\ 000$ 为单位换算系数。

铵盐与甲醛的反应在室温下进行较慢，加甲醛后，常需要放置几分钟，使反应完全。另外，甲醛中常含有少量甲酸，使用前必须先以酚酞为指示剂，用 NaOH 溶液中和，否则会使测定结果偏高。如样品中含有游离酸，加甲醛之前应事先以甲基红为指示剂，用 NaOH 标准溶液中和至甲基红变为黄色（$pH \approx 6$），再加入甲醛进行滴定，以免影响测定结果。

三、仪器和试剂

仪器：电子分析天平、锥形瓶、碱式滴定管、移液管、容量瓶、烧杯、试剂瓶。

试剂：$0.100\ 0\ mol \cdot L^{-1}$ NaOH 标准溶液、甲醛溶液（18%，即 1:1）、$(NH_4)_2SO_4$ 固体、0.1% 甲基红指示剂、0.1% 酚酞指示剂。

四、实验步骤

1. 甲醛溶液的处理（可由实验指导教师统一处理）

取甲醛上层清液于烧杯中，加水稀释 1 倍，加入 2 滴酚酞指示剂，用 $0.100\ 0\ mol \cdot L^{-1}$ NaOH 标准溶液滴定至甲醛溶液呈微红色。

2. 铵盐中氮含量的测定

用减量法称取 $(NH_4)_2SO_4$ 固体 $1.5 \sim 2.0\ g$ 于烧杯中，加入少量蒸馏水溶解，定量转移至 250 mL 容量瓶中，加蒸馏水至刻线，摇匀。

用 25.00 mL 移液管移取上层清液于 250 mL 锥形瓶中，加入 1 滴 0.1％甲基红指示剂，用 0.100 0 mol·L^{-1} NaOH 标准溶液中和至溶液呈黄色以除去样品中的游离酸，此时消耗的 NaOH 溶液体积不计。加入 10 mL 甲醛溶液，再加入 1~2 滴 0.1％酚酞指示剂，充分摇匀，静置 1 min 后，用 0.100 0 mol·L^{-1} NaOH 标准溶液滴定至溶液呈微红色，且 30 s 不褪色即为滴定终点。记录所消耗的 NaOH 标准溶液的体积。

五、数据记录及处理

将实验数据及结果填入表 3-17。

表 3-17　铵盐中含氮量的测定结果

平行实验		1	2	3
铵盐的质量/g	$m_{倾样前}$			
	$m_{倾样后}$			
	$m_{铵盐}$			
定容体积/mL				
移取铵盐溶液的体积/mL				
消耗 NaOH 溶液的体积/mL	初读数			
	终读数			
	净用量			
空白/mL				
氮含量/％				
平均氮含量/％				
相对极差/％				

六、思考题

1. NH_4^+ 为 NH_3 的共轭酸，为什么不能直接用 NaOH 溶液滴定？

2. NH_4NO_3 或 NH_4HCO_3 中的氮含量能否用甲醛法测定？

3. 本实验中加甲醛的目的是什么？

4. 为什么中和甲醛中的游离酸使用酚酞指示剂，而中和铵盐样品中的游离酸却使用甲基红指示剂？

实验实训拓展 3-Ⅲ　蛋壳中 $CaCO_3$ 含量的测定

一、实验目的

1. 了解实际样品的处理方法。

2. 进一步熟练掌握滴定分析基本操作。

3. 拓展酸碱滴定分析的应用。

二、实验原理

蛋壳的主要成分是 $CaCO_3$，将其研碎并加入已知浓度的过量的 HCl 标准溶液，即发生如下反应：

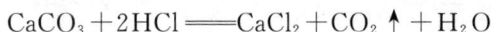

$$CaCO_3 + 2HCl \Longrightarrow CaCl_2 + CO_2 \uparrow + H_2O$$

过量的 HCl 溶液用 NaOH 标准溶液返滴定，根据加入 HCl 的量与返滴定所消耗的 NaOH 的量，即可求得样品中 $CaCO_3$ 的含量。计算公式如下：

$$w_{CaCO_3} = \frac{(c_{HCl}V_{HCl} - c_{NaOH}V_{NaOH}) \cdot M_{CaCO_3}}{2m_{样品} \times 1\,000} \times 100\%$$

式中，w_{CaCO_3} 为 $CaCO_3$ 的含量（%）；c_{HCl}、V_{HCl}分别为 HCl 标准溶液的浓度（mol·L^{-1}）和体积（mL）；c_{NaOH}、V_{NaOH}分别为 NaOH 标准溶液的浓度（mol·L^{-1}）和所消耗的体积（mL）；M_{CaCO_3} 为 $CaCO_3$ 的摩尔质量（100 g·mol^{-1}）；1 000 为单位换算系数。

三、仪器和试剂

仪器：标准筛、电子天平、酸式滴定管、碱式滴定管、锥形瓶、容量瓶。

试剂：0.100 0 mol·L^{-1} HCl 标准溶液、0.100 0 mol·L^{-1} NaOH 标准溶液、0.1%甲基橙指示剂、蛋壳。

四、实验步骤

将蛋壳去内膜并洗净，烘干后研碎，使其通过 80～100 目的标准筛。准确称取 0.1 g样品 3 份，分别置于 250 mL 锥形瓶中，用滴定管逐滴加入 0.100 0 mol·L^{-1} HCl 标准溶液 40.00 mL（过量），并放置 30 min。加入 0.1%甲基橙指示剂 1～2 滴，以 0.100 0 mol·L^{-1} NaOH 标准溶液返滴定过量的 HCl，至溶液由红色变为黄色即为终点，记录所消耗的 0.100 0 mol·L^{-1} NaOH 标准溶液的体积。计算蛋壳样品中 $CaCO_3$ 的百分含量。

自行设计表格，将实验数据及结果填入表格。

五、思考题

1. 本实验中加过量 HCl 标准溶液目的是什么？

2. 为什么向样品中加入 HCl 溶液时要逐滴加入？加入 HCl 溶液后为什么要放置 30 min 后再以 NaOH 返滴定？

3. 本实验能否用酚酞指示剂？

项目 3 小结

1. 酸碱质子理论

凡是能给出质子（H^+）的物质为酸，凡是能接受质子（H^+）的物质为碱；能给出多个质子（H^+）的为多元酸，能接受多个质子（H^+）的物质是多元碱；酸碱反应的实质是质子（H^+）从一种物质向另一种物质的转移。

2. 各种酸碱溶液的 pH 值的计算

(1)强酸、强碱溶液的 pH 值

根据强酸或强碱的浓度进行计算。

(2)一元弱酸、弱碱溶液

一元弱酸：$c_{H^+} = \sqrt{c \cdot K_a}$ $(c \cdot K_a > 20K_w$，$c/K_a \geqslant 500)$

$$c_{H^+} = \frac{-K_a + \sqrt{K_a^2 + 4K_a \cdot c}}{2}(c \cdot K_a > 20K_w，c/K_a < 500)$$

一元弱碱：$c_{OH^-} = \sqrt{c \cdot K_b}$ $(c \cdot K_b > 20K_w$，$c/K_b \geqslant 500)$

$$c_{OH^-} = \frac{-K_b + \sqrt{K_b^2 + 4K_b \cdot c}}{2}(c \cdot K_b > 20K_w，c/K_b < 500)$$

(3)多元弱酸、弱碱溶液

多元弱酸：$c_{H^+} = \sqrt{c \cdot K_{a_1}}$ $(c/K_{a_1} \geqslant 500$，$c \cdot K_{a_1} > 20K_w$，$K_{a_1}/K_{a_2} \geqslant 10^4)$

多元弱碱：$c_{OH^-} = \sqrt{c \cdot K_{b_1}}$ $(c/K_{b_1} \geqslant 500$，$c \cdot K_{b_1} > 20K_w$，$K_{b_1}/K_{b_2} \geqslant 10^4)$

3. 缓冲溶液

缓冲溶液：能够抵抗外加少量酸碱或稀释，而本身 pH 值几乎不改变的溶液。缓冲溶液是由共轭酸碱对组成的，其中共轭酸是抗碱成分，共轭碱是抗酸成分。缓冲溶液因为有足够浓度的抗酸、抗碱成分，当外加少量强酸、强碱或稀释时，可以通过解离平衡的移动来保持溶液 pH 值基本不变。

弱酸及其共轭碱 pH 值的计算公式：$pH = pK_a + \lg \dfrac{c_{碱}}{c_{酸}}$

缓冲范围：$pH = pK_a \pm 1$

4. 酸碱指示剂

本身为有机弱酸或弱碱，其理论变色范围为：$pH = pK_{HIn} \pm 1$。实验室常用的指示剂有酚酞(8～10)、甲基橙(3.1～4.4)、甲基红(4.4～6.2)等。

影响指示剂变色的因素有温度、溶剂、指示剂用量和滴定顺序等。

5. 酸碱滴定法的滴定曲线和指示剂的选择

根据滴定过程中溶液 pH 值的变化情况，绘制滴定曲线。根据滴定曲线，特别是化学计量点前后的 pH 值的变化情况，即突跃范围，选择合适的指示剂，准确地指示滴定终点。滴定分析的误差一般要求在 $\pm 0.1\%$ 以内。

(1)强酸、强碱的滴定

此类滴定的化学计量点的 pH=7，理论上在突跃范围内选择在酸性或碱性范围内变色的指示剂均可，但实际上由于肉眼的分辨率和指示剂的敏锐程度而有所限制。

强碱滴定强酸：酚酞、甲基橙、甲基红。

强酸滴定强碱：甲基红。

(2)一元强酸(碱)滴定弱碱(酸)

强碱滴定弱酸：此类反应的化学计量点的 pH>7，当弱酸的 $c \cdot K_a \geqslant 10^{-8}$，可被准确滴定。选用在碱性范围内变色的指示剂(如酚酞等)指示终点。

强酸滴定弱碱：此类反应的化学计量点的 pH<7，当弱碱的 $c \cdot K_b \geqslant 10^{-8}$ 时，可被准确滴定，选用在酸性范围内变色的指示剂(如甲基橙、甲基红等)指示终点。

(3)多元弱酸、弱碱的滴定

多元弱酸：若 $c \cdot K_a \geqslant 10^{-8}$，各级解离的 H^+ 可被直接滴定；

　　　　　若 $K_{a_1}/K_{a_2} \geqslant 10^4$，各级解离的 H^+ 能被分步滴定。

对于多元碱亦类似。

习题 3

1. 选择题

(1)按质子理论，Na_2HPO_4 是(　　)。

　　A. 中性物质　　　　B. 酸性物质　　　　C. 碱性物质　　　　D. 两性物质

(2)将浓度为 $5 \text{ mol} \cdot L^{-1}$ NaOH 溶液 100 mL 加水稀释至 500 mL，则稀释后的溶液浓度为(　　)$\text{mol} \cdot L^{-1}$。

　　A. 1　　　　　　　B. 2　　　　　　　　C. 3　　　　　　　　D. 4

(3)中性溶液严格地讲是指(　　)。

　　A. pH＝7.0 的溶液　　　　　　　　　　B. $c_{H^+} = c_{OH^-}$ 的溶液

　　C. pOH＝7.0 的溶液　　　　　　　　　D. pH＋pOH＝14.0 的溶液

(4)$0.1 \text{ mol} \cdot L^{-1}$ 的下列溶液中，酸性最强的是(　　)。

　　A. $H_3BO_3 (K_a = 5.8 \times 10^{-10})$　　　　　　B. $NH_3 \cdot H_2O (K_b = 1.8 \times 10^{-5})$

　　C. 苯酚$(K_a = 1.1 \times 10^{-10})$　　　　　　　D. $HAc (K_a = 1.8 \times 10^{-5})$

(5)pH＝5 的盐酸溶液和 pH＝12 的氢氧化钠溶液等体积混合后溶液的 pH 值是(　　)。

　　A. 5.3　　　　　　B. 7　　　　　　　　C. 10.8　　　　　　　D. 11.7

(6)pH＝5 和 pH＝3 的两种盐酸以 1∶2 体积比混合，混合溶液的 pH 值是(　　)。

　　A. 3.17　　　　　　B. 10.1　　　　　　C. 5.3　　　　　　　D. 8.2

(7)下列溶液稀释 10 倍后，pH 值变化最小的是(　　)。

　　A. $1 \text{ mol} \cdot L^{-1}$ HAc　　　　　　　　B. $1 \text{ mol} \cdot L^{-1}$ HAc 和 $0.5 \text{ mol} \cdot L^{-1}$ NaAc

　　C. $1 \text{ mol} \cdot L^{-1}$ NH_3　　　　　　　　D. $1 \text{ mol} \cdot L^{-1}$ NH_4Cl

(8)欲配制 pH＝5 的缓冲溶液，应选用下列(　　)共轭酸碱对。

　　A. $NH_2OH_2^+ - NH_2OH (NH_2OH$ 的 $pK_b = 3.38)$

　　B. $HAc - Ac^- (HAc$ 的 $pK_a = 4.74)$

　　C. $NH_4^+ - NH_3 \cdot H_2O (NH_3 \cdot H_2O$ 的 $pK_b = 4.74)$

　　D. $HCOOH - HCOO^- (HCOOH$ 的 $pK_a = 3.74)$

(9)配制 pH＝7 的缓冲溶液时，选择最合适的缓冲对是(　　)$[K_a(HAc) = 1.8 \times 10^{-5}$，$K_b(NH_3) = 1.8 \times 10^{-5}$；$H_2CO_3$：$K_{a_1} = 4.2 \times 10^{-7}$，$K_{a_2} = 5.6 \times 10^{-11}$；$H_3PO_4$：$K_{a_1} = 7.6 \times 10^{-3}$，$K_{a_2} = 6.3 \times 10^{-8}$，$K_{a_3} = 4.4 \times 10^{-13}]$。

　　A. HAc - NaAc　　　　　　　　　　　B. $NH_3 - NH_4Cl$

　　C. $NaH_2PO_4 - Na_2HPO_4$　　　　　　　D. $NaHCO_3 - Na_2CO_3$

(10)酸碱滴定中选择指示剂的原则是(　　)。

　　A. 指示剂应在 pH＝7.0 时变色

　　B. 指示剂的变色点与化学计量点完全符合

　　C. 指示剂的变色范围全部或部分落入滴定的 pH 值突跃范围之内

D. 指示剂的变色范围应全部落在滴定的 pH 值突跃范围之内

(11)酸碱滴定法选择指示剂时可以不考虑的因素是(　　)。

　　A. 滴定突跃的范围　　　　　　　　B. 指示剂的变色范围

　　C. 指示剂的颜色变化　　　　　　　D. 指示剂相对分子质量的大小

(12)酸碱滴定过程中,选取合适的指示剂是(　　)。

　　A. 减小操作误差的有效方法　　　　B. 减小偶然误差的有效方法

　　C. 减小滴定误差的有效方法　　　　D. 减小试剂误差的有效方法

(13)酸碱滴定曲线直接描述的内容是(　　)。

　　A. 指示剂的变色范围　　　　　　　B. 滴定过程中 pH 值变化规律

　　C. 滴定过程中酸碱浓度变化规律　　D. 滴定过程中酸碱体积变化规律

(14)用基准物质 Na_2CO_3 标定 $0.1\ mol\cdot L^{-1}$ HCl 溶液,宜选用(　　)作指示剂。

　　A. 甲基橙　　　B. 酚酞　　　　　　C. 百里酚蓝　　　　D. 二甲酚橙

(15)标定 NaOH 溶液常用的基准物质是(　　)。

　　A. Na_2CO_3　　　　　　　　　　　B. 邻苯二甲酸氢钾

　　C. $CaCO_3$　　　　　　　　　　　　D. 硼砂

(16)酚酞的变色范围为(　　)。

　　A. 4.4～10　　　B. 8～9.6　　　　C. 9.4～10.6　　　D. 7.2～8.8

(17)甲基橙的变色范围为(　　)。

　　A. 3.1～4.4　　　B. 4.4～6.2　　　C. 6.8～8.0　　　D. 8.2～10.0

(18)下列弱酸或弱碱(设浓度为 $0.100\ 0\ mol\cdot L^{-1}$)能用酸碱滴定法直接准确滴定的是(　　)。

　　A. 氨水($K_b=1.8\times10^{-5}$)　　　　　B. 苯酚($K_b=1.1\times10^{-10}$)

　　C. NH_4^+($K_a=5.8\times10^{-10}$)　　　　D. H_2CO_3($K_{a_1}=4.2\times10^{-7}$)

(19)以甲基橙为指示剂标定含有 Na_2CO_3 的 NaOH 标准溶液,用该标准溶液滴定某酸以酚酞为指示剂,则测定结果(　　)。

　　A. 偏高　　　　B. 偏低　　　　　　C. 不变　　　　　D. 无法确定

(20)双指示剂法测混合碱,加入酚酞指示剂时,滴定消耗 HCl 标准溶液体积为 15.20 mL;加入甲基橙作指示剂,继续滴定又消耗 HCl 标准溶液 25.72 mL,则溶液中存在(　　)。

　　A. $NaOH+Na_2CO_3$　　　　　　　B. $Na_2CO_3+NaHCO_3$

　　C. $NaHCO_3$　　　　　　　　　　　D. Na_2CO_3

2. 判断题(正确的打"√",错误的打"×")

(1)强酸的共轭碱的碱性一定很弱。　　　　　　　　　　　　　　　　　(　　)

(2)两性电解质可酸式解离,也可碱式解离,所以两个方向的 K_a 与 K_b 相同。　(　　)

(3)弱酸的酸性越弱,其共轭碱越易与水发生质子传递。　　　　　　　　(　　)

(4)在 H_2S 溶液中,H^+ 浓度是 S^{2-} 离子浓度的两倍。　　　　　　　　(　　)

(5)酸性缓冲溶液可以抵抗少量外来酸对 pH 值的影响,而不能抵抗少量外来碱的影响。

　　　　　　　　　　　　　　　　　　　　　　　　　　　　　　　　(　　)

(6)酸碱指示剂用量的多少只影响颜色变化的敏锐程度,不影响变色范围。　(　　)

(7)用酸碱滴定法测定工业醋酸中的乙酸含量,应选择的指示剂是酚酞。　(　　)

(8)酸式滴定管一般用于盛放酸性溶液和氧化性溶液，但不能盛放碱性溶液。　　（　　）

(9)强酸滴定强碱的滴定曲线，其突跃范围大小与浓度有关。　　　　　　　　（　　）

(10)酸碱滴定中，化学计量点时溶液的 pH 值与指示剂的理论变色点 pH 值相等。

（　　）

3. 根据酸碱质子理论，指出下列分子或离子中，哪些是酸？哪些是碱？哪些是两性物质？

(1)$H_2PO_4^-$　　　　　　(2)Ac^-　　　　　　(3)OH^-　　　　　　(4)NH_4^+

(5)H_2CO_3

4. 指出下列各种酸、碱所对应的共轭碱、酸。

(1)NH_3　　　　　　(2)HAc　　　　　　(3)Cl^-　　　　　　(4)HCO_3^-

5. 已知下列各种弱酸的 K_a，求它们的共轭碱的 K_b，并比较各共轭碱的碱性强弱。

(1)HAc　$K_a = 1.76 \times 10^{-5}$

(2)HCN　$K_a = 4.93 \times 10^{-10}$

(3)$H_2C_2O_4$　$K_{a_1} = 5.9 \times 10^{-2}$　$K_{a_2} = 6.4 \times 10^{-5}$

6. 计算下列各水溶液的 pH 值。

(1)0.100 0 $mol \cdot L^{-1}$ HAc 溶液

(2)0.100 0 $mol \cdot L^{-1}$ $NH_3 \cdot H_2O$ 溶液

(3)0.100 0 $mol \cdot L^{-1}$ NH_4Cl 溶液

(4)0.100 0 $mol \cdot L^{-1}$ NaCN 溶液

7. 计算 10.00 mL 浓度为 0.30 $mol \cdot L^{-1}$ NH_3 与 10 mL 0.10 $mol \cdot L^{-1}$ HCl 溶液混合后溶液的 pH 值。

8. 欲配制 0.10 $mol \cdot L^{-1}$ HCl 和 0.10 $mol \cdot L^{-1}$ NaOH 溶液各 2 L，问需要浓盐酸(密度为 1.18 $g \cdot mL^{-1}$，质量分数为 37%)和固体 NaOH 各多少？

9. 欲配制 pH = 5.0，HAc 浓度为 0.20 $mol \cdot L^{-1}$ 的 HAc - NaAc 缓冲溶液 1 L，需要 2.0 $mol \cdot L^{-1}$ HAc 多少毫升？求所需乙酸钠($NaAc \cdot H_2O$)的质量[已知 $K_a(HAc) = 1.75 \times 10^{-5}$]。

10. 取 Na_2CO_3 样品 1.000 0 g，溶于水并稀释至 100 mL。取其 25.00 mL，以酚酞为指示剂，消耗浓度为 0.105 0 $mol \cdot L^{-1}$ HCl 溶液 24.76 mL；另取 25.00 mL，以甲基橙为指示剂，消耗同样浓度的 HCl 溶液 43.34 mL。请判断该样品中有哪几种碱性物质，并求出其质量百分含量。

11. 粗铵盐 1.000 0 g，加入过量 NaOH 溶液并加热，逸出的氨吸收于 56.00 mL 0.250 0 $mol \cdot L^{-1}$ H_2SO_4 溶液中，过量的酸用 0.500 0 $mol \cdot L^{-1}$ NaOH 回滴，用去 NaOH 溶液 1.56 mL。试计算样品中 NH_3 的质量分数。

项目 4　配位滴定分析

【知识目标】

1. 了解配位化合物的概念、结构、命名和配位平衡。
2. 了解配位滴定法的原理和滴定方法。
3. 熟悉 EDTA 的性质和特点。
4. 掌握金属指示剂的变色原理及选择依据。
5. 掌握配位滴定法的原理和应用。

【技能目标】

1. 学会 EDTA 标准溶液的配制和标定操作。
2. 能正确选择金属指示剂并准确判断滴定终点。
3. 能应用配位滴定法进行检测 Ca^{2+}、Mg^{2+} 等常见金属离子。

【素质目标】

1. 培养学生的科学态度、竞争意识和创新精神。
2. 培养学生的自我管理能力、实践动手能力和团队协作能力。

【项目简介】

配位滴定是利用生成稳定配位化合物的反应而建立的一种滴定分析方法，广泛应用于各种金属离子的检测中。在一定的条件下，EDTA 能和大多数金属离子以 1 : 1 形成组成固定、性质稳定的配位化合物，具备了作配位滴定剂的诸多优点，因此，配位滴定法是以 EDTA 作滴定剂，并选择合适的金属指示剂来测定金属离子及其化合物含量的一种滴定分析方法。本项目将从配位化合物的定义、结构、命名、配位平衡等方面来认识配位化合物；学习典型的配位剂 EDTA 的性质和特点等相关内容，阐述配位滴定法的原理及应用。

【工作任务】

任务 4.1　认识配位化合物

配位化合物是含有配位键的化合物，简称配合物。它是一类组成复杂、种类繁多、应用广泛的化合物，应用于冶金、化工、电镀、生物等各个领域。生物体内的必需金属元素大部分以配位化合物的形式存在，在生理、病理和药理等过程中起着重要的作用。例如，血红素是铁的配位化合物，它起着运载氧气和养料的作用；维生素 B_{12} 是钴的配位化合物，它参与制造骨髓红细胞，可预防恶性贫血和大脑神经受到破坏；植物体内的叶绿素是镁的配位化合物，承担着植物的光合作用；有些药物如胰岛素为锌的配合物，起着预防或治疗疾病的作用；金属解毒剂硫基丙醇与重金属离子配位，起到解毒的作用等。

4.1.1　配位化合物的定义

如果在 $CuSO_4$ 溶液中加入氨水，有蓝色的沉淀生成。当氨水过量时，则蓝色沉淀消失，变成蓝色溶液，在此溶液中再加入乙醇，可得到深蓝色晶体。将深蓝色结晶分离出来溶于水后，向溶液中加入 NaOH，既无蓝色沉淀生成，也无氨气产生，说明溶液中不存在游离的 Cu^{2+} 和 NH_3；而加入一定量的 $BaCl_2$ 溶液后，则有白色沉淀生成，说明溶液中存在游离的 SO_4^{2-}。经过分析表明，深蓝色结晶为硫酸四氨合铜配合物，其化学式为 $[Cu(NH_3)_4]SO_4$。其阳离子 $[Cu(NH_3)_4]^{2+}$ 的结构式如图 4-1 所示。

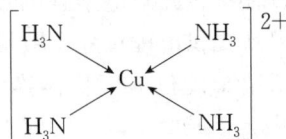

图 4-1　$[Cu(NH_3)_4]^{2+}$ 的结构式

配位化合物的价键理论认为：金属离子(或原子)与一定数目的中性分子或阴离子以配位键结合而形成的复杂离子或分子称为配位单元。凡含有配位单元的化合物称为配位化合物，简称配合物。例如，$[Cu(NH_3)_4]^{2+}$、$[Fe(SCN)_6]^{3-}$、$Ni(CO)_4$ 等均为配位单元，分别称作配阳离子、配阴离子、配分子，而 $[Cu(NH_3)_4]SO_4$、$[Co(NH_3)_6]Cl_3$、$[Ag(NH_3)_2]OH$ 等即为配合物。$Ni(CO)_4$ 是直接由配位单元构成的配位化合物。

4.1.2　配位化合物的组成

配位化合物一般分为两部分：内界和外界。内界即配位单元，一般由一个金属阳离子(或原子)和若干中性分子或阴离子组成。金属阳离子(或原子)是内界的核心部分，称为中心离子(或原子)；而与之相连的中性分子或阴离子称为配位体。配位体中与金属离子(或原子)直接以配位键相结合的原子称为配位原子。配位原子的总数称为配位数。中心原子与配位体组成的内界在溶液中表现整体性质，书写时常用方括号括起来；外界为简单离子，写在方括号之外。外界与内界之间以离子键结合，在溶液中表现各自的性质。

现以 $[Cu(NH_3)_4]SO_4$ 和 $K_4[Fe(CN)_6]$ 为例，介绍配位化合物的组成，如图 4-2 所示。

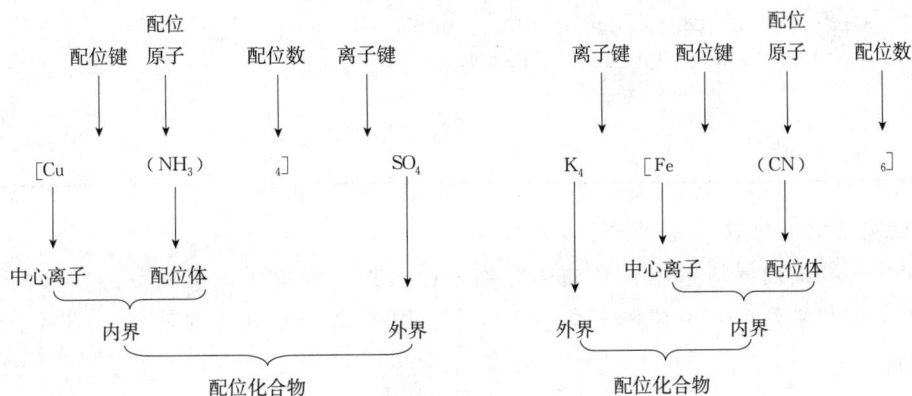

图 4-2　配位化合物的组成

（1）中心离子（或原子）

中心离子（或原子）也称配位化合物的形成体，位于配位化合物的中心，提供空轨道。中心离子一般是金属离子，特别是一些过渡元素的离子，如 Cu^{2+}、Ag^+ 等。但也有中性原子作形成体，如 $Ni(CO)_4$（四羰基合镍）中的 Ni 就是中性原子。

（2）配位体

按一定的空间构型与中心离子（或原子）相结合的阴离子或分子，称为配位体。在每个配位体中，直接与中心离子（或原子）以配位键结合的原子称为配位原子。经常作为配位原子的主要是能提供弧对电子且电负性较大的非金属原子，如 C、N、O、S 和卤素原子等。配位体按其所提供的配位原子数目分为单齿（基）配位体和多齿（基）配位体。只提供一个配位原子和中心离子配位的配位体称为单齿（基）配体，如 F^-、Cl^-、Br^-、CN^-、NH_3、H_2O 等；能提供 2 个或 2 个以上的配位原子同时与一个中心离子（或原子）配位的配体称为多齿（基）配体，如乙二胺 $NH_2-CH_2-CH_2-NH_2$（简写 en，配位原子为 2 个 N）、乙二胺四乙酸（简称 EDTA，配位原子为 2 个 N 和 4 个 O）。

（3）配位数

与中心离子（或原子）直接以配位键结合的配位原子的总数称为中心离子（或原子）的配位数。在 $[Cu(NH_3)_4]^{2+}$ 配离子中，配位体是 4 个 NH_3，NH_3 为单齿配位体，配位体的个数就是中心离子的配位数，所以 Cu^{2+} 的配位数是 4，如果配位体是多齿的，配位体的个数就不等于中心离子的配位数。如 $[Pt(en)_2]^{2+}$ 配离子，配位体是两个 en，而每个 en 都有两个 N 原子与 Pt^{2+} 配位，因此 Pt^{2+} 的配位数是 4 而不是 2。确定中心离子的配位数时，要分清内界与外界，不能只看配位化合物的组成，还应看实际的配位情况。

中心离子（原子）的配位数不是固定的而是可以变化的。配位数的大小取决于中心离子（原子）和配位体的性质、电荷、体积、电子层结构以及它们之间的相互影响，还和配合物形成的条件、浓度和温度有关。表 4-1 列出了某些金属离子常见的、较稳定的配位数。

表 4-1　金属离子的配位数

配位数	金属离子	实例
2	Ag^+、Cu^+、Au^+	$[Ag(NH_3)_2]^+$、$[Cu(CN)_2]^-$
4	Cu^{2+}、Zn^{2+}、Cd^{2+}、Hg^{2+}、Al^{3+}、Sn^{2+}、Pb^{2+}、Co^{2+}、Ni^{2+}、Pt^{2+}、Fe^{3+}、Fe^{2+}	$[Zn(CN)_4]^{2-}$、$[Pt(Cl)_4]^{2-}$
6	Cr^{3+}、Al^{3+}、Pt^{4+}、Fe^{3+}、Fe^{2+}、Co^{3+}、Co^{2+}、Ni^{2+}、Pb^{4+}	$[Fe(SCN)_6]^{3-}$、$[Ni(NH_3)_6]^{2+}$

（4）配离子的电荷数

配位化合物的内界所带电荷数即为配离子电荷数。配离子的电荷数为中心离子与配位体总电荷的代数和。若配位体全是中性分子，则配离子的电荷数就是中心离子的电荷数。例如：

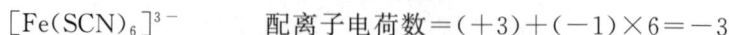

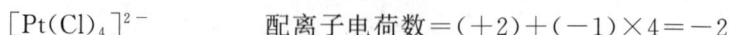

$$[Fe(SCN)_6]^{3-} \qquad 配离子电荷数＝(+3)+(-1)\times 6=-3$$

$$[Pt(Cl)_4]^{2-} \qquad 配离子电荷数＝(+2)+(-1)\times 4=-2$$

$[Cu(NH_3)_4]^{2+}$　　　配离子电荷数 = (+2)+0×4 = +2

若带电荷的配离子与外界离子组成电中性的配位化合物，可以根据外界离子的电荷数来确定配离子的电荷数。外界离子和配离子的电荷总数相等，而符号相反。例如，$K_3[Fe(CN)_6]$ 中外界离子总电荷为 (+1)×3 = +3，所以配离子的电荷为 -3，同时还可推知中心离子是 Fe^{3+}。

4.1.3　配位化合物的命名

配位化合物的命名方法仍然服从无机化合物的命名规则，即阴离子名称在前，阳离子名称在后。

4.1.3.1　内界的命名

配离子的命名是将配体名称列在中心原子之前，配位体的数目用汉字二、三等数字表示，复杂的配体名称写在圆括号内，以免混淆，不同配体之间以圆点"·"隔开，在最后一种配体名称之后缀以"合"字，中心原子后用加括号的罗马数字表示其氧化数。即

配体数（汉字）→ 配体名称 →"合"字 → 中心离子名称 → 中心离子氧化数（用带圆括号的罗马数字表示）。

$[Cu(NH_3)_4]^{2+}$　　四氨合铜（Ⅱ）离子。

$[Fe(CN)_6]^{3-}$　　六氰合铁（Ⅲ）离子

$[Cr(en)_3]^{3+}$　　三（乙二胺）合铬（Ⅲ）离子

4.1.3.2　配离子为阴离子的化合物

在配离子与外界阳离子之间用"酸"字连接；若外界为氢离子，则在配离子之后缀以"酸"字，即"某酸"。

$K_2[SiF_6]$　　六氟合硅（Ⅳ）酸钾

$H_2[PtCl_6]$　　六氯合铂（Ⅳ）酸

4.1.3.3　配离子为阳离子的化合物

如果配位化合物的外界是一个复杂的含氧酸根离子便叫"某酸某"；若是一个简单的阴离子，一般叫"某化某"。

$[Cu(NH_3)_4]SO_4$　　硫酸四氨合铜（Ⅱ）

$[Ag(NH_3)_2]OH$　　氢氧化二氨合银（Ⅰ）

$[Fe(en)_3]Cl_3$　　三氯化三（乙二胺）合铁（Ⅲ）

4.1.3.4　配离子中含有多种配体

简单配体优于复杂配体；无机配体优于有机配体；阴离子优于阳离子；阳离子优先于中性分子；若有几种阴离子或中性分子，则按配原子元素符号的英文字母顺序排列，如 Cl^- 优先于 $-NO_2$；NH_3 优先于 H_2O 等。不同配体之间以圆点"·"隔开。

$K[Co(NH_3)_2(NO_2)_4]$　　四硝基·二氨合钴（Ⅲ）酸钾

$[Co(NH_3)_3H_2OCl_2]Cl$　　氯化二氯·三氨·一水合钴（Ⅲ）

$[PtCl(NO_2)(NH_3)_4]CO_3$　　碳酸一氯·一硝基·四氨合铂（Ⅳ）

4.1.3.5 无外界的配合物

中心原子的氧化数可不必标明。

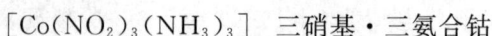

$$[Ni(CO)_4] \qquad\qquad 四羰基合镍$$

$$[Co(NO_2)_3(NH_3)_3] \qquad 三硝基·三氨合钴$$

除系统命名外，有些配位化合物至今仍沿用习惯名称。例如，$K_3[Fe(CN)_6]$叫铁氰化钾（俗称赤血盐），$[Ag(NH_3)_2]^+$叫银氨配离子等。

4.1.4 配位平衡

在 AgCl 沉淀上加入氨水后，因会发生配位反应，形成了$[Ag(NH_3)_2]^+$配离子而导致 AgCl 溶解；若在此溶液中加入 KI 后，却有黄色的 AgI 沉淀析出，说明$[Ag(NH_3)_2]^+$配离子在溶液中发生了解离，生成了少量的 Ag^+。当两者速度相等时，体系处于平衡状态，叫作配位解离平衡。其表达式如下：

$$Ag^+ + 2NH_3 \rightleftharpoons [Ag(NH_3)_2]^+$$

应用化学平衡原理，得其平衡常数

$$K_f = \frac{c_{[Ag(NH_3)_2]^+}}{c_{Ag^+} \cdot c_{NH_3}^2}$$

式中，c_{Ag^+}、c_{NH_3}、$c_{[Ag(NH_3)_2]^+}$分别为 Ag^+、NH_3 和$[Ag(NH_3)_2]^+$的平衡浓度。配位平衡的平衡常数用 K_f 表示，称为配位化合物的稳定常数或形成常数。K_f 是配位化合物在水溶液中稳定程度的量度，其值越大，说明生成配离子的倾向越大，离解的倾向越小，配离子越稳定，即相应的配位反应进行得越完全。和其他平衡常数一样，K_f 只受温度的影响，与浓度无关。

在溶液中，多元配离子的形成是分步进行的，而且，每一步都有一个稳定常数，称为逐级稳定常数。例如：

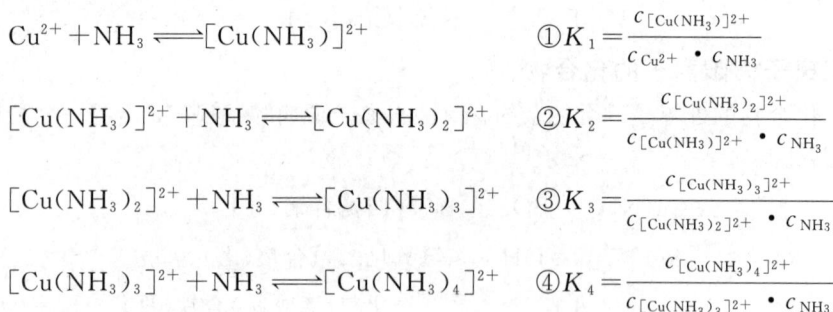

$$Cu^{2+} + NH_3 \rightleftharpoons [Cu(NH_3)]^{2+} \qquad ① K_1 = \frac{c_{[Cu(NH_3)]^{2+}}}{c_{Cu^{2+}} \cdot c_{NH_3}}$$

$$[Cu(NH_3)]^{2+} + NH_3 \rightleftharpoons [Cu(NH_3)_2]^{2+} \qquad ② K_2 = \frac{c_{[Cu(NH_3)_2]^{2+}}}{c_{[Cu(NH_3)]^{2+}} \cdot c_{NH_3}}$$

$$[Cu(NH_3)_2]^{2+} + NH_3 \rightleftharpoons [Cu(NH_3)_3]^{2+} \qquad ③ K_3 = \frac{c_{[Cu(NH_3)_3]^{2+}}}{c_{[Cu(NH_3)_2]^{2+}} \cdot c_{NH_3}}$$

$$[Cu(NH_3)_3]^{2+} + NH_3 \rightleftharpoons [Cu(NH_3)_4]^{2+} \qquad ④ K_4 = \frac{c_{[Cu(NH_3)_4]^{2+}}}{c_{[Cu(NH_3)_3]^{2+}} \cdot c_{NH_3}}$$

其中，K_1、K_2、K_3、K_4 称为配离子的逐级稳定常数。
①＋②＋③＋④得总反应方程式

$$Cu^{2+} + 4NH_3 \rightleftharpoons [Cu(NH_3)_4]^{2+}$$

则配离子总的稳定常数为

$$K_f = K_1 \cdot K_2 \cdot K_3 \cdot K_4$$

一些常见配离子的稳定常数见表 4-2 所列。

表 4-2　一些常见配离子的稳定常数

配离子	K_f	$\lg K_f$	配离子	K_f	$\lg K_f$
NaY^{3-}	5.0×10	1.7	$[Ni(en)_3]^{2+}$	3.9×10^{18}	18.59
AgY^{3-}	2.0×10^7	7.3	$[Fe(C_2O_4)_3]^{3-}$	1.6×10^{20}	20.2
MgY^{2-}	5.0×10^8	8.7	$[CdCl_4]^{2-}$	3.1×10^2	2.49
CaY^{2-}	5.0×10^{10}	10.7	$[Cd(CNS)_4]^{2-}$	3.8×10^2	2.58
FeY^{2-}	2.0×10^{14}	14.3	$[Co(CNS)_4]^{2-}$	1.0×10^2	3.0
CdY^{2-}	3.2×10^{16}	16.5	$[CdI_4]^{2-}$	3.0×10^6	6.48
NiY^{2-}	4.0×10^{18}	18.6	$[Cd(NH_3)_4]^{2+}$	1.0×10^7	7.0
CuY^{2-}	6.3×10^{18}	18.8	$[Zn(NH_3)_4]^{2+}$	2.9×10^9	9.46
HgY^{2-}	6.3×10^{21}	21.8	$[Cu(NH_3)_4]^{2+}$	4.8×10^{12}	12.68
FeY^-	1.2×10^{25}	25.1	$[HgCl_4]^{2-}$	1.2×10^{15}	15.1
CoY^-	1.0×10^{36}	36.0	$[Zn(CN)_4]^{2-}$	1.0×10^{16}	16.0
$[Ag(NH_3)_2]^+$	1.1×10^7	7.04	$[Cu(CN)_4]^{3-}$	2.0×10^{27}	27.3
$[Ag(en)_2]^+$	7×10^7	7.8	$[HgI_4]^{2-}$	6.8×10^{29}	29.83
$[Ag(CNS)_2]^-$	4×10^8	8.6	$[Hg(CN)_4]^{2-}$	1.0×10^{41}	41.0
$[Cu(NH_3)_2]^+$	7.4×10^{10}	10.87	$[Co(NH_3)_6]^{2+}$	1.3×10^5	5.11
$[Ag(en)_2]^{2+}$	4×10^{19}	19.6	$[Cd(NH_3)_6]^{2+}$	1.4×10^5	5.15
$[Ag(CN)_2]^-$	1.0×10^{21}	21.0	$[Ni(NH_3)_6]^{2+}$	5.5×10^8	8.71
$[Cu(CN)_2]^-$	1.0×10^{24}	24.0	$[AlF_6]^{3-}$	6.9×10^{19}	19.81
$[Au(CN)_2]^-$	2.0×10^{38}	38.3	$[Fe(CN)_6]^{4-}$	1.0×10^{35}	35.0
$[Fe(CNS)_3]$	2.0×10^3	3.3	$[Co(NH_3)_6]^{3+}$	1.4×10^{35}	35.15
$[Al(C_2O_4)_3]^{3-}$	2.0×10^{16}	16.3	$[Fe(CN)_6]^{3-}$	1.0×10^{42}	42.0

　　对于同类型的配离子(配位数目相同的配离子)，可以直接用 K_f 去比较各配位化合物的稳定性，而对于不同类型的配离子，其稳定性必须通过相关计算才能比较。例如，$[Ag(NH_3)_2]^+$ 和 $[Ag(CN)_2]^-$ 的 K_f 分别为 1.1×10^7 和 1.0×10^{21}，说明 $[Ag(CN)_2]^-$ 比 $[Ag(NH_3)_2]^+$ 稳定得多。$[CuY]^{2-}$ 和 $[Cu(en)_2]^{2+}$ 的 K_f 分别是 6.3×10^{18} 和 4.0×10^{19}，表面看来，似乎后者比前者稳定，事实恰好相反。这是由于它们的类型不同，前者配位比为 $1:1$，后者为 $2:1$。

　　利用稳定常数可计算配离子溶液中有关离子的浓度。在多配位体的配位平衡中，逐级稳定常数的差别一般不大，说明各级配位化合物成分都占有一定的比例。此时要准确计算配离子溶液中各级成分的浓度就非常复杂。在实际生产和工作中，一般总是加入过量的配位剂，这样就可使溶液中主要存在的配位离子为最高配位数的配离子，而其他成分的配离子均可忽略不计。

　　【例 4-1】　在 1 mL 0.040 mol·L^{-1} AgNO$_3$ 溶液中加入 1 mL 2.0 mol·L^{-1} 氨水，计算平衡时溶液中的 Ag$^+$ 浓度[已知 $[Ag(NH_3)_2]^+$ 的 $K_f=1.1\times10^7$]。

　　解：溶液等体积混合后，浓度减小一半。设平衡时 Ag$^+$ 的浓度 c_{Ag^+} 为 x mol·L^{-1}

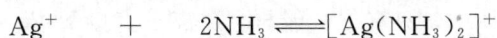

起始浓度/(mol·L^{-1})　　0.020　　　　　　　1.0　　　　　　　0

平衡浓度/(mol·L^{-1}) x 1.0−2(0.020−x)   0.020−x

由于 K_f 很大，配位反应进行得比较完全，平衡时 c_{Ag^+} 很小，则有

$$c_{NH_3}=1.0-2(0.020-x)=0.96+2x \approx 0.96 (mol \cdot L^{-1})$$

$$c_{[Ag(NH_3)_2]^+}=0.020-x \approx 0.020 (mol \cdot L^{-1})$$

$$K_f=\frac{c_{[Ag(NH_3)_2]^+}}{c_{Ag^+} \cdot c_{NH_3}^2}=\frac{0.020}{x \times 0.96^2}=1.1 \times 10^7$$

$$x=2.0 \times 10^{-9} (mol \cdot L^{-1})$$

由以上计算可知，金属离子参与配位形成稳定的配位离子后，游离的金属离子很少，基本上可忽略不计。

与其他化学平衡一样，配位平衡也是一个动态平衡。改变影响平衡的条件如浓度、温度等，平衡就会发生移动。溶液中的酸碱性、沉淀反应、氧化还原反应等对配位平衡也会产生不同程度的影响。

任务 4.2　EDTA 的性质及其配位化合物

4.2.1　乙二胺四乙酸及其二钠盐

乙二胺四乙酸是四元酸，简称 EDTA，常用 H_4Y 表示。在水溶液中，EDTA 的 2 个羧基上的 H^+ 转移至氮原子上，形成双偶级分子。其结构式为

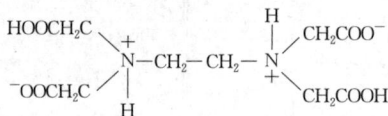

由于 EDTA 溶解度较小(22℃时，100 mL 水只能溶解 0.2 g)，不宜配成所需浓度的滴定剂，通常都用它的二钠盐($Na_2H_2Y \cdot 2H_2O$)配制标准溶液，习惯上将后者仍简称 EDTA，而把真正的 EDTA 称为 EDTA 酸。该二钠盐在水中的溶解度较大(22℃时，100 mL 水可溶 11.1 g)，浓度约为 0.3 mol·L^{-1}，可以满足滴定分析的要求。

EDTA 在水溶液中存在六级解离平衡。当溶液的酸度很高时，2 个羧酸根可以再接受 2 个 H^+，这时的 EDTA 主要以 H_6Y^{2+} 形式存在；当酸度很低时，EDTA 主要以 Y^{4-} 形式存在，中间主要的存在形式随酸度的不同而不同(表 4-3)。

EDTA 在水溶液中可分步离解，其电离式为

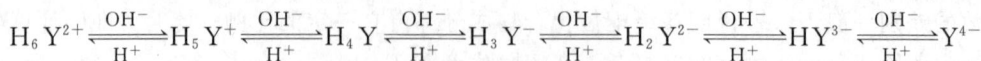

$$H_6Y^{2+} \underset{H^+}{\overset{OH^-}{\rightleftharpoons}} H_5Y^+ \underset{H^+}{\overset{OH^-}{\rightleftharpoons}} H_4Y \underset{H^+}{\overset{OH^-}{\rightleftharpoons}} H_3Y^- \underset{H^+}{\overset{OH^-}{\rightleftharpoons}} H_2Y^{2-} \underset{H^+}{\overset{OH^-}{\rightleftharpoons}} HY^{3-} \underset{H^+}{\overset{OH^-}{\rightleftharpoons}} Y^{4-}$$

表 4-3　EDTA 存在形式和酸度的关系

pH	<1	1~1.6	1.6~2.0	2.0~2.67	2.67~6.16	6.16~10.26	>10.26
EDTA 主要的存在形式	H_6Y^{2+}	H_5Y^+	H_4Y	H_3Y^-	H_2Y^{2-}	HY^{3-}	Y^{4-}

在上述的 7 种型体中，只有 Y^{4-} 能与金属离子直接配位，如果仅从溶液的 pH 值考虑，溶液的酸度越低，Y^{4-} 浓度越大，EDTA 的配位能力越强。

4.2.2　EDTA 与金属离子的配位化合物

EDTA 分子含有 6 个配位原子(2 个氨氮原子和 4 个羧氧原子)，能与大多数金属离子以 1∶1 配位形成含有多个五元环的稳定的配位离子。例如，EDTA 与 Ca^{2+}、Fe^{3+} 的配位化合物的结构如图 4-3 所示。

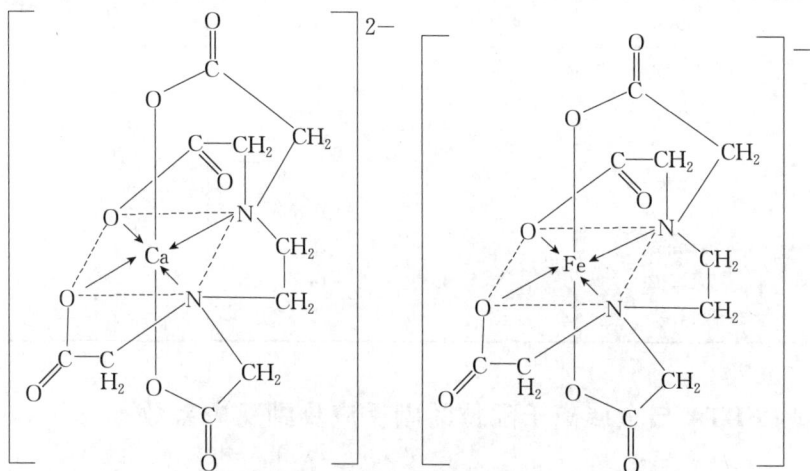

图 4-3　EDTA 与 Ca^{2+}、Fe^{3+} 的配位化合物的结构示意图

EDTA 与金属离子形成的配位化合物极易溶于水，且无色金属离子与 EDTA 形成无色螯合物，有色金属离子与 EDTA 一般形成颜色更深的螯合物。例如：

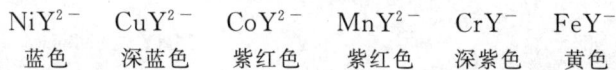

$$NiY^{2-}\quad CuY^{2-}\quad CoY^{2-}\quad MnY^{2-}\quad CrY^{-}\quad FeY^{-}$$

蓝色　　深蓝色　　紫红色　　紫红色　　深紫色　黄色

EDTA 与金属离子形成的配位化合物具有以上诸多特点，使 EDTA 作为配位滴定剂完全符合分析检测的要求而被广泛使用。

4.2.3　EDTA 与金属离子的主反应及配位化合物的稳定常数

在 EDTA 滴定中，被测金属离子 M 与 EDTA 配位生成 MY 的反应称为主反应。主反应的通式可表示为

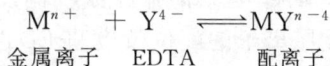

$$M^{n+}\ +\ Y^{4-}\ \Longrightarrow MY^{n-4}$$
金属离子　　EDTA　　配离子

上式可简写为

$$M+Y\Longrightarrow MY$$

平衡时，配位化合物的稳定常数为

$$K_{MY}=\frac{c_{MY}}{c_M\cdot c_Y}$$

常见金属离子与 EDTA 形成的配位化合物的稳定常数见表 4-4 所列。

从表 4-4 可以看出，金属离子与 EDTA 配位化合物的稳定性随金属离子的不同而差别较大。碱金属离子的配位化合物最不稳定，$\lg K_{MY}$ 在 1～3；碱土金属离子的配位化合物，$\lg K_{MY}$ 在 7～11；二价及过渡金属离子、稀土元素及 Al^{3+} 的配位化合物，$\lg K_{MY}$ 在 14～19；三价、四价金属离子和 Hg^{2+} 的配位化合物，$\lg K_{MY}>20$。这些配位化合物的稳定性的差

别，主要决定于金属离子本身的离子电荷数、离子半径和电子层结构。离子电荷数越高，离子半径越大，电子层结构越复杂，配位化合物的稳定常数就越大。这些是金属离子方面影响配合物稳定性大小的本质因素。此外，溶液的酸度、温度和其他配位体的存在等外界条件的变化也影响配合物的稳定性。

表 4-4 EDTA 与一些常见金属离子的配合物的稳定常数（溶液离子强度 $I=0.1$，温度 20℃）

金属离子	$\lg K_稳$	金属离子	$\lg K_稳$	金属离子	$\lg K_稳$
Na^+	1.66	Ce^{3+}	15.98		
Li^+	2.79	Al^{3+}	16.1	Cu^{2+}	18.80
Ba^{2+}	7.76	Co^{2+}	16.31	Hg^{2+}	21.80
Sr^{2+}	8.63	Cd^{2+}	16.46	Cr^{3+}	23.0
Mg^{2+}	8.69	Zn^{2+}	16.50	Th^{4+}	23.2
Ca^{2+}	10.69	Pb^{2+}	18.04	Fe^{3+}	25.1
Mn^{2+}	14.04	Y^{3+}	18.09	V^{3+}	25.90
Fe^{2+}	14.33	Ni^{2+}	18.67	Bi^{3+}	27.94

4.2.4 影响 EDTA 与金属离子配位的副反应及副反应系数

除主反应外，反应物 M、Y、MY 与溶液中的其他组分尚能发生如下一些副反应：

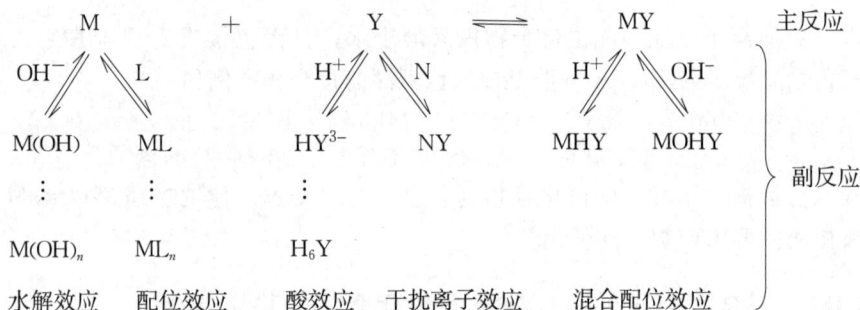

式中，L 为其他配位体；N 为杂离子。

从上述关系式中可以看出，M 和 Y 无论存在哪种副反应，都不利于主反应的进行，都将增大滴定的误差。特别是金属离子的配位效应和 EDTA 的酸效应对配位平衡的影响较大，其中以酸效应影响更大。反应产物 MY 发生副反应，则有利于主反应的进行，但这些混合配合物大多不稳定，对主反应的影响可以忽略不计。

4.2.4.1 金属离子的配位效应及配位效应系数

金属离子（M）的配位效应是指溶液中其他配位体（辅助配位体、缓冲溶液中的配位体或掩蔽剂等）能与金属离子配位所产生的副反应，使金属离子参加主反应能力降低的现象。当有配位效应存在时，未与 Y 配位的金属离子，除游离的 M 外，还有 ML、ML_1、ML_2、…、ML_n 等，以 c'_M 表示未与 Y 配位的金属离子总浓度，则

$$c'_M = c_M + c_{ML} + c_{ML_2} + \cdots + c_{ML_n}$$

由于 L 与 M 配位使游离的金属离子 c_M 降低，影响 M 与 Y 的主反应，其影响可用配位效应系数 $\alpha_{M(L)}$ 表示。

$$\alpha_{M(L)} = \frac{c'_M}{c_M} = \frac{c_M + c_{ML} + c_{ML2} + \cdots + c_{MLn}}{c_M}$$

$\alpha_{M(L)}$ 表示未与 Y 配位的金属离子的各种形式的总浓度是游离金属离子浓度的多少倍。当 $\alpha_{M(L)} = 1$ 时，$c_M = c'_M$，表示金属离子没有发生副反应，$\alpha_{M(L)}$ 值越大，副反应越严重。

4.2.4.2　EDTA 的酸效应及酸效应系数

当 Y 与 H 发生副反应时，未与金属离子 M 配位的配位体除了游离的 Y 外，还有 HY、H_2Y、H_3Y、H_4Y、H_5Y、H_6Y 等，因此未与 M 配位的 EDTA 浓度应等于以上 7 种形式浓度的总和，以 c'_Y 表示。

$$c'_Y = c_Y + c_{HY} + c_{H_2Y} + c_{H_3Y} + c_{H_4Y} + c_{H_5Y} + c_{H_6Y}$$

由于 H^+ 与 Y 之间的副反应，使 EDTA 参加主反应的能力下降，这种现象称为酸效应。其影响程度的大小，可用酸效应系数 $\alpha_{Y(H)}$ 来衡量。

$$\alpha_{Y(H)} = \frac{c'_Y}{c_Y} = \frac{c_Y + c_{HY} + c_{H_2Y} + \cdots + c_{H_6Y}}{c_Y}$$

由上式可得，$\alpha_{Y(H)}$ 值越大，酸效应越严重，当 $\alpha_{Y(H)} = 1$，说明 Y 没有副反应。不同 pH 值时的 $\lg\alpha_{Y(H)}$ 值列于表 4-5。

表 4-5　不同 pH 值时的 $\lg\alpha_{Y(H)}$ 值

pH 值	$\lg\alpha_{Y(H)}$	pH 值	$\lg\alpha_{Y(H)}$	pH 值	$\lg\alpha_{Y(H)}$
0.0	23.64	3.4	9.7	6.8	3.55
0.4	21.32	3.8	8.85	7.0	3.32
0.8	19.08	4.0	8.44	7.5	2.78
1.0	18.01	4.4	7.64	8.0	2.27
1.4	16.02	4.8	6.84	8.5	1.77
1.8	14.27	5.0	6.45	9.0	1.28
2.0	13.51	5.4	5.69	9.5	0.83
2.4	12.19	5.8	4.98	10.0	0.45
2.8	11.09	6.0	4.65	11.0	0.07
3.0	10.60	6.4	4.06	12.0	0.01

从上表可以看出，多数情况下，$\alpha_{Y(H)}$ 不等于 1，c'_Y 总是大于 c_Y，只有在 pH＞12 时，$\alpha_{Y(H)}$ 才近似等于 1，EDTA 几乎完全解离为 Y，此时 EDTA 的配位能力最强。所以，配位滴定中要尽量排除干扰离子，尤其要控制溶液的酸度。

4.2.5　条件稳定常数

在没有任何副反应存在时，配合物 MY 的稳定常数 K_{MY} 不受浓度、酸度等外界条件影响，所以又称绝对稳定常数。当 M 和 Y 的配合反应在一定酸度条件下进行，并有 EDTA 以外的其他配位体存在时，将会引起副反应，从而影响主反应的进行。此时，稳定常数 K_{MY} 已不能客观地反映主反应进行的程度，因此，在稳定常数的表达式中，c_Y 应

以 c'_Y 代替，c_M 应以 c'_M 代替，这时配合物的稳定常数应表示为

$$K'_{MY} = \frac{c_{MY}}{c'_M \cdot c'_Y}$$

这种考虑副反应影响而得出的实际稳定常数称为条件稳定常数 K'_{MY}。如不考虑其他副反应，仅考虑 EDTA 的酸效应，则上式变为

$$K'_{MY} = \frac{c_{MY}}{c_M \cdot c'_Y} = \frac{K_{MY}}{\alpha_{Y(H)}}$$

整理得

$$\lg K'_{MY} = \lg K_{MY} - \lg \alpha_{Y(H)}$$

【例 4-2】 若只考虑酸效应，试计算 pH=2.0 和 pH=5.0 时的 ZnY 的 K'_{ZnY}。

解：（1）pH=2.0 时，查表得 $\lg \alpha_{Y(H)} = 13.51$，$\lg K_{ZnY} = 16.50$，故

$$\lg K'_{ZnY} = 16.50 - 13.51 = 2.99$$
$$K'_{ZnY} = 10^{2.99}$$

（2）pH=5.0 时，查表得 $\lg \alpha_{Y(H)} = 6.45$，故

$$\lg K'_{ZnY} = 16.50 - 6.45 = 10.05$$
$$K'_{ZnY} = 10^{10.05}$$

以上计算可得，当 pH=5.0 时，K'_{ZnY} 较大，表明 ZnY 较稳定；在 pH=2.0 时，酸度增大，酸效应系数也增大，配合物的条件稳定常数 K'_{ZnY} 大大降低，ZnY 不稳定。所以，为使配位滴定顺利进行，得到准确的分析测定结果，必须选择适当的酸度条件。

条件稳定常数 K'_{ZnY} 可以定量说明某一具体反应条件下配合物的稳定程度，也是衡量配位反应能否定量进行的尺度。

任务 4.3　金属指示剂

配位滴定分析和其他滴定分析一样，需用合适的指示剂来确定滴定终点。由于在配位滴定中，指示剂是指示被滴定溶液中金属离子浓度变化情况的，故称金属指示剂。

4.3.1　金属指示剂的变色原理

金属指示剂(In)是一种有机染料，能与被滴定的金属离子生成与其本身颜色不同的配位化合物，而其稳定性比金属离子与 EDTA 形成的配位化合物要小。在 EDTA 滴定中，将少量的金属指示剂加入待测金属离子溶液中，一部分金属离子与指示剂形成有色配位化合物。

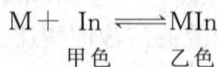

$$\underset{甲色}{M} + \underset{}{In} \Longleftrightarrow \underset{乙色}{MIn}$$

式中，M 为金属离子；In 为指示剂。此时溶液显 MIn 的颜色（乙色）。滴定过程中，游离的金属离子逐步被配位，与 EDTA 形成稳定的配位化合物。当达到化学计量点时，EDTA 从 MIn 中夺取 M，使 In 游离出来，溶液由 MIn 颜色（乙色）变为 In(甲色)的颜色，指示终点的到达。

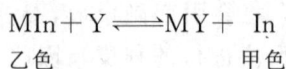

$$\underset{乙色}{MIn} + Y \Longleftrightarrow MY + \underset{甲色}{In}$$

例如，铬黑 T 在 pH＝10 时呈蓝色，能与 Mg^{2+} 形成酒红色的配合物。如果用 EDTA 滴定 Mg^{2+}，加入少量的铬黑 T 时，首先指示剂与少部分 Mg^{2+} 形成酒红色配位化合物 MgIn，绝大部分 Mg^{2+} 仍处于游离态。随着 EDTA 的加入，游离的 Mg^{2+} 逐渐与 EDTA 配位形成稳定的配位化合物 MgY。在化学计量点时，EDTA 夺取 MgIn 中的 Mg^{2+}，使指示剂 In 游离出来，溶液即呈现游离态铬黑 T 的颜色（蓝色），指示滴定终点。

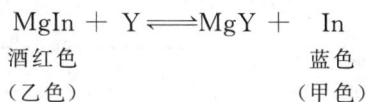

$$MgIn ＋ Y \Longrightarrow MgY ＋ \quad In$$

　　　酒红色　　　　　　　蓝色
　　　（乙色）　　　　　　（甲色）

4.3.2　金属指示剂应具备的条件

①指示剂与金属离子的反应必须灵敏、快速以及良好的变色可逆性，同时，金属离子与指示剂形成配位化合物（MIn）的颜色与指示剂（In）本身的颜色应有明显的区别，这样达到终点时的颜色变化才明显。

②金属指示剂与金属离子形成的配位化合物要具有一定的稳定性，通常要求 $K'_{MIn} >$ 10^4，以保证滴定终点不会提前出现。

③K'_{MIn} 应显著小于 K'_{MY}，以保证在化学计量点时 EDTA 能将 In 置换出来。一般要求 $\lg K'_{MY} - \lg K'_{MIn} \geq 2$，否则会导致终点无颜色变化或颜色变化不明显。

④MIn 应易溶于水。如果生成胶体或沉淀，就会影响颜色反应的可逆性，使颜色不明显。

⑤M 与 In 的配位反应具有一定的选择性。即在一定条件下，只对一种或几种离子发生显色反应，同时，指示剂应比较稳定，便于贮存和使用。

4.3.3　金属指示剂在使用中存在的问题

4.3.3.1　指示剂的封闭现象

由于溶液中可能存在某些离子与指示剂形成十分稳定的配位化合物，且比该金属离子与 Y 形成的螯合物还稳定。在化学计量点附近，即使加入了过量的 EDTA，颜色也不改变的现象，称为指示剂的封闭现象。此时，可采用适当掩蔽剂加以消除。例如，EDTA 滴定 Ca^{2+} 和 Mg^{2+} 时，若有 Fe^{3+}、Al^{3+} 存在，就会发生封闭现象，可用三乙醇胺、KCN 或硫化物掩蔽，即可消除干扰。

4.3.3.2　指示剂的僵化现象

当金属离子与指示剂生成的有色配合物的溶解度太小，导致滴定剂 Y 与它的置换反应进行缓慢，以至终点拖长的现象，称为指示剂的僵化现象。此时，可加入适当有机溶剂或加热使之溶解。例如，用吡啶偶氮萘酚（PAN）作指示剂时，可加入少量的甲醇或乙醇，也可将溶液适当加热，以加快置换速度，使指示剂的变色敏锐一些。

4.3.3.3　指示剂的氧化变质现象

金属指示剂大多是具有双键的有色化合物，易被日光、空气等分解变质。因此，金属指示剂常和中性盐（如 NaCl、Na_2SO_4）配成固体混合物使用或加入具有还原性的物质（如盐酸羟胺）配成溶液。

4.3.4 常用金属指示剂

常用金属指示剂及其应用列于表 4-6。

表 4-6 常见金属指示剂

指示剂	适用的 pH 范围	颜色变化		直接滴定的离子	指示剂配制	注意事项
		In	MIn			
铬黑 T（简称 EBT 或 BT）	8～10	蓝色	红色	pH = 10，Mg^{2+}、Zn^{2+}、Cd^{2+}、Pd^{2+}、Mn^{2+}、稀土元素离子	1∶100 NaCl（固体）	Fe^{3+}、Al^{3+}、Cu^{2+}、Ni^{2+} 等离子封闭 EBT
酸性铬蓝 K	8～13	蓝色	红色	pH=10，Mg^{2+}、Zn^{2+}、Mn^{2+} pH=13，Ca^{2+}	1∶100 NaCl（固体）	密封干燥保存，否则易失效
二甲酚橙（简称 XO）	＜6	亮黄色	红色	pH=1～3.5，Bi^{3+}、Tb^{4+} pH = 5 ～ 6，Ti^{3+}、Zn^{2+}、Pb^{2+}、Cd^{2+}、Hg^{2+}、稀土元素离子	0.5%水溶液（5 g·L^{-1}）	Fe^{3+}、Al^{3+}、Cu^{2+}、Ni^{2+}、Ti(Ⅳ)等离子封闭
钙指示剂（简称 NN）	12～13	蓝色	红色	pH=12～13，Ca^{2+}	1∶100 NaCl（固体）	Fe^{3+}、Al^{3+}、Cu^{2+}、Ni^{2+}、Mn^{2+}、Co^{2+}、Ti(Ⅳ)等离子封闭 NN
吡啶偶氮萘酚（PAN）	2～12	黄色	紫红色	pH=2～3，Th^{4+}、Bi^{3+} pH=4～5，Cu^{2+}、Ni^{2+}、Pb^{2+}、Cd^{2+}、Zn^{2+}、Mn^{2+}、Fe^{2+}	0.1% 乙醇溶液（1 g·L^{-1}）	MIn 在水中溶解度小，为防止 PAN 僵化，滴定时必须加热
磺基水杨酸（简称 ssal）	1.5～2.5	无色	紫红色	pH=1.5～2.5，Fe^{3+}	5% 水溶液（50 g·L^{-1}）	ssal 本身无色，FeY^- 呈黄色

任务 4.4　配位滴定分析

以配位反应为基础、以配位剂为标准溶液的滴定分析法称为配位滴定法。它是将配位剂配成标准溶液，直接或间接滴定被测物，并选用适当的指示剂来指示滴定终点。用于配位滴定的反应除应满足一般滴定分析对反应的要求外，还必须具备以下条件：

①配位反应必须迅速且有适当的指示剂指示终点。

②配位反应必须严格按一定的反应式定量进行，只生成一种配位比的配位化合物。

③生成的配位化合物要相当稳定，以保证反应进行完全。

单齿（单基）配体与金属离子形成的简单配位化合物稳定性较差，且化学计量关系不易确定，大多不能用于配位滴定。而多齿（多基）配位体与金属离子形成具有环状结构的螯合物，稳定性较高，符合配位滴定的要求。其中，应用最广泛的是以 EDTA 作为配位剂进行配位滴定分析。

4.4.1 配位滴定曲线

与酸碱滴定情况相似，配位滴定时，在金属离子（M）的溶液中，随着配位滴定剂的加入，金属离子不断发生配位反应，其浓度 c_M 也随之减小，$pM(-lgc_M)$ 逐渐增大。在化学计量点附近时，溶液的 pM 值发生突跃，若选择在突跃范围内变色的金属指示剂（滴定误差约为 $\pm 0.1\%$），即可指示滴定终点。以 EDTA 加入量为横坐标，滴定过程中不同阶段溶液的 pM 为纵坐标，即可绘出相应的滴定曲线。图 4-4 和图 4-5 分别为 EDTA 标准溶液在不同酸度下滴定 Ca^{2+} 和 Ni^{2+} 的滴定曲线。

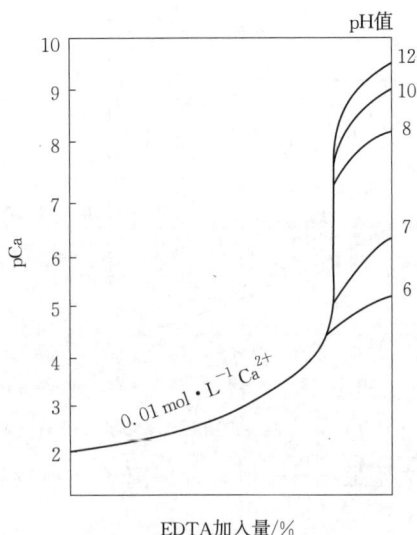

图 4-4　$0.01\ mol \cdot L^{-1}$ EDTA 滴定
$0.01\ mol \cdot L^{-1}$ Ca^{2+} 的滴定曲线

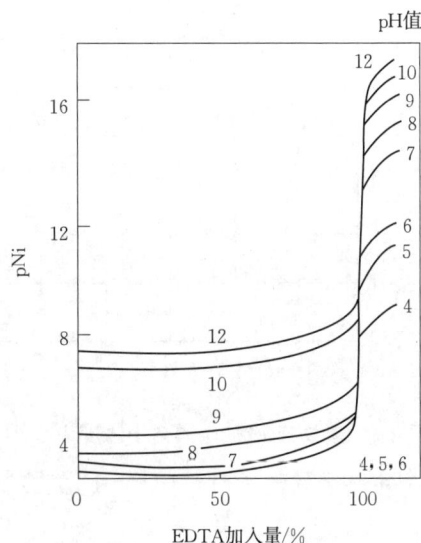

图 4-5　$0.01\ mol \cdot L^{-1}$ EDTA 滴定
$0.01\ mol \cdot L^{-1}$ Ni^{2+} 的滴定曲线

配位滴定中，滴定突跃的大小决定于配合物的条件稳定常数 K'_{MY} 和金属离子的起始浓度。配合物的条件稳定常数越大，滴定突跃的范围就越大；当 K'_{MY} 一定时，金属离子的起始浓度越大，滴定突跃的范围就越大。

4.4.2　酸效应曲线和滴定金属离子的最小 pH 值

对于一般的配合物 MY 存在着可以滴定与不可滴定的界限。因此，需要求出对不同金属离子进行滴定时允许的最高酸度，即最小 pH 值。在配位滴定中，当滴定终点与化学计量点二者 $pM(pM=-lgc_M)$ 的差值 ΔpM 为 $\pm 0.2pM$ 单位，允许的终点误差为 $\pm 0.1\%$ 时，可推导出准确测定单一金属离子的条件是

$$lg(cK'_{MY}) \geqslant 6$$

式中，c 为金属离子的浓度；K'_{MY} 为配合物 MY 的条件稳定常数。

若设金属离子的浓度为 $1.0 \times 10^{-2}\ mol \cdot L^{-1}$，则滴定条件为

$$lgK'_{MY} \geqslant 8$$

对于不同的金属离子，可求出其允许的 pH_{min} 值。以 lgK_{MY}［或相应的 $lg\alpha_{Y(H)}$］为横坐标，pH_{min} 值为纵坐标绘制的曲线，称为 EDTA 的酸效应曲线（图 4-6）。从酸效应曲线上可以粗略地估计出各种金属离子能进行配位滴定允许的 pH_{min} 值。例如，$lgK_{FeY} = 25.1$，可查得 pH=1，要求滴定 $1.0 \times 10^{-2}\ mol \cdot L^{-1}$ Fe^{3+} 时，应使 pH$\geqslant 1.0$。

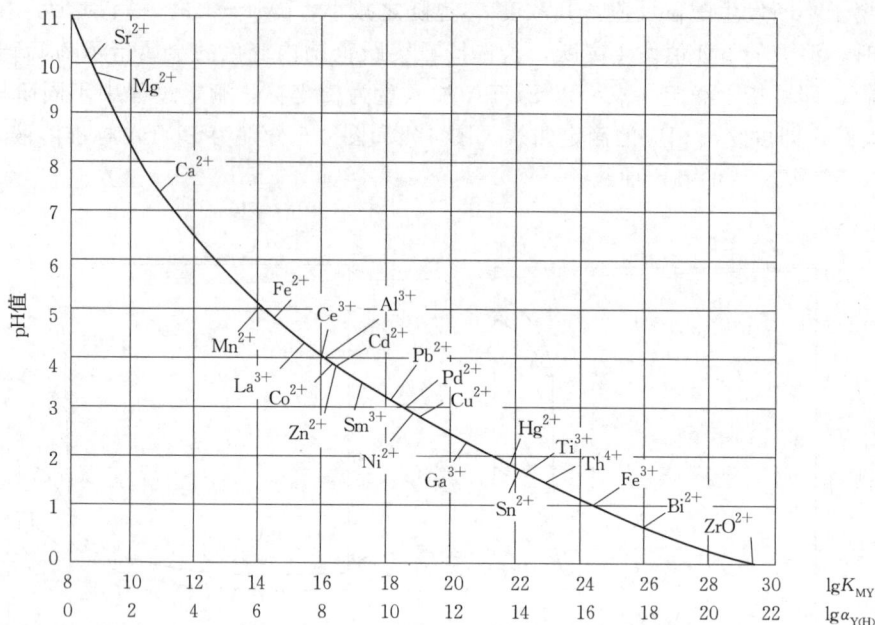

图 4-6　**酸效应曲线**（金属离子浓度为 $0.01\ mol \cdot L^{-1}$，允许测定的相对误差为 $\pm 0.1\%$）

实际测定某金属离子时，应将 pH 值控制在大于最小 pH 值且金属离子又不发生水解的范围之内。

酸效应曲线是在一定条件和要求下得出的，只考虑了酸度对 EDTA 的影响，没有考虑酸度对金属离子和 MY 的影响，更没有考虑其他配体存在的影响，因此它是较粗糙的，只能提供参考。实际分析时，合适的酸度选择应结合实验来确定。

4.4.3　配位滴定方式

在配位滴定分析中，可根据不同的情况，采用不同的滴定方式完成滴定。常用的配位滴定方式有以下几种：

4.4.3.1　直接滴定法

用 EDTA 标准溶液直接滴定被测物质的方法，称为直接滴定法。它是配位滴定的基本方法。直接滴定法是将样品处理成溶液后，调节至一定的酸度，加入指示剂（有时还要加入适当的辅助配位剂或掩蔽剂），直接用 EDTA 标准溶液进行滴定，然后根据 EDTA 标准溶液的浓度和消耗的体积计算出待测组分的含量。

滴定过程中，溶液的酸度不断提高，需用缓冲溶液控制溶液的酸度。选择缓冲溶液不但要考虑 pH 值的范围，而且还要考虑是否与待测金属离子发生副反应。控制 pH＝5～6 时，可选用 HAc - NaAc 或六次甲基四胺及其盐作缓冲溶液；控制 pH＝9～10 时，可选用 $NH_3 - NH_4Cl$ 缓冲溶液。

直接滴定法应用很广泛。许多金属离子（如 Mg^{2+}、Ca^{2+}、Co^{2+}、Ni^{2+}、Zn^{2+}、Pb^{2+}、Cd^{2+}、Cu^{2+}、Fe^{3+}、Bi^{3+} 等）在一定的酸度下，都可用 EDTA 标准溶液直接滴定。

4.4.3.2　间接滴定法

有些金属离子（如 Li^+、Na^+、K^+、Ru^+ 等）和一些非金属离子（如 SO_4^{2-}、PO_4^{3-} 等），由于和 EDTA 形成的配位化合物不稳定或不能与 EDTA 配位，这时可采用间接滴定法进行测定。例如，测定 CN^- 可加入已知过量的 Ni^{2+}，此时 CN^- 与 Ni^{2+} 形成 $[Ni(CN)_4]^{2-}$，以紫脲酸胺作指示剂，用 EDTA 滴定剩余的游离 Ni^{2+}，从而间接地计算出 CN^- 的含量。

4.4.3.3　返滴定法

当待测金属离子与 EDTA 配位缓慢，或在滴定的 pH 值下发生水解，或对指示剂有封闭作用，或使指示剂产生僵化，或无合适的指示剂等，常用返滴定法测定。返滴定法是在被测试液中先加入已知过量的 EDTA 标准溶液，使之与待测离子配位。待反应完全后，调节溶液的 pH 值，加入指示剂，再用另外一种金属离子的标准溶液滴定剩余的 EDTA，根据两种标准溶液的浓度和体积，即可求出待测物质的含量。

例如，Al^{3+} 与 EDTA 配位缓慢，对二甲酚橙等指示剂也有封闭作用，且易水解，因此，Al^{3+} 一般采用返滴定法进行测定。先在 Al^{3+} 试液中加入一定量的过量的 EDTA 标准溶液，在 $pH \approx 3.5$ 的条件下，煮沸溶液，待 Al^{3+} 与 EDTA 反应完全后，调节溶液 $pH = 5 \sim 6$，加入二甲酚橙指示剂，再用 Zn^{2+} 标准溶液进行返滴定。

4.4.3.4　置换滴定法

利用置换配位反应，从配位化合物中置换出等物质的量的另一种金属离子或 EDTA，然后用标准溶液进行滴定。置换滴定法的方式灵活多样，不仅能扩大配位滴定的范围，同时还可以提高配位滴定的选择性。

（1）置换出金属离子

当待测金属离子 M 与 EDTA 反应不完全，或形成的配位化合物不稳定，可使 M 置换出另一配位化合物 NL 中的 N，再用 EDTA 滴定 N，从而求得 M 的含量。

$$M + NL \rightleftharpoons ML + N$$

例如，Ag^+ 与 EDTA 生成的配位化合物不稳定，不能用 EDTA 直接滴定。若 Ag^+ 遇到 $[Ni(CN)_4]^{2-}$ 则会生成稳定的 $[Ag(CN)_2]^-$，定量置换出 Ni^{2+}，反应方程式如下：

$$2Ag^+ + [Ni(CN)_4]^{2-} \rightleftharpoons 2[Ag(CN)_2]^- + Ni^{2+}$$

在 $pH = 10$ 的氨缓冲溶液中，以紫脲酸胺作指示剂，用 EDTA 滴定置换出来的 Ni^{2+}，即可求得 Ag^+ 的含量。

（2）置换出 EDTA

将待测离子 M 与干扰离子全部用 EDTA 配位，加入选择性高的配位剂 L 夺取 M，并放出 EDTA。

$$MY + L \rightleftharpoons ML + Y$$

再用另一金属离子的标准溶液滴定释放出来的 EDTA，可测出 M 的含量。

例如，测定锡青铜中的 Sn^{4+} 时，可向溶液中加入过量的 EDTA，将可能存在的 Pb^{2+}、Zn^{2+}、Cd^{2+}、Bi^{3+} 等与 Sn^{4+} 一起与 EDTA 配位，再用 Zn^{2+} 标准溶液将剩余的 EDTA 滴定完全。然后加入 NH_4F，选择性地将 SnY 中的 EDTA 释放出来。最后用 Zn^{2+} 标准溶液滴定释放出来的 EDTA，从而求得 Sn^{4+} 的含量。

利用置换滴定的原理，还可以改善指示剂检测滴定终点的敏锐性。例如，铬黑 T 与 Mg^{2+} 显色灵敏，但与 Ca^{2+} 显色的灵敏度比较差。为此，在 $pH = 10$ 的溶液中用 EDTA 滴定 Ca^{2+} 时，常于溶液中先加入少量 MgY，此时发生如下置换反应：

$$MgY + Ca^{2+} \rightleftharpoons CaY + Mg^{2+}$$

置换出的 Mg^{2+} 与铬黑 T 显很深的红色。滴定时 EDTA 先与 Ca^{2+} 配位，当此配位反应完成后，EDTA 再夺取 Mg^{2+} 与铬黑 T 配位化合物中的 Mg^{2+}，形成 MgY，指示剂游离出来显蓝色即为终点。滴定前加入的 MgY 和最后生成的 MgY 的量是相等的，因此不影响滴定结果。

4.4.4　EDTA 标准溶液的配制和标定

4.4.4.1　EDTA 标准溶液的配制

EDTA 标准溶液常使用乙二胺四乙酸二钠盐（$Na_2H_2Y \cdot 2H_2O$，$M = 372.2 \ g \cdot mol^{-1}$），且大都采用间接法配制，即根据实际需要称取一定量的 $Na_2H_2Y \cdot 2H_2O$，溶于一定体积的蒸馏水配成溶液，再用基准物质进行标定。常用的 EDTA 标准溶液的浓度为 $0.01 \sim 0.05 \ mol \cdot L^{-1}$。

4.4.4.2　EDTA 标准溶液的标定

用于标定 EDTA 的基准物质有 Zn、Cu、Pb（作为基准物质的纯金属，其纯度最好在 99.99% 以上）、ZnO、$CaCO_3$、$MgSO_4 \cdot 7H_2O$ 等。通常选用与被测物组分含有相同的金属离子的物质作基准物质，以使滴定条件较一致，可减小测定误差。例如：

EDTA 溶液若用于测定 Pb^{2+}、Bi^{2+} 离子，则宜以 ZnO 或金属 Zn 为基准物质进行标定。如采用 ZnO 作基准物质，使用前 ZnO 应在 800℃ 灼烧至衡量；采用金属锌为基准物质，则先用稀 HCl 洗涤金属锌 2～3 次，除去表面氧化层，然后用蒸馏水洗净，再用丙酮漂洗 2 次，沥干后于 110℃ 烘 5 min 备用。ZnO 或金属 Zn 用 HCl 溶解后，可选用二甲酚橙（XO）指示剂在 pH=5～6 条件下进行标定，终点由红色变为亮黄色，很敏锐；如选用铬黑 T 在 pH=10 的 $NH_4Cl - NH_3 \cdot H_2O$ 缓冲溶液中进行，终点由红色变为蓝色。

EDTA 溶液若用于测定石灰石或白云石中 CaO 或 MgO 的含量，则宜用 $CaCO_3$ 为基准物质进行标定。$CaCO_3$ 用 HCl 溶解后，调节溶液 pH≥12，以钙指示剂指示终点，用 EDTA 溶液滴定至溶液由酒红色变为纯蓝色。

由于 EDTA 通常与各种价态的金属离子以 1：1 配位，所以，无论是标定还是测定，结果的计算都比较简单。

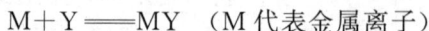

$$M + Y \Longrightarrow MY \quad （M \ 代表金属离子）$$

对标定：$\quad c_Y = \dfrac{m_{基准物质}}{M_{基准物质} \cdot V_Y} \quad$ 或 $\quad c_Y = \dfrac{c_{基准物质} \cdot V_{基准物质}}{V_Y}$

式中，$m_{基准物质}$、$M_{基准物质}$、$V_{基准物质}$ 分别为所用基准物质的质量（g）、摩尔质量（$g \cdot mol^{-1}$）和移取的体积（L）；c_Y、V_Y 分别为 EDTA 标准溶液的浓度（$mol \cdot L^{-1}$）和所消耗的体积（L）。

对测定：$c_{被测物} = \dfrac{c_Y \cdot V_Y}{V_{样品}} \quad$ 或 $\quad w_{被测物} = \dfrac{c_Y \cdot V_Y \cdot M_{被测物}}{m_{样品}} \times 100\%$

式中，$c_{被测物}$、$w_{被测物}$ 分别为被测物的物质的量浓度（$mol \cdot L^{-1}$）和质量分数（%）；$M_{被测物}$ 分别为被测物的摩尔质量（$g \cdot mol^{-1}$）；c_Y、V_Y 分别为 EDTA 标准溶液的浓度（$mol \cdot L^{-1}$）和所消耗的体积（L）；$V_{样品}$、$m_{样品}$ 分别为所取样品的体积（L）和质量（g）。

4.4.5　配位滴定分析法的应用

配位滴定法主要用于分析样品中金属离子含量的测定。

4.4.5.1　水的硬度的测定

水分为硬水和软水，具体分类见表 4-7。凡不含或含少量钙、镁离子的水称为软水，反之称为硬水。由碳酸氢盐引起的为暂时性硬水，因碳酸氢盐在煮沸时分解为碳酸盐而沉淀；

由含钙和镁的硫酸盐和氯化物引起的为永久性硬水，经煮沸后不能去除。硬度是工业用水、生活用水中常见的一个质量指标，一般是指水中钙、镁离子的总量。水的硬度可分为总硬度和钙、镁硬度两种。前者是 Ca^{2+}、Mg^{2+} 的总量，后者是分别测定 Ca^{2+} 和 Mg^{2+} 的含量。水的硬度的计算是将水中 Ca^{2+}、Mg^{2+} 均折合为 CaO 或 $CaCO_3$ 的质量来表示的。

每升水中含 10 mg CaO 为 1 度(°)，记作 1°，称为德国度，我国目前常用这种方法表示水的硬度，有时也用 $\rho(CaCO_3)/(mg \cdot L^{-1})$ 来表示。我国生活用水水质标准规定不应超过 25°，过高则影响肠胃的消化功能。

表 4-7　水的硬度的分类

德国度 $[\rho(CaO)=10\ mg \cdot L^{-1}]$	特软水	软水	中硬水	硬水	特硬水
	0～4	4～8	8～16	16～30	>30
国际标准 $[\rho(CaCO_3)=1\ mg \cdot L^{-1}]$	软水	中软水	微硬水	中硬水	硬水
	0～50	50～100	100～150	150～200	>200

4.4.5.2　硅酸盐物料中三氧化二铁、氧化铝、氧化钙和氧化镁的测定

硅酸盐在地壳中占 75% 以上，天然的硅酸盐矿物有石英、云母、滑石、长石、白云石等。水泥、玻璃、陶瓷制品、砖、瓦等则为人造硅酸盐。黄土、黏土、砂土等土壤主要成分也是硅酸盐。硅酸盐的组成除 SiO_2 外主要有 Fe_2O_3、Al_2O_3、CaO 和 MgO 等，这些组分通常都可采用 EDTA 配位滴定法来测定。样品经预处理制成试液后，在 pH=2～2.5，以磺基水杨酸作指示剂，用 EDTA 标准溶液直接滴定 Fe^{3+}。在滴定 Fe^{3+} 后的溶液中，加过量的 EDTA 并调整 pH=4～5，以 PAN 作指示剂，在热溶液中用 $CuSO_4$ 标准溶液回滴过量的 EDTA 以测定 Al^{3+} 含量。另取一份试液，加三乙醇胺，在 pH=10，以 KB 作指示剂，用 EDTA 标准溶液滴定 CaO+MgO 总量。再取等量试液加三乙醇胺，用 KOH 溶液调试液的酸度，使 pH≥12.5，使 Mg^{2+} 形成 $Mg(OH)_2$ 沉淀，仍用 KB 指示剂，EDTA 标准溶液直接滴定得 CaO 量。并用差减法计算 MgO 的含量。本方法现在仍广泛使用。测定中使用的 KB 指示剂是由酸性铬蓝 K 和萘酚绿 B 混合配制的。

【任务实施】

实验实训 4-1　EDTA 标准溶液的配制和标定($CaCO_3$)

一、实验目的

1. 掌握 EDTA 标准溶液的配制和标定方法。
2. 熟悉钙指示剂的使用和滴定终点的判断。

二、实验原理

EDTA 为白色结晶粉末，无毒、无臭，难溶于水，不适合在分析中应用。配位滴定中通常使用的配位剂是 $Na_2H_2Y \cdot 2H_2O$，其在水中的溶解度较大，但由于对其精制和烘干的步骤较烦琐，故不宜直接配制。

EDTA 能与大多数金属离子形成 1∶1 的稳定配合物，因此可以用含有这些金属离子的基准物质，在一定酸度下，选择适当的指示剂来标定 EDTA 的浓度。

EDTA 若用于测定石灰石或白云石中 CaO、MgO 的含量，则宜用 $CaCO_3$ 为基准物质进行标定。

首先加 HCl 溶液溶解 $CaCO_3$，其反应如下：

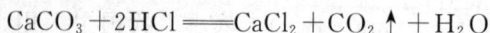

$$CaCO_3 + 2HCl = CaCl_2 + CO_2 \uparrow + H_2O$$

然后把溶液转移至容量瓶中并稀释，制成钙标准溶液。吸取一定量钙标准溶液，调节酸度至 pH≥12，以钙指示剂指示终点，用 EDTA 溶液滴定至溶液由酒红色变为蓝色，即为终点。其变色原理为在 pH≥12 的溶液中，钙指示剂（以 In 表示）与 Ca^{2+} 形成比较稳定的配离子，其反应如下：

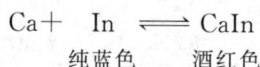

$$Ca + \underset{纯蓝色}{In} \rightleftharpoons \underset{酒红色}{CaIn}$$

达到化学计量点附近时，

$$\underset{酒红色}{CaIn} + Y \rightleftharpoons \underset{无色}{CaY} + \underset{蓝色}{In}$$

三、仪器和试剂

仪器：电子分析天平、普通电子天平、酸式滴定管、容量瓶、移液管、锥形瓶、烧杯、量筒、聚乙烯塑料瓶、表面皿。

试剂：乙二胺四乙酸二钠（$Na_2H_2Y \cdot 2H_2O$，固体，A.R.）、$CaCO_3$（A.R.）、1∶1 HCl 溶液、10% NaOH 溶液、钙指示剂。

钙指示剂：1 g 钙指示剂与 100 g 烘干的 NaCl 混合磨匀，配成固体指示剂，保存于棕色磨口瓶中。

四、实验步骤

1. 0.01 mol·L^{-1} EDTA 标准溶液的配制

称取分析纯乙二胺四乙酸二钠 1.0 g 于 100 mL 烧杯中，用热蒸馏水溶解，必要时可过滤，冷却后转入 250 mL 容量瓶中，用蒸馏水稀释至刻度，摇匀，转入小口试剂瓶中，待标定。若长期存放应贮于聚乙烯塑料瓶中。

2. 0.01 mol·L^{-1} Ca^{2+} 标准溶液的配制

准确称取干燥的 $CaCO_3$ 约 0.25 g（读数至小数点后第四位），置于 100 mL 烧杯中，用少量蒸馏水润湿，盖上表面皿，从杯嘴边逐滴加入数毫升 1∶1 HCl 溶液至 $CaCO_3$ 正好完全溶解（不可多加），用水清洗表面皿及烧杯内壁，定量转移至 250 mL 容量瓶中，稀释至刻度，摇匀。计算 Ca^{2+} 标准溶液的准确浓度，并贴上标签。

3. 0.01 mol·L^{-1} EDTA 标准溶液的标定

用移液管移取 25.00 mL Ca^{2+} 标准溶液于 250 mL 锥形瓶中，加入 25 mL 蒸馏水、5 mL 10% NaOH 溶液及少量钙指示剂（约黄豆粒大小），摇匀，立即用待标定的 EDTA 溶液滴定至溶液恰好由酒红色变为蓝色且 30 s 内不褪色即为终点。记下消耗 EDTA 溶液的体积，计算 EDTA 溶液的浓度。

平行测定 3 次，同时做空白实验。

五、数据记录及处理

1. 实验数据及结果（表 4-8）

表 4-8　实验结果

平行实验		1	2	3
基准物质质量/g	$m_{倾样前}$			
	$m_{倾样后}$			
	m_{CaCO_3}			
Ca^{2+} 标准溶液的浓度/$(mol \cdot L^{-1})$				
移取 Ca^{2+} 标准溶液的体积/mL				
消耗 EDTA 标准溶液的体积/mL	初读数			
	终读数			
	净用量			
空白/mL				
EDTA 标准溶液浓度/$(mol \cdot L^{-1})$				
EDTA 标准溶液的平均浓度/$(mol \cdot L^{-1})$				
相对平均偏差/%				

2. 计算公式

（1）Ca^{2+} 标准溶液浓度的计算公式

$$c_{Ca^{2+}} = \frac{m_{CaCO_3} \times 1\,000}{M_{CaCO_3} \cdot V}$$

式中，m_{CaCO_3} 为称取的 $CaCO_3$ 的质量（g）；M_{CaCO_3} 为 $CaCO_3$ 的摩尔质量（100.09 g·mol^{-1}），V 为定容体积（mL）；1 000 为单位换算系数。

（2）EDTA 标准溶液浓度计算公式

$$c_Y = \frac{c_{Ca^{2+}} \cdot V_{Ca^{2+}}}{V_Y - V_0}$$

式中，$c_{Ca^{2+}}$、$V_{Ca^{2+}}$ 分别为 Ca^{2+} 标准溶液的浓度（mol·L^{-1}）和所移取的体积（mL）；V_Y 为滴定时所消耗的 EDTA 溶液体积（mL）；V_0 为空白实验消耗 EDTA 标准溶液的体积（mL）。

六、思考题

1. EDTA 与金属离子形成的配位化合物有何特点？
2. 为什么不直接用乙二胺四乙酸来配制 EDTA 标准溶液？
3. 以 HCl 溶液溶解 $CaCO_3$ 基准物质时，在操作中应注意些什么？

实验实训 4-2　EDTA 标准溶液的配制和标定(ZnO)

一、实验目的

1. 进一步巩固 EDTA 标准溶液的配制和标定方法。
2. 熟悉铬黑 T 指示剂的使用和滴定终点的判断。
3. 了解缓冲溶液的作用。

二、实验原理

EDTA 若用于测定 Pb^{2+}、Bi^{3+} 以及水的总硬度等，则宜用 ZnO 为基准物质。

首先加 HCl 溶液溶解 ZnO，其反应如下：

$$ZnO + HCl \Longrightarrow ZnCl_2 + H_2O$$

然后把溶液转移至容量瓶中并定容，制成锌标准溶液。吸取一定量锌标准溶液，用 $NH_3 - NH_4Cl$ 缓冲溶液调节酸度至 pH＝10，以铬黑 T 作指示剂，用 EDTA 溶液滴定至溶液由酒红色变为纯蓝色，即为终点。其变色原理为在 pH＝10 的溶液中，铬黑 T 指示剂(以 In 表示)与 Zn^{2+} 形成比较稳定的配离子，其反应如下：

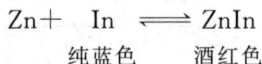

$$Zn + \quad In \quad \Longrightarrow ZnIn$$
$$\qquad\quad 纯蓝色 \qquad 酒红色$$

达到化学计量点附近时，

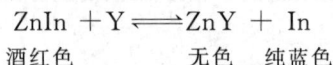

$$ZnIn + Y \Longrightarrow ZnY + In$$
$$酒红色 \qquad\quad 无色 \quad 纯蓝色$$

若以二甲酚橙为指示剂，则应将溶液的 pH 值控制在 5～6 进行滴定，终点时溶液由紫红色变为亮黄色。

三、仪器和试剂

仪器：电子分析天平、普通电子天平、酸式滴定管、容量瓶、移液管、锥形瓶、烧杯、量筒、小口试剂瓶、表面皿。

试剂：乙二胺四乙酸二钠($Na_2H_2Y \cdot 2H_2O$，A.R.)、ZnO(A.R.)、1∶1 HCl 溶液、10％氨水、$NH_3 - NH_4Cl$ 缓冲溶液(pH＝10)、铬黑 T 指示剂。

10％氨水：40 mL 25％ 浓氨水与 60 mL 纯水混合。

$NH_3 - NH_4Cl$ 缓冲溶液(pH＝10)：称取 20 g NH_4Cl 固体溶解于蒸馏水中，加 100 mL 浓氨水，用水稀释至 1 L。

四、实验步骤

1. 0.01 mol·L⁻¹ EDTA 标准溶液的配制

称取分析纯乙胺四乙酸二钠 1.0 g 于 100 mL 烧杯中，用热蒸馏水溶解，必要时可过滤，冷却后转入 250 mL 容量瓶中，用蒸馏水稀释至刻度，摇匀，转入小口试剂瓶中，待标定。若长期存放应贮于聚乙烯塑料瓶中。

2. 0.01 mol·L⁻¹ Zn²⁺ 标准溶液的配制

准确称取灼烧过的 ZnO 约 0.21 g(读数至小数点后第四位),置于 100 mL 烧杯中,用少量蒸馏水润湿,再逐滴加入数毫升 1∶1 HCl 溶液,边加边搅拌至 ZnO 正好完全溶解,用水清洗烧杯内壁,定量转移至 250 mL 容量瓶中,加蒸馏水定容至刻度,摇匀。计算 Zn²⁺ 标准溶液的准确浓度,并贴上标签。

3. 0.01 mol·L⁻¹ EDTA 标准溶液的标定

用移液管移取 25.00 mL Zn²⁺ 标准溶液于 250 mL 锥形瓶中,加入 25 mL 蒸馏水、滴加 10%氨水至溶液浑浊(pH=7~8)后,加入 10 mL pH=10 的 NH_3 - NH_4Cl 缓冲溶液,再加铬黑 T 指示剂(约黄豆粒大小),用待标定的 EDTA 标准溶液滴定至溶液恰好由酒红色变为亮蓝色且 30 s 内不褪色即为终点。记下消耗 EDTA 溶液的体积。

平行测定 3 次,并做空白实验。

五、数据记录及处理

1. 实验数据及结果(表 4-9)

表 4-9 实验结果

平行实验		1	2	3
基准物质质量/g	m 倾样前			
	m 倾样后			
	m_{ZnO}			
Zn²⁺ 标准溶液的浓度/(mol·L⁻¹)				
移取 Zn²⁺ 标准溶液的体积/mL				
消耗 EDTA 标准溶液的体积/mL	初读数			
	终读数			
	净用量			
空白/mL				
EDTA 标准溶液浓度/(mol·L⁻¹)				
EDTA 标准溶液的平均浓度/(mol·L⁻¹)				
相对极差/%				

2. 计算公式

(1)Zn²⁺ 标准溶液浓度计算公式

$$c_{Zn^{2+}} = \frac{m_{ZnO}}{M_{ZnO} \cdot V}$$

式中,m_{ZnO} 为称取的 ZnO 的质量(g);M_{ZnO} 为 ZnO 的摩尔质量(81.39 g·mol⁻¹);V 表示溶液配制定容的体积(L)。

(2)EDTA 浓度计算公式

$$c_Y = \frac{c_{Zn^{2+}} \cdot V_{Zn^{2+}}}{V_Y - V_0}$$

式中,$c_{Zn^{2+}}$、$V_{Zn^{2+}}$ 分别为 Zn²⁺ 标准溶液的浓度(mol·L⁻¹)和所移取的体积(mL);V_Y 为滴定时所消耗的 EDTA 溶液体积(mL);V_0 为空白实验消耗 EDTA 标准溶液的体积(mL)。

六、思考题

$NH_3 - NH_4Cl$ 缓冲溶液在实验中有何作用？

实验实训 4-3　天然水总硬度的测定

一、实验目的

1. 熟悉钙指示剂、铬黑 T 指示剂的使用条件和终点颜色变化。
2. 掌握 EDTA 滴定法测定水硬度的原理和方法。
3. 掌握水硬度的表示方法和计算。

二、实验原理

硬度是工业用水、生活用水中常见的一个质量指标，一般是指水中钙、镁离子的总浓度。水的硬度可分为总硬度和钙、镁硬度两种。前者是 Ca^{2+}、Mg^{2+} 的总量，后者是 Ca^{2+} 和 Mg^{2+} 的分量。水的硬度有多种表示方法，我国采用的是将 1 L 水中 Ca^{2+}、Mg^{2+} 的总量折合成 CaO 或 $CaCO_3$ 的质量来计算。两种硬度的表达式如下：

$$总硬度（德国度，10 \text{ mg CaO} \cdot L^{-1}）=\frac{c_Y \cdot (V_Y - V_0) \cdot M_{CaO} \times 1\,000}{V_{水样}} \times \frac{1}{10}$$

$$总硬度（以 CaCO_3 计，mg \cdot L^{-1}）=\frac{c_Y \cdot (V_Y - V_0) \cdot M_{CaCO_3} \times 1\,000}{V_{水样}}$$

式中，c_Y、V_Y 分别表示 EDTA 标准溶液的浓度（$mol \cdot L^{-1}$）和所消耗的体积（mL）；M_{CaO}、M_{CaCO_3} 分别表示 CaO 和 $CaCO_3$ 的摩尔质量（$g \cdot mol^{-1}$）；$V_{水样}$ 为水样的体积（mL）；V_0 为空白实验消耗 EDTA 标准溶液的体积（mL）；1 000 为单位换算系数。

国内外规定：测定水的硬度的标准方法是 EDTA 滴定法。在 pH＝10 的缓冲溶液中，以铬黑 T（EBT）为指示剂，用 EDTA 标准溶液直接滴定。

滴定前，铬黑 T 先与 Mg^{2+} 生成紫红色的配位化合物。

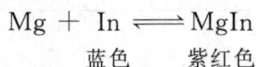

$$Mg ＋ In \Longrightarrow MgIn$$
$$蓝色 紫红色$$

滴定中，滴入的 EDTA 与溶液中游离的 Ca^{2+}、Mg^{2+} 生成配位化合物。

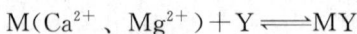

$$M(Ca^{2+}、Mg^{2+}) + Y \Longrightarrow MY$$

当反应接近化学计量点时，由于 MgY 的稳定性远远高于 MgIn，继续滴入的 EDTA 将夺取 MgIn 中的 Mg^{2+}，铬黑 T 游离出来，溶液颜色由紫红色变为蓝色，指示滴定终点。

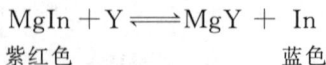

$$MgIn + Y \Longrightarrow MgY ＋ In$$
$$紫红色 蓝色$$

根据 EDTA 的用量计算水的总硬度。

滴定时，Fe^{3+}、Al^{3+} 等干扰离子可用三乙醇胺予以掩蔽；Cu^{2+}、Pb^{2+}、Zn^{2+} 等重金属离子，可用 KCN、Na_2S 或巯基乙酸予以掩蔽。

三、仪器和试剂

仪器：酸式滴定管、移液管、锥形瓶、量筒、烧杯。

试剂：0.010 00 mol·L^{-1} EDTA 标准溶液、NH$_3$-NH$_4$Cl 缓冲溶液（pH=10）、铬黑 T 指示剂、1∶1 三乙醇胺、5% Na$_2$S 溶液、待测水样。

四、实验步骤

用移液管移取水样 100.00 mL 于 250 mL 锥形瓶中，依次加 5 mL NH$_3$-NH$_4$Cl 缓冲溶液、3 mL 1∶1 三乙醇胺、1 mL 5% Na$_2$S 溶液，再加少许（约 10 mg）铬黑 T 指示剂，每加入一种试剂摇匀后再加下一种。用 0.01 mol·L^{-1} EDTA 标准溶液滴定至酒红色变为纯蓝色且 30 s 内不褪色即为终点。记录消耗 EDTA 标准溶液的体积。

平行测定 3 次，同时做空白实验。

五、数据记录及处理

将实验数据及结果填入表 4-10。

表 4-10　总硬度的测定

平行实验		1	2	3
移取水样的体积/mL				
消耗 EDTA 标准溶液的体积/mL	初读数			
	终读数			
	净用量			
EDTA 标准溶液的浓度/(mol·L^{-1})				
空白/mL				
总硬度(10 mg CaO·L^{-1})/°				
总硬度平均值/°				
相对极差/%				

六、思考题

配位滴定中常加入缓冲溶液，其作用是什么？

实验实训 4-4　天然水中钙、镁含量的测定

一、实验目的

1. 熟悉钙指示剂、铬黑 T 指示剂的使用条件和终点颜色变化。
2. 掌握 EDTA 滴定法测定水中钙、镁含量的原理和方法。

二、实验原理

在 pH=10 的氨缓冲溶液中以铬黑 T 作指示剂，用 EDTA 标准溶液直接滴定，测定的

水的总硬度即为钙、镁离子的总量，消耗的 EDTA 标准溶液的体积记为 V_1。

测定 Ca^{2+} 时，将水样的酸度调整为 pH≥12，此时 Mg^{2+} 已生成 $Mg(OH)_2$ 的沉淀。加入钙指示剂，滴加 EDTA 时，EDTA 首先与游离的 Ca^{2+} 配位，然后夺取与指示剂配位的 Ca^{2+}，从而使指示剂游离出来，溶液由酒红色变为蓝色即达滴定终点。消耗的 EDTA 标准溶液的体积记为 V_2。根据 EDTA 标准溶液的用量，计算出水样中的 Ca^{2+} 的含量，并由两次测定 EDTA 用量之差求出 Mg^{2+} 的含量。Ca^{2+}、Mg^{2+} 的含量计算公式如下：

Ca^{2+} 含量：
$$\rho_{Ca} = \frac{c_Y \cdot (V_2 - V'_0) \cdot M_{Ca}}{V_{水样}} \times 1\,000$$

Mg^{2+} 含量：
$$\rho_{Mg} = \frac{c_Y \cdot [\overline{(V_1 - V_0)} - \overline{(V_2 - V'_0)}] \cdot M_{Mg}}{V_{水样}} \times 1\,000$$

式中，ρ_{Ca}、ρ_{Mg} 分别为 Ca 和 Mg 的含量（mg·L^{-1}）；c_Y 为 EDTA 标准溶液的浓度（mol·L^{-1}）；V_1 为测定 Ca^{2+}、Mg^{2+} 总量所消耗 EDTA 的体积（mL）；V_2 为测定 Ca^{2+} 含量所消耗 EDTA 的体积（mL）；V_0 为测总量时空白实验消耗 EDTA 的体积（mL）；V'_0 为测钙含量时空白实验消耗 EDTA 的体积（mL）；$V_{水样}$ 为所取水样的体积（mL）；$\overline{V_1 - V_0}$ 为测总量消耗 EDTA 的校正体积平均值（mL）；$\overline{V_2 - V'_0}$ 为测钙含量消耗 EDTA 的校正体积平均值（mL）；M_{Mg} 为 Mg 的摩尔质量（24.31 g·mol^{-1}）；M_{Ca} 为 Ca 的摩尔质量（40.08 g·mol^{-1}）；1 000 为单位换算系数。

三、仪器和试剂

仪器：酸式滴定管、移液管、锥形瓶、量筒、烧杯。

试剂：0.010 00 mol·L^{-1} EDTA 标准溶液、NH_3–NH_4Cl 缓冲溶液（pH=10）、10% NaOH 溶液、铬黑 T 指示剂、钙指示剂、1∶1 三乙醇胺溶液、5% Na_2S 溶液、待测水样。

四、实验步骤

1. Ca^{2+}、Mg^{2+} 总量的测定（总硬度的测定）

用移液管吸取水样 100.00 mL 于 250 mL 锥形瓶中，依次加 5 mL pH=10 的 NH_3–NH_4Cl 缓冲溶液，再加少许（约黄豆粒大小）铬黑 T 指示剂，摇匀。立即用 0.010 00 mol·L^{-1} EDTA 标准溶液滴定。滴定速度宜慢，并充分摇动。直到溶液由酒红色变为天蓝色为终点。记录消耗的 EDTA 标准溶液的体积 V_1。平行测定 3 次，同时做空白实验，记为 V_0。

若水样中含有金属离子干扰，使滴定终点延迟或颜色发暗，可另取水样，加入 3 mL 1∶1 三乙醇胺、1 mL Na_2S 溶液再进行滴定。

水样中钙、镁含量较大时，要预先酸化水样，加热除去 CO_2，以防碱化后生成碳酸盐沉淀，滴定时不易转化。

2. Ca^{2+} 含量的测定

另取 50.00 mL 水样于 250 mL 锥形瓶中，加 5 mL 10% NaOH 溶液，摇匀，加少许（约黄豆粒大小）钙指示剂，用 EDTA 标准溶液，滴定至酒红色变为纯蓝色。记录 EDTA 用量 V_2。平行测定 3 次，同时做空白实验，记为 V'_0。

五、数据记录及处理

将实验数据及结果填入表 4-11 和表 4-12。

表 4-11　总硬度的测定

平行实验		1	2	3
$V_{水样}$/mL				
EDTA 标准溶液的浓度/(mol·L^{-1})				
消耗 EDTA 标准溶液的体积/mL	初读数			
	终读数			
	净用量			
空白/mL				
总硬度(10 mg CaO·L^{-1})/°				
总硬度平均值/°				
相对极差/%				

表 4-12　钙、镁含量的测定

平行实验		1	2	3
$V_{水样}$/mL				
EDTA 标准溶液的浓度/(mol·L^{-1})				
消耗 EDTA 标准溶液的体积/mL	初读数			
	终读数			
	净用量			
空白/mL				
钙含量/(mg·L^{-1})				
钙平均含量/(mg·L^{-1})				
镁平均含量/(mg·L^{-1})				
相对极差/%				

六、思考题

1. 为什么测 Ca^{2+}、Mg^{2+} 总量时要控制溶液 pH＝10？测定 Ca^{2+} 含量时要控制溶液 pH＝12？

2. 本实验中移液管和锥形瓶是否都要用蒸馏水润洗？为什么？

【任务实施拓展】

实验实训拓展 4-Ⅰ　水样中镍含量的测定

一、实验目的

1. 拓展配位滴定分析的应用。

2. 学会测定金属镍的原理、操作、终点判断及数据处理。

二、实验原理

在 pH＝10 的氨缓冲溶液中以紫脲酸铵作指示剂，用 EDTA 标准溶液直接滴定，可测定水样中金属镍的含量。

三、仪器和试剂

仪器：酸式滴定管、容量瓶、吸量管、烧杯、试剂瓶、锥形瓶、量筒、精密 pH 试纸、滴管、洗瓶、洗耳球、吸量管架、玻璃棒等。

试剂：含镍液体样品、1∶1 HCl 溶液、10％氨水、NH_3-NH_4Cl 缓冲溶液（pH＝10）、浓氨水、紫脲酸铵指示剂、0.025 mol·L^{-1} EDTA 标准溶液、基准物质 ZnO（需在 80℃烧至恒重）、铬黑 T 指示剂。

四、实验步骤

1. 0.025 mol·L^{-1} EDTA 标准溶液的标定

准确称取 3 份已灼烧至恒重的基准物质 ZnO 0.55 g，于 100 mL 烧杯中，用少量纯水润湿，加入适量 1∶1 HCl 溶液后，定量转移至 250 mL 容量瓶中，用纯水稀释至刻度，摇匀。移取 25.00 mL 上述溶液于 250 mL 锥形瓶中，加 75 mL 水，用 10％氨水调溶液 pH 至 7～8，加 10 mL NH_3-NH_4Cl 缓冲溶液（pH＝10）及 3～5 滴铬黑 T 指示剂，用待标定的 EDTA 溶液滴定至溶液由紫红色变为纯蓝色即为滴定终点。

平行测定 3 次，同时做空白实验。计算 EDTA 的浓度及测定结果的相对平均偏差。

2. 样品测定

准确称取含镍液体样品 1.0 g，加水 70 mL，加入 10 mL NH_3-NHCl 缓冲溶液（pH＝10）及 0.1～0.2 g 紫脲酸铵指示剂，摇匀，用 0.025 mol·L^{-1} EDTA 标准溶液滴定至溶液呈蓝紫色且 30 s 内不褪色即为终点。记录消耗的 EDTA 标准溶液的体积。

平行测定 3 次。计算样品中镍的含量及测定结果的相对极差。

五、数据记录及处理

1. 实验数据及结果（表 4-13 和表 4-14）

（1）EDTA 标准溶液的标定

表 4-13　EDTA 的标定结果

平行实验		1	2	3
基准物质质量/g	$m_{倾样前}$			
	$m_{倾样后}$			
	m_{ZnO}			
移取 Zn^{2+} 标准溶液的体积/mL				

（续）

平行实验		1	2	3
消耗 EDTA 标准溶液的体积/mL	初读数			
	终读数			
	净用量			
空白/mL				
EDTA 标准溶液浓度/(mol·L⁻¹)				
EDTA 标准溶液的平均浓度/(mol·L⁻¹)				
相对平均偏差/%				

（2）镍含量的测定

表 4-14　镍含量的测定结果

平行实验		1	2	3
取样前滴瓶质量/g				
取样后滴瓶质量/g				
$m_{镍样}$/g				
消耗 EDTA 标准溶液的体积/mL	初读数			
	终读数			
	净用量			
水样中的镍含量/(g·kg⁻¹)				
镍含量平均值/(g·kg⁻¹)				
极差/(g·kg⁻¹)				
相对极差/%				
镍真值/(g·kg⁻¹)				
相对误差/%				

2. 计算公式

（1）EDTA 标准溶液浓度的计算

$$c_Y = \frac{m_{ZnO} \times \frac{25.00}{250.00} \times 1\ 000}{M_{ZnO} \cdot (V_Y - V_0)}$$

式中，c_Y 为 EDTA 标准溶液的浓度（mol·L⁻¹）；m_{ZnO} 为基准物质 ZnO 的质量（g）；M_{ZnO} 为 ZnO 的摩尔质量（81.39 g·mol⁻¹）；V_Y 为滴定消耗 EDTA 标准溶液的体积（mL）；V_0 为空白实验消耗 EDTA 标准溶液的体积（mL）；1 000 为单位换算系数。结果保留四位有效数字。计算标定结果的相对平均偏差（%）并保留到小数点后两位。

（2）镍含量计算

$$w_{Ni} = \frac{c_Y \cdot V_Y \cdot M_{Ni}}{m_{镍样} \times 1\ 000} \times 100\%$$

式中，w_{Ni} 为镍的含量（$g \cdot kg^{-1}$）；c_Y 为 EDTA 标准滴定溶液的浓度（$mol \cdot L^{-1}$）；V_Y 为滴定消耗 EDTA 的体积（mL）；$m_{镍样}$ 为称量的镍样质量（g）；M_{Ni} 为金属元素 Ni 的摩尔质量（$58.69 \ g \cdot mol^{-1}$）；1 000 为单位换算系数。结果保留四位有效数字。

（3）结果的重现性 R_r（%）的计算

$$R_r = \frac{2(X_1 - X_2)}{X_1 + X_2} \times 100\%$$

式中，X_1 为 2 次平行测量的结果较大值；X_2 为 2 次平行测量的结果较小值。结果保留到小数点后两位。

实验实训拓展 4-Ⅱ 　水样中铝含量的测定

一、实验目的

1. 进一步拓展配位滴定分析的应用。
2. 学会返滴定法测定金属铝的原理、操作、终点判断及数据处理。

二、实验原理

本实验采用返滴定法测铝。铝离子与 EDTA 在 pH=10 的氨缓冲溶液中可配位完全，但反应速度很慢，因此先用过量的 EDTA 标准溶液与铝离子充分反应之后，再用 $ZnCl_2$ 标准溶液滴定过量的 EDTA，通过计算得到铝的含量。

三、仪器和试剂

仪器：酸式滴定管、铁架台、容量瓶、锥形瓶、滴管、移液管、洗耳球。

试剂：基准物质 ZnO（灼烧至恒重）、铬黑 T 指示剂、1∶4 HCl 溶液、10% 氨水、NH_3-NH_4Cl 缓冲溶液（pH=10）、$0.025 \ mol \cdot L^{-1}$ EDTA 溶液、10% NaAc 溶液、0.5% XO 指示剂（二甲酚橙）、待测铝样。

待测铝样（参考）。称取 $Al_2(SO_4)_3 \cdot 18 \ H_2O$ 1.5～2.0 g，用纯水溶解，加少许盐酸，定容至 250 mL。

四、实验步骤

1. 0.025 mol·L⁻¹ ZnCl₂ 标准溶液的配制

准确称取 0.50～0.52 g 基准物质 ZnO，溶于 20% HCl 溶液中，转移至 250 mL 容量瓶中，加蒸馏水定容至刻度，配成浓度约为 $0.025 \ mol \cdot L^{-1}$ $ZnCl_2$ 标准溶液，准确浓度按所称量的实际质量进行计算。

2. 0.025 mol·L⁻¹ EDTA 标准溶液的标定

准确称取已灼烧至恒重的基准物质 ZnO 0.54～0.56 g，于 100 mL 烧杯中，用少量水润湿，加入适量 1∶4 HCl 溶液溶解后，定量转移至 250 mL 容量瓶中，用蒸馏水稀释至刻度，摇匀。移取 25.00 mL 上述溶液于 250 mL 锥形瓶中，加 75 mL 水，滴加 10% 氨水至溶液浑浊（pH=7～8）后，加入 10 mL NH_3-NH_4Cl 缓冲溶液（pH=10），再加 3～5

滴铬黑 T 指示剂，用 EDTA 标准溶液滴定至酒红色变成亮蓝色，记录消耗的 EDTA 溶液的体积。

平行测定 3 次，同时做空白实验。

3. 铝含量的测定

用移液管准确移取 25.00 mL 待测铝样 2 份，分别置于 250 mL 锥形瓶中，用移液管加入 20.00 mL 0.025 mol·L^{-1} EDTA 标准溶液，煮沸 1 min，冷却后加入 5 mL 10% NaAc 溶液和 2 滴 0.5% XO 指示剂（二甲酚橙），用 ZnCl$_2$ 标准滴定溶液滴定至浅粉色，记录滴定体积。

五、数据记录及处理

1. 实验数据及结果（表 4-15～表 4-17）

（1）ZnCl$_2$ 标准溶液的配制

表 4-15　ZnCl$_2$ 标准溶液的配制结果

基准物质质量/g	$m_{倾样前}$	
	$m_{倾样后}$	
	m_{ZnO}	
ZnCl$_2$ 标准溶液的定容体积/mL		
ZnCl$_2$ 标准溶液浓度/(mol·L^{-1})		

（2）EDTA 标准溶液的标定

表 4-16　EDTA 标准溶液的标定结果

平行实验		1	2	3
基准物质质量/g	$m_{倾样前}$			
	$m_{倾样后}$			
	m_{ZnO}			
消耗 EDTA 标准溶液的体积/mL	初读数			
	终读数			
	净用量			
空白/mL				
EDTA 标准溶液浓度/(mol·L^{-1})				
EDTA 标准溶液的平均浓度/(mol·L^{-1})				
相对极差/%				

（3）铝含量的测定

表 4-17　铝含量的测定结果

平行实验	1	2
移取待测水样体积/mL		
加入 EDTA 标准溶液的体积/mL		

（续）

平行实验		1	2
消耗 $ZnCl_2$ 标准溶液的体积/mL	初读数		
	终读数		
	净用量		
水样中的铝含量/(mg·L⁻¹)			
铝含量平均值/(mg·L⁻¹)			
极差/(g·kg⁻¹)			
相对极差/%			
铝含量真值/(mg·L⁻¹)			
相对误差/%			

2. 计算公式

（1）$ZnCl_2$ 标准溶液浓度计算

$$c_{ZnCl_2} = \frac{m_{ZnO} \times 1\,000}{M_{ZnO} \cdot V}$$

式中，c_{ZnCl_2} 为 $ZnCl_2$ 标准滴定溶液的浓度（mol·L⁻¹）；m_{ZnO} 为基准物质 ZnO 的质量（g）；M_{ZnO} 为 ZnO 的摩尔质量（81.38 g·mol⁻¹）；V 为溶液配制定容的体积（mL）；1 000 为单位换算系数。

（2）EDTA 标准溶液浓度计算

$$c_Y = \frac{m_{ZnO} \times 1\,000}{M_{ZnO} \cdot (V_Y - V_0)}$$

式中，c_Y 为 EDTA 标准滴定溶液的浓度（mol·L⁻¹）；m_{ZnO} 为基准物质 ZnO 的质量（g）；M_{ZnO} 为 ZnO 的摩尔质量（81.38 g·mol⁻¹）；V_Y 为滴定消耗 EDTA 的体积（mL）；V_0 为空白值（mL）；1 000 为单位换算系数。

计算相对平均偏差，精确到小数点后两位。

（3）铝含量的计算

$$\rho_{Al} = \frac{(c_Y \cdot V_Y - c_{ZnCl_2} \cdot V_{ZnCl_2}) \cdot M_{Al} \times 1\,000}{V_{铝样}} \times 100\%$$

式中，ρ_{Al} 为铝含量（%）；c_Y 为 EDTA 标准滴定溶液的浓度（mol·L⁻¹）；V_Y 为移取 EDTA 标准溶液的体积（mL）；c_{ZnCl_2} 为 $ZnCl_2$ 标准滴定溶液的浓度（mol·L⁻¹）；V_{ZnCl_2} 为消耗 $ZnCl_2$ 标准溶液的体积（mL）；M_{Al} 为铝的摩尔质量（26.98 g·mol⁻¹）；$V_{铝样}$ 为移取铝样的体积（mL）；1 000 为单位换算系数。

（4）结果重现性 R_r（%）计算

$$R_r = \frac{2(X_1 - X_2)}{X_1 + X_2} \times 100\%$$

项目 4 小结

1. 配位化合物是由能接受电子对的中心离子和能提供电子对的配位体通过配位键形成

的一类化合物，在冶金、化工、电镀、生物等领域都有着广泛的应用。配合物稳定常数 $K_稳$ 除表示配合物稳定性的高低外，还可用来进行配合物溶液中有关离子浓度的计算。

2. 金属指示剂是用来指示配位滴定终点的有机配位剂，利用它在不同 pH 值范围内呈现不同颜色及与 EDTA 形成配合物的稳定性小于 EDTA 与被测离子形成配合物的稳定性的特点指示配位滴定的终点。

3. 配位滴定法就是利用配位反应建立的一种滴定分析方法，它是用配位剂作标准溶液直接或间接测定金属离子及其化合物的含量的一种方法。由于 EDTA 可以与大多数金属离子形成 1:1 的配位化合物，且生成的配合物性质稳定、易溶等特点，配位滴定法主要是讨论以 EDTA 作滴定剂的配位滴定法。配位滴定过程中，必须恰当地控制溶液的酸度。因为指示剂颜色改变、稳定配合物的形成及干扰预防等都需要在一定 pH 值范围内，所以配位滴定一般要在缓冲溶液中完成。

4. 水的硬度是生活用水和工业用水都要控制的重要指标。用 EDTA 配位滴定法测定水的总硬度和钙、镁含量是一种简便有效的方法。

习题 4

1. 为什么酸度对配位滴定有很大影响？
2. 试述金属指示剂的变色原理。
3. 选择题
   (1)EDTA 与金属离子形成螯合物时，其化学计量比为(   )。
      A. 1:1   B. 1:2   C. 1:4   D. 1:6
   (2)关于 EDTA，下列说法不正确的是(   )。
      A. EDTA 是乙二胺四乙酸的简称
      B. 分析工作中一般用乙二胺四乙酸二钠盐
      C. EDTA 与钙离子以 1:2 的关系配合
      D. EDTA 与金属离子配合形成螯合物
   (3)乙二胺四乙酸根 $(^-OOCCH_2)_2NCH_2CH_2N(CH_2COO^-)_2$ 可提供的配位原子数为(   )。
      A. 2   B. 4   C. 6   D. 8
   (4)直接与金属离子配位的 EDTA 型体为(   )。
      A. H_6Y^{2+} B. H_4Y C. H_2Y^{2-} D. Y^{4-}
   (5)以下关于 EDTA 标准溶液制备叙述中不正确的是(   )。
      A. 使用 EDTA 分析纯试剂先配制成近似浓度再标定
      B. 标定条件与测定条件应尽可能相近
      C. EDTA 标准溶液应贮存于聚乙烯瓶中
      D. 标定 EDTA 溶液须用二甲酚橙指示剂
   (6)配位滴定分析中测定单一金属离子的条件是(   )。
      A. $\lg(cK'_{MY}) \geq 8$ B. $cK'_{MY} \geq 10^{-8}$
      C. $\lg(cK'_{MY}) \geq 6$ D. $cK'_{MY} \geq 10^{-6}$
   (7)已知 $M(ZnO) = 81.39 \ \text{g} \cdot \text{mol}^{-1}$，用它来标定 $0.02 \ \text{mol} \cdot \text{L}^{-1}$ EDTA 溶液，宜称取

ZnO 为(　　)。

　　A. 4 g　　　　　　B. 1 g　　　　　　C. 0.4 g　　　　　　D. 0.04 g

(8)配位滴定终点所呈现的颜色是(　　)。

　　A. 游离金属指示剂的颜色

　　B. 指示剂与待测金属离子形成配合物的颜色

　　C. EDTA 与待测金属离子形成配合物的颜色

　　D. 上述 A 和 C 项的混合色

(9)通常测定水的硬度所用的方法是(　　)。

　　A. 酸碱滴定法　　　　　　　　　　B. 氧化还原滴定法

　　C. 配位滴定法　　　　　　　　　　D. 沉淀滴定法

(10)下列物质能作螯合剂的是(　　)。

　　A. NH_3　　　　B. HCN　　　　C. HCl　　　　D. EDTA

(11)标定 EDTA 溶液常用的基准物质是(　　)。

　　A. Zn 片　　　B. $K_2Cr_2O_7$　　　C. $AgNO_3$　　　D. $CaCO_3$

(12)测定水的总硬度最合适的基准物质是(　　)。

　　A. ZnO　　　　B. Zn　　　　C. Na_2CO_3　　　　D. $CaCO_3$

(13)产生金属指示剂的封闭现象是因为(　　)。

　　A. 指示剂不稳定　　　　　　　　　B. MIn 溶解度小

　　C. $K'_{MIn} < K'_{MY}$　　　　　　　D. $K'_{MIn} > K'_{MY}$

(14)产生金属指示剂僵化现象是因为(　　)。

　　A. 指示剂不稳定　　　　　　　　　B. MIn 溶解度小

　　C. $K'_{MIn} < K'_{MY}$　　　　　　　D. $K'_{MIn} > K'_{MY}$

(15)水的硬度单位是以 CaO 为基准物质确定的,水硬度为 $10°$ 表明 1 L 水中含有(　　)。

　　A. 1 g CaO　　B. 0.1 g CaO　　C. 0.01 g CaO　　D. 0.001 g CaO

(16)某溶液主要含有 Ca^{2+}、Mg^{2+} 及少量 Fe^{3+}、Al^{3+}。今在 pH=10,加入三乙醇胺后以 EDTA 滴定,用铬黑 T 为指示剂,则测出的是(　　)。

　　A. Mg^{2+} 含量　　　　　　　　　B. Ca^{2+} 含量

　　C. Mg^{2+} 和 Ca^{2+} 含量　　　　　D. Ca^{2+}、Mg^{2+}、Fe^{3+}、Al^{3+} 总量

(17)取水样 100 mL,调节 pH=10,以铬黑 T 为指示剂,用 0.010 00 mol·L^{-1} EDTA 标准溶液滴定至终点,用去 EDTA 23.45 mL,另取水样 100 mL,调节 pH=12,用钙指示剂指示终点,消耗 EDTA 标准溶液 14.75 mL,则水样中 Mg 的含量为(　　)[$M(Ca)=40.08$ g·mol^{-1},$M(Mg)=24.30$ g·mol^{-1}]。

　　A. 35.85 mg·L^{-1}　　　　　　　B. 21.14 mg·L^{-1}

　　C. 25.10 mg·L^{-1}　　　　　　　D. 59.12 mg·L^{-1}

(18)关于水的总硬度的说法中,正确的是(　　)。

　　A. 水硬度是指水的软硬程度

　　B. 水硬度是指水中所有离子的总硬度

　　C. 水硬度是指水中所有金属离子的总含量

　　D. 水的硬度是指水中二价及多价金属离子的总含量

(19) EDTA 滴定 Zn^{2+} 时，加入 $NH_3 - NH_4Cl$ 可（　　）。

  A. 防止干扰   B. 控制溶液的酸度

  C. 使金属离子指示剂变色更敏锐   D. 加大反应速率

(20) 用二甲酚橙作指示剂，EDTA 法测定铝盐中的铝常采用返滴定方式，原因不是（　　）。

  A. 不易直接滴定到终点   B. Al^{3+} 易水解

  C. Al^{3+} 对指示剂有封闭   D. 配位稳定常数 $<10^8$

4. 指出下列配合物或配离子的中心离子、配位体、配位原子和中心离子的配位数，并命名。

 (1) $[Pt(NH_3)_6]Cl_4$ (2) $[Cu(NH_3)_4](OH)_2$ (3) $[Co(NH_3)_4(H_2O)_2]_2(SO_4)_3$

 (4) $K_3[Co(NO_2)_6]$ (5) $[CrCl(NH_3)_5]Cl_2$

5. 写出下列配位化合物的化学式。

 (1) 硫酸四氨合铜（Ⅱ）   (2) 六氯合铂（Ⅳ）酸钾

 (3) 氯化二氯一水三氨合钴（Ⅲ）   (4) 四硫氰二氨合钴（Ⅲ）酸铵

6. 称取 0.251 0 g 基准物质 $CaCO_3$ 溶于盐酸后，移入 250.00 mL 容量瓶中，稀释至刻度。吸取该溶液 25.00 mL，在 pH＝12 时加入钙指示剂，用 EDTA 测定消耗体积 26.84 mL，计算 EDTA 的浓度。

7. 氯化锌样品 0.250 0 g，溶于水后控制溶液的酸度 pH＝6，以二甲酚橙为指示剂，用 0.102 4 $mol \cdot L^{-1}$ EDTA 溶液 17.90 mL 滴定至终点。计算 $ZnCl_2$ 的含量。

项目5 氧化还原滴定分析

【知识目标】

1. 掌握氧化还原电对和电极电位的概念及应用。
2. 掌握能斯特方程的书写和应用。
3. 了解氧化还原滴定过程中电极电位的变化规律和滴定曲线，从而确定滴定终点。
4. 掌握氧化还原滴定的计算。

【技能目标】

1. 能正确书写和应用能斯特方程。
2. 能运用高锰酸钾法、重铬酸钾法、碘量法等直接或间接测定具有氧化性或还原性的物质。
3. 能对氧化还原滴定结果进行相关计算。

【素质目标】

1. 培养学生辩证地分析问题和解决问题的能力。
2. 培养学生精益求精的工匠精神。

【项目简介】

氧化还原滴定法是以氧化还原反应为基础的滴定分析方法。它在实际应用中占据重要的地位。利用该滴定方法不仅可以直接测定具有氧化性或还原性的物质，而且可以间接测定能与氧化剂或还原剂进行定量反应的物质以及糖类、酚类、烯烃类等有机物质。氧化还原滴定法是滴定分析中广泛运用的方法之一。

氧化还原反应的实质是氧化剂与还原剂之间的电子转移，反应机理比较复杂，有些氧化还原反应常伴有副反应的发生，因而没有确定的计量关系，另有一些反应从理论上判断可以进行，但反应速率十分缓慢，必须加快反应速率才能进行滴定分析。因此，对于氧化还原反应，必须符合滴定反应的条件，才能进行滴定分析。

氧化还原滴定法根据所用标准溶液的不同，习惯上分为高锰酸钾法、重铬酸钾法、碘量法，另外还有溴酸钾法、铈量法等。每种方法都有其特点和应用范围。本项目重点学习高锰酸钾法、重铬酸钾法和碘量法的基本原理及应用，了解溴酸钾法和铈量法。

【工作任务】

任务5.1 氧化还原电对和电极电位

5.1.1 氧化还原电对

元素的氧化数前后发生变化的化学反应称为氧化还原反应。其本质是电子发生转移(包括电子的得失或偏移），并引起元素氧化数的变化。根据电子转移方向的不同，可以把氧化还原反应拆成两个半反应。例如，Na 和 Cl_2 的反应可以拆成如下两个半反应：

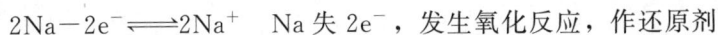

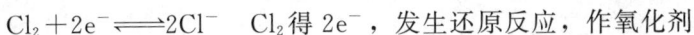

$$2Na-2e^- \Longrightarrow 2Na^+ \quad Na\ 失\ 2e^-，发生氧化反应，作还原剂$$

$$Cl_2+2e^- \Longrightarrow 2Cl^- \quad Cl_2\ 得\ 2e^-，发生还原反应，作氧化剂$$

由上面两个半反应可以看出，氧化剂 Cl_2 得到电子，使氧化数降低（由 0 降到 -1），从氧化态转变为还原态；而还原剂 Na 失去电子，使氧化数升高（由 0 升到 $+1$），从还原态转变为氧化态。这种由同一种物质的氧化态与还原态构成的共轭体系称为氧化还原电对，简称电对（也称电极）；一般用"氧化态/还原态"表示，氧化还原半反应则称为电极反应。

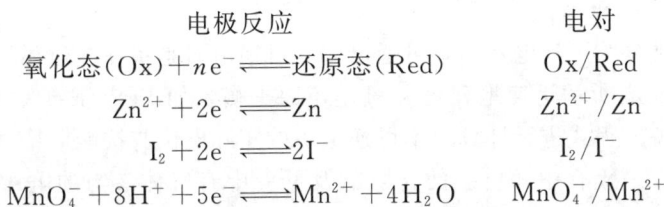

电极反应　　　　　　　　　　电对

氧化态$(Ox)+ne^- \Longrightarrow$还原态$(Red)$　　　Ox/Red

$Zn^{2+}+2e^- \Longrightarrow Zn$　　　　　　Zn^{2+}/Zn

$I_2+2e^- \Longrightarrow 2I^-$　　　　　　　I_2/I^-

$MnO_4^-+8H^++5e^- \Longrightarrow Mn^{2+}+4H_2O$　　　MnO_4^-/Mn^{2+}

电对中，氧化态物质的氧化能力越强，对应的还原态物质的还原能力越弱；氧化态物质的氧化能力越弱，对应的还原态物质的还原能力越强。如 MnO_4^-/Mn^{2+} 中，MnO_4^- 的氧化能力强，为强氧化剂；而 Mn^{2+} 还原能力弱，为弱还原剂。I_2/I^- 中，I_2 的氧化能力较弱，为弱氧化剂；而 I^- 的还原能力较强，为中强还原剂。

5.1.2　电极电位

物质的氧化态和还原态构成一个氧化还原电对。每一个电对中氧化态的氧化能力和还原态的还原能力的强弱均可用电对的电极电位（φ）的大小来衡量。

5.1.2.1　标准电极电位

在标准状态下，即在 298 K 时，相关离子或分子的浓度（严格来讲，应该是活度）为 $1\ mol \cdot L^{-1}$、相关气体分压为 101.325 kPa 时的电位，称为该电对的标准电极电位，用 $\varphi^{\ominus}$（Ox/Red）表示。附录 7 列出了目前国际推荐的在 298 K 时各种电对的标准电极电位。在该表中，电对的电位越高，表明电对中氧化态物质的氧化能力越强，还原态物质的还原能力越弱；电对的电位越低，表明电对中还原态物质的还原能力越强，氧化态物质的氧化能力越弱。

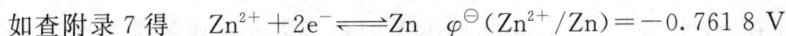

如查附录 7 得　　$Zn^{2+}+2e^- \Longrightarrow Zn$　$\varphi^{\ominus}(Zn^{2+}/Zn)=-0.7618\ V$

$Cu^{2+}+2e^- \Longrightarrow Cu$　$\varphi^{\ominus}(Cu^{2+}/Cu)=0.3419\ V$

相比之下，$\varphi^{\ominus}(Cu^{2+}/Cu)>\varphi^{\ominus}(Zn^{2+}/Zn)$，说明 Cu^{2+} 比 Zn^{2+} 的氧化性要强，Zn 比 Cu 的还原性要强。

电对的电位大小除了与电对物质的本性有关外，还与存在于溶液中的氧化态和还原态的浓度、压力、温度等因素有关。标准电极电位表示的是氧化还原电对在特定的条件下对应的氧化态物质或还原态物质的氧化还原能力的相对强弱。当温度、浓度等条件发生改变时，电对的电位大小也会随之改变。

5.1.2.2　能斯特（Nernst）方程式

对于任意给定的氧化还原电对的半反应

$$a\,\mathrm{Ox} + n\,e^- \rightleftharpoons b\,\mathrm{Red}$$

其电极电位的大小用能斯特方程式为

$$\varphi = \varphi^{\ominus} + \frac{RT}{nF} \lg \frac{c_{\mathrm{Ox}}^a}{c_{\mathrm{Red}}^b} \tag{5-1}$$

式中，φ 为任意温度、浓度时电对的电极电位（V）；$\varphi^{\ominus}$ 为电对的标准电极电位（V）；R 为气体常数（8.314 J·K^{-1}·mol^{-1}）；F 为法拉第常数（96 485 C·mol^{-1}）；T 为绝对温度（K）；n 为半反应中转移的电子数；a、b 为电对的半反应式中各相应物质的计量系数。

若温度为 298 K，将上述各常数代入式（5-1），并将自然对数换成常用对数，则上式为

$$\varphi = \varphi^{\ominus} + \frac{0.059\,2}{n} \lg \frac{c_{\mathrm{Ox}}^a}{c_{\mathrm{Red}}^b} \tag{5-2}$$

氧化还原电对通常分为可逆电对与不可逆电对。可逆电对是指在氧化还原反应的任一瞬间，能按氧化还原半反应所示迅速地建立起氧化还原平衡，如 $\mathrm{Fe^{3+}/Fe^{2+}}$、$\mathrm{I_2/I^-}$ 等。可逆电对的电位可用能斯特方程式进行计算。不可逆电对的实际电位与按能斯特方程式计算所得的理论电位偏离较大。一般有中间价态的含氧酸及反应中有气体参与的电对多为不可逆电对，如 $\mathrm{S_4O_6^{2-}/S_2O_3^{2-}}$、$\mathrm{O_2/H_2O_2}$ 等。然而对于不可逆电对，用能斯特方程式的计算结果作为初步判断仍然具有一定的实际意义。

书写能斯特方程式的注意事项：

①在应用能斯特方程式进行计算之前，必须先将电极反应配平。配平后的电极反应中物质分子式（或化学式）前面的系数若不等于 1，则系数即为能斯特方程式中相应物质浓度的指数次方。

②如果组成电对的物质为固体、纯液体或稀溶液中的水时，它们的浓度视为常数 1，不列入该式。如

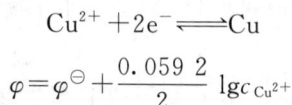

$$\mathrm{Cu^{2+}} + 2e^- \rightleftharpoons \mathrm{Cu}$$

$$\varphi = \varphi^{\ominus} + \frac{0.059\,2}{2} \lg c_{\mathrm{Cu^{2+}}}$$

③如果组成电对的物质是气体，则可以用相对分压来代替其浓度进行计算。相对分压 $= p/p^{\ominus}$。如

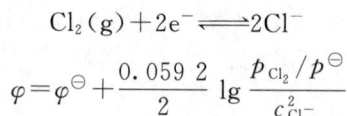

$$\mathrm{Cl_2(g)} + 2e^- \rightleftharpoons 2\mathrm{Cl^-}$$

$$\varphi = \varphi^{\ominus} + \frac{0.059\,2}{2} \lg \frac{p_{\mathrm{Cl_2}}/p^{\ominus}}{c_{\mathrm{Cl^-}}^2}$$

④如果电极反应中涉及 $\mathrm{H^+}$ 或 $\mathrm{OH^-}$，则它们浓度的系数次方也应写进能斯特方程式中。如

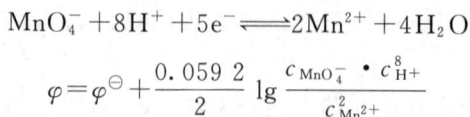

$$\mathrm{MnO_4^-} + 8\mathrm{H^+} + 5e^- \rightleftharpoons 2\mathrm{Mn^{2+}} + 4\mathrm{H_2O}$$

$$\varphi = \varphi^{\ominus} + \frac{0.059\,2}{2} \lg \frac{c_{\mathrm{MnO_4^-}} \cdot c_{\mathrm{H^+}}^8}{c_{\mathrm{Mn^{2+}}}^2}$$

5.1.2.3　条件电极电位

标准电极电位 $\varphi^{\ominus}$ 是在特定的条件下测定的。但在实际工作中，电位不仅决定于氧化还原电对本身的浓度，还与溶液中存在的一些其他物质有关。例如，溶液中存在大量的电解质离子、溶液酸度的改变等，它们虽不参与电子转移，但对电对的氧化还原能力产生不可忽视的影响。因此，在实践中应予以校正。通常把这种校正了各种外界因素影响后所测得的电极

电位称为条件电极电位，用 $\varphi^{\ominus}{}'$ 表示。它是在一定温度、一定介质条件下，氧化态和还原态的总浓度均为 1 mol·L^{-1} 时的实际电位。它校正了各种外界因素的影响，比较符合实际情况，更能准确地判断氧化还原反应的方向、次序和反应完成的程度。

引入条件电极电位概念以后，能斯特方程式可以写成

$$\varphi = \varphi^{\ominus}{}' + \frac{0.059\ 2}{n} \lg \frac{c_{Ox}}{c_{Red}} \tag{5-3}$$

部分电对的条件电极电位可以参考附录 8 数据，对于没有条件电极电位数据的氧化还原电对，仍使用标准电位作近似计算。

【例 5-1】　计算 1 mol·L^{-1} HCl 溶液 $c_{Fe^{3+}} = 1.00 \times 10^{-2}$ mol·L^{-1}，$c_{Fe^{2+}} = 1.00 \times 10^{-3}$ mol·L^{-1} 时电对 Fe^{3+}/Fe^{2+} 的电极电位。

解： 在 1 mol·L^{-1} HCl 介质中，$\varphi^{\ominus}{}'(Fe^{3+}/Fe^{2+}) = 0.68$ V。

$$\begin{aligned}
\varphi(Fe^{3+}/Fe^{2+}) &= \varphi^{\ominus}{}'(Fe^{3+}/Fe^{2+}) + 0.059\ 2 \lg \frac{c_{Fe^{3+}}}{c_{Fe^{2+}}} \\
&= 0.68\ V + 0.059\ 2 \lg \frac{1.00 \times 10^{-2}\ mol \cdot L^{-1}}{1.00 \times 10^{-3}\ mol \cdot L^{-1}} \\
&= 0.74\ V
\end{aligned}$$

5.1.3　电极电位的应用

5.1.3.1　比较氧化剂、还原剂的相对强弱

根据标准电极电位可知：

①$\varphi^{\ominus}$ 代数值越大，该电对氧化态的氧化能力越强；其对应的还原态的还原能力越弱。

②$\varphi^{\ominus}$ 代数值越小，该电对还原态的还原能力越强，其对应的氧化态的氧化能力越弱。

【例 5-2】　根据标准电极电位值，判断下列电对中氧化态物质的氧化能力和还原态的还原能力的强弱顺序：Fe^{3+}/Fe^{2+}、MnO_4^-/Mn^{2+}、I_2/I^-。

解： 查标准电极电位表，得

$$\varphi^{\ominus}(Fe^{3+}/Fe^{2+}) = +0.771\ V$$
$$\varphi^{\ominus}(MnO_4^-/Mn^{2+}) = +1.51\ V$$
$$\varphi^{\ominus}(I_2/I^-) = +0.535\ V$$

可以看出：$\varphi^{\ominus}(MnO_4^-/Mn^{2+})$ 值最大，说明其氧化态 MnO_4^- 的氧化能力最强；$\varphi^{\ominus}(I_2/I^-)$ 的值最小，说明其还原态 I^- 的还原能力最强。因此，各氧化态的氧化能力的强弱顺序为 $MnO_4^- > Fe^{3+} > I_2$；各还原态的还原能力的强弱顺序为 $I^- > Fe^{2+} > Mn^{2+}$。

5.1.3.2　判断氧化还原反应的方向

当两个电对相互作用发生氧化还原反应时，其反应方向总是电位高的电对中的氧化态物质氧化电位低的电对中的还原态物质。

【例 5-3】　判断在标准状态下时，下列氧化还原反应进行的方向。

$$2Fe^{2+} + Br_2 \Longrightarrow 2Fe^{3+} + 2Br^-$$

解： 将此反应拆成两个半反应，并查标准电极电位表，得

$$Fe^{3+} + e^- \Longrightarrow Fe^{2+} \quad \varphi^{\ominus}(Fe^{3+}/Fe^{2+}) = 0.771\ V$$
$$Br_2 + 2e^- \Longrightarrow 2Br^- \quad \varphi^{\ominus}(Br_2/Br^-) = 1.066\ V$$

可以看出：$\varphi^{\ominus}(Br_2/Br^-) > \varphi^{\ominus}(Fe^{3+}/Fe^{2+})$，表明氧化态的氧化能力较强的是电位较高的电

对中的氧化态物质 Br_2；还原态的还原能力强的是电位较低的电对中的还原态物质 Fe^{2+}，所以反应的方向是向右进行。

5.1.3.3 判断氧化还原反应进行的次序

当一种氧化剂可以氧化同一体系中的几种还原剂时，氧化剂首先氧化的是还原性最强的物质，即电位最低的电对中的还原态物质；同理，当一种还原剂可以还原同一体系中的几种氧化剂时，还原剂首先还原的是氧化性最强的物质，即电位最高的电对中的氧化态物质。如在含有同等浓度的 Br^-、I^- 的混合溶液中滴加氯水（Cl_2），由于

$$\varphi^{\ominus}(Cl_2/Cl^-) = 1.358 \text{ V}$$

$$\varphi^{\ominus}(Br_2/Br^-) = 1.066 \text{ V}$$

$$\varphi^{\ominus}(I_2/I^-) = 0.535\ 5 \text{ V}$$

可以看出：I^- 的还原性强于 Br^-，所以 Cl_2 首先把 I^- 氧化成 I_2，然后才氧化 Br^-。

任务 5.2　氧化还原滴定法

氧化还原滴定法是以氧化还原反应为基础的分析方法，也是最基本的滴定分析方法之一。该方法可以直接测定许多具有氧化性和还原性的物质，也可以间接测定某些不具有氧化还原性的物质。例如，土壤有机质、水的耗氧量等都可以用氧化还原滴定法进行分析。

在氧化还原滴定过程中，随着滴定剂的加入，溶液中电对的电极电势不断发生变化，在化学计量点附近有个明显的突跃。若加入的指示剂在化学计量点附近（滴定误差约为 $\pm0.1\%$）时变色，即可指示滴定终点。

5.2.1　氧化还原滴定曲线

在氧化还原滴定过程中，随着标准溶液的加入，溶液中氧化剂和还原剂的浓度逐渐变化，有关电对的电极电位也随之改变。当滴定达到化学计量点附近时，再滴入极少量的标准溶液就会引起溶液的电位发生突跃。由两电对的电极电位可以计算滴定过程中溶液电位的变化。若用曲线形式表示标准溶液用量和电位变化的关系，即得到氧化还原滴定曲线。氧化还原滴定曲线可以通过实验测出数据而绘出，对于有些反应，也可根据能斯特方程式计算出滴定过程中溶液的电位而得到。

现以在 $1 \text{ mol} \cdot \text{L}^{-1} H_2SO_4$ 溶液中，用 $0.100\ 0 \text{ mol} \cdot \text{L}^{-1} Ce(SO_4)_2$ 标准溶液滴定 20.00 mL $0.100\ 0 \text{ mol} \cdot \text{L}^{-1} FeSO_4$ 为例，讨论滴定过程中标准溶液用量和电极电位之间量的变化情况。

滴定反应方程式

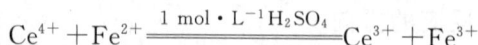

$$Ce^{4+} + Fe^{2+} \xrightarrow{1 \text{ mol} \cdot \text{L}^{-1} H_2SO_4} Ce^{3+} + Fe^{3+}$$

两个电对的条件电极电位

$$Fe^{3+} + e^- \rightleftharpoons Fe^{2+} \quad \varphi^{\ominus\prime}(Fe^{3+}/Fe^{2+}) = 0.68 \text{ V}$$

$$Ce^{4+} + e^- \rightleftharpoons Ce^{3+} \quad \varphi^{\ominus\prime}(Ce^{4+}/Ce^{3+}) = 1.44 \text{ V}$$

在滴定过程中

$$\varphi(Fe^{3+}/Fe^{2+}) = \varphi^{\ominus\prime}(Fe^{3+}/Fe^{2+}) + 0.059\ 2 \lg \frac{c_{Fe^{3+}}}{c_{Fe^{2+}}}$$

$$\varphi(Ce^{4+}/Ce^{3+}) = \varphi^{\ominus\prime}(Ce^{4+}/Ce^{3+}) + 0.059\ 2 \lg \frac{c_{Ce^{4+}}}{c_{Ce^{3+}}}$$

在 Fe^{2+} 溶液中每加一份 Ce^{4+} 溶液后的反应达到平衡时，都有 $\varphi(Fe^{3+}/Fe^{2+})=\varphi(Ce^{4+}/Ce^{3+})$，因此，可从两个电对中选用便于计算的电对，按能斯特方程式计算出溶液的电位，确定滴定各个阶段、各平衡点的电位。

（1）化学计量点前

因加入的 Ce^{4+} 几乎全部被 Fe^{2+} 还原为 Fe^{3+}，到达平衡时 Ce^{4+} 的浓度很小，不易直接求得，但如果知道了滴定分数，就可求得 $c_{Fe^{3+}}/c_{Fe^{2+}}$，设 Fe^{2+} 被滴定的分数为 a，按下式计算 φ 值：

$$\varphi=\varphi^{\ominus\prime}(Fe^{3+}/Fe^{2+})+0.059\,2\,\lg\frac{a}{1-a}$$

例如，当加入 $Ce(SO_4)_2$ 标准溶液 99.9%（即加入 19.98 mL）时，Fe^{2+} 的溶液剩余 0.1%（余 0.02 mL）时，溶液电位是

$$\varphi=0.68+0.059\,2\,\lg\frac{99.9}{0.1}=0.86\text{ V}$$

（2）化学计量点时

当达到化学计量点时，两电对的电位相等。即

$$\varphi_{sp}=\varphi(Fe^{3+}/Fe^{2+})=\varphi(Ce^{4+}/Ce^{3+})$$

则有

$$\varphi_{sp}=\varphi(Fe^{3+}/Fe^{2+})=\varphi^{\ominus\prime}(Fe^{3+}/Fe^{2+})+0.059\,2\,\lg\frac{c_{Fe^{3+}}}{c_{Fe^{2+}}} \tag{5-4}$$

$$\varphi_{sp}=\varphi(Ce^{4+}/Ce^{3+})=\varphi^{\ominus\prime}(Ce^{4+}/Ce^{3+})+0.059\,2\,\lg\frac{c_{Ce^{4+}}}{c_{Ce^{3+}}} \tag{5-5}$$

将式(5-4)与式(5-5)相加得

$$2\varphi_{sp}=\varphi^{\ominus\prime}(Fe^{3+}/Fe^{2+})+\varphi^{\ominus\prime}(Ce^{4+}/Ce^{3+})+0.059\,2\,\lg\frac{c_{Fe^{3+}}\cdot c_{Ce^{4+}}}{c_{Fe^{2+}}\cdot c_{Ce^{3+}}} \tag{5-6}$$

从反应式可以看出，到达化学计量点时：

$$\frac{c_{Fe^{3+}}}{c_{Fe^{2+}}}=\frac{c_{Ce^{3+}}}{c_{Ce^{4+}}}$$

故 $\lg\dfrac{c_{Fe^{3+}}\cdot c_{Ce^{4+}}}{c_{Fe^{2+}}\cdot c_{Ce^{3+}}}=0$ 代入式(5-6)求得化学计量点溶液的电位为

$$\varphi_{sp}=\frac{1}{2}\left[\varphi_1^{\ominus\prime}(Ce^{4+}/Ce^{3+})+\varphi_2^{\ominus\prime}(Fe^{3+}/Fe^{2+})\right]=\frac{1}{2}(0.68+1.44)=1.06\text{ V}$$

（3）化学计量点后

Fe^{2+} 几乎全部被 Ce^{4+} 氧化为 Fe^{3+}，$c_{Fe^{2+}}$ 不易直接求得，但只要知道加入过量 Ce^{4+} 的分数，就可以求得 $c_{Ce^{4+}}/c_{Ce^{3+}}$，按下式计算 φ 值。

$$\varphi(Ce^{4+}/Ce^{3+})=\varphi^{\ominus\prime}(Ce^{4+}/Ce^{3+})+0.059\,2\,\lg\frac{c_{Ce^{4+}}}{c_{Ce^{3+}}}$$

例如，当 Ce^{4+} 过量 0.1% 时，溶液的电位为

$$\varphi(Ce^{4+}/Ce^{3+})=1.44+0.059\,2\,\lg\frac{0.1}{100}=1.26\text{ V}$$

化学计量点过后各滴定点的电位值可按同样方法计算。将滴定过程中不同滴定点的电位计算结果列于表 5-1，并绘制滴定曲线如图 5-1 所示。

表 5-1　在 1 mol·$L^{-1}H_2SO_4$ 溶液中，用 0.100 0 mol·$L^{-1}Ce(SO_4)_2$ 滴定
20.00 mL 0.100 0 mol·L^{-1} $FeSO_4$ 溶液电位的变化

加入 Ce^{4+} 溶液		电位/V	加入 Ce^{4+} 溶液		电位/V
体积/mL	分数 a/%		体积/mL	分数 a/%	
1.00	5.00	0.60	19.80	99.0	0.80
2.00	10.00	0.62	19.80	99.9	0.86
4.00	20.00	0.64	20.00	100.0	1.06
8.00	40.00	0.67	20.02	100.1	1.26
10.00	50.00	0.68	22.00	110.0	1.38
12.00	60.00	0.69	30.00	150.0	1.42
18.00	90.00	0.74	40.00	200.0	1.44

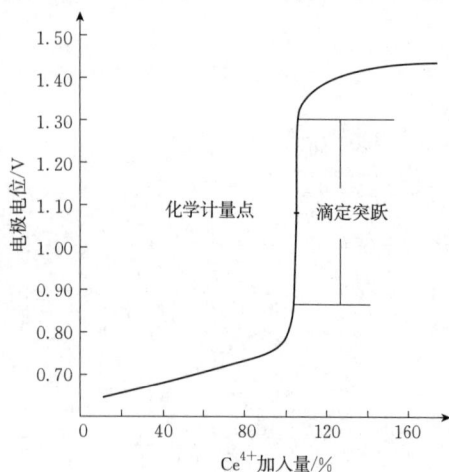

（19.80 99.9 至 22.00 110.0 区间标注为"滴定突跃"）

图 5-1　0.100 0 mol·L^{-1} Ce^{4+} 滴定 20.00 mL
0.100 0 mol·L^{-1} Fe^{2+} 溶液的滴定曲线

从图 5-1 可得以下结论：

①化学计量点附近体系的电位有明显的突变，称为滴定突跃。

②由于两电对的电子转移数相等（均为 1），化学计量点的电位恰好处于滴定突跃的中间，在化学计量点附近，滴定曲线是对称的。

③氧化还原滴定曲线突跃的长短和氧化剂、还原剂两电对的条件电极电位的差值大小有关。两电对的条件电极电位相差较大，滴定突跃就较长，反之，其滴定突跃就较短。

5.2.2　氧化还原滴定终点的确定

在氧化还原滴定中，除了用电位法确定其终点外，通常是用指示剂来指示滴定终点。氧化还原滴定中常用的指示剂有以下三类。

5.2.2.1　自身指示剂

在氧化还原滴定过程中，有些标准溶液或被测的物质本身有很深的颜色，而滴定产物为无色或颜色很淡，滴定时就无须另加指示剂，它们本身的颜色变化起着指示剂的作用，这种物质叫作自身指示剂。例如，以 $KMnO_4$ 标准溶液滴定 $FeSO_4$ 溶液：

$$MnO_4^- + 5Fe^{2+} + 8H^+ \Longleftrightarrow Mn^{2+} + 5Fe^{3+} + 4H_2O$$

由于 $KMnO_4$ 本身具有深紫色，而 Mn^{2+} 几乎无色，所以当滴定到化学计量点时，稍微过量的 $KMnO_4$ 就使被测溶液出现粉红色，表示滴定终点已经到达。实验证明，$KMnO_4$ 的浓度约为 2×10^{-6} mol·L^{-1} 时，就可以观察到溶液的粉红色。

5.2.2.2　专属指示剂

专属指示剂是指能与滴定剂或被滴定物质反应生成特殊颜色的物质而指示终点。例如，可溶性淀粉与 I_2 生成深蓝色配合物的反应是专属反应。当 I_2 被还原为 I^- 时，蓝色消失；当 I^- 被氧化为 I_2 时，蓝色出现。其灵敏度较高，I_2 浓度为 1.0×10^{-5} mol·L^{-1} 即显蓝色。因此，可从蓝色的出现或消失指示终点，淀粉即为碘量法的专属指示剂。

5.2.2.3　氧化还原指示剂

氧化还原指示剂是本身具有氧化还原性质的复杂有机化合物。在氧化还原滴定过程中能发生氧化还原反应，而它的氧化型和还原型具有不同的颜色。在滴定过程中，它参与氧化还原反应后结构发生改变而引起颜色的变化，因而可指示氧化还原滴定终点。例如，用 $K_2Cr_2O_7$ 溶液滴定 Fe^{2+}，以二苯胺磺酸钠为指示剂，则滴定到化学计量点时，稍微过量的 $K_2Cr_2O_7$ 溶液就使二苯胺磺酸钠由无色的还原态氧化为紫红色的氧化态，以指示终点的到达。

表 5-2 列出一些重要的氧化还原指示剂的标准电极电位。在选择指示剂时，应使氧化还原指示剂的标准电极电位尽量与反应的化学计量点的电位相一致，以减小滴定终点的误差。

表 5-2　几种氧化还原指示剂的条件电极电位及颜色变化

指示剂	$\varphi^{\ominus\prime}(c_{H^+}=1\ mol \cdot L^{-1})/V$	颜色		指示剂溶液
		氧化态	还原态	
亚甲基蓝	0.53	蓝	无色	0.05% 水溶液
二苯胺	0.76	紫	无色	0.1% 浓硫酸溶液
二苯胺磺酸钠	0.84	紫红	无色	0.05% 水溶液
邻苯氨基苯甲酸	0.89	紫红	无色	0.1% Na_2CO_3 溶液
邻二氮菲亚铁	1.06	浅蓝	红	0.025 mol·L^{-1} 水溶液
硝基邻二氮菲亚铁	1.25	浅蓝	无色	0.025 mol·L^{-1} 水溶液

任务 5.3　常用的氧化还原测定方法

氧化还原测定方法一般是根据所用的标准溶液的名称来命名的，习惯上分为高锰酸钾法、重铬酸钾法、碘量法，另外还有溴酸钾法、铈量法等。

5.3.1　高锰酸钾法

5.3.1.1　概述

高锰酸钾是一种强氧化剂，它的氧化能力和还原产物均与溶液的 pH 值有关。

在强酸性溶液中（$c_{H^+}>0.1\ mol \cdot L^{-1}$），$MnO_4^-$ 被还原为 Mn^{2+}：

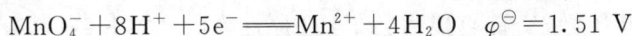

$$MnO_4^- + 8H^+ + 5e^- \!=\!\!=\!\!= Mn^{2+} + 4H_2O \quad \varphi^{\ominus} = 1.51\ V$$

在不同的酸性溶液中，MnO_4^- 被还原为 Mn^{2+} 时的条件电位不同，如在 8 mol·L^{-1} H_3PO_4 溶液中，$\varphi^{\ominus}=1.27\ V$，在 4.5～7.5 mol·$L^{-1}$ H_2SO_4 溶液中，$\varphi^{\ominus}=1.49～1.50\ V$。

在弱酸性、中性或弱碱性溶液中，MnO_4^- 被还原为 MnO_2（实际为 MnO_2 的水合物）：

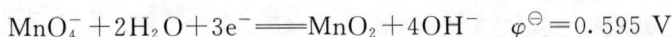

$$MnO_4^- + 2H_2O + 3e^- \!=\!\!=\!\!= MnO_2 + 4OH^- \quad \varphi^{\ominus} = 0.595\ V$$

在强碱溶液中 $[c(OH^-)>2.0\ mol \cdot L^{-1}]$，$MnO_4^-$ 被还原为 MnO_4^{2-}：

$$MnO_4^- + e^- \!=\!\!=\!\!= MnO_4^{2-} \quad \varphi^{\ominus} = 0.57\ V$$

高锰酸钾的水溶液呈紫红色，在酸性条件下其还原产物 Mn^{2+} 几乎无色。达到化学计量点时，稍过量的 MnO_4^- 就可使溶液呈现粉红色。因此，高锰酸钾自身可作指示剂。这也正是高锰酸钾法的优点之一。

由于 $KMnO_4$ 在强酸性溶液中有更强的氧化能力，因此，高锰酸钾法一般用 H_2SO_4 调节酸度，并控制酸的浓度在 $0.5\sim1\ mol\cdot L^{-1}$。酸度不可过高，否则会引起 $KMnO_4$ 分解。

$KMnO_4$ 氧化有机物在碱性条件下的反应速率比在酸性条件下更快，所以以 $KMnO_4$ 测定有机物时，一般在碱性溶液中进行。同时，还原产物 MnO_4^{2-} 不稳定，易歧化为 MnO_4^- 和 MnO_2，若加入钡盐形成 $BaMnO_4$ 沉淀，可稳定在 $Mn(Ⅵ)$ 状态。

$KMnO_4$ 的氧化能力强，可直接或间接测定许多无机物和有机物，缺点是 $KMnO_4$ 试剂常含有少量杂质，且易与很多还原性物质发生作用，因此干扰也比较严重。

5.3.1.2　$KMnO_4$ 标准溶液的配制和标定

（1）$KMnO_4$ 标准溶液的配制

市售的 $KMnO_4$ 试剂中常含有少量 MnO_2 和其他杂质，配制溶液所需的蒸馏水中也常含有微量的还原性物质与强氧化剂 $KMnO_4$ 作用，而且还原产物 MnO_2 又可加速 $KMnO_4$ 的自身分解，所以，$KMnO_4$ 溶液的浓度容易改变，不能直接配制。为了配制较为稳定的 $KMnO_4$ 溶液，需称取稍多于理论量的 $KMnO_4$ 溶于一定体积的蒸馏水中，加热并保持微沸约 $1\ h$，冷却后贮存于棕色瓶中，在暗处放置 $2\sim3\ d$，让溶液中可能存在的还原性物质完全氧化。待溶液趋于稳定后，用微孔玻璃漏斗或玻璃棉过滤除去析出的 MnO_2 沉淀，将过滤后的 $KMnO_4$ 溶液贮存于棕色瓶中，并存放在暗处，以待标定。

（2）$KMnO_4$ 标准溶液的标定

标定 $KMnO_4$ 溶液的基准物质有 $H_2C_2O_4\cdot2H_2O$、$(NH_4)_2Fe(SO_4)_2\cdot6H_2O$、$As_2O_3$、$Na_2C_2O_4$ 等，最常用的是 $Na_2C_2O_4$，因其容易精制，不易吸潮，且性质稳定。使用前须将 $Na_2C_2O_4$ 在 $105\sim110℃$ 条件下烘干约 $2\ h$，冷却后即可使用。在 H_2SO_4 溶液中，$KMnO_4$ 和 $Na_2C_2O_4$ 会发生如下反应：

$$2MnO_4^- + 5C_2O_4^{2-} + 16H^+ \xrightarrow{\quad\quad} 2Mn^{2+} + 10CO_2\uparrow + 8H_2O$$

滴定时要求在 $75\sim85℃$，若温度高于 $90℃$，草酸会发生分解。酸度宜控制在 $0.5\sim1\ mol\cdot L^{-1}$，开始滴定时的速度不宜太快。因 $KMnO_4$ 是自身指示剂，终点时稍过量的 MnO_4^- 就能使溶液呈粉红色且 $30\ s$ 不褪即为滴定终点（空气中的还原性气体或尘埃等杂质可将 MnO_4^- 还原而使粉红色褪去）。

标定后的 $KMnO_4$ 溶液贮存时应注意避光避热，如有 $Mn(OH)_2$ 沉淀析出，应重新过滤后标定。

5.3.1.3　高锰酸钾法的应用

高锰酸钾氧化能力很强，能直接滴定许多还原性物质，如 Fe^{2+}、As^{3+}、Sb^{3+}、$C_2O_4^{2-}$、NO_2 和 H_2O_2 等；Ca^{2+}、Th^{4+} 和 La^{3+} 等金属离子，在溶液中没有可变价态，但它们能与 $C_2O_4^{2-}$ 定量地生成沉淀，此时可用高锰酸钾间接测定；有些氧化性物质不能用 $KMnO_4$ 直接滴定，可首先加入一定量过量的还原剂（如亚铁盐、草酸盐等）还原后，再用 $KMnO_4$ 标准溶液返滴定剩余的还原剂。

（1）直接滴定——市售双氧水中 H_2O_2 含量的测定

酸性溶液中，H_2O_2 被 MnO_4^- 定量氧化，并释放出 O_2：

$$2MnO_4^- + 5H_2O_2 + 6H^+ \xrightarrow{\quad\quad} 2Mn^{2+} + 5O_2\uparrow + 8H_2O$$

此反应在室温下即可顺利进行。滴定开始时反应较慢，随着 Mn^{2+} 的生成而反应速率加快，也可在滴定前先加入少量 Mn^{2+} 作催化剂。碱金属或碱土金属的过氧化物，可用同样的方法测定。

市售双氧水中 H_2O_2 的质量分数约为 30%，浓度较大，须经稀释后方可滴定；由于 H_2O_2 易受热分解，滴定应在室温下进行。工业双氧水中常含有作稳定剂的有机物，该有机物能与 MnO_4^- 作用而干扰测定，此时采用碘量法测定较好。

（2）间接滴定——Ca^{2+} 的测定

先将样品中的 Ca^{2+} 沉淀为 CaC_2O_4，沉淀经过滤洗涤后，溶于热的稀 H_2SO_4 溶液中，然后用 $KMnO_4$ 标准溶液滴定溶液中的 $H_2C_2O_4$。根据消耗 $KMnO_4$ 的量，间接地求得 Ca^{2+} 的量。

各步反应如下：

沉淀 $\qquad Ca^{2+} + C_2O_4^{2-} =\!\!= CaC_2O_4 \downarrow$

酸溶 $\qquad CaC_2O_4 + 2H^+ =\!\!= Ca^{2+} + H_2C_2O_4$

滴定 $\quad 2MnO_4^- + 5C_2O_4^{2-} + 16H^+ =\!\!= 2Mn^{2+} + 10CO_2 \uparrow + 8H_2O$

（3）返滴定——MnO_2 及有机物的测定

①MnO_2 含量的测定。以软锰矿中 MnO_2 质量分数的测定为例。在 H_2SO_4 溶液的作用下，软锰矿中加入一定量过量的 $Na_2C_2O_4$ 标准溶液，待软锰矿中的 MnO_2 和 $C_2O_4^{2-}$ 作用完毕后，用 $KMnO_4$ 标准溶液回滴过量的 $C_2O_4^{2-}$ 反应式如下：

还原 $\qquad MnO_2 + C_2O_4^{2-} + 4H^+ =\!\!= Mn^{2+} + 2CO_2 \uparrow + 2H_2O$

滴定 $\quad 2MnO_4^- + 5C_2O_4^{2-} + 16H^+ =\!\!= 2Mn^{2+} + 10CO_2 \uparrow + 8H_2O$

②有机物的测定。对于一些有机物的测定，$KMnO_4$ 氧化有机物的反应在碱性溶液中比在酸性溶液中快，采用加入过量的 $KMnO_4$ 并加热的方法可进一步加速反应。以测定甘油为例，加入一定量过量的 $KMnO_4$ 标准溶液于含有样品的 $2\ mol \cdot L^{-1}$ $NaOH$ 溶液中，放置，其反应为

$$C_3H_8O_3 + 14MnO_4^- + 20OH^- =\!\!= 3CO_3^{2-} + 14MnO_4^{2-} + 14H_2O$$

反应完成后，将溶液酸化，MnO_4^{2-} 歧化为 MnO_4^- 和 MnO_2，加入一定量过量的 $FeSO_4$ 标准溶液还原所有的高价锰为 Mn^{2+}，最后再以 $KMnO_4$ 标准溶液滴定剩余的 $FeSO_4$。由两次加入的 $KMnO_4$ 的量和 $FeSO_4$ 的量计算甘油的质量分数。

用此方法可测定甲酸、甲醛、甲醇、甘醇酸、酒石酸、柠檬酸、苯酚、水杨酸、葡萄糖等有机物的含量。

5.3.2 碘量法

碘量法是以 I_2 作氧化剂，或以 I^- 作还原剂进行氧化还原滴定的分析方法，由于固体 I_2 在水中的溶解度很小（$0.001\ 33\ mol \cdot L^{-1}$），且易于挥发，因此通常将 I_2 以 1:3 溶解于 KI 溶液中，此时 I_2 在溶液中以 I_3^- 配离子形式存在，其半反应为

$$I_3^- + 2e^- \rightleftharpoons 3I^- \qquad \varphi^{\ominus} = 0.535\ V$$

为简化并强调化学计量关系，一般仍将 I_3^- 简写为 I_2。从 I_3^-/I^- 电对的电位大小，可知 I_2 是较弱的氧化剂，能与较强的还原剂作用；而 I^- 是中等强度的还原剂，能与许多氧化剂反应。因此，碘量法可分为直接法和间接法两类。

（1）直接碘量法

用 I_2 标准溶液直接测定某些还原性物质的方法称为直接碘量法。显然，直接碘量法

只适用于测定其标准电极电位比 $\varphi^{\ominus}(I_2/I^-)$ 低的还原性物质，如 S^{2-}、$S_2O_3^{2-}$、Sn^{2+}、Sb^{3+}、As^{3+}、维生素 C 等均可采用直接碘量法进行滴定。以淀粉为指示剂，溶液呈蓝色即为终点。

直接碘量法不能在 pH＞9 的介质中进行，否则会发生歧化反应：

$$3I_2 + 6OH^- \Longrightarrow IO_3^- + 5I^- + 3H_2O$$

（2）间接碘量法

利用 I^- 的还原作用，将待测的氧化性物质与过量的 KI 反应，使 I^- 氧化成 I_2。待反应完全后用 $Na_2S_2O_3$ 标准溶液滴定析出的 I_2，从而间接地测定氧化性物质的量。例如，在酸性溶液中 $KMnO_4$ 与过量的 KI 作用析出 I_2，其反应为

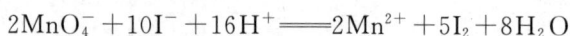

$$2MnO_4^- + 10I^- + 16H^+ \Longrightarrow 2Mn^{2+} + 5I_2 + 8H_2O$$

析出的 I_2 用 $Na_2S_2O_3$ 标准溶液滴定：

$$I_2 + 2S_2O_3^{2-} \Longrightarrow 2I^- + S_4O_6^{2-}$$

与直接碘量法不同的是，指示剂淀粉溶液必须在接近终点时加入，否则容易引起淀粉溶液凝聚，而且吸附在淀粉中的 I_2 不易释放出来，影响滴定结果。

间接碘量法可以测定能将 I^- 氧化成 I_2 的物质，即标准电极电位比 $\varphi^{\ominus}(I_2/I^-)$ 高的氧化性物质，如 Cu^{2+}、H_2O_2、NO_2^-、ClO^-、AsO_4^{3-}、BrO_3^-、IO_3^-、CrO_4^{2-}、$Cr_2O_7^{2-}$、MnO_2、PbO_2、Br_2、Cl_2、Fe^{3+} 等，应用比直接碘量法广泛。

5.3.2.1 碘量法注意事项

碘量法的误差来源主要有两个：一是 I_2 的挥发；二是在酸性溶液中 I^- 易被空气中的 O_2 氧化。为减小误差，必须采取相应的措施。

（1）防止 I_2 挥发的方法

①加入过量的 KI（一般为理论值的 2～3 倍），使之与 I_2 形成 I_3^- 配离子，可减小 I_2 的挥发。

②I_3^- 与淀粉蓝色在热溶液中会消失，因此溶液温度不宜高，一般在室温下进行反应。

③析出碘的反应最好在带有玻璃塞的碘量瓶中进行；为使间接碘量法的滴定反应进行完全，加入 KI 后要放置约 5 min，放置时用水封住瓶口。

④滴定开始时不要剧烈地摇动溶液，尽量轻摇、慢摇，但必须摇匀，局部过量的 $Na_2S_2O_3$ 会自行分解，当 I_2 的黄色已经很浅时，加入淀粉指示剂后再充分摇动。

⑤使用碘量瓶，为使间接碘量法的滴定反应进行完全，加入 KI 后要放置约 5 min，放置时用水封住瓶口。

（2）防止 I^- 被空气中的 O_2 氧化的方法

①溶液中 c_{H^+} 不宜太大，c_{H^+} 增大将会增大 O_2 氧化 I^- 的速率。

②日光及 Cu^{2+}、NO_2^- 等杂质催化 O_2 氧化 I^-，故应将析出 I_2 的碘量瓶置于暗处，并事先除去以上杂质。

③析出 I_2 后，溶液不能久置，最好在析出 I_2 的反应完全后立即滴定。

④滴定速率宜适当快些。

5.3.2.2 碘量法标准溶液的配制与标定

碘量法中经常使用的标准溶液有 I_2 和 $Na_2S_2O_3$ 两种溶液。由于 I_2 易升华，而 $Na_2S_2O_3$ 不易纯制，且在空气中不稳定，因此两种标准溶液都需采用间接法配制。

(1)I_2 标准溶液的配制和标定

由于碘的挥发性强，不宜在分析天平上准确称量，通常先用托盘天平称取碘，置于研钵中，以 1∶3 的比例加入固体 KI，再加入少量水研磨至 I_2 全部溶解，然后稀释，倒入棕色瓶中于暗处保存，并防止溶液遇热、见光以及与橡胶等有机物接触。

标定 I_2 溶液可用一级基准物质 As_2O_3（砒霜，剧毒）标定。但通常是先将 $Na_2S_2O_3$ 溶液用 $K_2Cr_2O_7$ 作基准试剂进行标定，再用已知准确浓度的 $Na_2S_2O_3$ 溶液标定 I_2 溶液，避免了 As_2O_3 的使用。用 $Na_2S_2O_3$ 标准溶液进行标定。反应式为

$$2S_2O_3^{2-} + I_2 \Longrightarrow 2I^- + S_4O_6^{2-}$$

(2)$Na_2S_2O_3$ 标准溶液的配制与标定

硫代硫酸钠（$Na_2S_2O_3 \cdot 5H_2O$）为无色晶体，市售的常含有 S、NaCl、Na_2CO_3 和 Na_2SO_4 等杂质，且易风化和潮解。故 $Na_2S_2O_3$ 标准溶液宜用间接法配制。配制时，先用托盘天平称取适量的 $Na_2S_2O_3 \cdot 5H_2O$（或无水 $Na_2S_2O_3$），用新煮沸过的冷蒸馏水溶解配制所需体积的溶液，加少量的 Na_2CO_3 作稳定剂，使溶液的 pH 值保持在 9～10，将溶液保存在棕色瓶中，放置 8～9 d 后标定。由于 $Na_2S_2O_3$ 溶液容易受到细菌、空气中的氧气及溶解在水体中的 CO_2 等因素的影响而不稳定，易分解，故不宜长期保存。

标定 $Na_2S_2O_3$ 溶液最常用的基准物质为 $K_2Cr_2O_7$。称取一定量的 $K_2Cr_2O_7$（或量取一定体积的 $K_2Cr_2O_7$ 标准溶液）置于碘量瓶中，它在酸性条件下与过量的 KI 作用析出一定量的 I_2，然后以淀粉（专属指示剂）为指示剂，立即用待标定的 $Na_2S_2O_3$ 溶液滴定。反应式为

$$Cr_2O_7^{2-} + 6I^- + 14H^+ \Longrightarrow 2Cr^{3+} + 3I_2 + 7H_2O$$

$$2S_2O_3^{2-} + I_2 \Longrightarrow 2I^- + S_4O_6^{2-}$$

根据 $K_2Cr_2O_7$ 的质量和 $Na_2S_2O_3$ 溶液的用量，即可计算出 $Na_2S_2O_3$ 标准溶液的准确浓度。

5.3.2.3　碘量法应用实例

(1)直接碘量法测维生素 C 的含量

维生素 C（V_c，$C_6H_8O_6$）是生物体内不可缺少的维生素之一，又称抗坏血酸。它是衡量蔬菜、水果食用部分品质的常用指标之一。维生素 C 分子中的烯醇基具有较强的还原性，能被 I_2 定量氧化成脱氢抗坏血酸（$C_6H_6O_6$）。反应式为

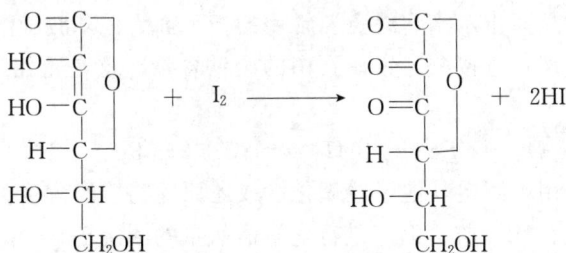

维生素 C 的还原性较强，易被溶液和空气中的氧所氧化，在碱性介质中这种氧化作用更强，因此滴定时需加入一些 HAc，使溶液保持一定的酸度，以减少维生素 C 受 I_2 以外的氧化剂的影响。从反应式可得，维生素 C 和 I_2 反应的计量关系为 1∶1。

(2)间接碘量法测次氯酸钠的含量

次氯酸钠（NaClO）又称安替福明，为一种杀菌剂。在酸性溶液中能将 I^- 氧化成 I_2，后者用 $Na_2S_2O_3$ 标准溶液滴定。有关反应式如下：

$$NaClO + 2HCl \Longrightarrow Cl_2 \uparrow + NaCl + H_2O$$

$$Cl_2 + 2KI \stackrel{}{=\!=\!=} I_2 + 2KCl$$

$$I_2 + 2Na_2S_2O_3 \stackrel{}{=\!=\!=} 2NaI + Na_2S_4O_6$$

从反应式可得出，各反应物的计量关系为

$$n(NaClO) = n(Cl_2) = n(I_2) = 2n(Na_2S_2O_3)$$

$$w_{NaClO} = \frac{c_{Na_2S_2O_3} \cdot V_{Na_2S_2O_3} \cdot M_{NaClO}}{2m_{样品} \times 1\,000} \times 100\%$$

式中，w_{NaClO} 为 NaClO 的含量（%）；$c_{Na_2S_2O_3}$、$V_{Na_2S_2O_3}$ 分别为 $Na_2S_2O_3$ 标准溶液的浓度（mol·L^{-1}）和体积（mL）；M_{NaClO} 为 NaClO 的摩尔质量（g·mol^{-1}）；$m_{样品}$ 为样品的质量（g）；1 000 为单位换算系数。

5.3.3 重铬酸钾法

重铬酸钾法是以重铬酸钾作标准溶液进行滴定的氧化还原滴定法。$K_2Cr_2O_7$ 是一种较强的氧化剂，在酸性条件下 $Cr_2O_7^{2-}$ 与还原剂作用被还原为 Cr^{3+}，半反应为

$$Cr_2O_7^{2-} + 14H^+ + 6e \stackrel{}{=\!=\!=} 2Cr^{3+} + 7H_2O \quad \varphi^{\ominus} = +1.33 \text{ V}$$

从 $\varphi^{\ominus}$ 值可见，$K_2Cr_2O_7$ 比 $KMnO_4$ 的氧化能力稍弱，但它仍是一种较强的氧化剂，能测定很多无机物和有机物。此法只能在酸性条件下使用，应用范围不如 $KMnO_4$ 广泛，但重铬酸钾法与高锰酸钾法比较具有很多优点：

①$K_2Cr_2O_7$ 易提纯，在 140～150℃下干燥后，可以直接配制成标准溶液。

②$K_2Cr_2O_7$ 溶液相当稳定，只要保存在密闭容器中，其浓度可长期保持不变。

③$K_2Cr_2O_7$ 氧化性较弱，选择性较高，在 HCl 浓度不太高时，室温下 $K_2Cr_2O_7$ 不氧化 Cl^-，因此可在盐酸介质中进行滴定。

④$K_2Cr_2O_7$ 在酸性溶液中与还原剂作用，总是被还原成 Cr^{3+}，所以不会有生成其他产物的副反应存在。

⑤$K_2Cr_2O_7$ 滴定反应速度快，能在常温下进行滴定。

重铬酸钾法常用的指示剂是氧化还原指示剂，氧化还原指示剂本身是具有氧化还原性质的有机化合物，它的氧化态和还原态具有不同的颜色，在化学计量点附近，它能因氧化还原作用而发生颜色变化，从而指示滴定终点。常用的指示剂为二苯胺磺酸钠。

用重铬酸钾标准溶液可直接测定铁矿石中的全铁含量，这是重铬酸钾法最重要的应用。反应为

$$Cr_2O_7^{2-} + 6Fe^{2+} + 14H^+ \rightleftharpoons 2Cr^{3+} + 6Fe^{3+} + 7H_2O$$

重铬酸钾法还可应用于测定其他一些氧化性或还原性物质的含量。例如，利用返滴定法可测得 CH_3OH 的含量；环境监测部门进行化学需氧量的测定等。

应当指出的是，$K_2Cr_2O_7$ 和 Cr^{3+} 严重污染环境，使用时应注意废液的处理，以免污染环境。

5.3.4 其他氧化还原滴定法简介

5.3.4.1 溴酸钾法

溴酸钾是一种强氧化剂，容易提纯，在 130℃烘干后可直接配制标准溶液。在酸性溶液中，可用溴酸钾标准溶液直接滴定一些还原性物质，如 As(Ⅲ)、Sb(Ⅲ)、Sn(Ⅱ)、Ti

（Ⅰ）等。

在实际应用上，溴酸钾法主要用于测定有机物。在称量 $KBrO_3$ 配制标准溶液时，加入过量的 KBr，配制成 $KBrO_3 - KBr$ 标准溶液。在测定有机物时，将此标准溶液加到酸性试液中，这时 $BrO_3^- - Br^-$ 发生化学反应：

$$BrO_3^- + 5Br^- + 6H^+ \Longrightarrow 3Br_2 + 3H_2O$$

生成的 Br_2 立即与有机物作用，这相当于即时配制的 Br_2 标准溶液。$KBrO_3 - KBr$ 标准溶液很稳定，只在酸化时才发生上述反应，这就解决了由于溴水不稳定而不适合配制标准溶液作滴定剂的问题。借助 Br_2 的取代作用，可以测定有机物的不饱和程度。溴与有机物反应的速率较慢，必须加入过量的标准溶液，待其与有机物完全反应后，过量的 Br_2 用碘量法测定：

$$Br_2 + 2I^- \Longrightarrow 2Br^- + I_2 \qquad 2S_2O_3^{2-} + I_2 \Longrightarrow 2I^- + S_4O_6^{2-}$$

5.3.4.2　铈量法

硫酸铈 $Ce(SO_4)_2$ 是强氧化剂，在酸性溶液中，其半反应为

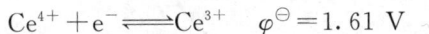

$$Ce^{4+} + e^- \Longrightarrow Ce^{3+} \qquad \varphi^\ominus = 1.61 \text{ V}$$

Ce^{4+} / Ce^{3+} 条件电位的大小随溶液中酸的种类和浓度而变化。在 $1 \sim 8 \text{ mol} \cdot L^{-1} \ HClO_4$ 溶液中，$\varphi^\ominus = 1.74 \sim 1.87 \text{ V}$；在 $0.5 \sim 4 \text{ mol} \cdot L^{-1} \ H_2SO_4$ 中，$\varphi^\ominus = 1.42 \sim 1.44 \text{ V}$；在 $1 \text{ mol} \cdot L^{-1} \ HCl$ 溶液中，$\varphi^\ominus = 1.28 \text{ V}$。其在 H_2SO_4 介质中的条件电位与 $KMnO_4$ 相近，凡是能用 $KMnO_4$ 滴定的物质一般都可用铈量法测定。

铈量法的优点是：可以用纯的硫酸铈铵 $[Ce(SO_4)_2 \cdot (NH_4)_2SO_4 \cdot 2H_2O]$ 直接配制标准溶液；该溶液性质稳定，放置较长时间或加热煮沸也不易分解；Ce^{4+} 被还原为 Ce^{3+}，无中间价态产物，反应简单，副反应少；能在 HCl 介质中或有机物（如乙醇、甘油、糖等）存在下直接滴定 Fe^{2+}。

【任务实施】

实验实训 5-1　$KMnO_4$ 标准溶液的配制和标定

一、实验目的

1. 掌握 $KMnO_4$ 标准溶液的配制、保存及标定方法。
2. 了解 Mn^{2+} 对氧化还原反应的催化作用。
3. 了解自身指示剂确定滴定终点的颜色变化。

二、实验原理

$KMnO_4$ 是氧化还原滴定法中常用的氧化剂。由于市售的高锰酸钾中常含有二氧化锰、硫酸盐、硝酸盐等杂质，稳定性差，所以 $KMnO_4$ 标准溶液的浓度很容易改变，不宜直接配制。为了配制较为稳定的 $KMnO_4$ 溶液，需称取稍多于理论量的 $KMnO_4$ 溶于一定体积的水，加热煮沸，冷却后贮存于棕色瓶中，在暗处放置数天，让其充分作用，待溶液趋于稳定后，过滤除去析出的 MnO_2 沉淀，再用基准物质进行标定。

标定 $KMnO_4$ 标准溶液可用 $Na_2C_2O_4$ 作基准物质，在酸性溶液中发生如下反应：

$$2MnO_4^- + 5C_2O_4^{2-} + 16H^+ \xrightarrow[\triangle]{\text{催化剂}} 2Mn^{2+} + 10CO_2 \uparrow + 8H_2O$$

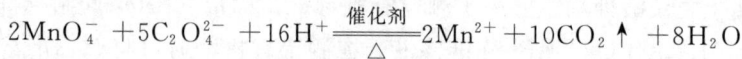

化学计量点后，稍过量的 $KMnO_4$ 使溶液呈本身的紫红色以指示终点。$KMnO_4$ 标准溶液的浓度可以根据下式计算：

$$c_{KMnO_4} = \frac{\frac{2}{5}m_{Na_2C_2O_4} \times 1\,000}{(V_{KMnO_4} - V_0) \cdot M_{Na_2C_2O_4}}$$

式中，$m_{Na_2C_2O_4}$、$M_{Na_2C_2O_4}$ 分别为 $Na_2C_2O_4$ 的质量(g)和摩尔质量(134.00 g·mol^{-1})；V_{KMnO_4} 为滴定时所消耗的 $KMnO_4$ 标准溶液的体积(mL)；V_0 为空白实验所消耗的 $KMnO_4$ 标准溶液的体积(mL)；1 000 为单位换算系数。

三、仪器和试剂

仪器：烧杯、玻璃砂芯漏斗、吸滤瓶、锥形瓶、棕色酸式滴定管、称量瓶、温度计、电炉、水浴锅、电子分析天平、抽气泵。

试剂：固体 $KMnO_4$(A.R.)、基准物质 $Na_2C_2O_4$(A.R.，在 105～110℃下烘干 2 h)、3 mol·L^{-1} H_2SO_4 溶液。

四、实验步骤

1. 0.02 mol·L^{-1} $KMnO_4$ 标准溶液的配制

称取固体 $KMnO_4$ 0.8 g，放入 500 mL 烧杯中，以少量蒸馏水溶解，待全部溶解后，用蒸馏水稀释至 250 mL，加热并保持微沸 20～30 min(随时加水以补充蒸发损失)，冷却后于暗处放置 7～10 d，然后用玻璃砂芯漏斗过滤，除去 MnO_2 等杂质，也可以用虹吸的方法吸取上部清液，清液用棕色试剂瓶保存。若将 $KMnO_4$ 溶液煮沸并在水浴上保温 1 h，冷却后放置时间可以缩短到 2～3 d，即可过滤标定其浓度。

2. 0.02 mol·L^{-1} $KMnO_4$ 标准溶液的标定

准确称取 0.13～0.15 g 基准物质 $Na_2C_2O_4$，放入 250 mL 锥形瓶中，加蒸馏水 40 mL 使之溶解。加入 10 mL 3 mol·L^{-1} H_2SO_4 后加热至 75～85℃[1](冒大量的蒸汽、锥形瓶有点烫手但能握住时的温度)，趁热用 $KMnO_4$ 溶液滴定。开始滴定的速度要慢，等到第一滴 $KMnO_4$ 溶液的红色完全褪去后再滴入第二滴[2]。随着滴定的进行，溶液中起催化作用的 Mn^{2+} 的浓度不断增多，可加快滴定速度，但也不能成股流下。直至滴定的溶液呈微红色，30 s 内不褪色为止[3]。注意终点时溶液的温度应保持在 60℃以上。记下滴定消耗的 $KMnO_4$ 溶液的体积[4]。

平行测定 3 次，并做空白实验。根据 $Na_2C_2O_4$ 的质量和所消耗的 $KMnO_4$ 标准溶液的体积计算该 $KMnO_4$ 标准溶液的浓度。

五、数据记录及处理

将实验数据及结果填入表 5-3。

表 5-3　实验结果

平行实验		1	2	3
基准物质质量/g	$m_{倾样前}$			
	$m_{倾样后}$			
	$m_{Na_2C_2O_4}$			
消耗 $KMnO_4$ 标准溶液的体积/mL	初读数			
	终读数			
	净用量			
空白/mL				
$KMnO_4$ 标准溶液的浓度/($mol \cdot L^{-1}$)				
$KMnO_4$ 标准溶液的平均浓度/($mol \cdot L^{-1}$)				
相对极差/%				

六、注释

[1] 在室温下，$KMnO_4$ 与 $Na_2C_2O_4$ 之间的反应速率缓慢，故需将溶液加热。但温度不能太高，若超过 90℃，易引起 $H_2C_2O_4$ 分解：

$$H_2C_2O_4 = CO_2\uparrow + CO\uparrow + H_2O$$

[2] $KMnO_4$ 颜色较深，液面的弯月面下沿不易看出，读数时应以液面的上沿最高线为准。

[3] 若滴定速度过快，部分 $KMnO_4$ 来不及与 $Na_2C_2O_4$ 反应而在热的酸性溶液中分解：

$$4MnO_4^- + 4H^+ = 4MnO_2\downarrow + 3O_2\uparrow + 2H_2O$$

[4] $KMnO_4$ 滴定终点不太稳定，这是由于空气中含有还原性气体及尘埃等杂质，能使 $KMnO_4$ 缓慢分解，而使微红色消失，故经过 30 s 不褪色即可认为已到达终点。

七、思考题

1. 配制好的 $KMnO_4$ 溶液为什么要盛放在棕色瓶中保存？

2. 为什么要将 $KMnO_4$ 溶液煮沸、过滤后再标定？

3. 标定 $KMnO_4$ 溶液时，为什么第一滴 $KMnO_4$ 加入后溶液的红色褪去很慢，而后红色褪去越来越快？

实验实训 5-2　双氧水中 H_2O_2 含量的测定

一、实验目的

1. 掌握用 $KMnO_4$ 标准溶液测定 H_2O_2 的原理和方法。

2. 进一步掌握高锰酸钾法滴定操作技能。

二、实验原理

双氧水是医药、生物、工业等方面广泛使用的消毒剂、漂白剂和氧化剂。其受热或见光

易分解，反应式为

$$2H_2O_2 \stackrel{\triangle}{=\!\!=\!\!=} 2H_2O + O_2 \uparrow$$

故使用时常需要测定它的含量。室温下，H_2O_2 在稀硫酸溶液中能定量地被 $KMnO_4$ 氧化，因此可用高锰酸钾法测定 H_2O_2 的含量，反应式如下：

$$2MnO_4^- + 5H_2O_2 + 6H^+ =\!\!=\!\!= 2Mn^{2+} + 5O_2 \uparrow + 8H_2O$$

滴定过程中，紫红色的 $KMnO_4$ 被还原为无色的 Mn^{2+}。开始滴定时反应速率较慢，$KMnO_4$ 颜色不易立即褪去，待 Mn^{2+} 生成后，Mn^{2+} 的催化作用会加快反应速率。当溶液呈现稳定的微红色($KMnO_4$ 自身作指示剂，稍过量 2×10^{-6} $mol \cdot L^{-1}$ 即可呈现微红色)即为滴定终点。根据 $KMnO_4$ 溶液的浓度和滴定消耗的体积，即可计算溶液中 H_2O_2 的含量。计算公式为

$$\rho_{H_2O_2} = \frac{\frac{5}{2} c_{KMnO_4} \cdot (V_{KMnO_4} - V_0) \cdot M_{H_2O_2}}{V_{H_2O_2}}$$

式中，$\rho_{H_2O_2}$ 为 H_2O_2 的含量($g \cdot L^{-1}$)；c_{KMnO_4}、V_{KMnO_4} 分别为滴定时 $KMnO_4$ 标准溶液的浓度($mol \cdot L^{-1}$)和所消耗的体积(mL)；$M_{H_2O_2}$、$V_{H_2O_2}$ 分别为 H_2O_2 的摩尔质量($g \cdot mol^{-1}$)和体积(mL)；V_0 为空白实验所消耗的 $KMnO_4$ 标准溶液的体积(mL)。

如果是称取的 H_2O_2 质量，则用百分含量进行表示。计算公式为

$$w_{H_2O_2} = \frac{\frac{5}{2} c_{KMnO_4} \cdot (V_{KMnO_4} - V_0) \cdot M_{H_2O_2}}{m_{样品}}$$

式中，$w_{H_2O_2}$ 为 H_2O_2 的百分含量($g \cdot kg^{-1}$)；c_{KMnO_4}、V_{KMnO_4} 分别为滴定时 $KMnO_4$ 标准溶液的浓度($mol \cdot L^{-1}$)和所消耗的体积(mL)；$M_{H_2O_2}$ 为 H_2O_2 的摩尔质量(34.02 $g \cdot mol^{-1}$)；V_0 为空白实验所消耗的 $KMnO_4$ 标准溶液的体积(mL)；$m_{样品}$ 为称取的 H_2O_2 样品的质量(g)。

三、仪器和试剂

仪器：容量瓶、锥形瓶、棕色酸式滴定管、移液管、量筒、电子分析天平。

试剂：市售 30% H_2O_2 样品、$0.020\,00$ $mol \cdot L^{-1}$ $KMnO_4$ 标准溶液、3 $mol \cdot L^{-1}$ H_2SO_4 溶液。

四、实验步骤

1. 体积法

(1)用吸量管准确吸取 1.00 mL 市售 30% H_2O_2 样品，置于 250 mL 容量瓶中，加水稀释至刻度，充分摇匀，待用。

(2)用移液管移取 25 mL 稀释后的 H_2O_2 溶液样品于 250 mL 锥形瓶中，加 50 mL 蒸馏水，加 5 mL 3 $mol \cdot L^{-1}$ H_2SO_4 溶液。用 $0.020\,00$ $mol \cdot L^{-1}$ $KMnO_4$ 标准溶液滴定至溶液呈浅粉色且保持 30 s 内不褪色即为终点。

(3)平行测定 3 次，并做空白实验。

2. 质量法

用减量法称取 $0.11 \sim 0.12$ g 30% H_2O_2 样品，置于事先已加 50 mL 蒸馏水和 5 mL

3 mol·L^{-1} H_2SO_4 溶液的锥形瓶中，用 0.020 00 mol·L^{-1} KMnO$_4$ 标准溶液滴定至溶液呈浅粉色且保持 30 s 内不褪色即为终点。

平行测定 3 次，同时做空白实验。

五、数据记录及处理

将实验数据及结果填入表 5-4 和表 5-5。

表 5-4 体积法实验结果

平行实验		1	2	3
移取市售 30% H_2O_2 样品的体积/mL				
稀释倍数				
移取稀释后 H_2O_2 样品的体积/mL				
消耗 KMnO$_4$ 标准溶液的体积/mL	初读数			
	终读数			
	净用量			
空白/mL				
稀释后样品中 H_2O_2 的含量/(g·L^{-1})				
原样品中 H_2O_2 的含量/(g·L^{-1})				
原样品中 H_2O_2 的平均含量/(g·L^{-1})				
相对极差/%				

表 5-5 质量法实验结果

平行实验		1	2	3
样品质量/g	$m_{称样前}$			
	$m_{称样后}$			
	$m_{样品}$			
消耗 KMnO$_4$ 标准溶液的体积/mL	初读数			
	终读数			
	净用量			
空白/mL				
样品中 H_2O_2 的含量/(g·kg^{-1})				
样品中 H_2O_2 的平均含量/(g·kg^{-1})				
相对极差/%				

六、思考题

1. 能否将 H_2O_2 加热后在滴定？

2. 用高锰酸钾法测定 H_2O_2 时，能否用 HNO$_3$、HCl 或 HAc 来控制酸度？

实验实训 5-3　高锰酸钾法测定水中化学耗氧量

一、实验目的

1. 掌握高锰酸钾法测定水样化学耗氧量的原理和方法。
2. 了解水样化学耗氧的意义。

二、实验原理

水样的耗氧量是水质污染程度的主要指标，分为生物耗氧量（BOD）和化学耗氧量（COD）两种。BOD 是指水中有机物质发生微生物分解所需要氧的量；COD 是指在一定条件下，水体中易被强氧化剂氧化的还原性物质（主要是有机物，也包括 S^{2-}、Fe^{2+} 等无机物）所消耗的氧化剂的量换算成氧的含量（以 $mg \cdot L^{-1}$ 表示）。COD 越大，说明水中的耗氧物质越多，水质遭受的污染越严重。水样的化学耗氧量与测试条件有关，因此应严格控制反应条件，按规定的操作步骤进行测定。

测定化学耗氧量的方法有酸性高锰酸钾法、碱性高锰酸钾法和重铬酸钾法。本实验采用酸性高锰酸钾法。

酸性高锰酸钾法是指在酸性条件下，向水样中加入一定量的过量的 $KMnO_4$ 溶液，加热使其与水体中的还原性物质充分反应，然后向溶液中加入一定量的过量的 $Na_2C_2O_4$ 溶液还原多余的 $KMnO_4$，剩余的 $Na_2C_2O_4$ 再用 $KMnO_4$ 溶液返滴定。根据水样所消耗的 $KMnO_4$ 和 $Na_2C_2O_4$ 溶液的量，即可计算水样的耗氧量。该法适用于污染不十分严重的地面水和河水等的化学耗氧量的测定，检出范围为 $0.5 \sim 4.5$ $mg \cdot L^{-1}$。若水样中 Cl^- 含量大于 300 $mg \cdot L^{-1}$，将使测定结果偏高，可加入 Ag_2SO_4 消除干扰，$1g$ Ag_2SO_4 可消除 200 mg Cl^- 的干扰。也可改用碱性高锰酸钾法进行测定。有关反应式为

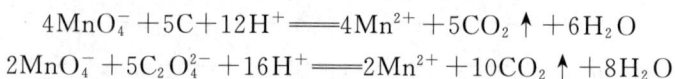

$$4MnO_4^- + 5C + 12H^+ = 4Mn^{2+} + 5CO_2 \uparrow + 6H_2O$$
$$2MnO_4^- + 5C_2O_4^{2-} + 16H^+ = 2Mn^{2+} + 10CO_2 \uparrow + 8H_2O$$

这里的 C 泛指水中的还原性物质或耗氧物质。计算公式为

$$COD_{O_2} = \frac{\left[\dfrac{5}{4} c_{KMnO_4} \cdot (V_1 + V_2)_{KMnO_4} - \dfrac{1}{2}(cV)_{Na_2C_2O_4} \right] \times 32.00 \times 1\,000}{V_{水样}}$$

式中，COD_{O_2} 为水样的化学耗氧量（$mg \cdot L^{-1}$）；c_{KMnO_4} 为 $KMnO_4$ 溶液的浓度（$mol \cdot L^{-1}$）、V_1、V_2 分别为 $KMnO_4$ 开始加入的体积和回滴过量的 $Na_2C_2O_4$ 时用去的体积（mL）；$(cV)_{Na_2C_2O_4}$ 为 $Na_2C_2O_4$ 的浓度（$mol \cdot L^{-1}$）和加入的体积（mL）；32 为 O_2 的摩尔质量；$1\,000$ 为单位换算系数。

取水样后应立即进行分析，如有特殊情况需要放置时，可加入少量硫酸铜以抑制生物对有机物的分解。

必要时，应取与水样同量的蒸馏水，测定空白值，加以校正。

三、仪器和试剂

仪器：锥形瓶、移液管、电炉、酒精灯、棕色酸式滴定管、容量瓶、烧杯。

试剂：$0.020\,00\ mol \cdot L^{-1}\ KMnO_4$ 溶液、$Na_2C_2O_4$（A. R.，在 $105\sim110℃$ 下烘干 2 h）、$3\ mol \cdot L^{-1}\ H_2SO_4$ 溶液。

四、实验步骤

1. $0.002\,000\ mol \cdot L^{-1}\ KMnO_4$ 标准溶液的配制

移取 25 mL 已标定的 $0.020\,00\ mol \cdot L^{-1}\ KMnO_4$ 标准溶液于 250 mL 容量瓶中，加水稀释至刻度，摇匀备用。

2. $0.005\ mol \cdot L^{-1}\ Na_2C_2O_4$ 标准溶液的配制

称取 $0.16\sim0.18$ g 在 105℃ 烘干 2 h 并冷却的基准物质 $Na_2C_2O_4$，置于烧杯中，用适量水溶解后，定量转移至 250 mL 容量瓶中，加水稀释至刻度，摇匀。按实际称取的质量计算其准确浓度。

3. 水样中化学耗氧量的测定

在 250 mL 锥形瓶中加入 100.00 mL 水样和 10 mL $3\ mol \cdot L^{-1}\ H_2SO_4$ 溶液，再用酸式滴定管或移液管加入 10.00 mL $0.002\,000\ mol \cdot L^{-1}\ KMnO_4$ 标准溶液，然后尽快加热溶液至沸腾，并准确煮沸 10 min（紫红色不应褪去，否则应增加 $KMnO_4$ 标准溶液的体积），取下锥形瓶，冷却 1 min 后，准确加入 20.00 mL $0.005\ mol \cdot L^{-1}\ Na_2C_2O_4$ 标准溶液，充分摇匀（此时溶液应为无色，否则应增加 $Na_2C_2O_4$ 标准溶液的用量）。趁热用 $KMnO_4$ 标准溶液滴定至溶液呈微红色，且 30 s 内不褪色即为滴定终点。记下消耗的 $KMnO_4$ 标准溶液的体积。

平行测定 3 次。

4. 空白实验

另取 100.00 mL 蒸馏水代替水样进行空白实验。根据公式计算水样的化学耗氧量。

五、数据记录及处理

将实验数据及结果填入表 5-6。

表 5-6 水样 COD 的测定

平行实验		1	2	3
基准物质质量/g	$m_{倾样前}$			
	$m_{倾样后}$			
	$m_{Na_2C_2O_4}$			
草酸钠标准溶液的浓度/$(mol \cdot L^{-1})$				
水样体积/mL				
加入 $KMnO_4$ 溶液体积 V_1/mL				
加入草酸钠标准溶液的体积/mL				
滴定消耗 $KMnO_4$ 溶液体积 V_2/mL				
COD/$(mg \cdot L^{-1})$				
空白/$(mg \cdot L^{-1})$				

(续)

平行实验	1	2	3
COD 校正值/(mg·L⁻¹)			
COD 平均值/(mg·L⁻¹)			
相对极差/%			

六、思考题

1. 水样中加入 $KMnO_4$ 溶液煮沸后，若紫红色褪去，说明了什么？应如何处理？
2. 测定水样的化学耗氧量有什么意义？

实验实训 5-4 $Na_2S_2O_3$ 标准溶液的配制和标定

一、实验目的

1. 掌握 $Na_2S_2O_3$ 标准溶液的配制和标定方法。
2. 熟悉淀粉指示剂的使用。

二、实验原理

硫代硫酸钠（$Na_2S_2O_3 \cdot 5H_2O$）一般含少量的杂质，如 S、Na_2SO_4 等，且在空气中易风化和潮解，所以 $Na_2S_2O_3$ 标准溶液不能直接配制，通常将 $Na_2S_2O_3$ 配成近似浓度的溶液，然后用 $K_2Cr_2O_7$、$KBrO_3$、KIO_3 等基准物质进行标定。

通常用 $K_2Cr_2O_7$ 作基准物质标定 $Na_2S_2O_3$ 标准溶液的浓度。$K_2Cr_2O_7$ 先与过量的 KI 反应，析出 I_2，其反应方程式如下：

$$Cr_2O_7^{2-} + 6I^- + 14H^+ =\!=\!= 2Cr^{3+} + 3I_2 + 7H_2O$$

然后以淀粉溶液作指示剂，用 $Na_2S_2O_3$ 标准溶液滴定析出的 I_2：

$$2S_2O_3^{2-} + I_2 =\!=\!= S_4O_6^{2-} + 2I^-$$

根据 $K_2Cr_2O_7$ 和 $Na_2S_2O_3$ 标准溶液的量即可计算出 $Na_2S_2O_3$ 标准溶液的浓度。$Na_2S_2O_3$ 溶液的浓度计算公式为

$$c_{Na_2S_2O_3} = \frac{6m_{K_2Cr_2O_7} \times 1\,000}{M_{K_2Cr_2O_7} \cdot (V_{Na_2S_2O_3} - V_0)}$$

式中，$m_{K_2Cr_2O_7}$、$M_{K_2Cr_2O_7}$ 分别为 $K_2Cr_2O_7$ 的质量（g）和摩尔质量（294.19 g·mol⁻¹）；$V_{Na_2S_2O_3}$ 为消耗的 $Na_2C_2O_4$ 标准溶液的体积（mL）；V_0 为空白实验所消耗的 $Na_2C_2O_4$ 标准溶液的体积（mL）；1 000 为单位换算系数。

这个标定是间接碘量法的应用。

三、仪器和试剂

仪器：电子分析天平、普通电子天平、碱式滴定管、量筒、移液管、细口棕色试剂瓶、带磨口塞的锥形瓶或碘量瓶。

试剂：$K_2Cr_2O_7$（A. R.）、$Na_2S_2O_3 \cdot 5H_2O$（A. R.）、KI（A. R.）、Na_2CO_3（A. R.）、3 $mol \cdot L^{-1}$ H_2SO_4、1.0% 淀粉溶液（新配制）。

1.0% 淀粉溶液：称取 1.0 g 可溶性淀粉，于烧杯中加 10 mL 水调成糊状，在搅拌下注入 100 mL 沸水中，再微沸 1～2 min 至溶液透明。若需放置，可加入少量 HgI_2 或 H_3BO_3 作防腐剂。

四、实验步骤

1. 0.1 $mol \cdot L^{-1}$ $Na_2S_2O_3$ 溶液的配制

称取约 6.2 g $Na_2S_2O_3 \cdot 5H_2O$，溶于刚煮沸的冷蒸馏水中。加入 0.05 g Na_2CO_3，稀释至 250 mL，贮于细口棕色试剂瓶中，置于暗处，7～10 d 后进行标定。

2. 0.1 $mol \cdot L^{-1}$ $Na_2S_2O_3$ 溶液的标定

准确称取 0.1～0.15 g $K_2Cr_2O_7$（120～130℃烘至恒重），放入 250 mL 锥形瓶（最好用带有磨口塞的锥形瓶或碘量瓶）中，加 5 mL 3 $mol \cdot L^{-1}$ H_2SO_4、2 g KI，摇匀后，盖好盖子，放在暗处 5 min[1]，待充分反应后，加 50 mL 水稀释[2]。用待标定的 $Na_2S_2O_3$ 溶液滴定至溶液呈淡黄绿色时，加 2 mL 1.0% 淀粉溶液[3]，继续滴定至溶液蓝色消失而呈亮绿色为止。记下滴定消耗的 $Na_2S_2O_3$ 溶液的体积后，再多加 1 滴 $Na_2S_2O_3$ 溶液，如果这时颜色不再改变[4]，表示滴定已完成。

平行 3 次实验，并做空白实验。

五、数据记录及处理

将实验数据及结果填入表 5-7。

表 5-7　实验结果

平行实验		1	2	3
$K_2Cr_2O_7$ 的质量/g	$m_{倾样前}$			
	$m_{倾样后}$			
	$m_{K_2Cr_2O_7}$			
消耗 $Na_2S_2O_3$ 溶液的体积/mL	初读数			
	终读数			
	净用量			
空白/mL				
$Na_2S_2O_3$ 标准溶液的浓度/（$mol \cdot L^{-1}$）				
$Na_2S_2O_3$ 标准溶液的平均浓度/（$mol \cdot L^{-1}$）				
相对极差/%				

六、注释

[1] $K_2Cr_2O_7$ 与 KI 的反应需要一定的时间才能进行得比较完全，故需放置约 5 min。

[2] 滴定前稀释溶液，一是为了得到适于 $Na_2S_2O_3$ 滴定 I_2 的酸度，如酸度太大，I^- 易受

空气氧化，$Na_2S_2O_3$ 易因局部过浓而遇酸分解；二是使 Cr^{3+} 浓度降低，颜色变浅，使终点溶液由蓝色变到绿色容易观察。

[3]淀粉溶液必须在接近终点时加入，否则容易引起淀粉溶液凝聚，而且吸附在淀粉中的 I_2 不易释放出来，影响滴定结果。

[4]滴定结束后的溶液经放置 5 min 后会变蓝，是由于空气中 O_2 氧化 I^- 所致，可不必考虑；如果很快变蓝，说明 $K_2Cr_2O_7$ 与 KI 的反应没有定量进行完全，必须弃去重做。

七、思考题

1. 配制好的 $Na_2S_2O_3$ 溶液能否立即进行标定？若发现溶液浑浊，需要新配制吗？
2. 标定 $Na_2S_2O_3$ 溶液时，加入 KI 的量必须很精确吗？
3. 加入 KI 后为何要在暗处放置 5 min 后加水稀释？
4. 为什么淀粉指示剂不能在滴定一开始就加入，而是在溶液呈淡黄绿色时加入？淡黄绿色是什么物质的颜色？

实验实训 5-5　碘盐中碘含量的测定

一、实验目的

1. 掌握碘量法的原理和操作。
2. 熟悉淀粉指示剂的特性和终点的判断。

二、实验原理

在加碘盐的产品质量检验中，碘含量是一项重要的指标，按照 GB 26878—2011 的规定，在食用盐中加入碘强化剂后，食用盐产品（碘盐）中碘含量的平均水平（以碘元素计）为 $20\sim30$ mg $\cdot$ kg^{-1}。在食用盐中加入的碘强化剂，包括碘酸钾、碘化钾和海藻碘，根据《食盐加碘消除碘缺乏危害管理条例》第二章第八条的规定，应主要使用碘酸钾。

本实验是通过食用碘盐中的 IO_3^- 与 KI 中的 I^- 定量反应生成的单质碘，单质碘再与 I^- 生成溶于水的 I_3^-，再与 $Na_2S_2O_3$ 标准溶液进行定量反应，从而得到碘盐中的碘含量。

以淀粉为指示剂，碘遇淀粉变蓝，蓝色消失即为终点。因碘被淀粉吸附较久之后，很难从淀粉中脱离出来，故本实验需等滴定至近终点时再加淀粉。

反应方程式如下：

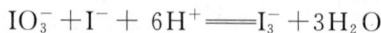

$$IO_3^- + I^- + 6H^+ \Longrightarrow I_3^- + 3H_2O$$

$$2S_2O_3^{2-} + I_2 \Longrightarrow 2I^- + S_4O_6^{2-}$$

计算公式如下：

$$w_1 = \frac{c_{\text{Na2S2O3}} \cdot (V_{\text{Na2S2O3}} - V_0) \cdot M_1}{6 \times \dfrac{m_{\text{样品}}}{1\,000}}$$

式中，w_I 为碘含量（$mg \cdot kg^{-1}$）；$c_{Na_2S_2O_3}$ 为滴定时 $Na_2S_2O_3$ 标准溶液的浓度（$mol \cdot L^{-1}$）；$V_{Na_2S_2O_3}$ 为滴定时所消耗的 $Na_2S_2O_3$ 标准溶液的体积（mL）；V_0 为空白实验所消耗的 $Na_2S_2O_3$ 标准溶液的体积（mL）；M_I 为碘的摩尔质量（$126.90\ g \cdot mol^{-1}$）；$m_{样品}$ 为食用碘盐的质量（g）；1 000 为单位换算系数。

三、仪器和试剂

仪器：电子分析天平、碱式滴定管、容量瓶。

试剂：$0.100\ 0\ mol \cdot L^{-1}\ Na_2S_2O_3$ 标准溶液、含碘食盐样品[1]、KI 固体、$3\ mol \cdot L^{-1}$ H_2SO_4、1.0% 淀粉溶液。

四、实验步骤

1. $0.002\ 000\ mol \cdot L^{-1}\ Na_2S_2O_3$ 标准溶液的配制

准确移取 $0.100\ 0\ mol \cdot L^{-1}\ Na_2S_2O_3$ 标准溶液[2] 5 mL，定量转移至 250 mL 容量瓶中，加蒸馏水定容至刻度，摇匀。

2. 样品分析

准确称取含碘食盐样品 10 g 于 250 mL 锥形瓶中，加 0.25 g KI，加 50 mL 蒸馏水溶解，加 5 mL $3\ mol \cdot L^{-1}\ H_2SO_4$，盖上盖子，摇匀，放暗处静置 5 min。用 $0.002\ 000\ mol \cdot L^{-1}\ Na_2S_2O_3$ 标准溶液滴定[3]，直到溶液呈现淡黄色[4]，加 2 mL 1.0% 淀粉溶液[5]，继续滴定至蓝色消失为终点，记录所消耗的 $Na_2S_2O_3$ 标准溶液的体积。

平行测定 3 次，相对偏差不超过 ±0.2%，同时做空白实验。

五、数据记录及处理

将实验数据及结果填入表 5-8。

表 5-8 实验结果

平行实验		1	2	3
碘盐的质量/g	$m_{倾样前}$			
	$m_{倾样后}$			
	$m_{碘盐}$			
消耗 $Na_2S_2O_3$ 标准溶液的体积/mL	初读数			
	终读数			
	净用量			
空白/mL				
碘含量/($mg \cdot kg^{-1}$)				
碘含量的平均值/($mg \cdot kg^{-1}$)				
相对极差/%				

六、注释

[1]实验证明,在非密封或包封不严密的情况下,外界气压、相对湿度等条件的变化会引起容器(包装)内盐样中IO_3^-的迁移。因此,含碘食盐样品采样后检测前应密封包装,不能用纸质物包装含碘食盐样品,也不得在包装内投放纸片作标签或样品编号标记,避免IO_3^-的迁移;同时,在碘盐监测取样及测定前均应混匀。

[2]$Na_2S_2O_3$溶液不稳定,易受日光、温度、空气及细菌作用,发生氧化、分解等而导致浓度发生变化,稀释前注意查看$0.1\ mol \cdot L^{-1}$ $Na_2S_2O_3$标准溶液中是否有浑浊或表面有悬浮物以及标定日期,如有需过滤重新标定后使用,必要时重新制备,标定时间超过1个月也需要重新标定;同时该溶液稀释过程中,易与水中的CO_2和O_2发生反应,故应使用新煮沸10 min冷却后的蒸馏水进行稀释;另外,定量移取前,应将溶液充分摇匀。

[3]$Na_2S_2O_3$标准溶液的滴入速度不宜过快,避免来不及与碘作用的部分在酸性溶液中分解,影响滴定结果。

[4]碘量法滴定时,当被滴定溶液中的分子碘(I_2)浓度较高时,即溶液呈较深的黄色时,滴定摇动溶液不应太剧烈,避免分子碘(I_2)挥发损失;另外,为防止生成的I_2分解,反应最好在碘量瓶中进行,且需避光放置。

[5]淀粉溶液必须在接近终点时加入,否则大量的碘-淀粉复合物会导致I_2不易释放出来,影响滴定结果。

七、思考题

1. $Na_2S_2O_3$标准溶液定量稀释过程中,有哪些注意事项?
2. 本实验为何要控制酸度?用哪种试剂控制酸度?
3. 本实验中为了防止I_2挥发,应采取哪些措施?
4. 为什么淀粉指示剂不能在滴定一开始就加入,而是在溶液呈浅黄色时加入?

【任务实施拓展】

实验实训拓展5-Ⅰ　重铬酸钾法测定水的化学耗氧量

一、实验目的

1. 拓展重铬酸钾法测定水样化学耗氧量的原理和方法。
2. 进一步巩固氧化还原滴定分析操作。

二、实验原理

在实验实训5-3中,我们已经学习了酸性高锰酸钾法测定水的化学耗氧量,本实验则重点参照标准HJ 828—2017介绍重铬酸钾法,故本次测定结果表示为COD_{Cr},也称重铬酸盐指数。对于工业废水,我国规定用重铬酸钾法测定其化学需氧量,故此法在工业废水处理过程中被广泛使用。

重铬酸钾法测定水样的化学耗氧量是指在水样中加入已知量的重铬酸钾溶液，并在强酸介质下以银盐作催化剂，经沸腾回流后，以试亚铁灵为指示剂，用硫酸亚铁铵滴定水样中未被还原的重铬酸钾，由消耗的重铬酸钾的量计算出水的化学耗氧量。

三、仪器和试剂

仪器：回流装置（带有 250 mL 磨口锥形瓶的全玻璃回流装置）、电炉、电子分析天平、普通电子天平、酸式滴定管、容量瓶、烧杯、防爆沸玻璃珠、移液管、锥形瓶、量筒。

试剂：$K_2Cr_2O_7$（基准物质，A.R.，在 140～150℃烘干 2 h）、浓硫酸（$\rho = 1.84$ g · mL^{-1}，优级纯）、0.05 mol · L^{-1} $(NH_4)_2Fe(SO_4)_2$（硫酸亚铁铵）标准溶液、试亚铁灵指示剂、10 g · L^{-1} $Ag_2SO_4 - H_2SO_4$ 溶液、$HgSO_4$（固体）。

①10 g · L^{-1} $Ag_2SO_4 - H_2SO_4$（硫酸银–硫酸）溶液。称取 10 g 硫酸银，加到 1 L 硫酸（$\rho = 1.84$ g · mL^{-1}，优级纯）中，放置 1～2 d 使之溶解，并混匀，使用前小心摇匀。

②试亚铁灵指示剂。将 0.7 g 七水合硫酸亚铁溶解于 50 mL 水中，加入 1.5 g 邻菲罗啉，搅拌至溶解，稀释至 100 mL。

四、实验步骤

1. 0.040 00 mol · L^{-1} $K_2Cr_2O_7$ 标准溶液的配制

准确称取 2.9 g $K_2Cr_2O_7$ 于 100 mL 烧杯中，加少量蒸馏水溶解，定量转移至 250 mL 容量瓶中，加蒸馏水稀释至标线，摇匀。按实际称取的质量计算其准确浓度。

2. 0.05 mol · L^{-1} 硫酸亚铁铵标准溶液的配制和标定

（1）配制

称取 19.5 g $(NH_4)_2Fe(SO_4)_2 · 6H_2O$ 溶解于水中，边搅拌边缓慢加入 10 mL 浓硫酸（$\rho = 1.84$ g · mL^{-1}），冷却后移入 1 L 容量瓶中，加水稀释至标线，摇匀。

（2）标定

准确移取 10.00 mL $K_2Cr_2O_7$ 标准溶液置于锥形瓶中，加入 50 mL 纯水，再缓慢加入 20 mL 浓硫酸，混匀，冷却后加入 3 滴试亚铁灵指示剂[1]，用硫酸亚铁铵标准溶液滴定，溶液的颜色由黄色经蓝绿色变为红褐色即为终点，记录消耗的硫酸亚铁铵标准溶液的体积。

平行测定 3 次，同时做空白实验。

3. 水样化学耗氧量的测定

准确移取 20.0 mL 水样于 250 mL 磨口锥形瓶中，准确移入 10.00 mL $K_2Cr_2O_7$ 标准溶液，数粒防爆沸玻璃珠和 0.2 g $HgSO_4$[2]，摇匀，并与回流管连接，从冷凝管上端慢慢倒入 30 mL $Ag_2SO_4 - H_2SO_4$ 溶液，轻轻摇动锥形瓶使溶液混匀，自溶液开始沸腾[3]起保持微沸回流 2 h。用 80 mL 蒸馏水冲洗冷凝管，使溶液体积在 140 mL 左右，取下锥形瓶。溶液冷却至室温后，加 3 滴试亚铁灵指示剂，用硫酸亚铁铵标准溶液滴定，溶液的颜色由黄色经蓝绿色变为红褐色为终点。记录消耗的硫酸亚铁铵标准溶液的体积。

平行测定 2 次，同时以 20 mL 纯水代替水样进行上述实验，测定空白值。计算水样的化学耗氧量 COD_{Cr}[4]。

五、数据记录及处理

1. 实验数据及结果（表 5-9 和表 5-10）

（1）硫酸亚铁铵溶液浓度的标定

表 5-9　硫酸亚铁铵溶液浓度的标定结果

平行实验		1	2	3
基准物质质量/g	$m_{倾样前}$			
	$m_{倾样后}$			
	$m_{K_2Cr_2O_7}$			
$K_2Cr_2O_7$ 标准溶液的浓度/$(mol \cdot L^{-1})$				
移液管移取试液体积/mL				
滴定消耗硫酸亚铁铵溶液的体积/mL	初读数			
	终读数			
	净用量			
空白/mL				
硫酸亚铁铵溶液的浓度/$(mol \cdot L^{-1})$				
硫酸亚铁铵溶液的平均浓度/$(mol \cdot L^{-1})$				
极差/$(mol \cdot L^{-1})$				
相对极差/%				

（2）化学耗氧量 COD_{Cr} 的测定

表 5-10　化学耗氧量 COD_{Cr} 的测定

平行实验	水样 1	空白 1	水样 2	空白 2
移取待测液（水样）体积/mL				
移取 $K_2Cr_2O_7$ 标准溶液的体积/mL				
滴定消耗硫酸亚铁铵标准滴定溶液体积/mL				
COD_{Cr}/$(mg \cdot L^{-1})$				
COD_{Cr}平均值/$(mg \cdot L^{-1})$				
极差/$(mg \cdot L^{-1})$				
相对极差/%				

2. 计算公式

（1）硫酸亚铁铵标准溶液浓度的计算公式

$$c_{(NH_4)_2Fe(SO_4)_2} = \frac{6c_{K_2Cr_2O_7} \cdot (V_{K_2Cr_2O_7} - V_0)}{V_{(NH_4)_2Fe(SO_4)_2}}$$

式中，$c_{K_2Cr_2O_7}$ 为 $K_2Cr_2O_7$ 标准溶液的浓度（$mol \cdot L^{-1}$）；$V_{K_2Cr_2O_7}$ 为移取 $K_2Cr_2O_7$ 标准溶液的体积（mL）；V_0 为滴定空白时硫酸亚铁铵标准溶液用量（mL）；$V_{(NH_4)_2Fe(SO_4)_2}$ 为消耗硫酸亚铁铵标准溶液体积（mL）；6 为化学反应计量系数。

（2）化学耗氧量（COD$_{Cr}$）的计算公式

$$COD_{Cr} = \frac{(V_0 - V) \cdot c_{(NH_4)_2Fe(SO_4)_2} \times 8 \times 1\,000}{V_{水样}}$$

式中，COD$_{Cr}$为化学耗氧量（mg·L^{-1}）；$c_{(NH_4)_2Fe(SO_4)_2}$为硫酸亚铁铵标准溶液的浓度（mol·L^{-1}）；V_0为滴定空白时硫酸亚铁铵标准溶液用量（mL）；V为滴定水样时消耗的硫酸亚铁铵标准溶液的体积（mL）；$V_{水样}$为加热回流时所取水样的体积（mL）；8 表示 1/4O$_2$ 的摩尔质量（g·mol^{-1}）；1 000 为单位的换算系数。

六、注释

[1]试亚铁灵指示剂的加入量虽然不影响临界点，但应该尽量一致。当溶液的颜色先变为蓝绿色再变到红褐色即达到终点，几分钟后可能还会重现蓝绿色。

[2]干扰及其消除：酸性重铬酸钾氧化性很强，可氧化大部分有机物，加入硫酸银作催化剂时，直链脂肪族化合物可完全被氧化，而芳香族有机物却不易被氧化，吡啶不被氧化，挥发性直链脂肪族化合物、苯等有机物存在于蒸气相，不能与氧化剂液体接触，氧化不明显。氯离子能被重铬酸盐氧化，并且能与硫酸银作用产生沉淀，影响测定结果，故在回流前向水样中加入 HgSO$_4$，使成为络合物以消除干扰。该方法不适用于含氯化物浓度大于 1 000 mg·L^{-1}（稀释后）的水中化学需氧量的测定。

[3]消解时应使溶液缓慢沸腾，不宜爆沸。如出现爆沸，说明溶液中出现局部过热，会导致测定结果有误。爆沸的原因可能是加热过于激烈，或是防爆沸玻璃珠的效果不好。

[4]结果表示：当 COD$_{Cr}$测定结果小于 100 mg·L^{-1}时保留至整数位；当测定结果大于或等于 100 mg·L^{-1}时，保留三位有效数字。

七、思考题

1. 为什么要测定化学需氧量？
2. 重铬酸钾法测定化学需氧量的过程中，HgSO$_4$ 和 Ag$_2$SO$_4$ – H$_2$SO$_4$ 各起什么作用？
3. 分析测定的数据，说一说影响结果的因素有哪些？

实验实训拓展 5-Ⅱ　石灰石中钙含量的测定

一、实验目的

1. 了解石灰石中钙含量的测定的意义和方法。
2. 拓展高锰酸钾法测定石灰石中钙含量的原理和方法。
3. 进一步巩固高锰酸钾法滴定分析操作技能。

二、实验原理

天然石灰石是工业生产中重要的原材料之一，它的主要成分是 CaCO$_3$，此外还含有 SiO$_2$、Fe$_2$O$_3$、Al$_2$O$_3$ 及 MgO 等杂质。钙含量高低是石灰石质量分级的重要指标之一。石灰石中 Ca^{2+} 含量的测定主要采用配位滴定法和高锰酸钾法。前者比较简便但干扰也较多，后者干扰少、准确度高，但较费时。

用高锰酸钾法测定石灰石中的钙含量，首先将石灰石用盐酸溶解制成试液，然后将 Ca^{2+} 转化为 CaC_2O_4 沉淀，将沉淀过滤、洗净，用稀 H_2SO_4 溶解，用 $KMnO_4$ 标准溶液间接滴定与 Ca^{2+} 相当的 $C_2O_4^{2-}$，根据 $KMnO_4$ 溶液的用量和浓度计算出样品中钙的含量。主要反应有

$$CaCO_3 + 2HCl \Longrightarrow CaCl_2 + H_2O + CO_2 \uparrow$$

$$Ca^{2+} + C_2O_4^{2-} \Longrightarrow CaC_2O_4 \downarrow$$

$$CaC_2O_4 + 2H^+ \Longrightarrow Ca^{2+} + H_2C_2O_4$$

$$2MnO_4^- + 5H_2C_2O_4 + 6H^+ \Longrightarrow 2Mn^{2+} + 10CO_2 \uparrow + 8H_2O$$

石灰石样品中的 Ca^{2+} 含量以质量百分数 $w_{Ca^{2+}}$ 计，计算公式为

$$w_{Ca^{2+}} = \frac{\frac{5}{2}c_{KMnO_4} \cdot V_{KMnO_4} \cdot M_{Ca}}{m_{样品}} \times 100\%$$

式中，c_{KMnO_4}、V_{KMnO_4} 分别为 $KMnO_4$ 标准溶液的浓度（$mol \cdot L^{-1}$）和所消耗的体积（L）；M_{Ca} 为 Ca 的摩尔质量（$g \cdot mol^{-1}$）；$m_{样品}$ 为石灰石样品的质量（g）。

三、仪器和试剂

仪器：电子分析天平、酸式滴定管、量筒、锥形瓶、烧杯、玻璃棒、滴管、电炉、表面皿、定性滤纸、漏斗。

试剂：$Na_2C_2O_4$（A.R.，在 105～110℃下烘干 2 h）、$0.02\ mol \cdot L^{-1}$ $KMnO_4$ 标准溶液、$6\ mol \cdot L^{-1}$ HCl、$3\ mol \cdot L^{-1}$ H_2SO_4、1∶10 氨水、$0.4\ mol \cdot L^{-1}$ $(NH_4)_2C_2O_4$、0.1% 甲基橙指示剂、$0.1\ mol \cdot L^{-1}$ $AgNO_3$、$2\ mol \cdot L^{-1}$ HNO_3、石灰石样品。

四、实验步骤

1. $0.02\ mol \cdot L^{-1}$ $KMnO_4$ 标准溶液的标定

准确称取 0.25 g 已干燥至恒重的 $Na_2C_2O_4$ 置于 250 mL 锥形瓶中，加入 40 mL 水和 10 mL $3\ mol \cdot L^{-1}$ H_2SO_4，加热至 70～80℃（刚开始冒蒸汽的温度），趁热立即用待标定的 $KMnO_4$ 溶液滴定至溶液呈现粉红色并持续 30 s 不消失。平行测定 3 次，同时做空白实验。计算 $KMnO_4$ 标准溶液的浓度。

2. CaC_2O_4 沉淀的生成

准确称取石灰石样品 0.15～0.2 g 置于 250 mL 烧杯中，加几滴去离子水润湿样品，盖上表面皿，从烧杯嘴沿内壁缓慢加入 10 mL $6\ mol \cdot L^{-1}$ HCl。轻摇烧杯，待不再产生气泡后，加热至样品完全溶解，用水冲洗表面皿和烧杯内壁，加水 60 mL，再加入 20 mL $0.4\ mol \cdot L^{-1}$ $(NH_4)_2C_2O_4$［若有沉淀生成，加入少量盐酸至沉淀溶解］。加入 0.1% 甲基橙指示剂[1] 1～2 滴。继续加热[2] 至 70～80℃，慢慢滴加 1∶10 氨水至溶液由红色恰好变为黄色，再过量 5 滴。溶液在不断搅拌的情况下加热几分钟，冷却静置 15 min。

3. CaC_2O_4 沉淀的过滤和洗涤

将沉淀用倾泻法过滤。沉淀先用 1∶10 氨水洗涤[3] 3～4 次，再用冷的去离子水洗涤 4～5 次，至尾部滤液没有 Cl^- 为止［在过滤与洗涤沉淀过程中，尽量使沉淀留在原烧杯中；多

次用水淋洗滤纸上部；在洗涤接近完成时，用表面皿接取 5～6 滴滤液，加入 1 滴 0.1 mol·L^{-1} $AgNO_3$ 和 1 滴 2 mol·L^{-1} HNO_3，观察有无浑浊现象]。

4. CaC_2O_4 沉淀的溶解和滴定

取下带有少量沉淀的滤纸[4]，贴在原来放沉淀所用的烧杯内壁上部，加入 15～20 mL 3 mol·L^{-1} H_2SO_4，用玻璃棒将滤纸上的沉淀移至烧杯底部，再用去离子水冲洗滤纸上残留的沉淀至烧杯底部，加热使沉淀溶解，加水 100 mL。加热至 70～80℃，立即用 $KMnO_4$ 标准溶液滴定至粉红色，再把烧杯壁上滤纸浸入溶液，轻轻展开使其与溶液充分接触，再将滤纸贴于液面以上的杯壁上。如果溶液褪色，则继续滴定到再度出现粉红色并在 30 s 内不褪色即为终点。计算石灰石中钙的百分含量。

平行测定 3 次。

自行设计表格，将实验数据及结果填入表中。

五、注释

[1]酸度：在生成草酸钙沉淀的过程中，应用甲基橙指示剂控制体系的酸度在 pH≈4，如果酸度过高，一方面受酸效应的影响，沉淀不全；另一方面，会促使 $H_2C_2O_4$ 分解。酸度过低，$KMnO_4$ 易分解成 MnO_2。

[2]陈化：在同样条件下，小晶粒的溶解度比大晶粒的大，同一溶液中，对大晶粒为饱和溶液时，对小晶粒则为未饱和，因此小晶粒就要溶解，这便是陈化的原理，通过加热可以缩短陈化的时间。

[3]洗涤：沉淀表面及滤纸上的 $C_2O_4^{2-}$ 和 Cl^-，常会造成结果偏离，因此必须洗净。本实验先采用冷的沉淀剂稀溶液少量多次洗涤沉淀，以降低沉淀的溶解度、减少溶解损失，并且洗去杂质。再用冷的蒸馏水少量多次洗至滤液中无 Cl^-，即表示沉淀中杂质已洗净。

[4]滤纸对实验的影响：实验过程中如果先将带有 CaC_2O_4 沉淀的滤纸一起投入烧杯，以硫酸处理后再用 $KMnO_4$ 滴定，会使实验结果偏大，因为滤纸中含有还原性物质，在酸性环境下会被 $KMnO_4$ 氧化。

六、思考题

1. 草酸钙沉淀的生成过程，为什么要将体系酸度控制在 pH≈4？如何进行酸度的调控？
2. 如何减少草酸钙沉淀洗涤溶解造成的实验误差？
3. 高锰酸钾溶液滴定草酸钙的过程中，需注意哪些事项？

实验实训拓展 5-Ⅲ　维生素 C 药片或果蔬中维生素 C 含量的测定

一、实验目的

1. 巩固碘标准溶液的配制与标定方法。
2. 拓展碘量法测定维生素 C 含量的原理和滴定分析操作。

二、实验原理

维生素 C(V_C)又称为抗坏血酸，分子式为 $C_6H_8O_6$，摩尔质量为 176.12 g·mol^{-1}，是一种对生物体具有重要的营养、调节和医疗作用的生物活性物质，通常用于防治坏血病及各种慢性传染病的辅助治疗。维生素 C 具有还原性，可被 I_2 定量氧化，因此可用 I_2 标准溶液直接滴定，滴定反应方程式为

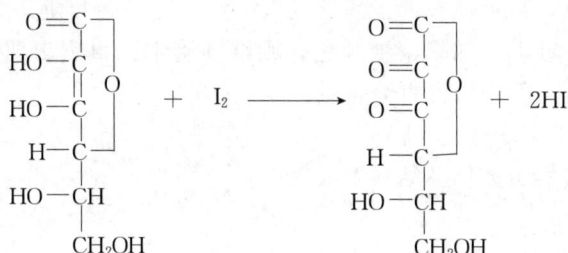

维生素 C 易被溶液和空气中的氧氧化，在碱性介质中这种氧化作用更强，因此滴定宜在酸性介质中进行，以减少副反应的发生。考虑到 I^- 在强酸性溶液中也易被氧化，故一般选在 pH＝3～4 的弱酸性溶液中进行滴定。

直接碘量法是基于 I_2 的氧化性和 I^- 的还原性进行测定的方法。固体 I_2 在水中的溶解度很小，且易挥发，因此通常是将 I_2 溶解于 KI 溶液中以配制成 I_2 标准溶液，贮存于棕色磨口瓶中。

用直接碘量法可测定药片、注射液、饮料、蔬菜、水果等中的维生素 C 的含量。

三、仪器和试剂

仪器：托盘天平、分析天平、移液管、碘量瓶或具塞锥形瓶、细口棕色试剂瓶、酸式滴定管、容量瓶、锥形瓶、试剂瓶、烧杯等。

试剂：0.05 mol·L^{-1} $Na_2S_2O_3$ 标准溶液、I_2(A.R.)、KI(A.R.)、$K_2Cr_2O_7$(A.R.)、Na_2CO_3(A.R.)、2 mol·L^{-1} HCl 溶液、淀粉溶液、2 mol·L^{-1} HAc 溶液、维生素 C 药片、水果等。

0.050 00 mol·L^{-1} $Na_2S_2O_3$ 标准溶液的配制：用移液管准确移取 50 mL 0.100 0 mol·L^{-1} $Na_2S_2O_3$ 标准溶液于 100 mL 容量瓶中，加蒸馏水定容至刻度，摇匀。

四、实验步骤

1.0.05 mol·L^{-1} I_2 溶液的配制

称取 3.3 g I_2 和 5 g KI[1] 置于研钵中，加入 30 mL 水，在通风橱中研磨。待 I_2 全部溶解后，将溶液转入棕色试剂瓶中，加水稀释至 250 mL，充分摇匀，放暗处保存[2]。

2.0.05 mol·L^{-1} I_2 标准溶液的标定

用移液管准确移取 25.00 mL 0.05 mol·L^{-1} $Na_2S_2O_3$ 标准溶液 3 份，分别置于 250 mL 锥形瓶中，加 50 mL 蒸馏水，2 mL 淀粉溶液，用 I_2 标准溶液滴定至瓶内溶液呈稳定的蓝色，且 30 s 内不褪色即为终点。I_2 标准溶液的准确浓度 c_{I_2}(mol·L^{-1})可依据下式计算：

$$c_{I_2} = \frac{(cV)_{Na_2S_2O_3}}{2V_{I_2}}$$

式中，$(cV)_{Na_2S_2O_3}$ 为 $Na_2S_2O_3$ 溶液的浓度($mol \cdot L^{-1}$)和所移取的体积(mL)的乘积；V_{I_2} 为 I_2 标准溶液所消耗的体积(mL)。

3. 维生素 C 含量的测定

(1)维生素 C 药片中维生素 C 含量的测定

称取约 0.2 g 研碎的维生素 C 药片，置于 250 mL 锥形瓶中，加入 100 mL 新煮沸的冷蒸馏水、10 mL 2 $mol \cdot L^{-1}$ HAc 溶液、2 mL 淀粉溶液，立即用 I_2 标准溶液滴定至溶液呈稳定的浅蓝色，且 30 s 内不褪色即为终点。记录所消耗的 I_2 标准溶液的体积。

平行测定 3 次，同时做空白实验。

维生素 C 含量的计算公式为

$$w_{VC} = \frac{c_{I_2} \cdot (V_{I_2} - V_0) \cdot M_{C_6H_8O_6}}{m_{样品}} \times 100\%$$

式中，w_{VC} 为维生素 C 含量(%)；c_{I_2}、V_{I_2} 分别为 I_2 标准溶液的浓度($mol \cdot L^{-1}$)和所消耗的体积(L)；$M_{C_6H_8O_6}$ 为维生素 C 的摩尔质量(176 $g \cdot mol^{-1}$)；$m_{样品}$ 为维生素 C 药片的质量(g)；V_0 为空白实验消耗 I_2 标准溶液的体积(mL)。

(2)水果中维生素 C 含量的测定

用 100 mL 干燥烧杯称取 30～50 g 新捣碎的果浆(橙、橘或西红柿等)，立即加入10 mL 2 $mol \cdot L^{-1}$ HAc 溶液，用三层纱布过滤于 250 mL 锥形瓶中，加 2 mL 淀粉溶液，立即用 I_2 标准溶液滴定至溶液呈稳定的浅蓝色，且 30 s 内不褪色即为终点。

平行测定 3 次，同时做空白实验。

自行设计表格，将实验数据及结果填入表中。

五、注释

[1] 单质碘在纯水中的溶解度很小，通常利用 I_2 和 I^- 生成 I_3^- 离子，配成有过量 KI 存在的碘溶液。I_3^- 的形成增大了碘的溶解度，同时也减小了碘的挥发。

[2] 由于光照和受热都能促使溶液中的 I^- 氧化，所以配好的含有 KI 的碘标准溶液须放在棕色瓶中，放置暗处保存。

六、思考题

1. 配制 I_2 标准溶液时为何要加入 KI？为何要先用少量水溶解后再稀释至所需体积？
2. 维生素 C 药片溶解时，为什么要用新煮沸的冷却蒸馏水？

实验实训拓展 5-Ⅳ　碘量法测定葡萄糖

一、实验目的

1. 拓展碘量法测定葡萄糖含量的原理和方法。
2. 进一步巩固碘量法的滴定分析操作。

二、实验原理

在碱性条件下，I_2 与 OH^- 作用生成的 IO^- 能定量地将葡萄糖($C_6H_{12}O_6$)氧化成葡萄糖

酸($C_6H_{12}O_7$)，反应方程式为

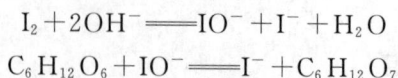

$$I_2 + 2OH^- \rightleftharpoons IO^- + I^- + H_2O$$

$$C_6H_{12}O_6 + IO^- \rightleftharpoons I^- + C_6H_{12}O_7$$

与葡萄糖作用完后，剩下的未作用的过量的 IO^- 在碱性介质中进一步歧化为 IO_3^- 和 I^-。溶液酸化后，IO_3^- 又与 I^- 反应析出 I_2。反应方程式为

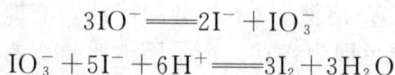

$$3IO^- \rightleftharpoons 2I^- + IO_3^-$$

$$IO_3^- + 5I^- + 6H^+ \rightleftharpoons 3I_2 + 3H_2O$$

此时，再用 $Na_2S_2O_3$ 标准溶液滴定析出的 I_2，滴定反应为

$$2S_2O_3^{2-} + I_2 \rightleftharpoons S_4O_6^{2-} + 2I^-$$

由以上的反应式可以看出，一分子葡萄糖与一分子 I_2 相当。根据所加入的 I_2 标准溶液的量和滴定所消耗的 $Na_2S_2O_3$ 标准溶液的体积，便可计算出葡萄糖的质量分数。计算公式如下：

$$w_{C_6H_{12}O_6} = \frac{\left[(cV)_{I_2} - \dfrac{1}{2}(cV)_{Na_2S_2O_3}\right]M_{C_6H_{12}O_6}}{m_{样品} \times 1\,000} \times 100\%$$

式中，$w_{C_6H_{12}O_6}$ 为 $C_6H_{12}O_6$ 的质量分数（%）；$(cV)_{I_2}$、$(cV)_{Na_2S_2O_3}$ 分别为 I_2 标准溶液和 $Na_2S_2O_3$ 标准溶液的浓度（$mol \cdot L^{-1}$）和体积（mL）的乘积；$M_{C_6H_{12}O_6}$ 为葡萄糖的摩尔质量（180 $g \cdot mol^{-1}$）；$m_{样品}$ 为样品的质量（g）；1 000 为单位换算系数。

三、仪器和试剂

仪器：电子分析天平、移液管、锥形瓶、碱式滴定管、容量瓶、烧杯、表面皿等。

试剂：0.050 00 $mol \cdot L^{-1}$ $Na_2S_2O_3$ 标准溶液、0.005 000 $mol \cdot L^{-1}$ I_2 标准溶液、葡萄糖注射液、淀粉溶液、0.2 $mol \cdot L^{-1}$ NaOH 溶液、KI(A.R.)、2 $mol \cdot L^{-1}$ HCl 溶液。

0.005 000 $mol \cdot L^{-1}$ I_2 标准溶液配制：准确移取 25 mL 0.050 00 $mol \cdot L^{-1}$ I_2 标准溶液于 250 mL 容量瓶中，加蒸馏水定容至刻度，摇匀即可。

四、实验步骤

准确称取 0.5 g 葡萄糖样品置于烧杯中，加入少量蒸馏水溶解后定量转移至 100 mL 容量瓶中，加蒸馏水定容至刻度，摇匀。

用移液管准确移取 25.00 mL 试液于 250 mL 锥形瓶中，加入 25.00 mL 0.005 000 $mol \cdot L^{-1}$ I_2 标准溶液，在摇动下缓慢滴加氢氧化钠溶液，直至溶液变为浅黄色(加碱不能太快，否则生成的 IO^- 来不及氧化，使结果偏低)。盖上表面皿，放置 15 min。然后加入 6 mL 2 $mol \cdot L^{-1}$ HCl 溶液，立即用 0.050 00 $mol \cdot L^{-1}$ $Na_2S_2O_3$ 标准溶液滴定至浅黄色，再加入 2 mL 淀粉溶液，继续滴定至蓝色消失即为终点。

平行测定 3 次。计算样品中的葡萄糖的含量。

自行设计表格，将实验数据及结果填入表中。

五、思考题

1. 计算葡萄糖含量是否需要 I_2 溶液的浓度值？

2. I_2 溶液可否装在碱式滴定管中？为什么？

3. 用 $Na_2S_2O_3$ 标准溶液滴定 I_2 溶液时，淀粉指示剂应该在何时加入？

项目 5 小结

1. 电极电位和能斯特方程式

物质的氧化态和还原态构成一个氧化还原电对。每一个电对中氧化态的氧化能力和还原态的还原能力的强弱均可用电对的电极电位(φ)的大小来衡量。

(1)标准电极电位

标准电极电位是当溶液中离子浓度为 $1\ mol \cdot L^{-1}$，有关气体分压为 100 kPa，在 298 K 时，即在标准状态下的电极电位，用"$\varphi^{\ominus}(Ox/Red)$"表示。

(2)能斯特方程式

在 298 K 时，溶液的电极电位可用能斯特方程式求得

$$\varphi = \varphi^{\ominus} + \frac{0.059\ 2}{n}\lg\frac{c_{Ox}^{a}}{c_{Red}^{b}}$$

(3)条件电极电位

在一定温度、一定介质条件下，氧化态和还原态的总浓度均为 $1\ mol \cdot L^{-1}$ 时的实际电位。用"$\varphi^{\ominus}{}'(Ox/Red)$"表示。条件电极电位校正了各种外界因素的影响，比较符合实际情况。

(4)电极电位的应用

①比较氧化剂、还原剂相对强弱。

②判断氧化还原反应的方向。

③判断氧化还原反应进行的次序。

2. 氧化还原滴定曲线

在氧化还原滴定过程中，随着标准溶液的加入，溶液中氧化剂和还原剂的浓度逐渐变化，有关电对的电极电位也随之改变。当滴定达到化学计量点附近时，再滴入极少量的标准溶液就会引起溶液的电位发生突跃。由两电对的电极电位可以计算滴定过程中溶液电位的变化。若用曲线形式表示标准溶液用量和电位变化的关系，即得到氧化还原滴定曲线。

3. 氧化还原滴定终点的确定

①自身指示剂。②专属指示剂。③氧化还原指示剂。

4. 氧化还原滴定法

氧化还原滴定法是以氧化还原反应为基础的滴定分析方法。习惯上分为高锰酸钾法、重铬酸钾法、碘量法，另外还有溴酸钾法、铈量法等。

(1)高锰酸钾法

$KMnO_4$ 为强氧化剂，利用自身作指示剂，可直接或间接测定多种无机物和有机物。市售的 $KMnO_4$ 含杂质较多，且溶液不稳定，故宜采用间接法配制，最常用的基准物质为 $Na_2C_2O_4$。标定过程中，应注意滴定温度、酸度、速度及终点的判断。

(2)碘量法

碘量法是利用 I_2 的氧化性和 I^- 的还原性进行滴定的分析方法。碘量法中的指示剂为专属指示剂可溶性淀粉。根据滴定至化学计量点附近时溶液蓝色的出现或消失来确定滴定终点。

I_2 标准溶液采用间接配制法，基准物质为 As_2O_3（剧毒），常采用已知准确浓度的 $Na_2S_2O_3$ 溶液进行标定。用 I_2 标准溶液直接测定某些还原性物质的方法称为直接碘量法。

标定$Na_2S_2O_3$溶液的基准物质最常用的为$K_2Cr_2O_7$。

对于标准电极电位比$\varphi^\ominus(I_2/I^-)$高的氧化性物质，可使其先与I^-离子（通常用KI）作用，使I^-氧化成I_2，然后用$Na_2S_2O_3$标准溶液滴定所生成的I_2，从而求出这些氧化性物质的量。这种方法又称间接碘量法。

（3）重铬酸钾法

重铬酸钾法的优点是$K_2Cr_2O_7$易提纯，在$140\sim150℃$干燥后，可直接配制成稳定的标准溶液。重铬酸钾法最重要的应用是测定铁的含量。缺点是严重污染环境，使用时应注意废液的处理。

习题 5

1. 选择题

（1）对于反应$I_2+2ClO_3^-\Longrightarrow2IO_3^-+Cl_2$，下列说法中不正确的是（　　）。

    A. 此反应为氧化还原反应

    B. 碘的氧化数由0增至+5，氯的氧化数由+5降为0

    C. I_2得到电子，ClO_3^-失去电子

    D. I_2是还原剂，ClO_3^-是氧化剂

（2）下列说法正确的是（　　）。

    A. 电对的电位越低，其氧化态的氧化能力越强

    B. 电对的电位越高，其氧化态的氧化能力越强

    C. 电对的电位越高，其还原态的还原能力越强

    D. 氧化剂可以氧化电位比它高的还原剂

（3）氧化还原滴定法中使用的下列标准溶液，可采用直接法配制的是（　　）。

    A. $KMnO_4$溶液   B. $K_2Cr_2O_7$溶液   C. $Na_2S_2O_3$溶液   D. I_2溶液

（4）对于$KMnO_4$与$H_2C_2O_4$的反应，随着反应的进行，反应速率越来越大，随后，由于反应物浓度越来越低，反应速率才又逐渐减小，这是因为（　　）起催化作用。

    A. MnO_4^- B. CO_2 C. Mn^{2+} D. K^+

（5）$KMnO_4$所用的酸性介质最好是（　　）。

    A. 硫酸   B. 盐酸   C. 磷酸   D. 硝酸

（6）高锰酸钾法可用来测定（　　）。

    A. 氧化性物质   B. 还原性物质

    C. 非氧化还原性物质   D. 以上三类所有物质

（7）对高锰酸钾法，下列说法错误的是（　　）。

    A. 可在盐酸介质中进行滴定   B. 直接法可测定还原性物质

    C. 标准滴定溶液用标定法制备   D. 在硫酸介质中进行滴定

（8）用高锰酸钾滴定无色或浅色的还原剂溶液时，所用的指示剂为（　　）。

    A. 自身指示剂   B. 酸碱指示剂   C. 金属指示剂   D. 专属指示剂

（9）在氧化还原滴定操作中，不属于滴定操作应涉及的问题是（　　）。

    A. 滴定速度和摇瓶速度的控制   B. 操作过程中容器的选择和使用

    C. 共存干扰物的消除   D. 滴定过程中溶剂的选择

(10)用 $Na_2C_2O_4$ 标定 $KMnO_4$ 溶液时，溶液的温度一般不超过(　　)，以防 $H_2C_2O_4$ 的分解。

  A. 60℃   B. 75℃   C. 40℃   D. 85℃

(11)用 $KMnO_4$ 法测定 H_2O_2，滴定必须在(　　)。

  A. 中性或弱酸性介质中   B. $c_{H_2SO_4}=1\ mol\cdot L^{-1}$ 介质中

  C. pH＝10 氨缓冲溶液中   D. 强碱性介质中

(12)在酸性介质中，用 $KMnO_4$ 溶液滴定草酸盐溶液，滴定应(　　)。

  A. 在室温下进行   B. 将溶液煮沸后即进行

  C. 将溶液煮沸，冷至 85℃ 进行   D. 将溶液加热到 75～85℃ 时进行

(13)用草酸钠标定高锰酸钾溶液时，刚开始时褪色较慢，但之后褪色变快的原因是(　　)。

  A. 温度过低   B. 反应进行后，温度升高

  C. Mn^{2+} 催化作用   D. $KMnO_4$ 浓度变小

(14)在高锰酸钾法测铁中，一般使用硫酸而不是盐酸来调节酸度，其主要原因是(　　)。

  A. 盐酸强度不足   B. 硫酸可起催化作用

  C. Cl^- 能与高锰酸钾作用   D. 以上均不对

(15)以 $K_2Cr_2O_7$ 标定 $Na_2S_2O_3$ 标准溶液时，滴定前加水稀释时是为了(　　)。

  A. 便于滴定操作   B. 保持溶液的弱酸性

  C. 防止淀粉凝聚   D. 防止碘挥发

(16)重铬酸钾滴定法测铁，加入 H_3PO_4 的作用主要是(　　)。

  A. 防止沉淀

  B. 提高酸度

  C. 降低 Fe^{3+}/Fe^{2+} 电位，使突跃范围增大

  D. 防止 Fe^{2+} 氧化

(17)在碘量法中，淀粉是专属指示剂，当溶液呈蓝色时，这是(　　)。

  A. 碘的颜色   B. I^- 的颜色

  C. 游离碘与淀粉生成物的颜色   D. I^- 与淀粉生成物的颜色

(18)直接碘量法应控制的条件是(　　)。

  A. 强酸性条件   B. 强碱性条件

  C. 中性或弱酸性条件   D. 什么条件都可以

(19)在间接碘量法测定中，下列操作正确的是(　　)。

  A. 边滴定边快速摇动

  B. 加入过量 KI，并在室温和避免阳光直射的条件下滴定

  C. 在 70～80℃ 恒温条件下滴定

  D. 滴定一开始就加入淀粉指示剂

(20)间接碘量法中加入淀粉指示剂的适宜时间是(　　)。

  A. 滴定开始时

  B. 滴定至近终点，溶液呈浅黄色时

  C. 滴定至 I_3^- 离子的红棕色褪尽，溶液呈无色时

D. 在标准溶液滴定了近 50% 时

2. 填空题

(1)氧化还原滴定法习惯上分为_____、重铬酸钾法、碘量法等滴定方法，其中碘量法一般采用外加_____作为指示剂。

(2)某同学配制 0.02 mol·L^{-1} KMnO₄ 溶液的方法如下：准确称取 3.161 g 固体KMnO₄，用蒸馏水溶解后，转移至 1 000 mL 容量瓶中，稀释至刻度，然后用干燥的滤纸过滤。其操作错误是_____、_____、_____。

3. 计算下列电对在 298 K 时的电极电位。

(1)Fe^{3+}/Fe^{2+}，已知 $c_{Fe^{3+}}=1.0$ mol·L^{-1}，$c_{Fe^{2+}}=0.5$ mol·L^{-1}

(2)MnO_4^-/Mn^{2+}，已知 $c_{MnO_4^-}=0.10$ mol·L^{-1}，$c_{Mn^{2+}}=1.0$ mol·L^{-1}，$c_{H^+}=0.10$ mol·L^{-1}

4. 根据标准电极电位判断下列反应进行的方向。

(1)$Cu+2Fe^{3+} \rightarrow Cu^{2+}+2Fe^{2+}$

(2)$Cd+Zn^{2+} \rightarrow Cd^{2+}+Zn$

(3)$2MnO_4^-+2Mn^{2+}+2H_2O \rightarrow 5MnO_2+4H^+$

5. 根据下列各电对的半反应及 $\varphi^\ominus$ 值，写出它们的氧化还原反应方程式。

(1)$Cu^{2+}+2e^- \rightleftharpoons Cu$，$NO_3^-+4H^++3e^- \rightleftharpoons NO+2H_2O$

(2)$I_2+2e^- \rightleftharpoons 2I^-$，$Fe^{3+}+e^- \rightleftharpoons Fe^{2+}$

6. 在含有 Cl^-、Br^-、I^- 的溶液中，滴加 $K_2Cr_2O_7$ 溶液，首先氧化的是何种离子？

7. 称取基准物质 $Na_2C_2O_4$ 0.150 0 g，溶解在强酸性溶液中，用 KMnO₄ 标准溶液滴定，到达终点时消耗 20.00 mL，计算 KMnO₄ 标准溶液的浓度。

8. 称取含有 MnO_2 的样品 1.000 g，在酸性溶液中加入 $Na_2C_2O_4$ 0.402 0 g，过量的 $Na_2C_2O_4$ 用 0.020 00 mol·L^{-1} KMnO₄ 溶液滴定，到达终点时消耗 20.00 mL，计算样品中 MnO_2 的质量分数。

项目6 沉淀滴定分析和重量分析

【知识目标】

1. 掌握难溶电解质的沉淀溶解平衡和溶度积规则。
2. 掌握莫尔法、佛尔哈德法和法扬司法指示终点的原理、滴定条件和应用范围。
3. 了解重量分析法的程序、操作和应用。
4. 了解沉淀重量法对沉淀形和称量形的要求及选择沉淀剂的原则。

【技能目标】

1. 能熟练使用溶度积规则对沉淀的生成、溶解、转化进行判断。
2. 能正确选用沉淀滴定法对银离子和卤素离子含量进行测定。
3. 能正确使用重量分析常用仪器进行沉淀过滤、洗涤和灼烧等操作。
4. 能对沉淀滴定和重量分析结果进行计算。

【素质目标】

1. 具有实事求是的科学态度和严谨的工作作风。
2. 具备一定的职业道德、养成良好的职业习惯。

【项目简介】

在科学实验和生产实践中，常需利用沉淀的生成和溶解来制备一些难溶化合物、进行离子的分离鉴定、除去溶液中的杂质，以及进行定量分析等。沉淀滴定法是以沉淀溶解平衡为基础建立的一种滴定分析方法，常用于测定能生成难溶银盐的反应，在化工、冶金、农业以及"三废"处理等部门的检测中有广泛的应用。重量分析法是根据分离组分的质量来确定被测组分含量的方法，常用于某些高含量的硅、磷、钨、镍、稀土元素等的分析。

【工作任务】

任务6.1 沉淀滴定法

沉淀滴定法是以沉淀反应为基础的一种滴定分析方法。沉淀反应很多，但不是所有的沉淀反应都能用于滴定。能用于滴定分析的沉淀反应必须符合下列条件：

①沉淀反应必须迅速，并定量完成。

②生成的沉淀组成恒定，而且溶解度必须很小，对于1：1型沉淀，要求 $K_{sp} \leqslant 10^{-10}$。

③有确定滴定终点的简单方法。

④沉淀的吸附和共沉淀现象不影响滴定终点的确定。

由于上述条件的限制，能用于沉淀滴定法的反应并不多，目前应用较多的主要是生成难溶性银盐的反应，例如：

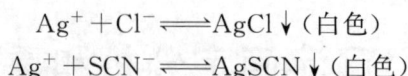

$$Ag^+ + Cl^- \rightleftharpoons AgCl\downarrow（白色）$$

$$Ag^+ + SCN^- \rightleftharpoons AgSCN\downarrow（白色）$$

这种利用生成难溶银盐的反应来进行测定的方法，称为银量法。该法可以测定 Cl^-、Br^-、I^-、Ag^+、SCN^- 等离子及含卤素的有机化合物。

除银量法外，沉淀滴定法中还有利用其他沉淀反应的方法，例如：$K_4[Fe(CN)_6]$ 与 Zn^{2+}、$NaB(C_6H_5)_4$ 与 K^+ 形成沉淀的反应都可用于沉淀滴定法。

$$2K_4[Fe(CN)_6] + 3Zn^{2+} \rightleftharpoons K_2Zn_3[Fe(CN)_6]_2\downarrow + 6K^+$$

$$NaB(C_6H_5)_4 + K^+ \rightleftharpoons KB(C_6H_5)_4\downarrow + Na^+$$

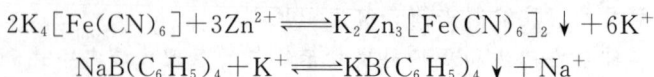

6.1.1 难溶电解质的溶解平衡

沉淀反应是否完全，沉淀的溶解程度的大小，可以根据沉淀的溶度积常数 K_{sp} 的大小来衡量。

6.1.1.1 难溶电解质的溶度积

在一定温度下，将难溶电解质放入水中时，会发生溶解和沉淀两个相反的过程。例如，难溶电解质 AgCl 是由 Ag^+ 和 Cl^- 组成的晶体，将其放入水中时，晶体中的 Ag^+ 和 Cl^- 在水分子的作用下，离开晶体表面而进入溶液形成水合离子，这个过程称为溶解；同时，已溶解在溶液中的 $Ag^+(aq)$ 和 $Cl^-(aq)$ 在运动过程中相互碰撞而重新结合，又沉积附着于晶体表面，这个过程称为沉淀。在一定的条件下，当溶解和沉淀的速率相等时，溶液中各离子的浓度不会增加，也不会减少，但溶解和沉淀这两个过程并没有停止，即达到一种动态平衡状态，此时的溶液也成为 AgCl 的饱和溶液。这种在难溶性电解质的饱和溶液中建立的溶解与沉淀的平衡称为沉淀溶解平衡。AgCl 的沉淀溶解平衡关系可表示为

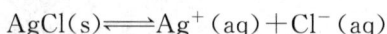

$$AgCl(s) \rightleftharpoons Ag^+(aq) + Cl^-(aq)$$

其平衡常数 (K_{sp}) 表达式为

$$K_{sp} = c_{Ag^+} \cdot c_{Cl^-}$$

K_{sp} 称为 AgCl 的溶度积常数，简称溶度积。

对于 A_mB_n 型难溶电解质，其溶解平衡如下：

$$A_mB_n(s) \rightleftharpoons mA^{n+}(aq) + nB^{m-}(aq)$$

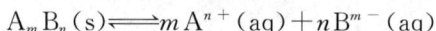

其溶度积表达式为

$$K_{sp}(A_mB_n) = c_{A^{n+}}^m \cdot c_{B^{m-}}^n$$

K_{sp} 反映了难溶电解质的溶解能力和生成沉淀的难易程度。K_{sp} 值越大，表明该物质在水中溶解度越大，生成沉淀的趋势越小；反之亦然。与其他平衡常数一样，其大小只与难溶电解质的本性和温度有关，而与溶液中离子种类及浓度的变化无关。

6.1.1.2 溶度积和溶解度的关系

难溶电解质的溶度积 (K_{sp}) 和溶解度 (S) 都可用来衡量难溶电解质的溶解能力，因此它们之间必然存在着一定的计量关系，可以相互换算。换算时溶解度和浓度的单位均采用 $mol \cdot L^{-1}$。

【例 6-1】 25℃时，AgCl 的 $K_{sp} = 1.77 \times 10^{-10}$，$Ag_2CrO_4$ 的 $K_{sp} = 1.12 \times 10^{-12}$，求它们在纯水中的溶解度。

解：设 $AgCl$ 的溶解度为 $S_1 \text{ mol} \cdot L^{-1}$，则

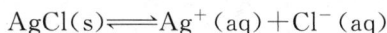

$$AgCl(s) \Longrightarrow Ag^+(aq) + Cl^-(aq)$$

平衡浓度/$(\text{mol} \cdot L^{-1})$ S_1 S_1

$$K_{sp}(AgCl) = c_{Ag^+} \cdot c_{Cl^-} = S_1^2$$

$$S_1 = \sqrt{K_{sp}(AgCl)} = \sqrt{1.77 \times 10^{-10}} = 1.33 \times 10^{-5} (\text{mol} \cdot L^{-1})$$

设 Ag_2CrO_4 的溶解度为 $S_2 \text{ mol} \cdot L^{-1}$，则

$$Ag_2CrO_4 \Longrightarrow 2Ag^+(aq) + CrO_4^{2-}(aq)$$

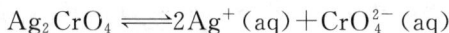

平衡浓度/$(\text{mol} \cdot L^{-1})$ $2S_2$ S_2

$$K_{sp}(Ag_2CrO_4) = c_{Ag^+}^2 \cdot c_{CrO_4^{2-}} = (2S_2)^2 \cdot S_2 = 4S_2^3$$

$$S_2 = \sqrt[3]{\frac{K_{sp}(Ag_2CrO_4)}{4}} = \sqrt[3]{\frac{1.12 \times 10^{-12}}{4}} = 6.54 \times 10^{-5} (\text{mol} \cdot L^{-1})$$

计算表明，$AgCl$ 的溶度积虽然比 Ag_2CrO_4 的大，但 $AgCl$ 的溶解度反而比 Ag_2CrO_4 的小。由此可见，溶度积大的难溶电解质，其溶解度不一定大，这与其类型有关。同种类型的难溶电解质，如 $AgCl$、$AgBr$、AgI 都属于 AB 型，K_{sp} 越大，其溶解度越大；对于不同类型的难溶电解质，如 $AgCl$（AB 型）和 Ag_2CrO_4（A_2B 型），其溶解度的大小则须经过计算才能进行比较。

综上所述，对于不同类型的难溶电解质，溶度积（K_{sp}）与溶解度（S）的关系归纳如下：

对于 1∶1 型（如 $AgCl$、$CaCO_3$ 等）：$K_{sp} = S^2$

对于 1∶2 或 2∶1 型[如 $Mg(OH)_2$、Ag_2CrO_4 等]：$K_{sp} = 2^2 S^3$

对于 1∶3 或 3∶1 型[$Fe(OH)_3$、Ag_3PO_4 等]：$K_{sp} = 3^3 S^4$

以此类推，可通过 K_{sp} 和 S 的关系进行难溶电解质的相关计算。

6.1.2 溶度积规则及其应用

6.1.2.1 溶度积规则

在某难溶电解质的溶液中，相关离子浓度幂次方的乘积称为离子积，用符号 Q_i 表示：

$$A_mB_n(s) \Longrightarrow mA^{n+}(aq) + nB^{m-}(aq)$$

$$Q_i = c_{A^{n+}}^m \cdot c_{B^{m-}}^n$$

①当 $Q_i < K_{sp}$ 时，溶液为不饱和溶液，此时若体系中有固体存在，则固体将溶解，直至饱和为止。

②当 $Q_i = K_{sp}$ 时，溶液为饱和溶液，体系处于沉淀溶解平衡状态。

③当 $Q_i > K_{sp}$ 时，溶液为过饱和溶液，有沉淀析出直至饱和。

以上三条称为溶度积规则。它是难溶电解质多相离子平衡移动规律的总结。利用溶度积规则可以判断体系是否有沉淀生成或溶解，也可以通过控制有关离子的浓度，使沉淀生成或溶解。

【例 6-2】 在 20 mL 0.002 $\text{mol} \cdot L^{-1}$ Na_2SO_4 溶液中加入等体积的 0.02 $\text{mol} \cdot L^{-1}$ $BaCl_2$ 溶液，问是否有 $BaSO_4$ 沉淀生成？[已知 $K_{sp}(BaSO_4) = 1.1 \times 10^{-10}$]

解：溶液等体积混合后，浓度减小一半

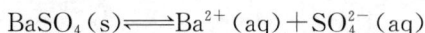

$$BaSO_4(s) \Longrightarrow Ba^{2+}(aq) + SO_4^{2-}(aq)$$

$$c_{Ba^{2+}} = \frac{1}{2} \times 0.02 \text{ mol} \cdot L^{-1} = 1 \times 10^{-2} \text{ mol} \cdot L^{-1}$$

$$c_{SO_4^{2-}} = \frac{1}{2} \times 0.002 \text{ mol} \cdot \text{L}^{-1} = 1 \times 10^{-3} \text{ mol} \cdot \text{L}^{-1}$$

$$Q_i = c_{Ba^{2+}} \cdot c_{SO_4^{2-}} = 1 \times 10^{-3} \times 1 \times 10^{-2} = 1 \times 10^{-5} > K_{sp}(BaSO_4)$$

故有 $BaSO_4$ 沉淀生成。

6.1.2.2 溶度积规则的应用

(1)沉淀的生成

根据溶度积规则,在难溶电解质的溶液中,如果 $Q_i > K_{sp}$,就会有沉淀生成,这是生成沉淀的必要条件。为达到此要求,可采取以下几种方法:

①加入沉淀剂。如在 $AgNO_3$ 溶液中加入适量的 $NaCl$ 溶液,当溶液中的 $c_{Ag^+} \cdot c_{Cl^-} > K_{sp}(AgCl)$ 时,就会产生 $AgCl$ 沉淀,这里的 $NaCl$ 即为沉淀剂。

②同离子效应。在难溶电解质的饱和溶液中,加入含有相同离子的强电解质,可使难溶电解质的溶解度降低,这种作用称为同离子效应。

【例6-3】 计算在 298 K 时,$BaSO_4(s)$ 在纯水中和在 0.1 mol·L^{-1} Na_2SO_4 溶液中的溶解度。

解:(1)设 $BaSO_4(s)$ 在纯水中的溶解度为 S_1 mol·L^{-1},则有

$$S_1 = c_{Ba^{2+}} = c_{SO_4^{2-}} = \sqrt{K_{sp}(BaSO_4)} = \sqrt{1.1 \times 10^{-10}} = 1.05 \times 10^{-5} (\text{mol} \cdot \text{L}^{-1})$$

(2)设 $BaSO_4(s)$ 在 0.1 mol·L^{-1} Na_2SO_4 溶液中的溶解度为 S_2 mol·L^{-1},则有

$$c_{Ba^{2+}} = S_2, \quad c_{SO_4^{2-}} = S_2 + 0.1 \approx 0.1$$

$$K_{sp}(BaSO_4) = c_{Ba^{2+}} \cdot c_{SO_4^{2-}} = S_2 \times 0.1 = 1.1 \times 10^{-10}$$

$$S_2 = 1.1 \times 10^{-9} (\text{moL} \cdot \text{L}^{-1})$$

可见,相同离子 SO_4^{2-} 的加入,使 $BaSO_4$ 的溶解度显著下降。化学分析中,当某离子的浓度 ≤ 10^{-5} mol·L^{-1} 时,即认为该离子已沉淀完全。利用同离子效应可以使离子沉淀完全。

【例6-4】 往 10.0 mL 0.020 mol·L^{-1} $BaCl_2$ 溶液中加入 10.0 mL 0.040 mol·L^{-1} Na_2SO_4 溶液,问可否使 Ba^{2+} 沉淀完全?

解:设平衡时溶液中的 Ba^{2+} 浓度为 x mol·L^{-1}

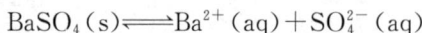
$$BaSO_4(s) \Longrightarrow Ba^{2+}(aq) + SO_4^{2-}(aq)$$

起始浓度/(mol·L^{-1})   0.010   0.020

平衡浓度/(mol·L^{-1}) x $0.02 - (0.01 - x) \approx 0.01$

$$K_{sp}(BaSO_4) = c_{Ba^{2+}} \cdot c_{SO_4^{2-}} = x \times 0.010 = 1.1 \times 10^{-10}$$

$$x = 1.1 \times 10^{-8} < 1.0 \times 10^{-5}$$

故 Ba^{2+} 已沉淀完全。

③酸效应。有些沉淀物如 $Mg(OH)_2$、$Zn(OH)_2$ 等的溶解度会因溶液的酸度不同而有所改变,这种因酸度给溶解度带来的影响称为酸效应。

④盐效应。沉淀的溶解度还和溶液中电解质多少有关,因加入过多强电解质反而会使难溶电解质的溶解度增大的效应,称为盐效应。因此,沉淀剂并不是越多越能沉淀完全,通常以过量 20%~30% 为宜。

(2)分步沉淀

在实际工作中,常常会遇到系统中同时含几种离子,且均与加入的试剂发生沉淀反应,对于同一类型的难溶电解质,K_{sp} 小的先沉淀。例如,在含有相同浓度的 Cl^- 和 I^- 的混合溶

液中，逐滴加入 $AgNO_3$ 溶液，首先生成的是黄色的 AgI 沉淀，然后才生成白色的 AgCl 沉淀。这种在一定条件下，加入一种沉淀剂，不同离子先后沉淀的现象，称为分步沉淀。应用分步沉淀可以使混合的离子分离。

如上述 Cl^- 和 I^- 的浓度均为 $0.010\ mol \cdot L^{-1}$，在此溶液中加入 $AgNO_3$ 溶液，则生成 AgCl 和 AgI 沉淀时所需的 Ag^+ 最低浓度分别为

AgCl 沉淀所需的 c_{Ag+} 为 $c_{Ag+} = \dfrac{K_{sp}(AgCl)}{c_{Cl^-}} = \dfrac{1.8 \times 10^{-10}}{0.010} = 1.8 \times 10^{-8}\ (mol \cdot L^{-1})$

AgI 沉淀时所需的 c'_{Ag+} 为 $c'_{Ag+} = \dfrac{K_{sp}}{c_{I^-}} = \dfrac{8.3 \times 10^{-17}}{0.010} = 8.3 \times 10^{-15}\ (mol \cdot L^{-1})$

从计算看出，沉淀 I^- 所需的 Ag^+ 要比沉淀 Cl^- 所需要的 Ag^+ 小得多，加入 $AgNO_3$ 溶液首先达到 AgI 的 K_{sp} 而析出沉淀，然后才会析出 K_{sp} 较大的 AgCl 沉淀。AgCl 开始沉淀时，溶液中剩余的 I^- 的浓度为

$$c_{I^-} = \dfrac{K_{sp}}{c_{Ag+}} = \dfrac{8.3 \times 10^{-17}}{1.8 \times 10^{-8}} = 4.6 \times 10^{-9}\ (mol \cdot L^{-1}) < 1.0 \times 10^{-5}\ mol \cdot L^{-1}$$

这说明 AgCl 开始沉淀时，I^- 已沉淀完全，两者能够完全分离。

对于同一类型的难溶电解质，溶度积差别越大，利用分步沉淀会分离得越完全。对于不同类型、不同离子浓度的难溶电解质，不能以 K_{sp} 的大小来判断沉淀的顺序，还需通过溶度积进行计算说明。

（3）沉淀的溶解

根据溶度积规则，沉淀溶解的必要条件是使 $Q_i < K_{sp}$。因此只要采取一定的措施，降低难溶电解质沉淀溶解平衡系统中有关离子的浓度，就可以使沉淀溶解。溶解方法有以下几种：

①生成弱电解质。利用酸、碱或某些盐类（如铵盐）与难溶电解质组分离子结合成弱电解质（如弱酸、弱碱或 H_2O）可以使该难溶电解质的沉淀溶解。例如，固体 ZnS 可以溶于盐酸中，其溶解反应式为

$$ZnS(s) + 2H^+ \Longrightarrow Zn^{2+} + H_2S$$

②发生氧化还原反应。加入一种氧化剂或还原剂，使某一离子发生氧化还原反应而降低其浓度，从而使 $Q_i < K_{sp}$。例如，CuS、PbS、Ag_2S 等都不溶于盐酸，但能溶于硝酸中。这是因为这些物质能与硝酸发生氧化还原反应：

$$3CuS(s) + 8HNO_3 \Longrightarrow 3Cu(NO_3)_2 + 3S\downarrow + 2NO\uparrow + 4H_2O$$

硝酸将 S^{2-} 氧化成单质硫析出导致 S^{2-} 浓度降低了，故 $Q_i < K_{sp}$，沉淀溶解。

③发生配位反应。在难溶电解质的溶液中加入一种配位剂，使难溶电解质的组分离子形成稳定的配离子，从而降低难溶电解质组分离子的浓度。例如，AgCl 溶于氨水：

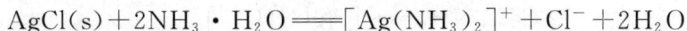
$$AgCl(s) + 2NH_3 \cdot H_2O \Longrightarrow [Ag(NH_3)_2]^+ + Cl^- + 2H_2O$$

由于生成了稳定的 $[Ag(NH_3)_2]^+$ 配离子，降低了 Ag^+ 的浓度，使 $Q_i < K_{sp}$，AgCl 沉淀溶解了。

（4）沉淀的转化

由一种难溶电解质借助于某一试剂的作用，转变为另一种难溶电解质的过程叫沉淀转化。

例如，工业锅炉的锅垢（主要成分为 $CaCO_3$ 和 $CaSO_4$），它的存在不仅浪费能源，而且

会导致锅炉因受热不均而爆炸。针对这种情况可以通过把 $CaSO_4$($K_{sp}=9.1\times10^{-6}$)转化为疏松且易除去的 $CaCO_3$($K_{sp}=2.8\times10^{-9}$),避免事故发生。反应方程式为

$$CaSO_4\text{(s)}+CO_3^{2-}\Longrightarrow CaCO_3\text{(s)}+SO_4^{2-}$$

一般来讲,溶解度较大的难溶电解质容易转化为溶解度较小的难溶电解质,且两种难溶电解质的溶解度相差越大,沉淀转化越完全。但是欲将溶解度较小的难溶电解质转化为溶解度较大的难溶电解质就比较困难或根本不能实现。

6.1.3 银量法

根据滴定条件和所选指示剂的不同,银量法可分为莫尔法、佛尔哈德法和法扬司法。

6.1.3.1 莫尔法

以 K_2CrO_4 为指示剂,在中性或弱碱性介质中用 $AgNO_3$ 标准溶液直接滴定来测定卤素及其混合物含量的方法称为莫尔法。

(1)原理

现以 $AgNO_3$ 标准溶液滴定溶液中的 Cl^- 为例来说明莫尔法的基本原理。由于 $AgCl$ 的溶解度比 Ag_2CrO_4 的溶解度小,因此在用 $AgNO_3$ 标准溶液滴定时,白色的 $AgCl$ 先沉淀下来,当滴定到化学计量点附近时,溶液中的 Cl^- 已被 Ag^+ 滴定完全,即 $c_{Cl^-}<1.0\times10^{-5}$ mol·L^{-1} 时,微过量的 Ag^+ 与 CrO_4^{2-} 反应析出砖红色的 Ag_2CrO_4 沉淀使溶液呈微红色,指示滴定终点。其反应式为

$$Ag^++Cl^-\Longrightarrow AgCl\downarrow\text{(白色)}$$
$$2Ag^++CrO_4^{2-}\Longrightarrow Ag_2CrO_4\downarrow\text{(砖红色)}$$

(2)滴定条件

①K_2CrO_4 的浓度。作为指示剂,K_2CrO_4 的用量对滴定终点的影响很大,过多或过少就会导致 Ag_2CrO_4 沉淀或早或迟地出现,影响终点的正确判断。一般情况下(滴定溶液浓度为 0.1 mol·L^{-1}),K_2CrO_4 溶液浓度应控制在 0.005 mol·L^{-1} 左右为宜。

②滴定时溶液的酸度。用 $AgNO_3$ 溶液滴定 Cl^- 时,反应需在中性或弱碱性介质(pH=6.5~10.5)中进行。因为在酸性溶液中,不生成沉淀;强碱性或氨缓冲溶液中,滴定剂会被碱分解或与氨生成配合物。相关反应如下:

当 pH<6.5 时:$Ag_2CrO_4+H^+\Longrightarrow HCrO_4^-+2Ag^+$

当 pH>10.5 时:$2Ag^++2OH^-\Longrightarrow 2AgOH\longrightarrow Ag_2O\downarrow+H_2O$

当溶液中有铵盐存在,如果此时 pH 值过高,易发生 NH_3 与 Ag^+ 的配位反应而影响滴定。

$$Ag^++2NH_3\Longrightarrow[Ag(NH_3)_2]^+$$
$$AgCl+2NH_3\Longrightarrow[Ag(NH_3)_2]^++Cl^-$$

因此,莫尔法只能在中性或弱碱性(pH=6.5~10.5)溶液中进行。若溶液酸性太强,可用 $Na_2B_4O_7\cdot10H_2O$ 或 $NaHCO_3$ 中和;若溶液碱性太强,可用稀 HNO_3 溶液中和;而在有铵盐存在时,滴定的 pH 值范围应控制在 6.5~7.2,避免形成 $[Ag(NH_3)_2]^+$ 络合物。

③滴定时要充分振荡。在化学计量点前,Cl^- 还没滴完,生成的 $AgCl$ 沉淀易吸附 Cl^-,使 Ag_2CrO_4 沉淀过早出现,使操作者误以为是滴定终点。滴定中充分振荡可使被 $AgCl$ 吸附的 Cl^- 及时释放出来与 Ag^+ 完全反应。

④消除干扰离子。在滴定条件下，凡能与 Ag^+ 生成沉淀的阴离子（如 PO_4^{3-}、SO_3^{2-}、CO_3^{2-} 等）、与 CrO_4^{2-} 生成沉淀的阳离子（如 Ba^{2+}、Pb^{2+} 等）以及易水解的离子、有色金属离子等应采用分离或掩蔽等方法将其除去，否则会给滴定结果带来很大的误差。

（3）应用范围

莫尔法适宜于用 Ag^+ 标准溶液测定 Cl^- 或 Br^-，如氯化物、溴化物的纯度测定以及天然水中氯含量的测定等，但不宜用来测定 I^- 和 SCN^-，因为 AgI 和 $AgSCN$ 表面的吸附力太强，有部分 I^- 和 SCN^- 被吸附，使滴定终点过早出现，造成较大的滴定误差。

由于 Ag^+ 与 CrO_4^{2-} 反应生成的 Ag_2CrO_4 沉淀转化成 $AgCl$ 或 $AgBr$ 的速率很慢，故莫尔法也不适用于用 Cl^- 和 Br^- 的标准溶液来测定 Ag^+。

6.1.3.2　佛尔哈德法

佛尔哈德法是以铁铵矾 $[NH_4Fe(SO_4)_2]$ 作指示剂，在酸性介质中用 NH_4SCN 或 $KSCN$ 标准溶液来测定 Ag^+ 含量的一种沉淀滴定法。根据滴定方式不同，佛尔哈德法分为直接滴定法和返滴定法。

（1）直接滴定法测定 Ag^+

在含有 Ag^+ 的酸性溶液中，以铁铵矾作指示剂，用 NH_4SCN 标准溶液直接滴定，生成白色的 $AgSCN$ 沉淀，当滴定到化学计量点时，微过量的 SCN^- 与 Fe^{3+} 结合生成红色的 $[FeSCN]^{2+}$，指示滴定终点。其反应如下：

$$Ag^+ + SCN^- \rightleftharpoons AgSCN \downarrow （白色）$$
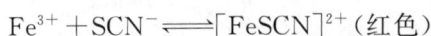
$$Fe^{3+} + SCN^- \rightleftharpoons [FeSCN]^{2+} （红色）$$

在中性或碱性介质中，Fe^{3+} 会发生水解而沉淀；Ag^+ 会生成 Ag_2O 沉淀或 $[Ag(NH_3)]^+$，影响终点的观察。因此滴定要在 HNO_3 溶液中进行，且 HNO_3 的浓度以 $0.1\sim1$ $mol \cdot L^{-1}$ 较为适宜。滴定时由于生成的 $AgSCN$ 沉淀能吸附溶液中的 Ag^+，使 Ag^+ 浓度降低，指示剂显色过早，因此需剧烈振摇。

此法的优点在于可用来直接测定 Ag^+，并可在酸性溶液中进行滴定。

（2）返滴定法测定卤素离子

佛尔哈德法测定卤素离子（如 Cl^-、Br^-、I^- 和 SCN^-）时应采用返滴定法。即在 HNO_3 介质中，于待测溶液中加入过量的 $AgNO_3$ 标准溶液，再以铁铵矾作指示剂，用 NH_4SCN 标准溶液回滴过量的 $AgNO_3$。反应如下：

$$Ag^+（过量）+ X^- \rightleftharpoons AgX \downarrow$$

$$Ag^+（剩余量）+ SCN^- \rightleftharpoons AgSCN \downarrow （白色）$$

$$终点指示反应：Fe^{3+} + SCN^- \rightleftharpoons [FeSCN]^{2+} （红色）$$

用佛尔哈德法测定 Cl^-，由于 $AgSCN$ 的溶解度小于 $AgCl$ 的溶解度，加入的 NH_4SCN 将与 $AgCl$ 发生沉淀转化反应，滴定到临近终点时，形成的红色经摇动后会褪去。

$$AgCl + SCN^- \rightleftharpoons AgSCN + Cl^-$$

这种转化作用将继续进行到 Cl^- 与 SCN^- 浓度之间建立一定的平衡关系，才会出现持久的红色，给分析结果带来了较大误差。为了避免上述现象的发生，通常采用以下措施：

①试液中加入过量的 $AgNO_3$ 标准溶液之后，立即将溶液煮沸，使 $AgCl$ 沉淀凝聚，以减少 $AgCl$ 沉淀对 Ag^+ 的吸附。滤去沉淀，并用稀 HNO_3 洗涤沉淀，将洗涤液并入滤液，用 NH_4SCN 标准溶液回滴滤液中过量的 $AgNO_3$。

②在滴入 NH_4SCN 标准溶液之前，先加入硝基苯等有机溶剂，使 $AgCl$ 沉淀进入有机层与

外部溶液隔离，阻止 AgCl 沉淀与 NH_4SCN 发生转化反应。此法较简便，但硝基苯有毒。

③适当提高 Fe^{3+} 的浓度以减小终点时 SCN^- 的浓度，从而减小沉淀转化的误差，一般溶液中 $c_{Fe^{3+}}$ 为 $0.2\ mol\cdot L^{-1}$ 时，终点误差将小于 0.1%。

佛尔哈德法在测定 Br^-、I^- 时，不会发生沉淀转化反应，因此不必采取上述措施。但是在测定碘化物时，必须先加入 $AgNO_3$ 溶液之后再加入铁铵矾指示剂，避免 Fe^{3+} 对 I^- 产生氧化作用而造成误差。

6.1.3.3 法扬司法

法扬司法是以吸附指示剂指示滴定终点的一种银量法。

（1）原理

吸附指示剂是一类有机染料，它的阴离子在溶液中易吸附于带正电荷的胶状沉淀上使结构改变，从而引起颜色的变化，以此指示终点的到达。

如 $AgNO_3$ 标准溶液滴定 Cl^- 时，采用荧光黄作为吸附指示剂。荧光黄是一种有机弱酸，用 HFIn 表示，它在水溶液中可解离为黄绿色的阴离子 FIn^-：

$$HFIn \Longleftrightarrow FIn^- + H^+$$

在化学计量点前，溶液中尚有未被滴定的 Cl^-，AgCl 沉淀吸附 Cl^- 而带负电荷，此时阴离子 FIn^- 不被吸附而呈游离态，溶液呈黄绿色。化学计量点后，微过量的 $AgNO_3$ 可使 AgCl 沉淀吸附 Ag^+ 形成而带正电荷，此时阴离子 FIn^- 被吸附，使溶液由黄绿色变成粉红色，指示滴定终点。反应如下：

$$(AgCl)_n \cdot Ag^+ + FIn^- \xrightarrow{\text{吸附}} (AgCl)_n \cdot Ag \cdot FIn$$
$$\text{（黄绿色）} \qquad\qquad \text{（粉红色）}$$

（2）滴定条件

为了使终点易于观察，应用吸附指示剂时应掌握以下几个条件：

①加入保护胶。由于吸附指示剂是吸附在沉淀表面而变色，因此，可在滴定前加糊精或淀粉等作保护胶，增大吸附的表面积，使卤化银沉淀呈胶体状态，防止卤化银沉淀凝聚。

②控制适当的酸度。应根据吸附指示剂的具体情况，选择在中性、弱碱性或弱酸性溶液中进行滴定。

③滴定时应避免强光照射。卤化银易感光变成灰黑色，影响终点的判断。

④选择吸附力适当的指示剂。沉淀胶体对指示剂离子的吸附能力应略小于对待测离子的吸附能力，否则指示剂将在化学计量点前变色。但不能太小，否则终点颜色变化不明显，影响判断。卤化银对卤化物和几种吸附指示剂的吸附能力的顺序如下：

$$I^- > SCN^- > Br^- > 曙红 > Cl^- > 荧光黄$$

因此，滴定 Cl^- 时不能选曙红，而应选荧光黄。表 6-1 中列出了几种常用的吸附指示剂。

表 6-1　银量法常用的吸附指示剂

名称	被测离子	滴定剂	颜色变化	适用的 pH 值	配制方法
荧光黄	Cl^-	Ag^+	黄绿→粉红	7～10	0.2% 乙醇溶液
溴酚蓝	Cl^-、I^-	Ag^+	黄绿→蓝	5～6	0.1% 水溶液
二氯荧光黄	Cl^-、Br^-、I^-	Ag^+	黄绿→红	4～10	70% 乙醇溶液
曙红	Br^-、I^-、SCN^-	Ag^+	橙黄→红紫	2～10	70% 乙醇溶液

（3）应用范围

选择适当的指示剂，法扬司法可用于测定 Cl^-、Br^-、I^- 和 SCN^- 及生物碱盐类（如盐酸麻黄碱）等。此法终点明显，方法简便，但反应条件要求较严，应注意溶液的酸度、浓度及胶体的保护等。

任务 6.2　重量分析

重量分析法是通过称取一定物质的试料，在一定条件下，利用物理或化学反应使被测组分以某种形式与其他组分分离，然后根据被分离组分的质量来计算样品中被测组分含量的一种定量分析方法。

重量分析法是直接用分析天平称量而得到的分析结果，不需要标准溶液或基准物质进行比较，用于常量分析时准确度高，其相对误差一般不大于 0.1%。但其操作复杂，费时较多，不适于控制分析和快速分析测定，也不适于微量和痕量组分的测定。在工业上常用于分析含量较高的硅、硫、钨、稀土等元素。特别是水泥生产中 $BaSO_4$ 重量法测定 SO_3，大多数国家都列入水泥化学分析方法的国家标准中。

6.2.1　重量分析仪器

6.2.1.1　玻璃棒及表面皿

玻璃棒是用 4～6 mm 直径玻璃棒截成的，用来搅拌溶液和协助倾出溶液。将其斜插在烧杯中后，应比烧杯长 4～6 cm。玻璃棒的两端应烧光滑，以防划坏烧杯。

表面皿为凹面的玻璃片，用于覆盖烧杯、蒸发皿及漏斗等，可以防止灰尘落入。用时，表面皿的凸面向下，这样可以放得很稳。当被覆盖的容器内的物质因反应产生气体时，必会造成溶液的飞溅，这些溅到表面皿的液珠，会聚在其凸出位置，可用洗瓶冲洗入原容器内，使溶液不致受损失。表面皿取下放置时，应凸面向上，以免沾着污物。

6.2.1.2　滤纸和滤器

滤纸分定性滤纸和定量滤纸两种，重量分析中常用定量滤纸（或称无灰滤纸）进行过滤。定量滤纸的特点是灰分很低，灼烧后其灰分的质量不超过 0.000 9%，在重量分析实验中可以忽略不计，所以通常又称无灰滤纸。定量滤纸中的其他杂质的含量也比定性滤纸低。根据孔径的大小，定量滤纸又分为快速（80～120 μm）、中速（30～50 μm）、慢速（1～3 μm）三类。实际操作中，应根据沉淀的性质选择不同的滤纸。例如，$BaSO_4$、$CaC_2O_4 \cdot 2H_2O$ 等细晶形沉淀，应选用慢速的滤纸过滤；$MgNH_4PO_4$ 等粗晶形沉淀，应选用中速的滤纸过滤；滤纸过滤 $Fe_2O_3 \cdot nH_2O$ 为胶状沉淀，应选用快速的滤纸过滤。根据沉淀量的多少选择滤纸的大小。

除定量、定性滤纸外，有的实验还要使用一定孔径的金属网或高分子材料制成的网、膜等进行过滤。和滤纸一样，这些材料用于过滤时都需要和适当的滤器（如布氏漏斗、玻璃漏斗等）配合使用。

实验室用的烧结（多孔）过滤器是指通过高温烧结玻璃、石英、陶瓷、金属或塑料等材料的颗粒使之粘接在一起的方法所制造的几种微孔滤器，其中最常用的是玻璃滤器。新滤器使用前要经过酸洗、抽滤、水洗、抽滤、晾干或烘干。使用后为防止残留物堵塞微孔，应及时清洗，用能溶解或分解残留物的洗涤剂进行浸泡，抽滤，最后用水洗净。例如，过滤 AgCl 后，要用氨水或 $Na_2S_2O_3$ 溶液浸洗；过滤丁二酮肟镍沉淀后可用温热的盐酸浸洗等。玻璃滤器不宜过滤较浓的碱性溶液、热浓磷酸溶液及氢氟酸溶液。加热干燥时，升温和冷却过程都要缓慢进行；干燥后在烘箱中降至温热后再取出，以防裂损或滤片脱落。

6.2.1.3　漏斗

过滤沉淀所用的玻璃漏斗直径为 6~7 cm，并应具有 60°的圆锥角，颈的直径应小一些（通常 3~5 mm），以便在颈内容易保留水柱，流液口处磨成 45°角。使用时，应将漏斗洗净，滤纸的大小应与漏斗的大小相适应，使折叠后的滤纸上缘低于漏斗上沿 0.5~1 cm，绝不能超出漏斗边缘。

6.2.1.4　蒸发皿与水浴锅

蒸发皿是用于蒸发浓缩溶液或灼烧固体的器皿，对酸、碱的稳定性好，可耐高温，但不宜骤冷。口大底浅，有圆底和平底带柄的两种。最常用的为瓷制蒸发皿，也有玻璃、石英、铂等制成的。材质不同，耐腐蚀性能也不同，应根据溶液和固体的性质适当选用。蒸发皿内所盛溶液的体积不能超过其容量的 2/3。

电热水浴锅温度可连续可调，装有恒温装置，其盖是大小不同的圈。将溶液进行浓缩时，将蒸发皿放在水浴锅圈上加热即可（即蒸气浴）。

6.2.1.5　瓷坩埚及坩埚钳

瓷坩埚可耐 1 200 ℃高温，常用来灼烧和称量沉淀。常用的是 25 mL 和 30 mL 薄壁坩埚，不能与氢氟酸接触，也不能熔融金属碳酸盐和苛性碱。使用前用水及热浓盐酸洗涤，最后用纯水洗刷干净。湿坩埚要慢慢烘干后才能逐渐升高温度。

高温或冷却后待称重的坩埚要用坩埚钳夹持，坩埚钳用后要钳口向上平放于白瓷板上。新的坩埚钳要用细砂纸磨光亮，或用稀 HNO_3 处理，再洗干净、烘干。

6.2.1.6　电热恒温干燥箱（烘干箱）

电热恒温干燥箱，是烘干称量瓶、玻璃器皿、基准物质、样品及沉淀等用的。根据烘干的对象不同，可以调节不同的温度。使用应注意，对于易燃、易爆等危险品及能产生腐蚀性气体的物质不能放在恒温干燥箱内加热烘干；被烘干的物质不要撒落在箱内，防止其腐蚀内壁及隔板。使用过程中要经常检查箱内温度是否在规定的范围内，温度控制是否良好，发现问题及时修理。

6.2.1.7　干燥器

干燥器是一种具有磨口盖子的玻璃器皿，内有一块瓷板以放置被干燥物，底部放有干燥剂，使其内部空气干燥。干燥器的内壁一般用干净的布或纸擦净，干燥器磨口处涂上很薄一层凡士林，涂好后盖上盖子，推移或转动盖子直到涂油处透明均匀为止。装进的干燥剂量不宜过多，以免玷污瓷板上的物体。

根据放在干燥器内物质的吸湿性不同，须采用不同干燥能力的干燥剂。在分析实验中，用得最多的干燥剂是变色硅胶。当变色硅胶吸水至一定程度后就由蓝色变成了粉红色，即失去了干燥能力，重新烘干后可再生。

任何经过烘干或灼烧的物体如称量瓶、样品、坩埚等，必须达到室温后，才可以在天平上称量。如果放在空气中冷却就会重新吸收水分，同时也会受到尘埃或其他有害烟雾的侵蚀，因此都须放在干燥器中冷却。

6.2.1.8　马弗炉

马弗炉(图 6-1)是一种通用的加热设备，又名电阻炉、马福炉等。按照外形可分为箱式电阻炉、管式电阻炉、井式电阻炉、坩埚炉等；按照温度可分为低温马弗炉、中温马弗炉、高温马弗炉。马弗炉主要用于测定水分、灰分、挥发分、灰熔点分析、灰成分分析、元素分析等，也可以作为通用灰化炉使用，广泛应用于热加工、水泥、建材、医药、化学分析等各个领域。

马弗炉第一次使用或长期停用后再次使用时，必须进行烘炉干燥：在 20～200℃打开炉门烘 2～3 h，200～600℃关门烘 2～3 h。炉膛内应保持清洁，禁止向炉膛内直接灌注各种液体及熔解金属。炉门要轻开轻关，用坩埚钳取放样品时要轻拿轻放，以保证安全和避免机件损坏。使用前，将温控器调至所需工作温度，打开启动编码使马弗炉通电，此时电流表有读数产生，温控表实测温度值逐渐上升，表示马弗炉、温控器均在正常工作。使用时炉膛温度不得超过额定炉温，也不得在额定温度下长时间工作。温度超过 600℃后不要打开炉门，等炉膛内温

图 6-1　马弗炉

度自然冷却后再打开炉门。实验完毕后，立刻关掉电源。在炉膛内取样品时，应先微开炉门，待样品稍冷后再小心夹取样品，以免烫伤。加热后的坩埚宜转移至干燥器中冷却，放置于缓冲耐火材料上，防止吸潮炸裂，待冷却之后再称量。搬运马弗炉时，严禁抬炉门，避免炉门损坏，同时应注意避免严重共振，且远离易燃、易爆等物品。

6.2.2　重量分析基本操作

重量分析的基本操作包括样品溶解、沉淀、过滤、洗涤、烘干和灼烧等，分别介绍如下。

6.2.2.1　样品溶解

准确称取样品于洁净、内壁及底部无纹痕的烧杯中，沿杯壁加溶剂，盖上表面皿，轻轻摇动，必要时可加热促其溶解，但温度不可太高，以防溶液溅失。

如果样品需要用酸溶解且有气体放出时，应先在样品中加少量水调成糊状，盖上表面皿，从烧杯嘴处注入溶剂，待作用完了以后，用洗瓶冲洗表皿凸面并使之流入烧杯内。

6.2.2.2　沉淀

重量分析对沉淀的要求是尽可能地完全和纯净，为了达到这个要求，应该按照沉淀的不同类型选择不同的沉淀条件，如沉淀时溶液的体积、温度，加入沉淀剂的浓度、数量，加入速度，搅拌速度，放置时间等。因此，必须按照规定的操作步骤进行。

一般进行沉淀操作时，左手拿滴管，滴加沉淀剂，右手持玻璃棒不断搅动溶液，搅动时玻璃棒不要碰烧杯壁或烧杯底，以免划损烧杯。溶液需要加热，一般在水浴或电热板上进行，沉淀后应检查沉淀是否完全，检查的方法是：待沉淀下沉后，在上层澄清液中，沿杯壁加 1 滴沉淀剂，观察滴落处是否出现浑浊，无浑浊出现表明已沉淀完全，如出现浑浊，需再补加沉淀剂，直至再次检查时上层清液中不再出现浑浊为止，然后盖上表面皿。

6.2.2.3 过滤和洗涤

(1)用滤纸过滤

过滤一般分 3 个阶段进行：第一阶段把尽可能多的清液先过滤过去，并将烧杯中的沉淀做初步洗涤；第二阶段把沉淀转移至漏斗上；第三阶段清洗烧杯和洗涤漏斗上的沉淀。

过滤时，为了避免沉淀堵塞滤纸的空隙，影响过滤速度，一般多采用倾泻法过滤，即倾斜静置烧杯，待沉淀下降后，先将上层清液倾入漏斗中，而不是一开始过滤就将沉淀和溶液搅混后过滤。

在上层清液倾注完后，在烧杯中做初步洗涤。选用什么洗涤液清洗沉淀，应根据沉淀的类型而定。

①晶形沉淀。可用冷的稀的沉淀剂进行洗涤，由于同离子效应，可以减少沉淀的溶解损失。但是如沉淀剂为不挥发的物质，就不能用作洗涤液，此时可改用蒸馏水或其他合适的溶液洗涤沉淀。

②无定形沉淀。用热的电解质溶液作洗涤剂，以防止产生胶溶现象，大多采用易挥发的铵盐溶液作洗涤剂。

③对于溶解度较大的沉淀，采用沉淀剂加有机溶剂洗涤沉淀，可降低其溶解度。

洗涤时，沿烧杯内壁四周注入少量洗涤液，每次约 20 mL，充分搅拌，静置，待沉淀沉降后，按上法倾注过滤，如此洗涤沉淀 4~5 次，每次应尽可能把洗涤液倾倒尽，再加第二份洗涤液。随时检查滤液是否透明不含沉淀颗粒，否则应重新过滤，或重做实验。

沉淀全部转移至滤纸上后，在滤纸上进行最后的洗涤。这时要采用少量多次的方法洗涤，洗后尽量沥干，再加第二次洗涤液，洗瓶由滤纸边缘稍下一些地方螺旋形向下移动冲洗沉淀，这样可使沉淀集中到滤纸锥体的底部，不可将洗涤液直接冲到滤纸中央沉淀上，以免沉淀外溅。

(2)用微孔玻璃坩埚(漏斗)过滤

有些沉淀不能与滤纸一起灼烧，因其易被还原，如 AgCl 沉淀。有些沉淀虽不需灼烧，只需烘干即可称量，如丁二肟镍沉淀、磷钼酸喹啉沉淀等，但是这些物质也不能用滤纸过滤，因为滤纸烘干后，质量改变很多。在这种情况下，应该选用微孔玻璃坩埚(或微孔玻璃漏斗)进行过滤，其操作与普通滤纸过滤相同，不同之处是在抽滤下进行。

6.2.2.4 烘干和灼烧

沉淀的烘干或灼烧是为了除去沉淀中的水分和挥发性物质，并转化为组成固定的称量形。烘干或灼烧的温度和时间，随沉淀的性质而定。

灼烧温度一般在 800℃以上，常用瓷坩埚盛放沉淀。若需用氢氟酸处理沉淀，则应用铂坩埚。灼烧沉淀前，应用滤纸包好沉淀，放入已灼烧至质量恒定的瓷坩埚中，先加热烘干、炭化后再进行灼烧。

沉淀经烘干或灼烧至质量恒定后，由其质量即可计算测定结果。

6.2.3 重量分析法的分类

根据分离方法的不同，重量分析法常分为沉淀法、气化法和电解法三类。

(1)沉淀法

沉淀法是利用沉淀反应使被测组分生成溶解度很小的沉淀，将沉淀过滤、洗涤后，烘干或灼烧成为组成一定的物质，然后称其质量，再计算被测组分的含量。这是重量分析法的主要方法。例如，测定样品中 SO_4^{2-} 含量时，在试液中加入过量 $BaCl_2$ 溶液，使 SO_4^{2-} 完全生成难溶的 $BaSO_4$ 沉淀，经过滤、洗涤、烘干、灼烧后，称量 $BaSO_4$ 的质量，再计算样品中的 SO_4^{2-} 的含量。

（2）气化法

气化法（又称挥发法）是用加热或其他方法使样品中被测组分气化逸出，然后根据气体逸出前后样品质量之差或吸收剂吸收前后质量之差来计算被测组分的含量。例如，测定氯化钡晶体（$BaCl_2 \cdot 2H_2O$）中结晶水的含量，可将一定质量的氯化钡样品加热，使水分逸出，根据氯化钡质量的减轻计算样品中水分的含量。也可以用吸湿剂（高氯酸镁）吸收逸出的水分，根据吸湿剂质量的增加来计算水分的含量。

（3）电解法

电解法是利用电解的方法使待测金属离子在电极上还原析出，然后称量，根据电极增加的质量，求得其含量。

6.2.3.1　沉淀重量法对沉淀形式和称量形式的要求

利用沉淀重量法进行分析时，如重量分析基本操作所述，首先将样品溶解，然后加入适当的沉淀剂使其与被测组分发生沉淀反应，并以沉淀形沉淀出来。沉淀经过滤、洗涤，在适当的温度下烘干或灼烧，转化为称量形，再进行称量。根据称量形的化学式计算被测组分在样品中的含量。沉淀形和称量形可能相同，也可能不同，例如：

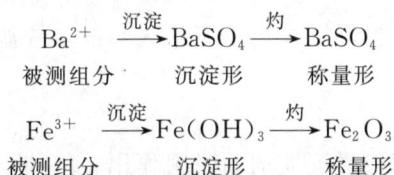

$$Ba^{2+} \xrightarrow{\text{沉淀}} BaSO_4 \xrightarrow{\text{灼}} BaSO_4$$

被测组分　　　　　沉淀形　　　　称量形

$$Fe^{3+} \xrightarrow{\text{沉淀}} Fe(OH)_3 \xrightarrow{\text{灼}} Fe_2O_3$$

被测组分　　　　　沉淀形　　　　称量形

在重量分析法中，为获得准确的分析结果，沉淀形和称量形必须满足一定的要求。

（1）对沉淀形的要求

①沉淀的溶解度要小，能沉淀完全，要求测定过程中沉淀的溶解损失不应超过分析天平的称量误差，一般要求小于 0.1 mg。例如 Ca^{2+} 的测定，以形成 $CaSO_4$ 和 CaC_2O_4 两种沉淀形式做比较，$CaSO_4$ 的溶解度较大（$K_{sp}=2.45 \times 10^{-5}$）、$CaC_2O_4$ 的溶解度小（$K_{sp}=1.78 \times 10^{-9}$）。因此，用 $(NH_4)_2C_2O_4$ 作沉淀剂比用硫酸作沉淀剂沉淀得更完全。

②沉淀必须纯净，不应混入沉淀剂和其他杂质，易于过滤和洗涤。颗粒较大的晶形沉淀比表面积较小，吸附杂质的机会较少，因此沉淀较纯净，易于过滤和洗涤。颗粒细小的晶形沉淀比表面积大，吸附杂质多，需要洗涤的次数也相应增多；非晶形沉淀体积庞大疏松，吸附杂质较多，难以过滤和洗涤，必须选择适当的沉淀条件以满足对沉淀形的要求。

③沉淀经烘干、灼烧后，应易于转化为称量形式。例如，Al^{3+} 的测定，若沉淀为 8 - 羟基喹啉铝 $[Al(C_9H_6NO)_3]$，在 130℃ 烘干后即可称量；若沉淀为 $Al(OH)_3$，则必须在 1 200℃ 灼烧才能转变为无吸湿性的 Al_2O_3 后称量。因此，转化为 8 - 羟基喹啉铝较好。

（2）对称量形的要求

①称量形的组成必须与化学式相符，这样才能根据化学式计算被测组分的含量。例如，PO_4^{3-} 的测定，可以形成磷钼酸铵沉淀，但组成不固定，无法利用它作为测定 PO_4^{3-} 的称量形。若采用磷钼酸喹啉法测定 PO_4^{3-}，则可得到组成与化学式相符的称量形。

②称量形稳定，不易吸收空气中的水分和二氧化碳。例如，测定 Ca^{2+} 时，若将 Ca^{2+} 沉淀为 $CaC_2O_4 \cdot H_2O$，灼烧后得到 CaO，易吸收空气中 H_2O 和 CO_2，不宜作为称量形式。

③称量形应有尽可能大的摩尔质量，可减小称量误差。例如，铝的测定，分别用 Al_2O_3 和 8-羟基喹啉铝[$Al(C_9H_6NO)_3$]两种称量形进行测定，若被测组分 Al 的质量为 0.100 0 g，则可分别得到 0.188 8 g Al_2O_3 和 1.704 0 g $Al(C_9H_6NO)_3$。两种称量形由称量误差所引起的相对误差分别为±1% 和±0.1%。显然，称量形式的摩尔质量越大，被测组分在沉淀中所占的比例越小，则沉淀的损失对被测组分影响越小，分析结果的准确度越高。

6.2.3.2 沉淀重量法对沉淀剂的要求

根据上述对沉淀形和称量形的要求，选择沉淀剂时应考虑如下几点：

(1)选择性高

试液中的其他组分对待测组分不产生干扰，这就要求选择的沉淀剂只能和待测组分生成沉淀。例如，丁二酮肟和 H_2S 都可以沉淀 Ni^{2+}，但 H_2S 能与较多金属离子生成沉淀，干扰测定，所以测定 Ni^{2+} 时多选用丁二酮肟。

(2)生成沉淀溶解度小

所选的沉淀剂应能与待测组分完全反应，溶解度小。例如，生成难溶的钡的化合物有 $BaCO_3$、$BaCrO_4$、BaC_2O_4 和 $BaSO_4$。但由于 $BaSO_4$ 溶解度最小，所以常选择以 $BaSO_4$ 的形式沉淀。

(3)灼烧时易挥发除去

沉淀中带有的沉淀剂可经过烘干或灼烧而除去，很多铵盐和有机沉淀剂都能满足这项要求。

(4)溶解度较大

用此类沉淀剂可以减少沉淀对沉淀剂的吸附作用。例如，利用生成难溶钡化合物沉淀 SO_4^{2-} 时，应选 $BaCl_2$ 作沉淀剂，而不用 $Ba(NO_3)_2$。因为 $Ba(NO_3)_2$ 的溶解度比 $BaCl_2$ 小，$BaSO_4$ 吸附 $Ba(NO_3)_2$ 比吸附 $BaCl_2$ 严重。

6.2.4 重量分析的计算

(1)重量分析中的换算因数

重量分析中，当最后称量形与被测组分形式一致时，计算其分析结果就比较简单了。例如，测定要求计算 SiO_2 的含量，重量分析最后称量形也是 SiO_2，其分析结果按下式计算：

$$w_{SiO_2} = \frac{m_{SiO_2}}{m_s} \times 100\%$$

式中，w_{SiO_2} 为 SiO_2 的质量分数；m_{SiO_2}、m_s 分别为 SiO_2 沉淀和样品的质量。

如果最后称量形与被测组分形式不一致时，分析结果就要进行适当的换算。如测定钡时，得到 $BaSO_4$ 沉淀 0.584 2 g，可按下列方法换算成被测组分钡的质量。

$$BaSO_4 \longrightarrow Ba$$
$$233.39 \qquad 137.33$$
$$0.584 2 \qquad\qquad m_{Ba}$$

$$m_{Ba} = 0.584\ 2 \times \frac{137.33}{233.39} = 0.343\ 8\ g$$

即

$$m_{\text{Ba}} = m_{\text{BaSO}_4} \cdot \frac{M_{\text{Ba}}}{M_{\text{BaSO}_4}}$$

式中，m_{Ba} 为被测组分钡的质量（g）；m_{BaSO_4} 为称量形 $BaSO_4$ 的质量（g）；$\frac{M_{\text{Ba}}}{M_{\text{BaSO}_4}}$ 是将 $BaSO_4$ 的质量换算成 Ba 的质量的分式。此分式是一个常数，与样品质量无关，称为换算因数或化学因数，用 F 表示。在计算换算因数时，要注意使分子和分母中所含被测组分的原子数目相等，所以在待测组分的摩尔质量和称量形摩尔质量之前有时需要乘以适当的系数。

（2）结果计算示例

【例 6-5】　称取某铁矿石样品 0.213 6 g，经溶解、氧化，使 Fe^{3+} 离子沉淀为 $Fe(OH)_3$，灼烧后得 Fe_2O_3 质量为 0.210 3 g，计算样品中 Fe 和 Fe_3O_4 的质量分数。

解：先计算样品中 Fe 的质量分数，称量形式为 Fe_2O_3，故

Fe 的质量分数：

$$w_{\text{Fe}} = \frac{m_{\text{Fe}}}{m_s} \times 100\% = \frac{m_{\text{Fe}_2\text{O}_3} \cdot \frac{2M_{\text{Fe}}}{M_{\text{Fe}_2\text{O}_3}}}{m_s} \times 100\%$$

$$= \frac{0.210\ 3 \times 2 \times \frac{55.85}{159.7}}{0.213\ 6} \times 100\%$$

$$= 68.86\%$$

Fe_3O_4 的质量分数：

$$w_{\text{Fe}_3\text{O}_4} = \frac{m_{\text{Fe}_3\text{O}_4}}{m_s} \times 100\% = \frac{m_{\text{Fe}_2\text{O}_3} \cdot \frac{2M_{\text{Fe}_3\text{O}_4}}{3M_{\text{Fe}_2\text{O}_3}}}{m_s} \times 100\%$$

$$= \frac{0.210\ 3 \times \frac{2 \times 231.54}{3 \times 159.7}}{0.213\ 6} \times 100\%$$

$$= 95.16\%$$

【任务实施】

实验实训 6-1　$AgNO_3$ 标准溶液的配制和标定

一、实验目的

1. 学习 $AgNO_3$ 标准溶液的配制和标定。
2. 学会判断沉淀滴定终点。

二、实验原理

$AgNO_3$ 标准滴定溶液可以用经过预处理的基准试剂 $AgNO_3$ 直接配制。但非基准试剂 $AgNO_3$ 中常含有杂质，如金属银、氧化银、游离硝酸、亚硝酸盐等，因此采用间接法配制。先配成近似浓度的溶液后，用基准物质 NaCl 标定。

以 NaCl 作为基准物质，溶解后，在中性或弱碱性溶液中，以 K_2CrO_4 为指示剂，用 $AgNO_3$ 标准溶液滴定，由于 AgCl 的溶解度小于 Ag_2CrO_4 的溶解度，当 AgCl 定量沉淀后，稍过量的 $AgNO_3$ 溶液即与 K_2CrO_4 作用生成砖红色的 Ag_2CrO_4 沉淀，指示滴定终点。反应式如下：

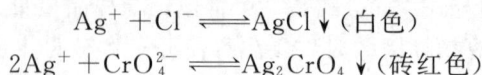

$$Ag^+ + Cl^- \rightleftharpoons AgCl \downarrow （白色）$$

$$2Ag^+ + CrO_4^{2-} \rightleftharpoons Ag_2CrO_4 \downarrow （砖红色）$$

$AgNO_3$ 标准溶液的物质的量浓度：

$$c_{AgNO_3} = \frac{m_{NaCl} \times \dfrac{25.00}{250.00} \times 1\,000}{M_{NaCl} \cdot (V_{AgNO_3} - V_0)}$$

式中，c_{AgNO_3} 为 $AgNO_3$ 标准溶液的物质的量浓度（$mol \cdot L^{-1}$）；m_{NaCl} 为称取的基准物质 NaCl 的质量（g）；M_{NaCl} 为 NaCl 的摩尔质量（58.44 g $\cdot$ mol^{-1}）；V_{AgNO_3} 为标定时消耗的 $AgNO_3$ 标准溶液的体积（mL）；V_0 为空白实验消耗的 $AgNO_3$ 标准溶液的体积（mL）；1 000 为单位换算系数。

指示剂的用量对滴定终点的判断有一定的影响，必须定量加入。在实际应用中一般在 100 mL 溶液中加 1 mL 5% K_2CrO_4 溶液比较合适。溶液较稀时，须做指示剂的空白校正，方法如下：取 1 mL K_2CrO_4 指示剂溶液，加入适量水，然后加入无 Cl^- 的 $CaCO_3$ 固体（相当于滴定时 AgCl 的沉淀量），制成相似于实际滴定的浑浊溶液。逐渐滴入 $AgNO_3$ 溶液至与终点颜色相同为止。记录读数，从滴定试液所消耗的 $AgNO_3$ 体积中扣除此读数。

三、仪器和试剂

仪器：电子分析天平、普通电子天平、酸式滴定管、移液管（25 mL）、吸量管（1 mL）、容量瓶（100 mL）、棕色细口试剂瓶（500 mL）、锥形瓶（250 mL）、量筒、烧杯。

试剂：固体 NaCl（A.R.，于 120℃下烘干 2 h，或放在坩埚中于 500℃下灼烧至不发出爆裂声为止）、固体 $AgNO_3$（A.R.）、5% K_2CrO_4 溶液。

四、实验步骤

1. 0.10 mol $\cdot$ L^{-1} NaCl 标准溶液的配制

称取 1.5～1.8 g NaCl 基准物质，置于干净的烧杯中，用蒸馏水溶解后，转入250 mL容量瓶中，加蒸馏水稀释至刻度，摇匀。计算 NaCl 标准溶液的准确浓度，并贴上标签。

2. 0.10 mol $\cdot$ L^{-1} $AgNO_3$ 标准溶液的配制

称取约 8.5 g $AgNO_3$，溶于 500 mL 不含 Cl^- 的纯水中，将溶液转入带玻璃塞的棕色细口试剂瓶中，置于暗处保存，以减缓因见光而分解的作用。

3. 0.10 mol $\cdot$ L^{-1} $AgNO_3$ 标准溶液的标定

用移液管移取 25.00 mL NaCl 标准溶液于 250 mL 锥形瓶中，加入 25 mL 蒸馏水（沉淀滴定中，为减少沉淀对被测离子的吸附，一般滴定的体积以大些为好，故需加水稀释试液），加入 1 mL 5% K_2CrO_4 溶液，在不断摇动条件下，用 $AgNO_3$ 标准溶液滴定至白色沉淀中有砖红色沉淀生成且不消失时即为终点，记录消耗 $AgNO_3$ 标准溶液的体积。

平行标定 3 次，同时做空白实验。

五、数据记录及处理

将实验数据及结果填入表 6-2。

表 6-2　AgNO₃ 标准溶液的标定结果

平行实验		1	2	3
基准物质质量/g	$m_{倾样前}$			
	$m_{倾样后}$			
	m_{NaCl}			
定容体积/mL				
移取 NaCl 标准溶液的体积/mL				
消耗 AgNO₃ 标准溶液的体积/mL	初读数			
	终读数			
	净用量			
空白/mL				
AgNO₃ 标准溶液的浓度/(mol·L⁻¹)				
AgNO₃ 标准溶液的平均浓度/(mol·L⁻¹)				
相对极差/%				

六、注意事项

AgNO₃ 试剂及其溶液具有腐蚀性，破坏皮肤组织，注意切勿接触皮肤及衣服；配制 AgNO₃ 标准溶液的蒸馏水应无 Cl^-，否则配成的 AgNO₃ 溶液会出现白色浑浊，不能使用；实验完毕后，将装 AgNO₃ 溶液的滴定管先用蒸馏水冲洗 2～3 次后，再用自来水洗净，以免 AgCl 残留于管内。

七、思考题

1. 以 K₂CrO₄ 作指示剂时，指示剂浓度过大或过小对测定有何影响？
2. 滴定过程中，为什么必须充分摇动滴定溶液？

实验实训 6-2　可溶性氯化物中氯含量的测定（莫尔法）

一、实验目的

1. 掌握用莫尔法进行沉淀滴定的原理、方法和实验操作。
2. 学会判断氯含量测定时的滴定终点。

二、实验原理

某些可溶性氯化物中氯含量的测定常采用莫尔法。该方法应用广泛，生活用水、工业用水、环境水质检测以及一些药品、食品中氯含量的测定均可使用。此法是在中性或弱碱性溶液中，以 K_2CrO_4 为指示剂，以 $AgNO_3$ 标准溶液进行滴定。由于 $AgCl$ 的溶解度比 Ag_2CrO_4 小，因此，溶液中首先析出 $AgCl$ 沉淀。当 $AgCl$ 定量沉淀后，稍过量的 $AgNO_3$ 溶液即与 K_2CrO_4 作用生成砖红色的 Ag_2CrO_4 沉淀，指示滴定终点。反应式如下：

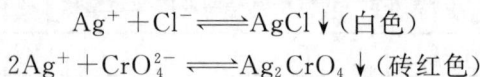

$$Ag^+ + Cl^- \rightleftharpoons AgCl \downarrow（白色）$$

$$2Ag^+ + CrO_4^{2-} \rightleftharpoons Ag_2CrO_4 \downarrow（砖红色）$$

滴定必须在中性或弱碱性溶液中进行，最适宜的 pH 值为 6.5～10.5。如果有铵盐存在，溶液的 pH 值需控制在 6.5～7.2。

指示剂的用量对滴定终点的判断有一定的影响，具体使用方法见实验实训 6-1。

三、仪器和试剂

仪器：电子分析天平、普通电子天平、酸式滴定管、移液管（25 mL）、吸量管（1 mL）、容量瓶（250 mL）、棕色细口试剂瓶（500 mL）、锥形瓶（250 mL）、量筒、烧杯。

试剂：$0.1000 \ mol \cdot L^{-1}$ $AgNO_3$ 标准溶液、$NaCl$（A.R.）、粗食盐、$AgNO_3$（A.R.）、5% K_2CrO_4 溶液。

四、实验步骤

1. 粗食盐

准确称取 2 g 粗食盐于烧杯中，加水溶解后，定量转入 250 mL 容量瓶中，用水稀释至刻度，摇匀。用移液管移取 25.00 mL 试液于 250 mL 锥形瓶中，加入 25 mL 水，加入 1 mL 5% K_2CrO_4 溶液，在不断摇动条件下，用 $0.1000 \ mol \cdot L^{-1}$ $AgNO_3$ 标准溶液滴定至白色沉淀中出现砖红色即为终点。平行测定 3 次，同时做空白实验。根据实验数据，按下式计算粗食盐中 $NaCl$ 的含量：

$$w_{NaCl} = \frac{c_{AgNO_3} \cdot (V_{AgNO_3} - V_0) \cdot M_{NaCl}}{m_{粗食盐} \times \dfrac{25.00}{250.00}} \times 100\%$$

式中，w_{NaCl} 为 $NaCl$ 的含量（%）；c_{AgNO_3} 为标准溶液的浓度（$mol \cdot L^{-1}$）；M_{NaCl} 为 $NaCl$ 的摩尔质量（58.44 $g \cdot mol^{-1}$）；V_{AgNO_3} 为标定时所消耗 $AgNO_3$ 标准溶液的体积（mL）；V_0 为空白实验消耗的 $AgNO_3$ 标准溶液的体积（mL）；$m_{粗食盐}$ 为准确称取的粗食盐的质量（g）。

2. 生理盐水

用分析天平称量 250 mL 锥形瓶的质量，用移液管移取生理盐水 25.00 mL 置于锥形瓶中，称其总质量，计算出溶液的质量。实验方法同上，加 25 mL 蒸馏水，加 1 mL 5% K_2CrO_4 指示剂，用 $AgNO_3$ 标准溶液滴定至出现稳定的砖红色（边滴边摇）为滴定终点。记录所消耗的 $AgNO_3$ 标准溶液体积。平行测定 3 次，同时做空白实验。$NaCl$ 含量的计算公式为

$$w_{NaCl} = \frac{c_{AgNO_3} \cdot \dfrac{(V_{AgNO_3} - V_0)}{1000} \cdot M_{NaCl}}{m_{生理盐水}} \times 100\%$$

式中，c_{AgNO_3} 为 $AgNO_3$ 标准溶液的浓度（$mol \cdot L^{-1}$）；M_{NaCl} 为 $NaCl$ 的摩尔质量（58.44 g ·

mol^{-1}）；V_{AgNO_3} 为标定时所消耗 $AgNO_3$ 标准溶液的体积（mL）；V_0 为空白实验消耗的 $AgNO_3$ 标准溶液的体积（mL）；$m_{盐水}$ 为准确称取的生理盐水的质量（g）；1 000 为单位换算系数。

五、数据处理及结果

将实验数据及结果填入表 6-3 和表 6-4。

表 6-3　粗食盐中氯含量的测定结果

平行实验		1	2	3
样品（粗食盐）质量/g	$m_{倾样前}$			
	$m_{倾样后}$			
	$m_{粗食盐}$			
消耗 $AgNO_3$ 标准溶液的体积/mL	初读数			
	终读数			
	净用量			
空白/mL				
样品中 NaCl 的含量 /%				
样品中 NaCl 的平均含量/%				
相对极差/%				

表 6-4　生理盐水中氯含量的测定结果

平行实验		1	2	3
样品（生理盐水）质量/g	$m_{锥形瓶}$			
	$m_{锥形瓶+生理盐水}$			
	$m_{生理盐水}$			
滴定消耗 $AgNO_3$ 标准溶液的体积/mL	初读数			
	终读数			
	净用量			
空白/mL				
生理盐水中 NaCl 的含量/%				
生理盐水中 NaCl 的平均含量/%				
相对极差/%				

注：实验完毕后，将装 $AgNO_3$ 溶液的滴定管先用蒸馏水冲洗 2~3 次后，再用自来水洗净，以免 AgCl 残留于管内。

六、思考题

1. 莫尔法测氯时，为什么溶液的 pH 值需控制在 6.5~10.5？

2. 莫尔法测氯时，若溶液中有铵盐存在会造成什么影响？如何解决？

实验实训 6-3　生活饮用水中氯含量的测定(法扬司法)

一、实验目的

1. 理解吸附指示剂法的实验原理。
2. 掌握用吸附指示剂法测定天然水中氯含量的方法。

二、实验原理

生活饮用水是指提供人们生活的饮用水和生活用水。氯化物几乎存在于所有的饮用水中,而来自城镇自来水厂的生活饮用水中更带有消毒处理后的余氯,当饮用水中的氯离子含量超过 $4.0\ \text{g} \cdot \text{L}^{-1}$ 时,将对人的健康有害,因此对水中氯含量的测定就显得尤其重要。其常用的方法有银量法和硝酸汞滴定法。本实验采用银量法中的法扬司法。

用 $AgNO_3$ 滴定 Cl^-,以荧光黄作指示剂,荧光黄先在溶液(pH 值为 7~10)中解离为黄绿色的阴离子 FIn^-:

$$HFIn \rightleftharpoons FIn^- + H^+$$

在化学计量点前 $AgCl$ 沉淀吸附 Cl^-,这时 FIn^- 不被吸附,溶液呈黄绿色。当滴定达到化学计量点时,稍过量的 Ag^+ 被 $AgCl$ 沉淀吸附形成 $AgCl \cdot Ag^+$,而 $AgCl \cdot Ag^+$ 强烈吸附 FIn^-,使其结构发生变化而呈粉红色,以此指示滴定终点。

$$(AgCl)_n \cdot Ag^+ + \underset{\text{(黄绿色)}}{FIn^-} \xrightarrow{\text{吸附}} \underset{\text{(粉红色)}}{(AgCl)_n \cdot Ag \cdot FIn}$$

计算氯含量的公式

$$\rho_{Cl} = \frac{c_{AgNO_3} \cdot (V_{AgNO_3} - V_0) \cdot M_{Cl} \times 1\,000}{V_{水样}} \times 100\%$$

式中,ρ_{Cl} 为氯含量($\text{mg} \cdot \text{L}^{-1}$);$c_{AgNO_3}$ 为标准溶液的浓度($\text{mol} \cdot \text{L}^{-1}$);$M_{Cl}$ 为氯的摩尔质量($35.45\ \text{g} \cdot \text{mol}^{-1}$);$V_{AgNO_3}$ 为测定时所消耗 $AgNO_3$ 标准溶液的体积(mL);V_0 为空白实验消耗 $AgNO_3$ 标准溶液的体积(mL);$V_{水样}$ 为准确移取的水样体积(mL);1 000 为单位换算系数。

三、仪器和试剂

仪器:电子分析天平、酸式滴定管、移液管(25 mL)、吸量管(10 mL、25 mL)、容量瓶(100 mL)、棕色细口试剂瓶(500 mL)、锥形瓶(250 mL)、量筒、烧杯。

试剂:NaCl(A.R.)、$0.100\,0\ \text{mol} \cdot \text{L}^{-1}$ $AgNO_3$ 标准溶液、天然水、1% 淀粉溶液、荧光黄指示剂。

四、实验步骤

准确移取生活用水 50.00 mL 于 250 mL 锥形瓶中,加入 10 mL 1% 淀粉溶液,2~3 滴荧光黄指示剂,在充分振荡下,用 $0.100\,0\ \text{mol} \cdot \text{L}^{-1}$ $AgNO_3$ 标准溶液滴定至溶液由黄绿色变为粉红色且 30 s 内不褪色即达到终点。

平行测定 3 次,同时做空白实验。

五、数据记录及处理

将实验数据及结果填入表 6-5。

表 6-5　生活用水中氯含量的测定结果

平行实验		1	2	3
移取天然水的体积/mL				
滴定消耗 AgNO₃ 标准溶液的体积/mL	初读数			
	终读数			
	净用量			
空白值/mL				
样品中 Cl⁻ 的含量/(mg·L⁻¹)				
样品中 Cl⁻ 的平均含量/(mg·L⁻¹)				
相对极差/%				

六、思考题

1. 为什么在滴定前要加入淀粉溶液？
2. 滴定过程对指示剂的吸附能力有何要求？

【任务实施拓展】

实验实训拓展 6-Ⅰ　酱油中 NaCl 含量的测定

一、实验目的

1. 了解佛尔哈德法的基本原理。
2. 掌握铁铵矾作指示剂的终点判断。

二、实验原理

佛尔哈德法是以铁铵矾[$NH_4Fe(SO_4)_2$]为指示剂，以 NH_4SCN 为标准溶液滴定 Ag^+ 的方法。在含一定量的酱油中，加入过量的 $AgNO_3$ 标准溶液，试液中的 Cl^- 与 Ag^+ 反应生成 AgCl 白色沉淀。然后，以铁铵矾作指示剂，用 NH_4SCN 标准溶液返滴定过量的 Ag^+，终点时微过量的 SCN^- 与 Fe^{3+} 结合产生血红色的 $Fe(SCN)_3$，反应式如下：

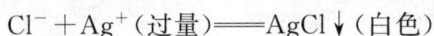

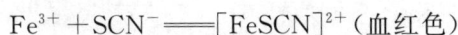

$$Cl^- + Ag^+（过量）\!\!=\!\!=\!\!=\!AgCl\!\downarrow（白色）$$
$$Ag^+ + SCN^- \!\!=\!\!=\!\!=\! AgSCN\!\downarrow（白色）$$
$$Fe^{3+} + SCN^- \!\!=\!\!=\!\!=\! [FeSCN]^{2+}（血红色）$$

由于 AgCl 和 AgSCN 沉淀都易吸附 Ag^+，所以接近终点时需剧烈振摇，以减少被吸附。因为 AgSCN 的溶解度比 AgCl 小，可能发生 AgCl 向 AgSCN 转化而使终点不敏锐，加入一定量的硝基苯（有毒）或石油醚可防止沉淀的转化。

佛尔哈德法只适用于酸性介质（c_{H^+} 为 $0.1 \sim 1\ mol \cdot L^{-1}$）。在中性或碱性介质中，指示剂中 Fe^{3+} 将生成沉淀，无法指示终点。

三、仪器和试剂

仪器：酸式滴定管、电子分析天平、普通电子天平、试剂瓶、移液管、量筒、锥形瓶、烧杯、容量瓶。

试剂：$0.100\ 0\ mol \cdot L^{-1}$ $AgNO_3$ 标准溶液、NH_4SCN（A.R.）、40% 铁铵矾指示剂、$6\ mol \cdot L^{-1}$ HNO_3、酱油。

$6\ mol \cdot L^{-1}$ HNO_3：量取 375 mL 浓硝酸，缓缓加入约 600 mL 水中，再稀释至 1 000 mL，煮沸并冷却，以除去其中可能含有的氮的低价氧化物，因其能与 Fe^{3+} 形成红色亚硝基化合物而影响终点的观察。

四、实验步骤

1. NH_4SCN 标准溶液的配制和标定

称取约 1.9 g NH_4SCN 于烧杯中，加入少量蒸馏水使其溶解并稀释至 500 mL，转入玻璃塞细口瓶中，摇匀，待标定。

用移液管准确移取 25.00 mL $0.100\ 0\ mol \cdot L^{-1}$ $AgNO_3$ 标准溶液于 250 mL 锥形瓶中，加 50 mL 水、5 mL $6\ mol \cdot L^{-1}$ 新煮沸并冷却的 HNO_3 溶液及 1 mL 40% 铁铵矾指示剂，然后用 NH_4SCN 标准溶液滴定至溶液呈淡红棕色在摇动后也不消失为止。

平行测定 3 次，同时做空白实验。根据实验数据计算出 NH_4SCN 标准溶液的浓度。

2. 样品中 NaCl 含量的测定

（1）样品处理

准确称取已过滤的酱油 5.00 g，置于 250 mL 容量瓶中，加蒸馏水稀释至刻度，摇匀。

（2）样品测定

准确移取 25.00 mL 试液于锥形瓶中，加入 25 mL 蒸馏水、7 mL $6\ mol \cdot L^{-1}$ HNO_3 溶液，在不断摇动下，用 $0.100\ 0\ mol \cdot L^{-1}$ $AgNO_3$ 标准溶液滴定至沉淀完全（当 AgCl 沉淀凝聚沉降后，在溶液清液中加入几滴 $AgNO_3$ 溶液，如果无沉淀生成，则表明沉淀完全）。然后再适当过量 $5 \sim 10$ mL。再加入 2 mL 硝基苯，用橡皮塞塞住锥形瓶口，剧烈摇动，使 AgCl 进入硝基苯层中而与溶液分开。然后加入 1 mL 铁铵矾指示剂，用 NH_4SCN 标准溶液滴定至溶液呈淡红色即终点。记录所消耗的 $AgNO_3$ 标准溶液和 NH_4SCN 标准溶液的体积。

五、数据记录及处理

自行设计表格，记录实验数据，计算实验结果。

（1）NH_4SCN 标准溶液的浓度计算公式

$$c_{NH_4SCN} = \frac{c_{AgNO_3} \cdot V_{AgNO_3}}{V_{NH_4SCN} - V_0}$$

式中，c_{NH_4SCN} 为 NH_4SCN 标准溶液的浓度（$mol \cdot L^{-1}$）；c_{AgNO_3}、V_{AgNO_3} 分别为 $AgNO_3$ 标准溶液的浓度（$mol \cdot L^{-1}$）和移取的体积（mL）；V_{NH_4SCN} 为消耗的 NH_4SCN 标准溶液的体积（mL）；V_0 为空白实验消耗的 NH_4SCN 标准溶液的体积（mL）。

（2）NaCl 的含量计算公式

$$w_{\text{NaCl}} = \frac{(c_{\text{AgNO}_3} \cdot V_{\text{AgNO}_3} - c_{\text{NH}_4\text{SCN}} \cdot V_{\text{NH}_4\text{SCN}}) \cdot M_{\text{NaCl}}}{5.00 \times \dfrac{25.00}{250.00}} \times 100\%$$

式中，w_{NaCl} 为 NaCl 的含量（%）；c_{AgNO_3}、V_{AgNO_3} 分别为 $AgNO_3$ 标准溶液的浓度（mol·L^{-1}）和所消耗的体积（mL）；$c_{\text{NH}_4\text{SCN}}$、$V_{\text{NH}_4\text{SCN}}$ 分别为 NH_4SCN 标准溶液的浓度（mol·L^{-1}）和所消耗的体积（mL）；M_{NaCl} 为 NaCl 的摩尔质量（58.44 g·mol^{-1}）。

六、思考题

1. 佛尔哈德法测定 NaCl 含量时是否需要控制溶液的酸度？为什么？
2. 采用佛尔哈德法测定酱油中 NaCl 含量，临近终点时，为什么要剧烈振摇？

实验实训拓展 6-Ⅱ　$BaCl_2 \cdot 2H_2O$ 中钡含量的测定（重量分析法）

一、实验目的

1. 了解晶形沉淀的性质、沉淀条件及制备方法。
2. 掌握沉淀重量分析法的基本操作。
3. 掌握测定 $BaCl_2 \cdot 2H_2O$ 中钡含量的方法，并学会用换算因数计算测定结果。

二、实验原理

重量分析法是利用沉淀反应，将试液中的被测组分转化为一定的称量形式，进行称量而测定物质含量的分析方法，虽然操作过程耗时且烦琐，但测定的结果准确度高。目前，在常量的 S、Si、P、Ni、Ba 等元素及其化合物的定量分析中还经常使用。

Ba^{2+} 能生成一系列的微溶化合物如 $BaCO_3$、BaC_2O_4、$BaCr_2O_4$ 等，其中 $BaSO_4$ 溶解度最小（$K_{sp} = 1.1 \times 10^{-10}$），其组成与化学式相符且很稳定，因此通常以 $BaSO_4$ 为沉淀形式和称量形式来测定 Ba^{2+}。

H_2SO_4 在灼烧时能挥发，是沉淀 Ba^{2+} 的理想沉淀剂。因此在沉淀过程中加入过量的稀 H_2SO_4 溶液以降低 $BaSO_4$ 的溶解度。沉淀初生成时，一般形成细小晶体，因此，过滤时宜选用慢速滤纸。为了获得纯净且颗粒较大的晶体沉淀，应当在热的酸性稀溶液中，在不断搅拌下逐滴加入热的稀 H_2SO_4 溶液。反应介质一般为 0.05 mol·L^{-1} HCl 溶液（浓度过大会使 $BaSO_4$ 的溶解度增大），在此条件下沉淀 $BaSO_4$ 可防止 $BaCO_3$、BaC_2O_4 等其他形式的沉淀生成。加热温度以近沸较好（勿沸腾，以防飞溅）。

沉淀完成后，还需陈化，为保证其沉淀完全，应在自然冷却后再过滤、洗涤、灼烧，最后称量，通过换算因数即可求得样品中 Ba^{2+} 的含量。

三、仪器和试剂

仪器：分析天平、泥三角、瓷坩埚、慢速滤纸、长颈漏斗、马弗炉、干燥器。

试剂：$BaCl_2 \cdot 2H_2O$ 样品、2 mol·L^{-1} HCl 溶液、1 mol·L^{-1} H_2SO_4 溶液、

0.10 mol·L^{-1} AgNO$_3$ 溶液。

四、实验步骤

1. 空坩埚恒重

洗净 2 个瓷坩埚,晾干后放入马弗炉中缓慢升温至 800~850℃下灼烧[1],第一次灼烧 30 min,取出稍冷片刻,放入干燥器中冷却至室温(约 30 min),称重(称量速度要快,天平平衡后马上读数,以防止受潮)。第二次仍在该温度下灼烧 15~20 min,冷至室温,再称重,如此操作直到两次称量结果相差在 0.2 mg 以下,即认为已恒重。

2. 沉淀的制备

在分析天平上准确称取 BaCl$_2$·2H$_2$O 样品 0.4~0.5 g 2 份,分别置于 250 mL 烧杯中,各加入 100 mL 蒸馏水,搅拌溶解(玻璃棒应一直放在烧杯中,等过滤、洗涤完毕后才可以从烧杯中取出)。加入 4 mL 2 mol·L^{-1} HCl 溶液,在石棉网上加热近沸(勿使溶液沸腾,以防溅失)。

取 4 mL 1 mol·L^{-1} H$_2$SO$_4$ 溶液 2 份,分别置于 2 个 100 mL 烧杯中,加水 30 mL,加热至沸,趁热将稀 H$_2$SO$_4$ 溶液用滴管逐滴加入样品溶液中,并不断搅拌[2]。沉淀完毕,待 BaSO$_4$ 沉淀下沉,于上层清液中加入 1~2 滴 H$_2$SO$_4$ 溶液,观察是否有白色沉淀,以检验是否沉淀完全。盖上表面皿,将沉淀水浴加热 30 min,放置冷却后过滤。

3. 过滤和洗涤

取 2 张慢速滤纸,按漏斗角度的大小折好,使其与漏斗很好地贴合,用蒸馏水润湿,并使漏斗颈内保持水柱。将漏斗放置在漏斗架上,漏斗下面各放一个洁净的烧杯(如 BaSO$_4$ 沉淀穿透滤纸可重新过滤)。小心地把沉淀上面的上清液沿玻璃棒倾入漏斗中,再用倾泻法洗涤沉淀 3~4 次,每次用 20~30 mL 洗涤液(取 3 mL 1 mol·L^{-1} H$_2$SO$_4$ 溶液,用 200 mL 蒸馏水稀释即成)。最后,小心地定量地将沉淀转移至滤纸上,以洗涤液洗涤沉淀,直至洗液不含 Cl$^-$ 为止(收集数滴于表面皿上,加稀硝酸溶液 1 滴,用 AgNO$_3$ 溶液检验)。

4. 沉淀的灼烧与恒重

将盛有沉淀的滤纸折成小包,放入已恒重的坩埚中[3],灰化后放入 800~850℃ 的马弗炉中灼烧 1 h,取出稍冷后置于干燥器内冷却、称量。再次灼烧 10~20 min,冷却、称量,直至恒重。

五、数据记录及处理

自行设计表格,记录实验数据并根据下式计算样品中的钡含量:

$$w_{Ba} = \frac{M_{Ba} \cdot m_{BaSO_4}}{M_{BaSO_4} \cdot m_{样品}} \times 100\%$$

式中,w_{Ba} 为钡含量(%);M_{Ba} 为钡的摩尔质量(137.33 g·mol^{-1});M_{BaSO_4} 为 BaSO$_4$ 的摩尔质量(233.39 g·mol^{-1});m_{BaSO_4} 为 BaSO$_4$ 的质量(g);$m_{样品}$ 为样品的质量(g)。

六、注释

[1]灼烧温度不能太高,若超过 900℃,BaSO$_4$ 会被滤纸中的碳还原。若超过 950℃,BaSO$_4$ 将会发生分解:

$$BaSO_4 \Longrightarrow BaO + SO_3 \uparrow$$

[2]进行沉淀搅拌时，注意玻璃棒不要触碰烧杯底或内壁以免划损烧杯，致使沉淀黏附在烧杯上难以洗下，造成沉淀损失。

[3]滤纸灰化时空气要充分，否则硫酸盐易被滤纸的碳还原，反应如下：

$$BaSO_4 + 4C \Longrightarrow BaS + 4CO \uparrow$$
$$BaSO_4 + 4CO \Longrightarrow BaS + 4CO_2 \uparrow$$

七、思考题

1. 沉淀 $BaSO_4$ 时，为什么要在稀 H_2SO_4 溶液中进行？不断搅拌的目的是什么？
2. 洗涤沉淀时，为什么要用稀 H_2SO_4 溶液进行洗涤而不用蒸馏水直接洗涤？
3. 为什么要用无灰、紧密的定量滤纸过滤 $BaSO_4$ 沉淀？

项目 6 小结

基于沉淀反应的滴定法称为沉淀滴定法，沉淀反应是否完全，可以根据沉淀的溶解度来衡量，沉淀的溶解度则可以根据沉淀的溶度积常数 K_{sp} 来计算。在本项目的学习中，必须掌握沉淀溶解平衡常数的书写及意义、溶度积规则，理解分步沉淀及沉淀的溶解与转化的概念。

(1)难溶电解质的溶度积

对于难溶电解质($A_m B_n$)，在一定温度下，其饱和溶液中的沉淀溶解平衡为

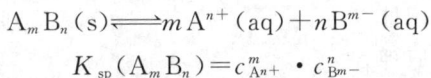

$$A_m B_n(s) \Longrightarrow m A^{n+}(aq) + n B^{m-}(aq)$$
$$K_{sp}(A_m B_n) = c_{A^{n+}}^m \cdot c_{B^{m-}}^n$$

(2)溶度积规则

①当 $Q_i < K_{sp}$ 时，溶液为不饱和溶液，无沉淀析出，此时若体系中有固体存在，则固体将溶解，直至饱和为止。

②当 $Q_i = K_{sp}$ 时，溶液为饱和溶液，体系处于沉淀溶解平衡状态。

③当 $Q_i > K_{sp}$ 时，溶液为过饱和溶液，有沉淀析出直至饱和。

(3)分步沉淀

在溶液中有两种或两种以上的离子都能与加入的试剂发生沉淀反应，它们将根据溶解度的大小而先后生成沉淀。当第二种离子开始沉淀时，前一种离子的浓度 $c < 1.0 \times 10^{-5}$ mol · L^{-1} 时，则认为此种离子已沉淀完全，前后离子可实现分步沉淀。

由于能用于滴定分析的沉淀反应必须具备一定的条件，因此，在实际工作中应用较多的沉淀滴定法主要是银量法。通过本项目的学习，应了解沉淀滴定法对沉淀反应的要求，熟练掌握莫尔法、佛尔哈德法、法扬司法 3 种沉淀滴定法的原理、滴定条件和应用范围及有关计算，具体见表 6-6。

重量分析法是经典的化学分析方法之一，它是根据生成物的质量来确定被测组分含量的方法。学会使用重量分析所需各种仪器，掌握重量分析的基本操作包括样品溶解、沉淀、过滤、洗涤、烘干和灼烧等步骤。重量分析法通常有沉淀法、气化法和电解法，本项目重点介绍沉淀重量法。通过本项目的学习，应掌握沉淀重量法对沉淀形式和称量形式的要求及重量分析的结果计算。

表 6-6　常用银量法原理及应用

方法	莫尔法	佛尔哈德法	法扬司法
指示剂	$K_2Cr_2O_4$	$NH_4Fe(SO_4)_2$	吸附指示剂
滴定剂	$AgNO_3$	NH_4SCN 或 $KSCN$	Cl^- 或 $AgNO_3$
滴定反应	$2Ag^+ + Cl^- \rightleftharpoons AgCl\downarrow$	$SCN^- + Ag^+ \rightleftharpoons AgSCN\downarrow$	$Cl^- + Ag^+ \rightleftharpoons AgCl\downarrow$
终点指示反应	$2Ag^+ + CrO_4^{2-} \rightleftharpoons$ $Ag_2Cr_2O_4\downarrow$（砖红色）	$SCN^- + Fe^{3+} \rightleftharpoons$ $[FeSCN]^{2+}$（红色）	$(AgCl)_n \cdot Ag^+ + FIn^- \rightleftharpoons$ $(AgCl)_n \cdot Ag^+ \cdot FIn^-$（粉红色）
滴定条件	①pH＝6.5～10.5 ②$c(K_2CrO_4)＝5\times10^{-3}$ mol·L^{-1} ③剧烈摇荡 ④除去干扰	①0.1～1 mol·L^{-1} HNO$_3$ 介质 ②测 Cl$^-$ 时加入硝基苯或高浓度的 Fe^{3+} ③测 I$^-$ 时要先加 AgNO$_3$ 后加 Fe^{3+}	①加入保护胶体 ②控制适当酸度使指示剂以离子型体 FIn$^-$ 存在 ③避光 ④指示剂吸附能力适中
测定对象	Cl^-、Br^-、CN^-	直接滴定法测 Ag$^+$；返滴定法测 Cl$^-$、Br$^-$、I$^-$、SCN$^-$ 等	Cl^-、Br^-、SCN^-、SO_4^{2-} 和 Ag^+ 等

习题 6

1. 什么是溶度积？什么是离子积？两者有什么区别？

2. 什么叫溶度积规则？有何用处？

3. 简述莫尔法的指示剂作用原理。

4. 重量分析法的基本原理是什么？有何优缺点。

5. 判断题（下列叙述中对的打"√"，错的打"×"）

(1)根据滴定方式、滴定条件和选用指示剂的不同，银量法可分为莫尔法、佛尔哈德法和法扬司法。　　　　　　　　　　　　　　　　　　　　　　　　（　　）

(2)控制一定的条件，沉淀反应可以达到绝对完全。　　　　　　　　　　（　　）

(3)用 K_2CrO_4 指示剂法时，滴定应在 pH＝3.4～6.5 溶液中进行。　　（　　）

(4)佛尔哈德法是在中性或弱碱性介质中，以铁铵矾作指示剂来确定滴定终点的一种银量法。　　　　　　　　　　　　　　　　　　　　　　　　　　（　　）

(5)法扬司法是利用吸附指示剂指示终点的一种银量法。　　　　　　　　（　　）

6. 填空题

(1)难溶电解质 AB$_2$ 饱和溶液中，$c_{A^{2+}}＝x$ mol·L^{-1}、$c_{B^-}＝y$ mol·L^{-1}，则 K_{sp} 的值为_____。

(2)某溶液中含有 Ag$^+$、Pb^{2+}，浓度均为 0.01 mol·L^{-1}，当加入 K_2CrO_4 溶液时，它们沉淀的顺序是_____。

7. 选择题

(1)Fe$_2$S$_3$ 的溶度积表达式是(　　)。

A. $K_{sp}＝c_{Fe^{3+}} \cdot c_{S^{2-}}$　　　　　　　　　　B. $K_{sp}＝c_{Fe_2^{3+}} \cdot c_{S_3^{2-}}$

C. $K_{sp}＝c_{Fe^{3+}}^2 \cdot c_{S^{2-}}^3$　　　　　　　　　　D. $K_{sp}＝(2c_{Fe^{3+}})^2 (c_{S^{2-}})^3$

(2)在 AgCl 水溶液中，其 $c_{Ag^+} = c_{Cl^-} = 1.34 \times 10^{-5}$ mol·L^{-1}，AgCl 的 $K_{sp} = 1.8 \times 10^{-10}$，该溶液为（　　）。

    A. 氯化银沉淀溶解　　　　　　　　B. 不饱和溶液

    C. $c_{Ag^+} > c_{Cl^-}$　　　　　　　　　　D. 饱和溶液

(3)已知 25℃ 时，Ag_2CrO_4 的 $K_{sp} = 1.1 \times 10^{-12}$，则该温度下 Ag_2CrO_4 的溶解度为（　　）。

    A. 6.5×10^{-5} mol·L^{-1}　　　　　B. 1.05×10^{-6} mol·L^{-1}

    C. 6.5×10^{-6} mol·L^{-1}　　　　　D. 1.05×10^{-5} mol·L^{-1}

(4)AgCl 和 Ag_2CrO_4 的溶度积分别为 1.8×10^{-10} 和 2.0×10^{-12}，则下面叙述中正确的是（　　）。

    A. AgCl 与 Ag_2CrO_4 的溶解度相等

    B. AgCl 的溶解度大于 Ag_2CrO_4

    C. 二者类型不同，不能由溶度积大小直接判断溶解度大小

    D. 都是难溶盐，溶解度无意义

(5)在含有 0.01 mol·L^{-1} 的 I^-、Br^-、Cl^- 溶液中，逐渐加入 $AgNO_3$ 试剂，先出现的沉淀是（　　）[已知 $K_{sp}(AgCl) > K_{sp}(AgBr) > K_{sp}(AgI)$]。

    A. AgI　　　　　B. AgBr　　　　　C. AgCl　　　　　D. 同时出现

(6)沉淀滴定中的莫尔法指的是（　　）。

    A. 以铬酸钾作指示剂的银量法

    B. 以 $AgNO_3$ 为指示剂，用 K_2CrO_4 标准溶液，滴定试液中的 Ba^{2+} 的分析方法

    C. 用吸附指示剂指示滴定终点的银量法

    D. 以铁铵矾作指示剂的银量法

(7)用莫尔法测定纯碱中的氯化钠，应选择的指示剂是（　　）。

    A. $K_2Cr_2O_7$　　　B. K_2CrO_4　　　　　C. KNO_3　　　　　D. $KClO_3$

(8)利用莫尔法测定 Cl^- 含量时，要求介质的 pH 值在 6.5～10.5，若酸度过高，则（　　）。

    A. AgCl 沉淀不完全　　　　　　　B. AgCl 沉淀吸附 Cl^- 能力增强

    C. Ag_2CrO_4 沉淀不易形成　　　　D. 形成 Ag_2O 沉淀

(9)用莫尔法测定 Cl^-，控制 pH=4.0，其滴定终点将（　　）。

    A. 不受影响　　　　　　　　　　　B. 提前到达

    C. 推迟到达　　　　　　　　　　　D. 刚好等于化学计量点

(10)莫尔法不能用于碘化物中碘的测定，主要因为（　　）。

    A. AgI 的溶解度太小　　　　　　　B. AgI 的吸附能力太强

    C. AgI 的沉淀速度太慢　　　　　　D. 没有合适的指示剂

(11)下列有关莫尔法操作中的叙述，错误的是（　　）。

    A. 指示剂 K_2CrO_4 的用量应当大些

    B. 被测卤素离子的浓度低时应做指示剂空白值校正

    C. 沉淀的吸附现象，通过振摇可以减免

    D. 滴定反应在中性或弱碱性条件下进行

(12)采用佛尔哈德法测定水中 Ag^+ 含量时，终点颜色为（　　）。

    A. 红色　　　　　B. 纯蓝色　　　　　C. 黄绿色　　　　　D. 蓝紫色

(13)以铁铵矾为指示剂，用硫氰酸铵标准滴定溶液滴定银离子时，应在下列何种条件下进行(　　)。

    A. 酸性　　　　　B. 弱酸性　　　　　C. 碱性　　　　　D. 弱碱性

(14)下列关于吸附指示剂说法错误的是(　　)。

    A. 吸附指示剂是一种有机染料

    B. 吸附指示剂能用于沉淀滴定法中的法扬司法

    C. 吸附指示剂指示终点是由于指示剂结果发生了改变

    D. 吸附指示剂本身不具有颜色

(15)下列说法正确的是(　　)。

    A. 莫尔法能测定 Cl^-、I^-、Ag^+

    B. 佛尔哈德法能测定的离子有 Cl^-、Br^-、I^-、SCN^-、Ag^+

    C. 佛尔哈德法只能测定的离子有 Cl^-、Br^-、I^-、SCN^-

    D. 沉淀滴定中吸附指示剂的选择，要求沉淀胶体微粒对指示剂的吸附能力应略大于对待测离子的吸附能力

(16)用法扬司法测定氯含量时，在荧光黄指示剂中加入糊精的目的是(　　)。

    A. 加快沉淀凝聚　　　　　　　　B. 减小沉淀比表面

    C. 加大沉淀比表面　　　　　　　　D. 加速沉淀的转化

(17)用银量法测定 NaCl 和 Na_3PO_4 中 Cl^- 时，应选用(　　)作指示剂。

    A. K_2CrO_4　　　　B. 荧光黄　　　　　C. 铁铵矾　　　　　D. 曙红

(18)用重量法测定 As_2O_3 的含量时，将 As_2O_3 在碱性溶液中转变为 AsO_4^{3-}，并沉淀为 Ag_3AsO_4，随后在 HNO_3 介质中转变为 AgCl 沉淀，并以 AgCl 称量。其化学因数为(　　)。

    A. $As_2O_3/6AgCl$　　　　　　　　B. $2As_2O_3/3AgCl$

    C. $As_2O_3/AgCl$　　　　　　　　D. $3AgCl/6As_2O_3$

(19)在重量分析中，洗涤无定形沉淀的洗涤液应是(　　)。

    A. 冷水　　　　　　　　　　　B. 含沉淀剂的稀溶液

    C. 热的电解质溶液　　　　　　　D. 热水

(20)下列不属于沉淀重量法对沉淀形式要求的是(　　)。

    A. 沉淀的溶解度小　　　　　　　B. 沉淀纯净

    C. 沉淀颗粒易于过滤和洗涤　　　D. 沉淀的摩尔质量大

8. 在 100 mL 0.01 mol·L^{-1} KCl 溶液中，加入 1 mL 0.01 mol·L^{-1} $AgNO_3$ 溶液，问是否有 AgCl 沉淀析出？

9. 将 $AgNO_3$ 溶液逐滴加入含有 Cl^- 和 CrO_4^{2-} 的溶液中，$c_{CrO_4^{2-}} = c_{Cl^-} = 0.1$ mol·L^{-1} [$K_{sp}(AgCl) = 1.77 \times 10^{-10}$、$K_{sp}(Ag_2CrO_4) = 1.12 \times 10^{-12}$]，问：

(1)哪一种离子先沉淀？

(2)当 Ag_2CrO_4 开始沉淀时，溶液中的 Cl^- 浓度为多少？

10. 现有待分析食盐样品 0.169 1 g，加水溶解后，以 K_2CrO_4 为指示剂，用 0.100 6 mol·L^{-1} $AgNO_3$ 标准溶液滴定至终点，用去 28.32 mL。计算食盐中 NaCl 的百分含量。

11. 将 40.00 mL 0.102 0 mol·L^{-1} $AgNO_3$ 溶液加到 25.00 mL $BaCl_2$ 溶液中，剩余的 $AgNO_3$ 溶液需用 15 mL 0.098 00 mol·L^{-1} NH_4SCN 溶液返滴定，问该 $BaCl_2$ 溶液的浓

度为多少?

12. 称取某样品 0.500 0 g,经一系列分析步骤后得 NaCl 和 KCl 共 0.180 3 g,将此混合氯化物溶于水后,加入过量的 $AgNO_3$ 溶液,得 0.390 4 g AgCl 沉淀。计算样品中 Na_2O 的质量分数。

项目 7　仪器分析

【知识目标】

1. 了解现代仪器分析的基础知识。
2. 掌握紫外-可见分光光度分析，原子吸收光度分析，电位分析，色谱分析等现代仪器分析的基本原理，定性、定量分析方法和操作技术。

【技能目标】

1. 能正确操作紫外-可见分光光度计、原子吸收光谱仪、电位滴定仪、气相色谱仪、高效液相色谱仪等现代分析仪器。
2. 能完成样品预处理，定性、定量分析及数据处理。

【素质目标】

1. 培养学生爱岗敬业，忠于职守的职业素养。
2. 培养学生实训安全、节约和环保的意识。

【项目简介】

本项目介绍了光学分析、电位分析、色谱分析等一些应用较广泛的现代仪器分析的基本知识、测定原理，仪器的正确操作和应用等。

【工作任务】

任务 7.1　认识仪器分析

7.1.1　仪器分析与化学分析的关系

仪器分析是通过测量物质的物理性质或物理化学性质对物质进行定性、定量分析的方法。如测量吸光度、波长、折射率和结晶形状等与组分间的关系，测定电位、电量、电导和热量等变化与组分间的关系，从而鉴定物质的组成或测定物质的含量。该方法一般需要较精密、特殊的仪器设备，因此人们称其为仪器分析。仪器分析除了能完成定性和定量分析外，还能提供物质的结构、组分价态、元素在微区的空间分布等方面的信息。由于绝大多数分析仪器都是将被测组分的浓度变化或物理性质变化转变成某种电性能(如电阻、电导、电位、电容、电流等)，因此仪器分析法容易实现自动化和智能化。

化学分析是以化学反应为基础的分析方法，仪器分析则是在化学分析基础上的发展，它使化学分析对物质世界的认识产生了飞跃。随着科学技术的发展，一些新型技术理论运用到仪器分析中，不仅强化和改善了原有仪器的性能，而且涌现出更多新的分析测试仪器，为科学研究和生产实际提供更新和更全面的信息，成为现代化学分析的重要手段。因此，每位分析人员必须要掌握常用仪器分析的基本原理和实验技术，以便迅速而精确地获取物质的各种信息，从而得出科学的结论。

进行仪器分析之前，经常需要用化学方法对样品进行预处理，如通过化学富集的方法提高灵敏度，通过化学方法分离及掩蔽干扰物质后才能进行测试等。同时，进行仪器分析一般都要用标准物质进行工作曲线的定量校准，而很多标准物质需要用化学分析测定其准确含量。因此，化学分析和仪器分析同是分析化学的两大支柱，二者唇齿相依，相辅相成。

7.1.2　仪器分析方法

随着电子技术、计算机技术、激光和等离子等新技术、新分析方法的不断涌现，现代仪器分析逐步演变成为一门多学科汇集的综合性应用科学。仪器分析不仅方法众多，而且各种分析往往又有其各自比较独立的方法原理，可自成体系。根据分析的原理和测量信号的不同，常用的仪器分析方法主要分为光学分析法、电化学分析法和色谱分析法三大类，见表 7-1 所列。

表 7-1　常用仪器分析法

分类	分析原理	被利用的性质	常见的仪器分析方法
光学分析法	检测能量作用于待测物质后产生的电磁波信号或所引起的变化	光的吸收	各种分光光度法（紫外、可见光、X 射线、红外等）、原子吸收光谱法
		光的辐射	发射光谱法（X 射线、紫外、可见光等）、火焰光度法、荧光光谱法
		光的散射	拉曼光谱法、浊度法
		光的折射、干涉	折射法、干涉法
		光的衍射	X 射线衍射法、电子衍射法
电化学分析法	利用待测组分在溶液中的电化学性质实现分析测定	电极电位	电位分析法
		电量	库仑分析法
		电流-电压	安培法、伏安分析法（极谱法）
		电导（电阻）	电导分析法
色谱分析法	利用物质中的各组分在互不相溶的两相（固定相与流动相）中的吸附、分配、离子交换、排斥渗透等性能方面的差异进行分离分析测定的方法	两相间的分配（分配系数）	色谱分析法（气相色谱法、液相色谱法、离子色谱法）
		相对迁移率	电泳分析法

除以上三类分析方法外，还有利用热学、力学、声学、动力学等性质进行测定的仪器分析法。

质谱法：是利用带电粒子质荷比的不同进行分离、测定的方法。

热分析法：是利用测定某些性质（如质量、体积、热导或反应热等）与温度之间的动态关系进行分析的方法，主要用于热力学和化学反应机理等方面的研究。

放射化学分析法：是利用核衰变过程中所产生的放射性辐射来进行分析的方法。

另外，还有动力学分析法、中子活化法、光声光谱分析法和电子能谱分析法等等。

7.1.3　仪器分析的特点和局限性

7.1.3.1　仪器分析的特点

近年来，仪器分析获得迅速的发展，得到广泛的应用，凸显出以下诸多的特点。

(1)分析速度快，适于批量样品的分析

许多仪器配有连续、自动进样装置，采用数字显示和电子计算机技术，可在短时间内分析几十个样品，有的仪器可同时测定多种组分。例如，冶金部门采用直读光谱法进行炉前分析时，PS光电直读光谱仪可在 $1\sim2$ min同时完成钢样中20多种元素的分析；ICP-3000扫描/直读发射光谱仪可同时测定45种元素；新的二极管阵列过程分析仪可进行多组分气体或流动液体的在线分析，1 s内能够提供1 800种气体、液体或蒸气的分析结果；高速碳、硫分析仪器与DL1 A电弧炉配套使用，能快速、准确地测定钢、铁、合金、有色金属、水泥、矿石、催化剂及其他材料中碳、硫2种元素的含量，测量时间在 $25\sim60$ s可调(一般在35 s)。

总之，仪器分析方法中采用先进的电子技术和计算机技术，大大提高了仪器操作的自动化程度和数据处理的速度。

(2)灵敏度高，适用于微量或痕量成分的测定

利用仪器分析样品组分具有操作简便、快速的特点，特别是对低含量(如质量分数为 10^{-8} 或 10^{-9} 量级)组分的测定，更是具有独特之处。仪器分析非常适用于微量($0.01\%\sim1\%$)或痕量成分($<0.01\%$)的测定，因为它具有较高的灵敏度。相对灵敏度由 $10^{-4}\%$ 发展到 $10^{-7}\%$，甚至 $10^{-10}\%$。绝对灵敏度由 10^{-4} g发展到 10^{-14} g或更高。

(3)易进行在线分析和遥控监测

在线分析与其独特的技术和显著的经济效果引起人们的关注与重视，现已研制出适用于不同生产过程的各种不同类型的在线分析仪器。例如，中子水分计就是一种较先进的在线测水仪器，可在不破坏物料结构和不影响物料正常运行状态下准确测量，常用于钢铁、水泥和造纸工业流程的在线分析。

(4)仪器分析方法有较好的选择性

由于许多电子仪器对某些物理或物理化学性能的测试，有较高的分辨能力，可较精确选择最佳的测试条件，同时还可配合使用各种化学掩蔽剂和分离处理技术，这些都能大大提高仪器分析方法的选择性。有时还可通过逐步改变测试条件，进行多组分的连续测定。

(5)用途广泛，能适应各种分析要求

除能进行定性、定量分析外，还能进行结构分析、物相分析、微区分析、价态分析和薄层分析。

(6)样品用量少，可进行不破坏样品的分析，适用于复杂组分样品的分析

一些仪器分析方法的样品用量很少，含微量分析。例如，在气相色谱分析中样品的进样量只有几微升，质谱法的样品只需要 10^{-12} g，激光分析法、电子探针法、离子探针法和电子显微镜法等可以进行表面、微区和无损分析。

7.1.3.2　仪器分析的局限性

各类仪器分析方法都有其优越性及应用范围，也有不足之处和局限性。

(1)仪器准备复杂，价格昂贵，对维护及工作环境要求较高

目前，多数分析仪器及其附属设备都比较精密贵重，例如全谱直读等离子体发射光谱仪，进口仪器一般在 15 万美元左右，国产仪器也在十几万人民币以上。这种仪器对工作环境要求：温度 25℃；相对湿度≤70%；氩气纯度优于 99.999%；两组供电系统（光源和主机）；专用地线，接地电阻小于 2 Ω；占地面积大于 15 m²。准备复杂。此外，各种分析仪器都需要配备专业人员进行维护和保养。

（2）仪器分析一般需相应的标准物质进行对照分析

仪器分析是一种相对分析方法，一般需要用已知组成的标准物质来对照。而标准物质的获得常常是限制仪器分析广泛应用的问题之一。

（3）相对误差较大

大多数仪器分析的相对误差较大，一般在±(1%～5%)，有时甚至大于±10%，不适用于常量和高含量分析，仅适用于微量和痕量的分析。

7.1.4　仪器分析的发展趋势

现代科学技术的发展、生产的需要和人民生活水平的提高对分析化学提出了新的要求，尤其是环境科学、宇宙科学、能源科学、临床化学、生命科学和材料科学的发展和深入研究，仪器分析已不局限于将待测组分分离出来进行表征和测量，而是成为一门为物质提供尽可能多的化学信息的科学，体现出以下发展趋势。

（1）新仪器、新方法不断涌现

各种新技术、新方法不断涌现。例如，激光、等离子体、微波等新技术的涌现，使光学分析法衍生了一些新的方法，出现了电感耦合等离子体(ICP)发射光谱、傅立叶变换红外光谱等。计算机等先进的电子技术引入仪器分析中，使这门学科得到飞速发展。其中，液相色谱、气相色谱、超临界流体色谱和毛细管电泳等色谱学技术是现代分离、分析的主要组成部分并取得了快速的发展。

（2）分析仪器自动化和智能化

分析化学机器人和现代分析仪器作为硬件，化学计量学和各种计算机程序作为软件，使分析化学和其他科学与技术一样进入了自动化和智能化的阶段。目前世界各地展出的分析仪器，一个共同特点是微机化和自动化。例如，等离子体光电直读光谱仪，能将样品中几十种元素的百分含量自动读出；原子吸收光谱仪、气相色谱仪等都在逐渐实现微机化和完全自动化（从进样到数据的采集、处理、图表绘制、数据计算、噪声扣除、曲线校正等）。

机器人是实现基本化学操作自动化的重要工具。这不但使分析操作和数据处理整个过程都自动化，而且还可以对科学实验条件或生产工艺进行自动调节和控制。

（3）分析方法相互渗透，分析仪器联合使用

以色谱、光谱和质谱技术为基础开展的各种联用、接口及样品引入技术已成为当今分析化学发展中的热点之一。例如，气相色谱仪、液相色谱仪具有高分离效能，而红外光谱仪、质谱仪有较高的定性及确定结构的效能，两者相结合的仪器目前有气相色谱-质谱联用仪、液相色谱-质谱联用仪、气相色谱-红外光谱联用仪等，从而使各种分析方法的优缺点互补，进而提高了分析方法的灵敏度、准确度及分辨能力。

（4）快速动态分析和非破坏性检测

运用先进的技术和分析原理，建立有效而实用在线和高灵敏度、高选择性的新型动态分析检测和非破坏性检测，对于生产流程控制、自动分析及难于取样的如生命过程等的分析是

极其重要的。在临床分析中，一次取血样 4 mL，可在 30 min 内得出 31 种临床分析项目的结果。此外，生物类传感器，如酶传感器、免疫传感器、DNA 传感器、细胞传感器等不断涌现，纳米传感器的出现也为活体分析带来了机遇。

总之，各学科之间的相互渗透使分析化学涉及的领域十分广泛，难以给出分析化学发展的全貌。以溶液的四大平衡理论为基础，发展到利用光、电、热、磁、声等物理和物理化学原理的仪器分析，进而发展到涉及数学和统计学、计算机科学、生物学、信息科学、系统科学、自动化和人工智能等学科的现代分析化学，分析化学已成为一个庞大的科学体系。仪器分析正在向准确、快速、自动、灵敏及不断满足特殊分析的方向迅速发展。

任务 7.2　分子光谱分析

分子光谱指分子从一种能态改变到另一种能态时的吸收或发射光谱。故分子光谱的组成规律是：由光谱线组成光谱带，几个光谱带组成一个光谱带组，几个光谱带组组成分子光谱。波长分布范围很广，可出现在远红外区（波长是 cm 或 mm 数量级）、近红外区（波长是 μm 数量级）、可见光区和紫外区（波长约在 10^{-1} μm 数量级）。属于这类分析方法的有紫外-可见分光光度法（UV‑Vis）、红外光谱法（IR）、分子荧光光谱法（MFS）和分子磷光光谱法（MPS）、核磁共振（NMR）与电子顺磁共振波谱（EPR）等。

本任务主要学习分子光谱分析法中的紫外-可见分光光度法。

7.2.1　光的基本性质

许多物质都具有颜色，溶液的浓度越大，其颜色越深。物质的颜色不仅与物质本身有关，也与有无光照和光的组成有关。因此，要深入了解物质对光的选择性吸收，首先要对光的基本性质有所了解。

7.2.1.1　光的波粒二象性

光是一种电磁波，同时具有波动性和粒子性。

光既是一种波，描述波的波动性的重要参数是波长（λ）和频率（ν）；光又是一种粒子，具有能量（E），它们之间的关系为

$$E = h\nu = h\,\frac{c}{\lambda} \tag{7-1}$$

式中，E 为能量（eV）；h 为普朗克常数（6.626×10^{-34} J·s）；ν 为频率（Hz）；c 为光速（cm·s^{-1}），在真空介质中，光速约为 3.0×10^{10} cm·s^{-1}；λ 为波长（nm）；式（7-1）把光的波粒二象性联系和统一起来。由此看出，不同波长的光（辐射）具有不同的能量，波长越长（频率、波数越低），能量越低；反之，波长越短，能量越高。

7.2.1.2　单色光和互补光

光谱中 400～780 nm 的光作用于人的眼睛，能引起颜色的感觉，故称可见光。不同波长的可见光引起不同的视觉效果，从而产生不同的颜色。实验证明，白光（如太阳光）是由不同颜色的光按一定的强度比例混合而成的。

如果将一束平行的白光通过棱镜，则白光分解为红、橙、黄、绿、青、青蓝、蓝、紫 8 种色光，各种颜色的色光波长 λ 范围见表 7-2 所列。

表 7-2　各种可见光的波长范围

可见光	紫	蓝	靛	青	绿	黄	橙	红
λ/nm	400~435	435~480	480~500	500~560	560~580	580~595	595~650	650~760

　　两种相邻的颜色之间，界限并不严格。这 7 种色光之中的任何一种色光，都不能再分解成其他颜色的光了。这种不能再分解的光称为单色光。由两种以上颜色的光所组成的光，则称复合光，如白光。

　　实验证明，8 种颜色的光能混合为白光，两种特定的单色光按一定强度比例也可混合成为白光，称这两种光互为补色光。各种光的互补色如图 7-1 所示。图 7-1 中处于直线关系者互为补色光。如黄光与蓝光互为补色光，绿光与紫光互为补色光。

　　严格地说，只有唯一波长的光才能叫单色光。绝对的单色光难以获得，在实际应用时，以指定波长为中心，波长范围足够窄，用于分析时不致引起明显误差的光即可认为是单色光。用于光学分析，其波长范围越窄，单色光越纯，由入射光所带来的误差也就越小。例如，日光中红色光的波长范

图 7-1　互补色光示意图

围是 640~680 nm；而金属钠蒸气所发射的黄色光波长范围是 589.0~589.6 nm，光谱宽度仅为 0.6 nm；普通的氦氖激光器发射波长为 632.8 nm 的红光，其宽度却只有 10^{-6} nm。

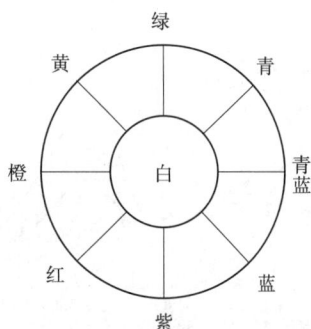

7.2.2　物质对光的选择性吸收

7.2.2.1　物质对光产生选择性吸收的原因

　　分子中的电子总是处在某一种运动状态中，每一种状态都具有一定的能量，属于一定的能级。当光照射到某物质或某溶液时，光子的能量转移至组成物质的分子上，使分子中的价电子受到激发从最低能级（基态）跃迁到较高能级（激发态）。分子吸收能量（如光能）具有量子化特征，只有光子的能量与被照射物质分子的两个能级差值相等时，才能被吸收。即分子只吸收相当两个能级差的能量。

$$\Delta E = E_2 - E_1 = h\nu \qquad (7\text{-}2)$$

式中，E_2 为跃迁后（激发态）的能量；E_1 为跃迁前（基态）的能量，基于 E_2 与 E_1 都是一定的，而 ΔE 对一定分子来说也是一定的，即分子只能吸收相当于 ΔE 的光能。因此，分子对光产生选择性吸收。

7.2.2.2　物质的颜色与吸收光的关系

　　颜色是物质对不同波长光的吸收特性表现在人视觉上的反应。如果把不同颜色的物体放在暗处，则什么颜色也看不到。物质的颜色和物质对光的吸收、透过及反射有关。

　　当含有不同波长的白光照射在物质上时，如果物质对各种波长的光完全吸收，则呈现黑色；如果完全反射，则呈现白色；如果各种颜色的光透过程度完全相同，这种物质就是无色透明的。

　　如果物质选择性吸收某些波长，那么，物质的颜色就是它所反射或透过光的颜色。吸收光与反射光或透过光互为补色。例如，红色粉笔吸收青光，反射红光，故呈红色；绿色玻璃吸收紫光，透过绿光，故呈绿色；高锰酸钾溶液吸收绿光而呈紫色。

吸光物质对一定波长光的吸收程度越大，所呈现的颜色越深。

7.2.2.3 吸收光谱曲线

任何一种溶液对不同波长的光的吸收程度是不同的，通常用吸收光谱曲线来描述。即将不同波长的光依次通过固定浓度的有色溶液，然后用紫外-可见分光光度计测量每一波长处溶液对相应光的吸光度。以波长(λ)为横坐标，以吸光度(A)为纵坐标作图，得到的曲线称光吸收曲线或吸收光谱曲线。

图 7-2 是不同浓度的 $KMnO_4$ 溶液的光吸收曲线。从图中可得出：

①高锰酸钾溶液对不同波长的光的吸收程度是不同的，对波长为 525 nm 的绿色光吸收程度最大。光吸收最大处所对应的波长称为最大吸收波长，常用 λ_{max} 表示。在进行光度测定时，通常选取在 λ_{max} 的波长处进行测量，可得到最大的灵敏度。

②不同浓度高锰酸钾溶液，其吸收曲线的形状相似，最大吸收波长 λ_{max} 也一样。所不同的是吸收峰随浓度的增大而增高。这个特性可作为物质定量分析的依据。

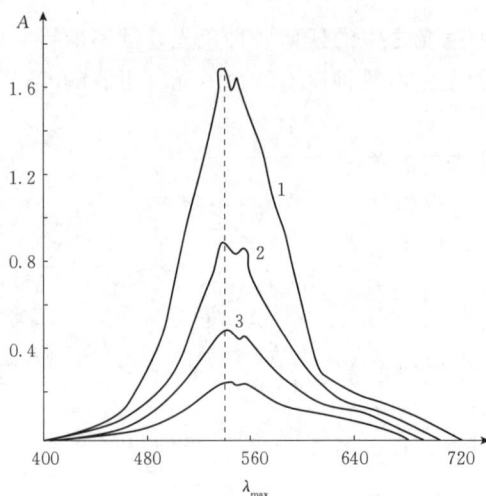

图 7-2 $KMnO_4$ 溶液的吸收曲线

1. $c(KMnO_4) = 1.56 \times 10^{-4}$ mol·L^{-1}
2. $c(KMnO_4) = 3.12 \times 10^{-4}$ mol·L^{-1}
3. $c(KMnO_4) = 4.68 \times 10^{-4}$ mol·L^{-1}

③不同物质的吸收曲线，其形状和最大吸收波长各不相同。因此，可利用吸收曲线来作为物质定性分析的依据。

7.2.2.4 光的吸收定律

(1)透光率与吸光度

当一束平行光通过均匀的液体介质时，光的一部分被吸收，一部分透过溶液，还有一部分被器皿表面反射。设入射光强度为 I_0，透射光强度为 I_t。透射光强度与入射光强度之比称为透光率或透射比，用符号 T 表示，则有

$$T = \frac{I_t}{I_0} \tag{7-3}$$

溶液的透光度越大，表示它对光的吸收越小；反之，透光度越小，表示它对光的吸收越大。

溶液对一定波长光的吸收程度，称为吸光度(A)。它与透光率的关系为

$$A = -\lg T = \lg \frac{1}{T} = \lg \frac{I_0}{I_t} \tag{7-4}$$

A 值越大，表明物质对光的吸收程度越大。透光率和吸光度都是表示物质对光的吸收程度的一种量度。当 $T = 100\%$ 时，$A = 0$；当 $T = 0$ 时，$A \rightarrow \infty$。

(2)朗伯-比尔定律

实践证明，溶液对光的吸收程度与该溶液中吸光物质的浓度、液层的厚度和入射光的强度有关。朗伯(Lambert)和比尔(Beer)分别研究了光的吸收与溶液液层的厚度以及溶液浓度的定量关系，奠定了分光光度法的理论基础。

当一束平行单色光通过一浓度为 c、液层厚度为 b 的有色溶液时，其吸光度与光透过的

液层厚度成正比。即朗伯-比尔定律。其数学表达式为

$$A = \lg \frac{I_0}{I_t} = Kcb \tag{7-5}$$

式中，K 为比例系数，它与溶液的性质、温度及入射光波长等因素有关。其单位与 c 和 b 的单位有关。b 的单位通常以 cm 表示；当 c 以 $g \cdot L^{-1}$ 为单位时，K 称为质量吸光系数，用 a 表示。

$$A = acb \tag{7-6}$$

式中，a 的单位为 $L \cdot g^{-1} \cdot cm^{-1}$。当 c 以 $mol \cdot L^{-1}$ 为单位时，K 称为摩尔吸光系数，用 ε 表示，单位为 $L \cdot mol^{-1} \cdot cm^{-1}$。

$$A = \varepsilon cb \tag{7-7}$$

摩尔吸光系数 ε 是吸光物质在特定波长和溶剂情况下的一个特征常数，是物质吸光能力的量度。在数值上等于吸光物质的浓度为 $1 \ mol \cdot L^{-1}$、液层厚度为 1 cm 时溶液的吸光度。它可作为定性鉴定的参数，也可用于估量定量方法的灵敏度。ε 越大，方法的灵敏度越高。

（3）吸光度的加和性

在多组分体系中，如果各种吸光物质之间没有相互作用，这时体系在该波长处的总吸光度等于各组分吸光度之和，即吸光度具有加和性，称为吸光度加和性原理。表示如下：

$$A_{总} = A_1 + A_2 + A_3 + \cdots + A_n = \varepsilon_1 bc_1 + \varepsilon_2 bc_2 + \varepsilon_3 bc_3 + \cdots + \varepsilon_n bc_n \tag{7-8}$$

朗伯-比尔定律表明，当一束平行单色光通过单一均匀的、非散射的吸光物质溶液时，溶液的吸光度与溶液浓度和液层厚度的乘积成正比。此定律不仅适用于溶液，也适用于其他均匀非散射的吸光物质（气体或固体），是各类分光光度法定量分析的依据。

（4）朗伯-比尔定律的偏离

当溶液浓度增大到一定值时，吸光度与浓度之间的关系会离开原来的直线方向，标准曲线发生弯曲，如图 7-3 所示。

这种现象称为偏离朗伯-比尔定律，其直线部分相对应的浓度范围称为线性范围。曲线向上弯曲为正偏离，曲线向下弯曲为负偏离。引起这种偏离的因素主要有以下几方面：

①入射光的非单色性。一般的分光光度计只能获得波长范围很窄的复合光，难以获得真正的纯单色光，而物质对不同波长的吸收程度不同（即吸光系数不同），从而导致了对吸收定律的偏离。朗伯-比尔定律只适用于单色光，

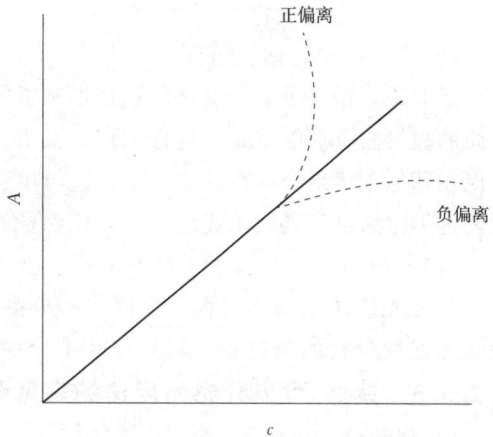

图 7-3 朗伯-比尔定律的偏离

非单色光、杂散光、非平行入射光都会引起对吸收定律的偏离。

②溶液的化学性因素。溶液中的吸光物质因离解、缔合，形成新的化合物而改变了吸光物质的浓度，导致朗伯-比尔定律的偏离。因此，测量前的化学预处理工作是非常重要的，如控制好显色反应条件、控制溶液的化学平衡等，以防止产生偏离。

③吸收定律的局限性。严格地说，吸收定律是一个有限定律，它只适用于浓度小于 $0.01 \ mol \cdot L^{-1}$ 的稀溶液。因为浓度高时，吸光粒子间平均距离减小，以致每个粒子都会影响其邻近粒子的电荷分布。这种相互作用使它们的摩尔吸光系数 ε 发生改变，因而导致偏离光吸收定律。为此，在实际工作中，待测溶液的浓度应控制在 $0.01 \ mol \cdot L^{-1}$ 以下。

除上述造成偏离朗伯-比尔定律的原因外，还可能由于在进行分析时，参比溶液选择不当、比色皿厚度不均匀、位置放置不当、比色皿透光面不清洁、共存离子干扰未排除等原因，引起工作曲线不通过原点、不成直线而造成偏差。

7.2.3 认识紫外-可见分光光度法

7.2.3.1 紫外-可见分光光度法的定义

紫外-可见分光光度法是利用紫外-可见分光光度计测量物质分子对紫外-可见光（200～780 nm 区域内单色光）的吸收程度（吸光度）和其吸收光谱来确定物质的组成、含量以及推测物质结构的分析方法。

物质的吸收光谱本质上就是物质中分子和原子吸收了入射光中的某些特定波长的光能量后相应地发生了分子振动能级跃迁和电子能级跃迁的结果。由于各种物质具有各自不同的分子、原子和不同的分子空间结构，其吸收光能量的情况也就不会相同，因此，每种物质就有其特有的、固定的吸收光谱曲线，可根据吸收光谱上的某些特征波长处吸光度的高低判别或测定该物质的含量，这就是分光光度法定性和定量分析的基础。

7.2.3.2 紫外-可见分光光度法的特点

（1）具有较高的灵敏度和一定的准确度，适用于微量组分的测定

分光光度法测定物质的最低浓度可达 10^{-6}～10^{-5} mol·L^{-1}。相对误差为 2%～5%（高档精密仪器，则可达到 1%～3%），对微量组分的测定，这样的误差完全可以满足测定的准确度要求。对超纯物质的分析，灵敏度达不到要求，相对误差较大，因此，分光光度法不适用于高含量组分的测定。

（2）仪器简单，适用范围广

近年来，由于分光光度法的选择性和灵敏度都有所提高，几乎所有的无机物质和许多有机物质的微量成分都能用此法进行测定。其选择性也得到明显提高；通过选择适当的实验条件，可以在其他干扰组分存在的情况下，进行单组分或多组分的测定，而不需要进行化学分离。从而使这类方法已发展成工业生产、环境保护、科学研究工作中测定微量组分的常用方法之一。

（3）分析速度快、适用于控制分析

分光光度法的操作过程，主要包括样品的溶解、待测组分的显色等内容，操作简便。完成吸光光度分析的全过程一般只需几十分钟，甚至可在几分钟内完成，适合于控制分析。

7.2.3.3 紫外-可见分光光度法的定量分析

（1）比较法

在相同的条件下，配制待测溶液和标准溶液，在质料、厚度相等的比色皿中于同一波长下分别测定其吸光度。设标准溶液浓度为 c_s、吸光度为 A_s；待测溶液浓度为 c_x、吸光度为 A_x，根据朗伯-比尔定律，则有

$$A_s = \varepsilon b c_s \tag{7-9}$$

$$A_x = \varepsilon b c_x \tag{7-10}$$

由于标准溶液和待测溶液中含同一化合物、使用同一波长的光和同样厚度的比色皿，所以两式中 ε 值、b 值相等。两式相比可得

$$c_x = \frac{A_x}{A_s} c_s \tag{7-11}$$

此法简便、快速，但准确度稍差。为了减少误差，标准溶液浓度应尽量接近待测溶液浓度。

（2）标准曲线法

标准曲线法又称工作曲线法。在分析大批样品时，采用此法确定含量非常方便。

工作曲线的做法如下：配制一系列不同浓度的标准溶液，c_1、c_2、c_3、…、c_n（至少 5 个），显色后分别测定各标准溶液的吸光度 A_1、A_2、A_3、…、A_n，以浓度 c 为横坐标，吸光度 A 为纵坐标作图得一曲线，即标准曲线，或称工作曲线，如图 7-4 所示。

样品在相同条件下显色、测吸光度 A_x，在标准曲线上就可查出相应的浓度 c_x。

利用标准曲线法不仅能测定溶液含量，而且还可以测定溶液符合朗伯-比尔定律的浓度范围，也称测定的线性范围。

标准曲线法是仪器分析中常用的方法。配制标准系列时，应注意溶液基体组成不同所带来的影响。一般要求，标准曲线应是通过原点的一条直线，测定应当在直线范围内进行。

图 7-4　标准曲线

标准曲线做好，并非一劳永逸。当实验条件变化时，如温度改变、试剂更换（不同批次、产地、厂家）、仪器零件更换等，都将使标准曲线发生变化。因此，标准曲线应定期校准。有时，标准曲线不通过原点，但重现性很好。考虑到引起偏离光吸收定律的各种因素是固定的，这时的标准曲线也可应用。

7.2.3.4　可见分光光度法的实验技术

可见分光光度法是利用测量有色物质对某一单色光吸收程度来进行定量的，许多物质本身无色或颜色很浅，对可见光不产生吸收或吸收不大，这就必须事先通过适当的化学处理，使该物质转变为能对可见光产生较强吸收的有色化合物，然后进行光度测定。因此，在可见分光光度法实验中，严格控制反应条件是十分重要的实验技术。

（1）显色反应和显色剂

将待测组分转变成有色化合物的反应称为显色反应，与待测组分形成有色化合物的试剂称为显色剂。显色反应可以是氧化还原反应，也可以是配位反应，或是兼有上述两种反应，应用最普遍的是配位反应，同一种组分可与多种显色剂反应生成不同有色物质。在分析时，究竟选用何种显色反应较适宜，应考虑下面几个因素。

①选择性好。一种显色剂最好只与一种被测组分起显色反应，或显色剂与共存组分生成化合物的吸收峰与被测组分的吸收峰相距比较远，干扰少。

②灵敏度高。要求反应生成的有色化合物的摩尔吸光系数大，$\varepsilon > 10^4 \sim 10^5$，实际分析中还应该综合考虑选择性。

③生成的有色化合物组成恒定、化学性质稳定，测量过程中应保持吸光度基本不变，否则将影响吸光度测定的准确度及再现性。

④有色显色剂与有色化合物之间的颜色差别要大，对比度（两种有色物质最大吸收波长之差）$\Delta\lambda > 60$ nm 以上。

⑤显色条件要易于控制，以保证其有较好的再现性。

常用的显色剂可分为无机显色剂和有机显色剂两大类。无机显色剂与金属离子生成的化

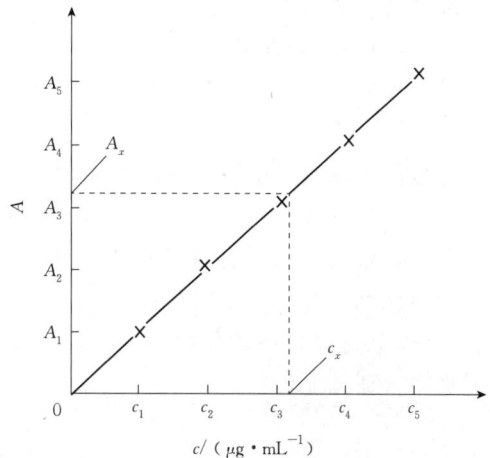

合物不够稳定，灵敏度和选择性也不高，目前应用已经不多。大多数有机显色剂与金属离子生成极其稳定的螯合物，显色反应的选择性和灵敏度都较无机显色反应高，因而它被广泛应用于吸光光度分析中。

（2）显色条件的选择

显色反应是否满足分光光度法的要求，需要了解影响显色反应的因素，控制适当的条件，使显色反应完全和稳定。这需要通过大量实验找到最佳测定条件以满足准确测定要求。

①显色剂用量。根据反应平衡原理，有色配合物稳定常数越大，显色剂过量越多，越有利于待测组分形成有色配合物。但是过量显色剂的加入，有时会引起副反应的发生，对测定反而不利，合适的用量需通过实验确定。方法如下：固定被测组分浓度和其他条件，加入不同量的显色剂，分别测定吸光度 A 值，绘制吸光度 A -显色剂浓度 c_R 曲线，如图 7-5 所示。可在 $a \sim b$ 间选择合适的显色剂用量，如果 $a \sim b$ 浓度范围很窄，则需要严格控制显色剂用量或更换合适的显色剂。

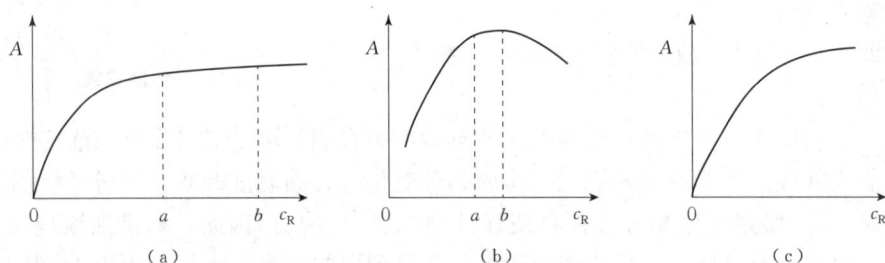

图 7-5　吸光度与显色剂浓度的关系曲线

②酸度。有的显色反应是逐级配合反应，酸度将改变显色剂的平衡浓度，继而影响显色反应的完全程度。酸度也会改变显色剂的颜色，显色反应的颜色也进而改变。例如，PAR（吡啶偶氮间苯二酚）pH＝2～4 为黄色，pH＝4～7 为橙色，pH＞10 为红色。酸度不同，配合比也会不同［Fe^{3+} 与水杨酸：pH＜4 为紫红色（1∶1），pH＝4～7 为橙红色（1∶2），pH＞10 为黄色（1∶3）］，酸度过高降低配合物的稳定性，酸度过低可能引起被测金属离子水解。

③显色温度。不同的显色反应对温度的要求不同。大多数显色反应是在常温下进行的，但有些反应必须在较高温度下才能进行或进行得比较快。例如，Fe^{2+} 和邻二氮菲的显色反应常温下就可完成，而硅钼蓝法测微量硅时，应先加热，使之生成硅钼黄，然后将硅钼黄还原为硅钼蓝，再进行光度法测定。有的有色物质加热时容易分解，如 $Fe(SCN)_3$，加热时褪色很快。因此对不同的反应，应通过实验找出各自适宜的显色温度范围。由于温度对光的吸收及颜色的深浅都有影响，因此在绘制工作曲线和进行样品测定时应该使溶液温度保持一致。

④显色时间。对显色反应的影响主要考虑两个方面。一是显色反应完成所需要的时间，称为显色（或发色）时间；二是显色后有色物质色泽保持稳定的时间，称为稳定时间。确定适宜时间的方法：配制一份显色溶液，从加入显色剂开始，每隔一定时间测量一次吸光度，绘制吸光度 A -时间 t 的关系曲线。曲线平坦部分对应的时间就是测定吸光度的最适宜时间。

⑤溶剂的选择。有色化合物在有机溶剂中稳定性好，溶解度大，可选择合适的有机溶剂提高方法的灵敏度和稳定性。例如，$[Fe(SCN)]^{2+}$ 在水中 $K_稳$ 为 200，而在 90％ 乙醇中，$K_稳$ 为 5.0×10^4，颜色也明显加深。

（3）显色反应中的干扰与消除

分光光度法中共存离子的干扰主要有以下几种情况。

①共存离子本身具有颜色，如 Fe^{3+}、Ni^{2+}、Co^{2+}、Cu^{2+}、Cr^{3+} 等离子的存在，影响被测离子的测定。

②共存离子与显色剂或被测组分反应，生成更稳定的配合物或发生氧化还原反应，使显色剂或被测组分的浓度降低，妨碍显色反应的完成，导致测量结果偏低。

③共存离子与显色剂反应生成了有色化合物或沉淀，导致测量结果偏高。若共存离子与显色剂反应后生成无色化合物，由于消耗了大量的显色剂，也会使显色剂与被测离子的显色反应不完全。

干扰离子的存在降低分析结果的准确性，因此需要采取适当的措施来消除这些影响。消除共存离子干扰的方法很多，下面介绍几种常用方法，以便在实际工作中选择使用。

①控制溶液的酸度。这是消除共存离子干扰的一种简便而重要的方法。控制酸度使待测离子显色，而干扰离子不生成有色化合物。

②加入掩蔽剂，掩蔽干扰离子。这是一种有效而常用的方法。该方法要求加入的掩蔽剂不与被测离子反应，掩蔽剂和掩蔽产物的颜色必须不干扰测定。

③改变干扰离子的价态或分离干扰离子以消除干扰。

④选择适当的参比溶液。选择参比溶液总的原则是使试液的吸光度真正反映与待测物浓度的关系。当显色剂或其他试剂无吸收时，可选纯溶剂作参比试液；如果显色剂或其他试剂有吸收时，应用空白试剂作参比试液。

⑤选择适当的入射光波长消除干扰。入射光波长的选择依据是该被测物质的吸收曲线。在一般情况下，应选用最大吸收波长(λ_{max})作为入射光波长，以提高精度和灵敏度。当然，如果最大吸收峰附近有干扰存在(如共存离子或所用试剂有吸收)，则在保证有一定灵敏度的情况下，选择吸收曲线中其他波长进行测定(应选曲线较平坦处对应的波长)，以消除干扰。

⑥可以利用双波长法、导数光谱法等新技术来消除干扰。

7.2.3.5 紫外-可见分光光度法的应用

紫外-可见吸收光谱在某种程度上反映了化合物的性质和结构，主要用于有机化合物的定性、定量和结构分析。此外，紫外-可见吸收光谱法还可以用来研究化合物的组成及测定某些化合物的物理化学参数。

(1)定性分析

不同的化合物具有不同的吸收光谱，因此根据化合物的吸收光谱中特征吸收峰的波长和强度可以进行物质的鉴定、纯度检验和结构分析。

(2)定量分析

①单一组分化合物的分析。若样品溶液中只含有一种组分，或者混合物溶液中待测组分的吸收峰与其他共存组分的吸收峰不互相重叠时，可采用标准曲线法。方法如下：首先绘制待测组分的吸收曲线，由此选择最大吸收波长(λ_{max})作为测定波长。然后配制一系列已知浓度的标准溶液，以不含被测组分的空白溶液作参比，在选定波长(λ_{max})下分别测出它们的吸光度 A。以标准溶液浓度(c)为横坐标，吸光度(A)为纵坐标，绘制出标准曲线。在测定待测物质溶液的浓度时，用与绘制标准曲线时相同的操作方法和条件测出该溶液的吸光度，再从标准曲线上查出相应的浓度或含量。

【例 7-1】 在 340 nm 处，用 1 cm 吸收池测定水杨酸标准溶液的吸光度得到以下结果：

水杨酸标准溶液浓度/($\mu g \cdot mL^{-1}$)	0.00	4.00	8.00	12.00	16.00	20.00
吸光度(A)	0.000	0.030	0.063	0.096	0.125	0.157

在相同条件下，测得样品溶液的吸光度为 0.120，求待测物中水杨酸的含量。

解： 以吸光度 A 为纵坐标，水杨酸标准溶液浓度为横坐标作图，绘制标准曲线。

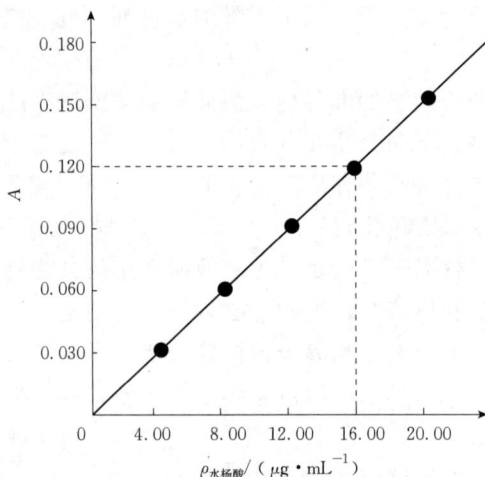

从曲线上可查得吸光度为 0.120 时的浓度为 15.96 $\mu g \cdot mL^{-1}$。

该方法适用于经常性批量测定，但应注意溶液的浓度须在标准曲线的线性范围内。

②混合物中多组分的测定。多组分是指被测溶液中含有两种或两种以上的吸光组分。进行多组分混合物定量分析的依据是吸光度的加和性。假设溶液中同时存在两种组分 x 和 y，它们的吸收光谱一般有下面两种情况。

a. 吸收光谱曲线不重叠[图 7-6(a)]或至少可找到在某一波长处 x 有吸收而 y 不吸收，在另一波长处 y 有吸收，x 不吸收[图 7-6(b)]，则可分别在波长 λ_1 和 λ_2 处测定组分 x 和 y，而相互不产生干扰。

b. 吸收光谱曲线重叠(图 7-7)时，可选定两个波长 λ_1 和 λ_2，并分别在 λ_1 和 λ_2 处测定吸光度 $A_{\lambda_1}^{x+y}$ 和 $A_{\lambda_2}^{x+y}$，根据吸光度的加和性，列出如下方程组：

$$\begin{cases} A_{\lambda_1}^{x+y} = \varepsilon_{\lambda_1}^x bc_x + \varepsilon_{\lambda_1}^y bc_y \\ A_{\lambda_2}^{x+y} = \varepsilon_{\lambda_2}^x bc_x + \varepsilon_{\lambda_2}^y bc_y \end{cases} \tag{7-12}$$

式中，c_x、c_y 分别为混合物中 x 组分和 y 组分的浓度；$\varepsilon_{\lambda_1}^x$ 和 $\varepsilon_{\lambda_1}^y$ 分别为 x 组分和 y 组分在波长 λ_1 处的摩尔吸光系数；$\varepsilon_{\lambda_2}^x$ 和 $\varepsilon_{\lambda_2}^y$ 分别为 x 组分和 y 组分在波长 λ_2 处的摩尔吸光系数。解此联立方程，即可求出两组分的浓度。

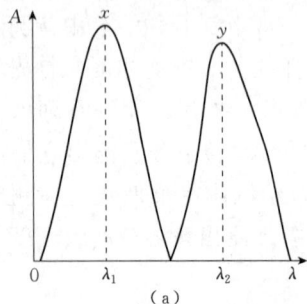

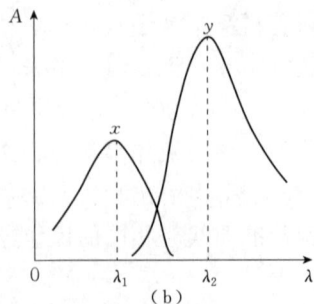

图 7-6　吸收光谱不重叠或部分重叠　　　　图 7-7　吸收光谱重叠

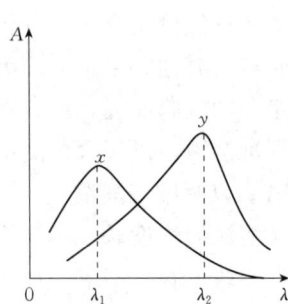

用这种方法虽然可以用于溶液中两种以上组分的同时测定,但组分数 $n>3$ 时,结果误差增大。近年来由于电子计算机的广泛应用,多组分的各种计算方法得到快速发展,电子计算机提供了一种快速分析的服务。

(3)差示分光光度法

紫外-可见分光光度法一般适用于含量为 $10^{-6}\sim10^{-2}$ mol·L^{-1} 浓度范围的测定。过高或过低含量的组分,由于溶液偏离吸收定律或因仪器本身灵敏度的限制,会使测定产生较大的误差。为了克服这一缺点,改用已知浓度的标准溶液作参比,代替以试剂空白作参比测量吸光度的方法称为差示分光光度法,简称差示法或透射比法。

为保证测定准确度,测量的吸光度范围以 0.2~0.8 为宜,否则测量误差较大。

7.2.4　认识紫外-可见分光光度计

7.2.4.1　紫外-可见分光光度计的组成

目前,紫外-可见分光光度计的型号较多,但它们的基本构造都相似,通常由光源、单色器、吸收池、检测器和信号显示系统五部分构成(图 7-8)。外观如图 7-9 所示。

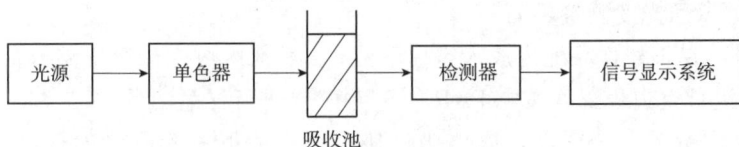

图 7-8　分光光度计结构示意图

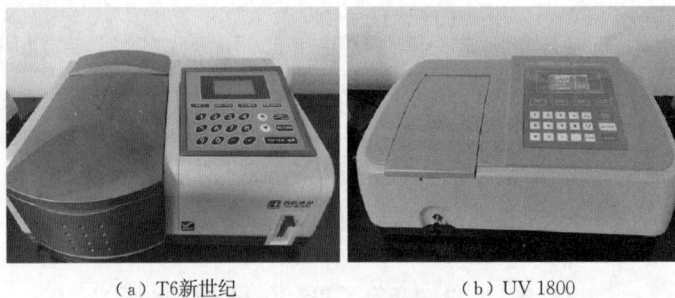

（a）T6 新世纪　　　　　（b）UV 1800

图 7-9　分光光度计

紫外-可见分光光度计工作流程如下:由光源发出的光,经单色器分光获得一定波长的单色光照射到样品溶液,被吸收后经检测器将光强度转变为电信号变化,并经信号指示系统调制放大后,显示或打印出吸光度 A,完成测定。

①光源。紫外-可见分光光度计的光源要求在仪器操作所需的光谱区域内,能发射连续的、具有足够强度、稳定性好的辐射。紫外光区波长范围为 200~400 nm,一般选用氢灯或氘灯;可见光区波长范围为 400~780 nm,一般选用钨灯或碘钨灯。

②单色器。是将光源发射的复合光分解为单色光,并可从中分出任一波长单色光的光学装置。单色器的性能直接影响单色光的纯度和强度,是仪器的核心部件,通常由狭缝、反光镜、准直镜、色散单元和出射狭缝五部分组成一个完整的色散系统。

③吸收池。又称比色皿或液槽,用于盛放待测溶液和决定透光液层厚度的容器。紫外光区一般采用石英吸收池,可见光区一般采用玻璃吸收池。检测器将透过吸收池的光信号变成可测的电信号。

④检测器。是一种光电转换元件，其功能是将透过吸收池的光信号变成可测量的电信号。目前，在紫外-可见分光光度计中多用光电管和光电倍增管。

⑤信号显示系统。作用是放大信号并以适当的方式指示或记录下来。随着电子技术的发展，现代紫外-可见分光光度计都配有微机操作系统和数据处理系统，可以很直观地在屏幕上显示标准曲线和分析结果。

7.2.4.2 T6 新世纪 紫外-可见分光光度计的操作步骤

①开机自检。依次打开仪器主机电源、打印机，等待自检完成后显示主界面。此过程中样品池的盖子要盖着，样品池中不要放置比色皿。

②按"ENTER"键，进入光度测量界面。

③按"GOTOλ"键，在界面输入测量的波长，设置完成按"RETURN"键返回主界面。

④按"SET"键进入参数设定界面。按"↓"键使光标移动到"试样设定"。按"ENTER"键，进入设定界面。

⑤设定使用样品池个数。按"↓"键使光标移动到"使用样池数"。选择需要使用的样品池个数。（主要根据使用比色皿数量确定，如使用2个比色皿，则修改为2）。设置完成后，连续按"RETURN"返回光度测量界面。

⑥样品测量。在1号样品池内放入空白溶液，2号池内放入待测样品。关闭好样品池盖后按"ZERO"键进行空白校正，按"START/STOP"键进行样品测量。

⑦如果需要测量下一个样品，取出比色皿，更换为下一个测量的样品，按"START/STOP"键即可读数。如果需要更换波长，可以直接按"GOTOλ"键，调整波长。注意：更换波长后必须重新进行空白校正。

如果每次使用的比色皿数量固定，下一次使用仪器时可以跳过参数设置和样品池设定，直接进入样品测量。

⑧测量完成后按"PRINT"键打印数据，如果没有打印机请记录数据。退出程序或关闭仪器后测量数据将消失。从样品池中取出所有比色皿，清洗干净以便下一次使用。连续按"RETURN"键直到返回到仪器主菜单界面后再关闭仪器电源。

任务 7.3 原子吸收光谱分析

原子吸收光谱分析法是待测样品的基态原子蒸气对元素灯发出的特征辐射光线产生吸收，通过测定辐射光强度减弱的程度来测定样品中待测元素含量的分析方法，其测量对象是呈原子状态的金属元素和部分非金属元素。原子吸收一般遵循分光光度法的吸收定律，一般通过比较标准品和供试品的吸光度求得供试品中待测元素的含量。

7.3.1 原子吸收光谱分析法的基本原理

7.3.1.1 共振线和吸收线

任何元素的原子都是由原子核和围绕原子核运动的电子组成的。这些电子按其能量的高低分层分布，具有不同的能级，因此一个原子可具有多种能级状态。在正常状态下，原子处于最低能态（这个能态最稳定）称为基态。处于基态的原子称为基态原子（$E_0 = 0$）。当基态原子吸收外界能量（如热能、光能等）被激发时，其外层电子吸收了一定能量而跃迁到不同能级，此时的运动状态称为激发态，因此，原子可能有不同的激发态。当电子吸收一定能量从基态跃迁到能量最低的激发态时所产生的吸收谱线，称为共振吸收线，简称共振线。

不同元素的原子结构不同，其共振线也有其各自的特征。由于原子核外的电子从基态到最低激发态的跃迁最容易发生，因此，对大多数元素来说，共振线也是元素的最灵敏线。原子吸收光谱分析法就是利用处于基态的待测原子蒸气对从光源发射的共振发射线的吸收来进行分析的，因此元素的共振线又称分析线。

7.3.1.2 谱线轮廓与谱线变宽

理论上原子的吸收谱线应该是线状光谱，但实际上任何原子发射或吸收的谱线都不是绝对单色的几何线，而是具有一定宽度的谱线。在不同频率 ν 下，测定相应的吸收系数 K_ν，以 K_ν 为纵坐标，ν 为横坐标，可得吸收曲线(图 7-10)，吸收曲线的形状就是谱线轮廓。

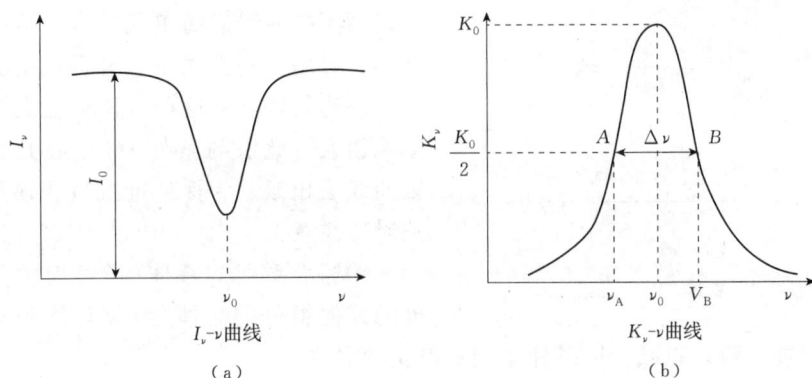

图 7-10 原子吸收曲线

曲线极大值对应的频率 ν_0 称为中心频率。中心频率所对应的吸收系数称为峰值吸收系数。在峰值吸收系数一半($K_0/2$)处，吸收曲线呈现的宽度称为吸收曲线半宽度，以频率差 $\Delta\nu$ 表示，其数量级为 $10^{-3} \sim 10^{-2}$ nm(折合成波长)。

原子吸收曲线谱线变宽的原因较为复杂，一般由两方面的因素决定：一方面是由原子本身的性质决定了谱线的宽度，包括自然变宽和同位素效应；另一方面是由外界因素的影响而造成的，如热变宽、碰撞变宽、场致变宽和自吸变宽等。

7.3.1.3 原子吸收值与待测元素浓度的定量关系

当光源发射的某一特征波长的光通过原子蒸气时，原子中的外层电子将选择性地吸收其同种元素所发射的特征谱线。特征谱线因吸收而减弱的程度(吸光度)与被测元素的含量成正比。原子吸收一般遵循朗伯-比尔定律，通过测定辐射光强度减弱的程度可求出样品中待测元素的含量。

$$A = \lg \frac{I_0}{I_t} = Kcb \tag{7-13}$$

式中，A 表示吸收度；K 是一个与元素浓度无关的常数，实际上是标准工作曲线的斜率；c 为样品溶液中元素的浓度。

因此，原子吸收定量分析和紫外-可见分光光度法相似，需根据系列标准工作溶液的吸光度绘制出相应的标准工作曲线，再根据测得的样品溶液的吸光度，在标准工作曲线上即可查得样品溶液中元素的浓度。

7.3.2 原子吸收光谱法的定量分析

定量分析方法主要有标准(工作)曲线法和标准加入法。

7.3.2.1 标准(工作)曲线法

先配制一组浓度合适的标准溶液,在最佳测定条件下,由低浓度到高浓度依次测定它们的吸光度,然后以吸光度 A 为纵坐标,标准溶液浓度 c 为横坐标,绘制 $A-c$ 工作曲线(图 7-11)。在相同的实验条件下测定待测样品的吸光度,利用工作曲线求出被测元素的浓度。

标准(工作)曲线法是最常用的分析方法,仅适用于样品组成简单或共存元素没有干扰的样品,可用于同类大批量样品的分析,具有简单、快速的特点。这种方法的主要缺点是基体影响较大。此法与紫外-可见分光光度法的标准曲线法相似。为保证准确度,使用工作曲线法时应注意:

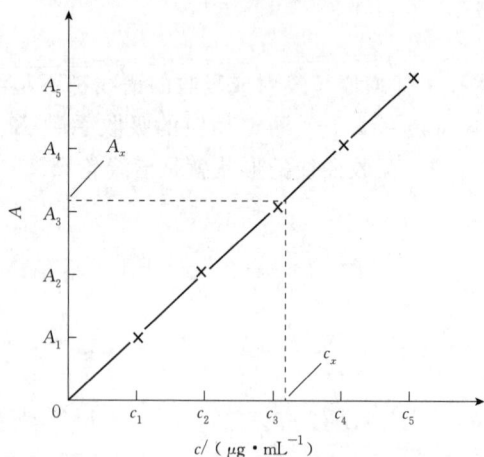

图 7-11 标准(工作)曲线

①标准系列的基体(指溶液中除待测组分外的其他组分的总体)组成与待测试液的基体组成应当尽可能一致,以减少因基体不同而产生的误差。

②在整个测定过程中,要吸喷去离子水或空白溶液,以校正基线漂移。

③每次测定都应同时绘制工作曲线。

【**例 7-2**】 测定某样品中铜含量,称取样品 0.998 6 g,经化学处理后,移入 250 mL 容量瓶中,以蒸馏水稀释至标线,摇匀。喷入火焰,测出其吸光度为 0.320,求该样品中铜的质量分数。

解: 设图 7-12 为铜工作曲线。

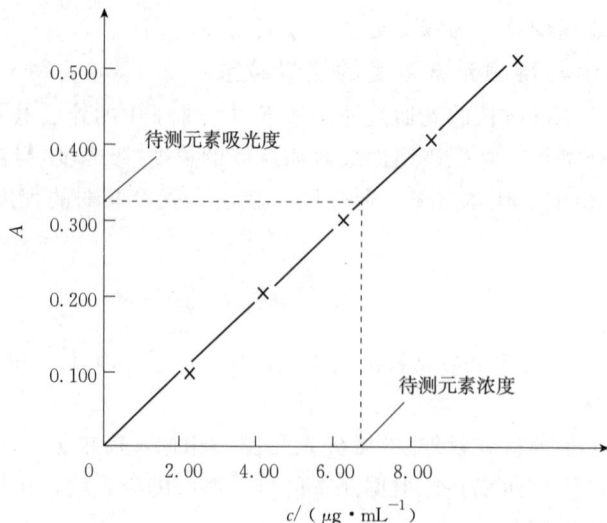

图 7-12 铜工作曲线

由工作曲线查出：当 $A=0.320$ 时，$c=6.2\ \mu g \cdot mL^{-1}$，即所测样品溶液中铜的质量浓度。则样品中铜的质量分数为

$$w_{Cu}=\frac{6.20\times250\times10^{-6}}{0.998\ 6}\times100\%=0.61\%$$

7.3.2.2　标准加入法

当样品中共存物不明或基体复杂而又无法配制与样品组成相匹配的标准溶液时，使用标准加入法进行分析是合适的。

具体操作方法是：分取几份等量的待测样品，其中第一份不加待测元素标准溶液，其余各份试液中分别加入不同已知量的待测组分的标准溶液（浓度依次为 c_1、c_2、c_3、…、c_n），用溶剂稀释至同一体积，以空白为参比，在相同测量条件下，分别测量各份试液的吸光度 A，绘制 $A-c$ 工作曲线，并将它外推至浓度轴，则在浓度轴上的截距即为未知浓度 c_x（图 7-13）。

使用标准加入法时应注意以下几个问题：

①相应的标准曲线应是一条通过坐标原点的直线，待测组分的浓度应在此线性范围内。

图 7-13　标准加入法工作曲线

②加入第一份标准溶液的浓度与样品溶液的浓度应当接近（可通过试喷样品和标准溶液比较两者的吸光度来判断），以免曲线的斜率过大或过小，给测定结果引进较大的误差。

③该法只能消除基体干扰，而不能消除背景干扰。为保证较准确的外推结果，至少采用 4 个点来制作外推曲线。

【例 7-3】　测定某合金中微量镁。称取 0.268 7 g 样品，经化学处理后移入 50 mL 容量瓶中，以蒸馏水稀释至标线后摇匀。取上述试液 10 mL 于 25 mL 容量瓶中（共取 5 份），分别加入镁 0.00 μg、1.00 μg、2.00 μg、3.00 μg、4.00 μg，以蒸馏水稀释至标线，摇匀。测出上述各溶液的吸光度依次为 0.100、0.200、0.300、0.400、0.500。求样品中镁的质量分数。

解：根据所测数据绘制出工作曲线，曲线与横坐标交点到原点距离为 1.00，即未加标准溶液镁的 25 mL 容量瓶内，含有 1.00 μg 镁，这 1.00 μg 镁只来源于所加入的 10 mL 样品溶液，所以可由下式算出样品中镁的质量分数。

$$w_{Mg}=\frac{1.0\times10^{-6}}{0.268\ 7\times\dfrac{10}{50}}\times100\%=0.001\ 9\%$$

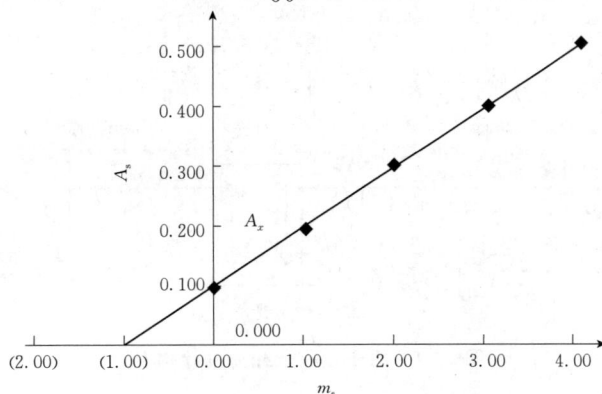

7.3.3 原子吸收光谱分析法的特点和局限性

原子吸收光谱法具有以下特点。

(1)选择性强,干扰少,分析准确、快速

原子吸收分光光度法使用锐线光源,谱线窄,所以光谱干扰较少。在大多数情况下,共存元素不会对原子吸收光谱分析产生干扰,一般不需要分离共存元素就可以进行分析测定。火焰原子吸收法相对误差<1%,石墨炉原子吸收法准确度一般为3%~5%。

(2)灵敏度高,检出限低

原子吸收分光光度法是目前最灵敏的方法之一,广泛用于对元素的微量、痕量甚至超痕量组分分析。火焰原子吸收法的检出限为 10^{-6} g·mL^{-1};无火焰原子吸收法的检出限可达 10^{-14}~10^{-10} g·mL^{-1}。

(3)精密度好

在日常的微量分析中,火焰原子吸收法的精密度为1%~3%;石墨炉原子吸收法的精密度为3%~5%。若采用自动进样技术,测定的精密度会更好。

(4)分析范围广、应用邻域宽

原子吸收分光光度法可直接测定70多种金属元素,还可间接测定某些非金属元素和有机物。

原子吸收光谱法的不足之处是:由于分析不同元素,每测定一种元素就必须使用相应的元素灯,因此多元素同时测定尚有困难。有些元素的灵敏度还较低(如锆、钽、银等);对于复杂样品仍需要进行复杂的化学预处理,否则干扰将比较严重。

7.3.4 认识原子吸收分光光度计

7.3.4.1 原子吸收分光光度计的主要部件

原子吸收分光光度计由光源、原子化器、单色器、检测系统、记录和显示系统五大部分组成(图 7-14)。

(1)光源

光源的作用是发射待测元素的特征光谱,供测量用。要求光源必须能发射出比吸收线宽

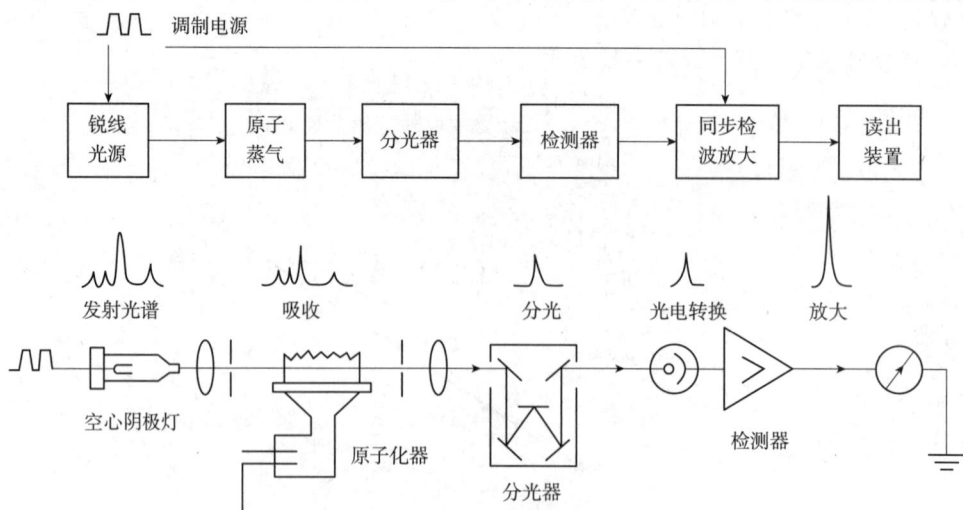

图 7-14 原子吸收分光光度计构造

度更窄，强度更大、更稳定、背景低、噪声小、使用寿命长的线光谱。常用的光源有空心阴极灯、蒸气放电灯、无极放电灯、激光光源灯等，应用最广泛的是空心阴极灯和无极放电灯，这里只介绍空心阴极灯。

①空心阴极灯的构造和工作原理。空心阴极灯构造如图 7-15 所示。它由一个阳极（在钨棒上镶钛丝或钽片）和一个空心筒状的阴极（待测元素金属或合金）组成。阳极和阴极封闭在带有光学窗口的硬质玻璃管内。管内充几百帕低压惰性气体（氖或氩）。当两级间加压 300～500 V 时，阴极灯开始辉光放电，电子从空心阴极射向阳极，并与周围惰性气体碰撞，使之电离。所产生的惰性气体阳离子获得足够能量，在电场作用下撞击阴极内壁，使阴极表面上的自由原子溅射出来，溅射出来的金属原子再与电子、正离子、气体原子碰撞而被激发，当激发态原子返回基态时，辐射出特征频率的锐线光谱。通常单元素的空心阴极灯只能测定一种元素，若阴极材料用几种元素的合金，可制得多元素灯，即可同时发出多种元素的共振线，可连续测定多种元素，减少换灯的麻烦，但强度较弱，容易产生干扰，使用前应先检查测定波长附近有无单色器无法分开的非待测元素谱线。目前，这种多元素灯最多只能测定 6～7 种元素。

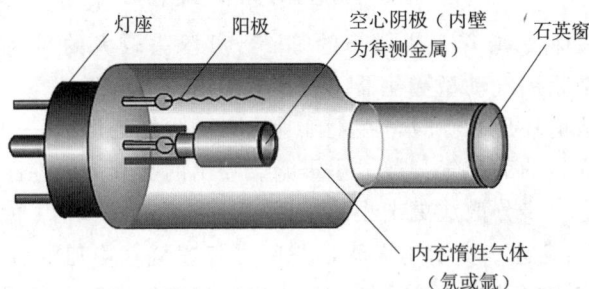

图 7-15　空心阴极灯结构示意图

②空心阴极灯的使用注意事项。

a. 空心阴极灯使用前应预热 20～30 min。

b. 充氖气的灯负辉光的颜色为橙红色；充氩气的灯正常颜色为淡紫色；汞灯是蓝色。灯内有杂质气体时，负辉光颜色变淡；如充氖气的灯颜色为粉红色、发蓝或发白，此时应对灯进行处理。

c. 应选择合适的工作电流。空心阴极灯发光强度与工作电流有关，增大电流可以增加发光强度，但同时会使辐射的谱线变宽，灯内自吸增加，反而使锐线光强度下降，背景增大，同时还会增加惰性气体消耗，缩短灯寿命。灯电流过小，发光强度减弱，稳定性、信噪比下降。

d. 元素灯长期不用，应定期（每月或每隔二、三个月）点燃处理，即在工作电流下点燃 1 h。若灯内有杂质气体，辉光不正常，可进行反接处理。

e. 使用元素灯时，应轻拿轻放。低熔点的灯用完后，要等冷却后才能移动。为了使空心阴极灯发射强度稳定，要保持空心阴极灯石英窗口洁净，点亮后要盖好灯室盖。

(2)原子化系统

将样品中待测元素变成气态的基态原子的过程称为样品的原子化。完成样品的原子化所用的设备称为原子化器或原子化系统。原子化系统的作用是将样品中的待测元素转化为原子蒸气。样品中被测元素原子化的方法主要有火焰原子化法和电加热原子化法两种。

原子化系统在原子吸收分光光度计中是一个关键的装置，它对原子吸收光谱分析法的灵敏度和准确度有很大的影响，甚至起到了决定性的作用，是分析误差最大的来源之一。

①火焰原子化法。火焰原子化包括雾化和原子化两个阶段。首先将样品溶液变成细小雾滴，然后雾滴接受火焰提供的能量，形成基态原子。火焰原子化器由雾化器、预混合室和燃烧器等构成，其结构如图 7-16 所示。

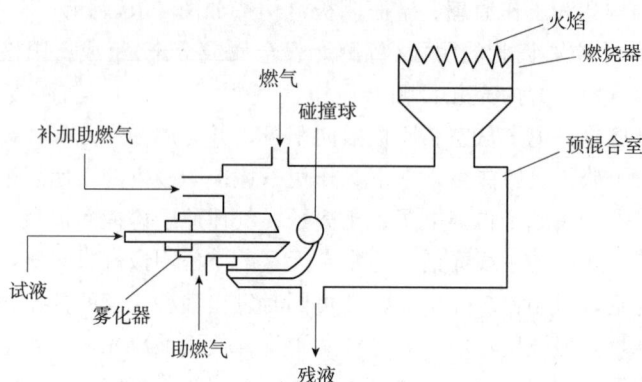

图 7-16　火焰原子化器示意图

a. 雾化器：作用是将试液雾化成微小的雾滴，并除去较大的雾滴，使雾滴均匀化。目前，商品原子化器多数是用气动型雾化器。当具有一定压力的压缩空气作为助燃气高速通过毛细管外壁与喷嘴构成的环形间隙时，在毛细管出口的尖端处形成一个负压区，于是试液沿毛细管吸入并被快速通过的助燃气分散成小雾滴。喷出的雾滴撞击在距毛细管喷口的前端几毫米处的撞击球上，进一步分散成更细小的细雾。

b. 预混合室：作用是进一步细化雾滴，并使之与燃料气均匀混合后进入火焰，部分未细化的雾滴在预混合室中凝结成残液从排出口排出。残液排出管必须采用导管弯曲或将导管插入水中进行水封以避免回火爆炸的危险。

c. 燃烧器：作用是使样品原子化。被雾化的样品进入燃烧器，在燃烧的火焰中蒸发、干燥形成气-固态气溶胶雾粒，再经熔化、受热离解成基态自由原子蒸气，原子化效率约为10％。为保证大量基态自由原子的存在，燃烧器的火焰温度要适当，若火焰温度过高会引起基态原子的激发或电离，使测试灵敏度降低。预混合型原子化器通常采用不锈钢制成长缝型燃烧器。对于空气-乙炔等燃烧速度较低的火焰，一般使用缝长 100～120 mm、缝宽 0.5～0.7 mm 的燃烧器，而对于乙炔-氧化亚氮等燃烧速度较快的火焰，一般用缝长 50 mm、缝宽0.5 mm的长缝燃烧器。为增加火焰宽度，可采用多缝燃烧器。

②石墨炉原子化法。石墨炉原子化器是采用电热式石墨管代替火焰原子化法的雾化室、预混合室和燃烧器，通过电加热的方法使样品原子化，其结构如图 7-17 所示。

石墨炉原子化法利用低压、强电流来热解石墨管，可升温至 3000℃，

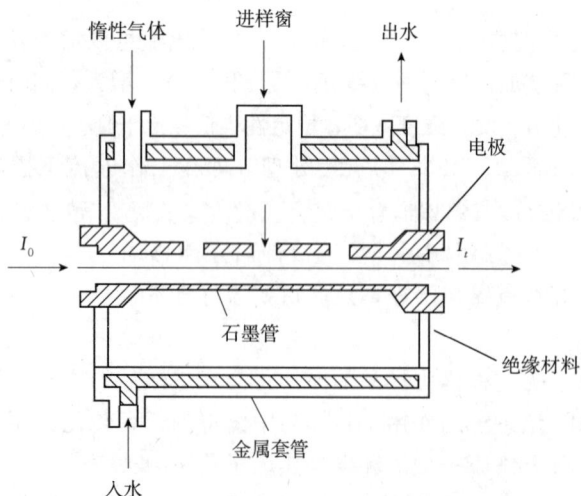

图 7-17　石墨炉原子化器

使管中的少量液体或固体蒸发和原子化。与火焰方法相比较，液体样品利用率高，灵敏度可提高 $10 \sim 200$ 倍。

石墨炉原子化的过程包括干燥、灰化、原子化及净化四个阶段。整个过程由微机处理控制，进样后原子化过程按程序自动进行。通电后，石墨管进行程序升温，样品中的水分等溶剂被蒸发除去，约需 $1.5 \mathrm{~s}$；随着温度的不断上升，样品中的基体、有机物或其他干扰元素被除去，需 $0.5 \sim 30 \mathrm{~s}$，这个过程称为灰化。原子化的目的是使待测元素化合物蒸发、气化、解离为基态原子。温度因待测元素而异，时间为 $3 \sim 10 \mathrm{~s}$。当样品测试结束后，还需要进一步升温（比原子化温度稍高）以除去石墨管中残留物质，消除记忆效应，以便下一个样品测定。

③化学原子化法。是利用化学反应将待测元素转变为易挥发的金属氢化物或氯化物，然后在较低的温度下原子化。

a. 汞低温原子化：因为汞沸点低，常温下蒸气压高，只要将试液中的汞离子用 $SnCl_2$ 还原为汞，在室温下用空气将汞蒸气引入气体吸收管中就可测其吸光度。这种方法常用于水中有害元素汞的测定。

b. 氢化物原子化法：有些元素（如 Ge、Sn、Pb、As、Bi、Se、Te 等）需在酸性条件下还原成易挥发易分解的氢化物，经载气引入加热石英管中，使氢化物分解为气态原子并测定其吸光度。

（3）单色器

原子吸收分光光度计的光学系统主要是指单色器，由入射狭缝、出射狭缝、准直镜、色散元件（棱镜或光栅）和聚焦装置组成，如图 7-18 所示。其作用是将待测元素的吸收线与邻近谱线分开。一般仪器狭缝宽 $100~\mu\mathrm{m}$ 可得 $0.2 \mathrm{~nm}$ 光谱通带。

（4）检测器系统

在原子吸收分光光度计中，几乎都采用光电倍增管作为检测器。其作用是将经过原子蒸气吸收和单色器分

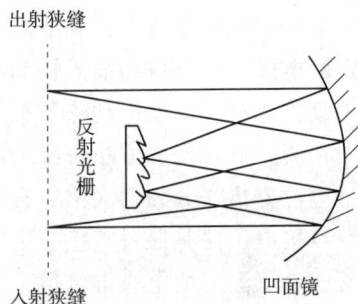

图 7-18　单色器组成示意图

光后的微弱信号转换为电信号。由于光电流逐级倍增，光电倍增管具有很高的灵敏度，特别适合于弱辐射能的检验。

（5）记录和显示系统

放大器的作用是将光电倍增管输出的电压信号放大后送入显示器。目前，广泛应用的是交流选频放大器和相敏放大器。

显示装置是将放大后的信号经对数转换器转换成光信号，再采用微安表直接指示读数或用数字显示器显示或记录仪打印进行读数。

7.3.4.2　原子吸收分光光度计操作注意事项

为了保持良好的工作状态，原子吸收分光光度计应在规定的环境中使用，并严格按使用说明书规范进行日常的维护和保养。

①点火时先开空气，后开乙炔。关机时先关乙炔后关空气。

②完成寻峰，点火之前进行对光，以确保空心阴极灯发出的光线在燃烧缝的正上方，与之平行。

③与氮气、空气、氧气钢瓶不同，乙炔钢瓶内充活性炭与丙酮，乙炔溶解在丙酮中，使

用时不可完全用完，必须留出 0.5 MPa，否则钢瓶中的丙酮会混入火焰，使火焰不稳定，噪声大，影响测定，同时会腐蚀管道。

④仪器在接入电源时应有良好的接地。

⑤原子吸收分析中经常接触电器设备、高压钢瓶，使用明火，因此应时刻注意安全，掌握必要的电器常识、急救知识、灭火器的使用。

⑥安装好空心阴极灯后应将灯室门关闭，灯在转动时不得将手放入灯室内。当按下点火按钮时应确保其他人员手、脸不在燃烧室上方，最好关闭燃烧室防护罩。

⑦不得在火焰上放置任何东西，或将火焰挪作他用。

⑧在燃烧过程中不可用手接触燃烧器。测定过程中最好将燃烧室防护罩关闭，高温火焰可能产生紫外线，灼伤人的眼睛。火焰熄灭后燃烧器仍是高温状态，20 min 内不可触摸。

任务 7.4　电位分析

基于电化学原理和物质的电化学性质而建立起来的分析方法称为电化学分析法，电位分析法是电化学分析法的重要分支。

7.4.1　电位分析法的基本概念和分类

将一支电极电位与被测物质的活(浓)度有关的电极(指示电极)和另一支电位已知且保持恒定的电极(参比电极)插入待测溶液中组成一个化学电池，在零电流的条件下，通过测定电池电动势，利用电池电动势与被测离子活度的数量关系，测得被测离子的活度，进而测得溶液中待测组分含量的方法，称为电位分析法。

电位分析法分为两大类：直接电位法和电位滴定法。

直接电位法是通过直接测定工作电池的电动势来确定指示电极的电位，然后根据能斯特方程式由所测得的电极电位值计算出被测物质的含量。例如溶液中 pH 值和一些离子的活度的测定。适用于碱金属、碱土金属离子、一价阴离子及气体的测定。

电位滴定法是向试液中滴加能与被测物质发生化学反应的已知浓度试剂，以电位的变化指示滴定终点。适合于对较稀浓度的溶液的滴定，还可用于指示剂法难以进行的滴定，如对极弱酸、碱的滴定，配合物稳定常数较小的滴定，浑浊、有色溶液的滴定等，并且可较好地用于非水滴定。

7.4.2　电位分析法的特点

(1)灵敏度和准确度高

直接电位法的相对灵敏度可达 $10^{-9} \sim 10^{-6}$ 级，甚至可达 10^{-12} 级。因此，特别适用于微量和痕量组分的测定。而电位滴定法则适用于常量和半微量组分的分析。

(2)选择性好

利用离子选择性电极对待测离子有一定的选择性，可直接测定一些组成复杂的样品。同时，对颜色较深的样品或浑浊液体也可以应用。

(3)仪器设备简单、操作简便、测定快速

由于在测量过程中得到的是电信号，可连续显示和记录，因而易于实现自动化和连续分析。

（4）应用范围广

电位分析法作为一种重要的分析检测手段，已广泛用于工业、农业、土壤、环境保护、临床医药、生物药学、石油、宇航、地质和食品分析等许多领域。

电位分析法也存在若干不足，例如，离子选择性电极的选择性仍需进一步提高，其测定值的重现性受实验条件的影响较大，因此，离子选择性电极目前仍在迅速发展和研究之中。

7.4.3　电位分析法的基本原理

能斯特方程式表示了电极电位与溶液中有关离子活度（一般情况下可用浓度代替）的关系：

$$\varphi = \varphi^{\ominus} + \frac{RT}{nF} \ln \frac{c_{Ox}}{c_{Red}} \tag{7-14}$$

式中，φ 为任意温度、浓度时电对的电极电位（V）；$\varphi^{\ominus}$ 为电对的标准电极电位（V）；R 为气体常数（8.314 J·K^{-1}·mol^{-1}）；F 为法拉第常数（96 485 C·mol^{-1}）；T 为绝对温度（K）；n 为半反应中转移的电子数；c_{Ox}、c_{Red} 分别表示反应中氧化态和还原态的浓度（mol·L^{-1}）。

将这些常数代入上式，并将自然对数换算成常用对数，25℃时：

$$\varphi = \varphi^{\ominus} + \frac{0.059\,2}{n} \lg \frac{c_{Ox}}{c_{Red}} \tag{7-15}$$

对金属离子 M^{n+} 来说，还原态是固体金属，它的活度是一常数，均定为 1，所以式（7-15）可变为

$$\varphi(M^{n+}/M) = \varphi^{\ominus}(M^{n+}/M) + \frac{0.059\,2}{n} \lg c_{M^{n+}} \tag{7-16}$$

式中，M^{n+} 为金属离子；M 为金属；n 为反应得失电子数。

在电位滴定分析中，滴定进行到化学计量点附近时，可以观察到电极电位的突变（滴定突跃），因而可以根据电极电位的突变来确定滴定终点的到达。这是电位分析的理论依据。

7.4.4　参比电极和指示电极

在电位分析法中，通常将待测试液作为化学电池的电解质溶液，在试液中插入两支电极，一支电极的电极电位不随测量对象的不同和浓度的变化而变化，即保持恒定，这类电极称为参比电极。而另一支电极的电极电位则随被测溶液中离子的浓度变化而改变，即能够指示溶液中待测离子浓度的变化，这类电极称为指示电极。

7.4.4.1　参比电极

参比电极是测量电极电位的基准，对参比电极的要求是：电位值恒定、重现性好，装置简便，容易制备，使用寿命长。通常有氢电极、甘汞电极和银-氯化银电极。

（1）标准氢电极

标准氢电极是确定所有电极的电极电位的基准（一级标准），也是理想的参比电极，规定在任何温度下，标准氢电极的电极电位值为零。由于氢电极制作麻烦，氢气纯度的净化困难，而且易失效。在电化学分析中使用较少。

（2）甘汞电极

甘汞电极由两个玻璃套管组成；内管中封接一根铂丝，铂丝插入纯汞中，内管下端放置

一层甘汞(Hg_2Cl_2)和汞的糊状物；外管中装入氯化钾溶液，电极下端与待测溶液接触部分是多孔物质或毛细管通道。其构造如图 7-19 所示。

电极反应为

$$Hg_2Cl_2 + 2e^- \rightleftharpoons 2Hg + 2Cl^-$$

电极电位（25℃）：

$$\varphi(Hg_2Cl_2/Hg) = \varphi^{\ominus}(Hg_2Cl_2/Hg) + 0.059\ 2\ \lg c_{Cl^-}$$

上式说明：当温度一定时，甘汞电极的电极电位主要取决于电极内部 KCl 溶液中 Cl^- 的浓度，而与试液中 H^+ 的浓度无关。

（3）银-氯化银电极

银-氯化银电极由覆盖着氯化银的金属浸在氯化钾或盐酸溶液中组成，如图 7-20 所示。

电极反应为

$$AgCl + e^- \rightleftharpoons Ag + Cl^-$$

半电池：Ag，AgCl（固体）| KCl（液体）

25℃时电极电位为

$$\varphi(AgCl/Ag) = \varphi^{\ominus}(AgCl/Ag) + 0.059\ 2\ \lg c_{Cl^-}$$

银-氯化银电极常在 pH 玻璃电极和其他各种离子选择性电极中用作内参比电极，高温时可替代甘汞电极。

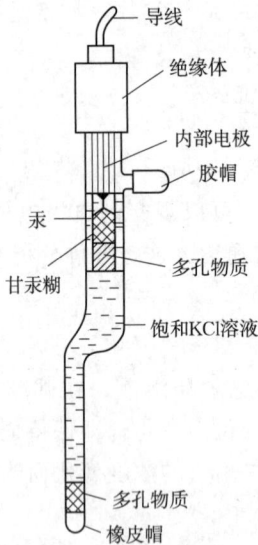

图 7-19　甘汞电极的构造

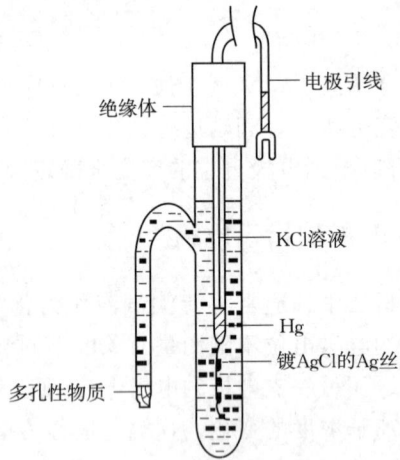

图 7-20　银-氯化银电极的构造

7.4.4.2　指示电极

常用的指示电极按结构上的差异可分为金属-金属离子电极、金属-金属难溶盐电极、惰性金属电极和膜电极等。

（1）金属-金属离子电极

金属-金属离子电极是由某种金属浸在含有该金属离子的溶液中而组成。其电极电位决定于金属离子的浓度，符合能斯特方程式。

例如，将金属银浸入硝酸银溶液中构成电极，电极反应为

$$Ag^+ + e^- \Longrightarrow Ag$$

电极电位为

$$\varphi(Ag^+/Ag) = \varphi^\ominus(Ag^+/Ag) + 0.059\ 2\ \lg c_{Ag^+}$$

金属指示电极的电极电位随金属离子浓度的增加而增加。常用来作电极的金属有 Ag、Zn、Hg、Pb 等。

（2）金属-金属难溶盐电极

金属-金属难溶盐电极由金属表面覆盖一层难溶盐，浸在与其难溶盐有相同阴离子的溶液中组成。

如 Ag－AgCl 电极可用来测定 c_{Cl^-}，电极反应为

$$AgCl + e^- \Longrightarrow Ag + Cl^-$$

25℃时电极电位为

$$\varphi(AgCl/Ag) = \varphi^\ominus(AgCl/Ag) + 0.059\ 2\ \lg c_{Cl^-}$$

（3）惰性金属电极

惰性金属电极一般由惰性金属铂或石墨碳做成棒状或片状，浸入含有均相或可逆的同一元素的两种不同价态离子的溶液中组成。惰性金属本身不参加电化学反应，但是能反映出氧化还原反应中氧化态和还原态离子浓度比例的变化。

例如，将铂电极插入含有 Fe^{3+}/Fe^{2+} 电对的溶液中组成惰性金属电极，电极反应为

$$Fe^{3+} + e^- \Longrightarrow Fe^{2+}$$

25℃时电极电位为

$$\varphi(Fe^{3+}/Fe^{2+}) = \varphi^\ominus(Fe^{3+}/Fe^{2+}) + 0.059\ 2\ \lg\frac{c_{Fe^{3+}}}{c_{Fe^{2+}}}$$

这类电极常用于氧化还原滴定。

（4）膜电极

膜电极是通过固态膜或液态膜对溶液中的特定离子有选择性响应而作为指示电极的，所以又称离子选择性电极。这类电极能指示溶液中某种离子的活度，膜电位与离子活度的关系符合能斯特方程式。膜电极的种类很多，应用最广的是玻璃膜电极中的非晶体膜电极，通常称为 pH 玻璃电极，是测定溶液 pH 值的指示电极。

膜电极的基本构造：由电极管、内参比电极、内参比溶液和敏感膜构成，如图 7-21 所示。

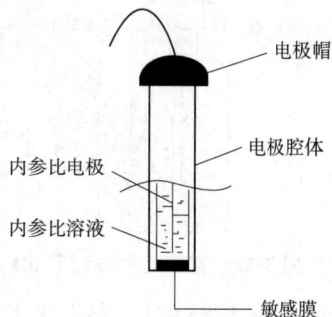

图 7-21　膜电极构造图

膜电位与溶液中待测离子浓度的关系：

$$\varphi_M = K \pm \frac{0.059\ 2}{n_i}\lg c_i \tag{7-17}$$

式中，φ_M 为膜电极的电极电位；"＋"为阳离子选择性电极；"－"为阴离子选择性电极；K 为一常数，它与电极的敏感膜、内部溶液、内参比电极等有关。

7.4.4.3　复合电极

目前实验室使用的电极都是复合电极，即 pH 玻璃电极和甘汞电极的复合。其优点是使用方便，不受氧化性或还原性物质的影响，且平衡速度较快。

7.4.5 电位分析法的定量分析

电位定量分析方法通常有直接比较法、标准曲线法和标准加入法等，可根据实际工作需要选择使用。

在实际工作中，单一电极的电位是无法直接测量的。电位分析法是将一个指示电极与另一个参比电极，同时插入被测样品溶液中组成工作电池来测量其电动势。构成电池的两个电极中，指示电极的电极电位与待测组分浓度有定量函数关系，符合能斯特方程；参比电极的电极电位在测定条件下恒定，为常数。

若以指示电极为正极、参比电极为负极，在一定温度下，电池电动势(E)与待测物质含量(c)的关系为

$$E = E_{指示} - E_{参比} = K - \frac{0.059}{n}\lg c \tag{7-18}$$

式中，$E_{参比}$、$E_{指示}$分别为参比电极电位、指示电极电位；n 为电极反应中转移的电子数；c 为待测物质浓度。

由式(7-18)可知，待测物质的浓度可以通过测量电池电动势来求得，这是电位分析法定量分析的依据。

7.4.6 电位分析法的应用

7.4.6.1 直接电位法

直接电位法是将电极插入被测溶液中构成原电池，根据测得的电动势和待测组分的活度符合能斯特方程式，通过计算求得待测组分含量的方法。直接电位法具有简便、快速、灵敏、应用广泛等特点，常用于溶液 pH 值和一些离子浓度的测定。

直接电位法测定溶液 pH 值的装置如图 7-22 所示。

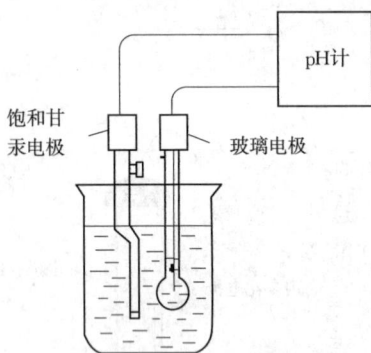

图 7-22 直接电位法测定 pH 值装置

7.4.6.2 电位滴定法

电位滴定法是通过向试液中滴加能与被测物质发生化学反应的已知浓度试剂，滴定过程中随着滴定剂的加入和化学反应的发生，待测离子或与之有关的离子活度(浓度)发生变化，则指示电极的电位(或电池电动势)也随着发生变化，在化学计量点附近，电位(或电动势)发生突跃，因此，测量电池电动势的变化，就能确定滴定终点。最后根据滴定剂的浓度和滴定终点时滴定剂消耗的体积就可计算出试液中待测组分的含量。不是由观察指示剂颜色的变化确定，因此准确度比指示剂滴定法高。

电位滴定法是根据滴定过程中指示电极电位的变化来确定滴定终点的。

电位滴定装置如图 7-23 所示，以指示电极、参比电极与待测试液组成电池，利用电位计测量电动势。滴定时，用滴定管滴入滴定剂，随着相关离子浓度的不断变化，所测得的电池电动势(或指示电极电位)也随之变化。在化学计量点附近，由于被测物质的浓度产生突变，使指示电极电位出现突跃，以此来指示终点。滴定结束后，根据滴定剂的消耗量，求得

样品中待测离子的浓度。

根据被测物质含量的高低可以选择常量滴定管和微量滴定管，根据滴定剂的性质选择棕色滴定管或透明滴定管、酸式滴定管或碱式滴定管。

滴定终点确定的方法一般采用 $E-V$ 曲线法，即以电池电动势 ε（或指示电极电位 E）对滴定剂体积 V 作图，如图 7-24(a)所示，曲线突跃的中点即为滴定终点。如果滴定曲线的突跃不明显，则可绘制如图 7-24(b)所示的 $\Delta E/\Delta V$ 对体积 V 的滴定曲线，曲线上将出现极大值，极大值指示的就是滴定终点。

电位滴定法可直接用于有色和浑浊溶液的滴定。在酸碱滴定中，它可以滴定不适于用指示剂的弱酸（如 $K_a < 5 \times 10^{-9}$ 的弱酸）。电位滴定法还可用于酸碱滴定、沉淀滴定、氧化还原滴定和配位滴定，应用非常广泛。

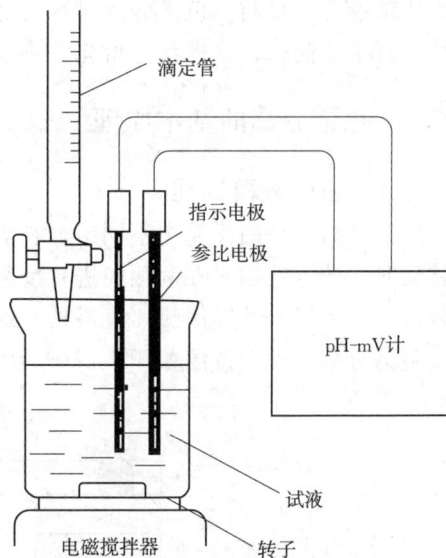

图 7-23　电位滴定法装置图

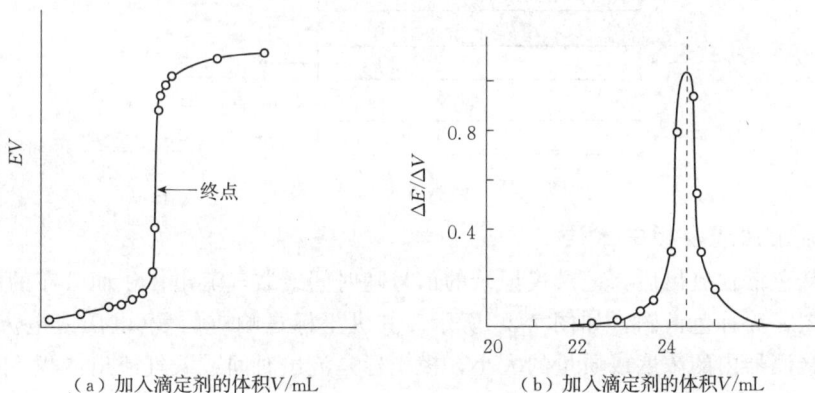

（a）加入滴定剂的体积V/mL　　（b）加入滴定剂的体积V/mL

图 7-24　电位滴定曲线图

任务 7.5　色谱分析

色谱法也称色层法、层析法，是一种物理化学分离方法，即利用不同物质在两相（固定相和流动相）之间分配系数（或吸附系数）的不同，经过反复的分配（即组分在两相之间进行反复多次的吸附、脱附或溶解、挥发过程），实现多组分混合物的分离。

在色谱分析法中，将装填在玻璃或金属管内固定不动的物质称为固定相；在管内自上而下连续流动的液体或气体称为流动相。装填有固定相的玻璃管或金属管称为色谱柱。作为色谱流动相的物质，可以是气体、液体或超临界流体，所以根据流动相的不同，色谱法可分为气相色谱、液相色谱和超临界流体色谱。

色谱分析应用非常广泛，在石油工业方面可进行汽油馏分全分析、定量分析和规格的测试；在环境监测方面可用于大气与水质的分析及环境质量进行评价等；临床化学方面可进行血与尿等体液的分析；药物与药剂方面常用于鉴定药物的组成与质量，检测生物体的代谢产物；农药方面用于分析极微量的含卤素、含氮、含磷农药；食品方面也可用于检测食品添加剂、残毒物等。目前，色谱分离过程与适当的检测手段相结合，实现了分离与检测一体化、连续、自动的测试，是近代分析化学中发展最为迅速的技术之一。

7.5.1 色谱分离的基本原理

7.5.1.1 色谱分离过程

色谱分离是利用样品中不同组分在固定相和流动相中具有不同的分配系数，当两相做相对移动时，使这些物质在两相间进行反复多次分配，原来微小的分配差异产生了很明显的分离效果，从而以先后顺序流出色谱柱。通过适当的检测手段，可以对分离后的各组分进行测定。色谱分离过程示意图如图 7-25 所示。

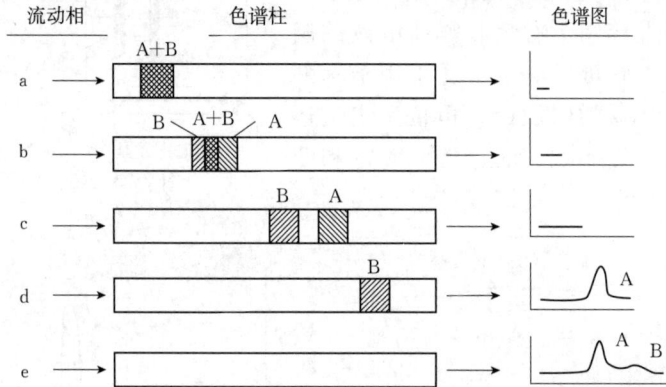

图 7-25 色谱分离过程示意图

7.5.1.2 流出曲线及相关术语

当组分从色谱柱流出后，记录仪记录的信号随时间或载气流出体积而分布的曲线称为色谱流出曲线图，简称色谱图，如图 7-26 所示。其纵坐标是响应信号（电压或电流），反映了流出组分在检测器内的浓度或质量的大小，横坐标是流出时间或载气流出体积。色谱流出曲线反映了样品在色谱柱内分离的结果，是组分定性和定量的依据。

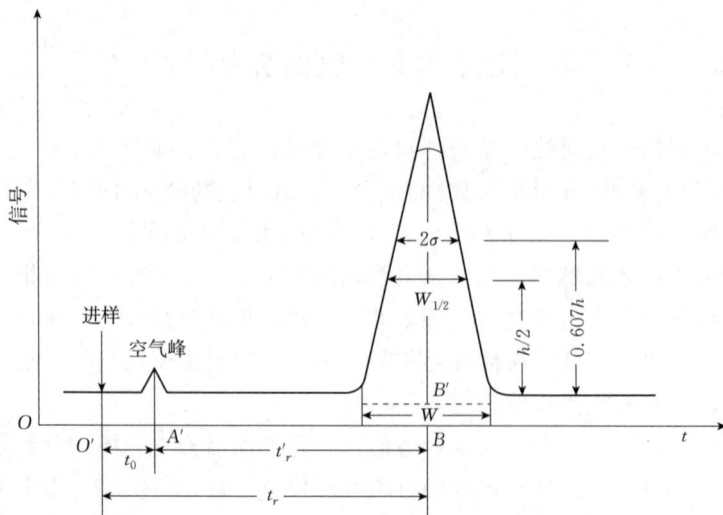

图 7-26 色谱流出曲线

①基线。当操作条件稳定后，无样品组分进入检测器时，记录到的信号称为基线。稳定的基线是一条直线。

②色谱峰。当组分进入检测器时，检测器响应信号随时间变化的峰形曲线。

③峰高(h)。峰顶点到基线的距离。

④峰底宽度(W)。从峰两边拐点做切线与基线相交的截距。

⑤峰面积。峰与基线延长线所包围的范围。

⑥半峰宽($W_{1/2}$)。峰高一半处的宽度。

⑦保留时间(t_r)。从进样到色谱峰顶的时间。

⑧死时间(t_0)。不被固定相滞留的组分(如空气)，从进样到色谱峰顶所需要的时间。

⑨调整保留时间(t_r')。扣除死时间后的组分的保留时间，即组分保留在固定相内的总时间。

$$t_r' = t_r - t_0 \tag{7-19}$$

7.5.2　气相色谱分析

以气体为流动相的色谱分离技术，称为气相色谱(GC)。气相色谱是基于色谱柱能分离样品中各组分，同时检测器能连续对各组分进行定性定量分析的一种分离分析方法，所以气相色谱法具有分离效率高、灵敏度高、分析速度快、应用范围广泛等诸多优点。不足之处在于它不能直接分析未知物，必须用已知纯物质的色谱图和它对照；其次，当分析无机物和高沸点有机物时比较困难，需要采用其他色谱分析方法来完成。

7.5.2.1　定性分析

定性分析的任务是确定色谱图上每一个峰所代表的物质。在色谱条件一定时，任何一种物质都有确定的保留时间，因此，在相同色谱条件下，通过比较已知物和未知物的保留参数或在色谱图上的位置，即可确定未知物是何种物质。但是一般来说，色谱法是分离复杂混合物的有效工具，如果将色谱与质谱或其他光谱仪器联用，则是目前解决复杂混合物中未知物定性的最有效的方法。

7.5.2.2　定量分析

在一定的色谱条件下，流入检测器的待测组分 i 的质量 m_i(或浓度 c_i)与检测器对应的响应信号(峰面积 A_i 或峰高度 h_i)成正比，即

$$m_i = f_i \cdot A_i \quad 或 \quad c_i = f_{i(h)} \cdot h_i \tag{7-20}$$

式中，f_i 或 $f_{i(h)}$ 称为面积绝对校正因子或峰高绝对校正因子。这是色谱定量分析的依据。因此，要进行定量分析，必须要测定峰面积或峰高度和其对应的校正因子。

要准确测量出进入检测器的组分的量 m_i 和峰面积 A_i(或峰高 h_i)，并要求严格控制色谱操作条件来精确求出绝对校正因子是比较困难的，故其应用受到限制。在实际定量分析中，常采用相对校正因子。相对校正因子是指组分 i 与另一标准物 s(内标物)的绝对校正因子之比，用 f_i' 或 $f_{i(h)}'$ 表示，即

$$f_i' = \frac{f_i}{f_s} \quad 或 \quad f_{i(h)}' = \frac{f_{i(h)}}{f_{s(h)}} \tag{7-21}$$

相对校正因子通常也叫校正因子，是一个量纲为 1 的量，通常用的是相对质量校正因子，公式为

$$f'_m = \frac{f_{i(m)}}{f_{s(m)}} = \frac{m_i \cdot A_s}{m_s \cdot A_i} \tag{7-22}$$

式中，m_i、m_s 分别表示组分 i 和内标物 s 的质量；A_i、A_s 分别表示组分 i 和内标物 s 的峰面积。

目前色谱仪大多带有自动积分器，可以准确、自动地测量各类峰形的峰面积，并自动打印出各个峰的保留时间和峰面积等数据。

色谱定量分析方法有很多，目前广泛应用的有归一化法、标准曲线法和内标法。

（1）归一化法

归一化法是以样品中被测组分经校正过的峰面积（或峰高）占样品中各组分经校正过的峰面积（或峰高）的总和的比例，来表示样品中各组分含量的定量方法。如果样品中所有组分均能流出色谱柱并显示色谱峰，则可用此法计算组分含量。

设样品中共有 n 个组分，各组分的质量分别为 m_1、m_2、$\cdots$、m_n，则 i 种组分的质量分数为

$$w_i = \frac{m_i}{m} = \frac{m_i}{m_1 + m_2 + \cdots + m_n} = \frac{f'_i \cdot A_i}{\sum\limits_{i=1}^{n} f'_i \cdot A_i} \times 100\% \tag{7-23}$$

归一化法的优点是简便、精确，进样量的多少不影响定量的准确性，操作条件的变化对结果的影响也较小，对多组分的同时测定尤其显得方便。缺点是校正因子的测定比较麻烦，某些不需定量的组分也需测出其校正因子和峰面积，同时要求样品中所有的组分能完全分离且均能在检测器上产生相应的信号，因此应用受到一些限制。

若样品中各组分的相对校正因子很接近（如同分异构体或同系物），则可直接用峰面积归一化法进行定量，即式（7-23）可简化为

$$w_i = \frac{A_i}{\sum\limits_{i=1}^{n} A_i} \times 100\% \tag{7-24}$$

采用色谱数据处理机或色谱工作站处理数据时，往往采用峰面积直接归一化法进行定量。

（2）标准曲线法

标准曲线法也称外标法。与分光光度分析中的标准曲线法相似，是在一定色谱操作条件下，用纯物质配制成一系列不同浓度的标准样。定量进样，依次测定其峰面积。按测得的峰面积对标准系列溶液的浓度作图，绘制标准曲线。样品分析时，在与标准系列严格相同的条件下定量进样，由所得峰面积在标准曲线上即可查得待测组分的含量。

当待测组分含量变化不大，并已知这一组分的大概含量时，也可以不必绘制标准曲线，而用单点校正法，即直接比较法定量。具体方法是：先配制一个和待测组分含量相近的已知浓度的标准溶液，在相同的色谱条件下，分别将待测样品溶液和标准样品溶液等体积进样，作出色谱图，测量待测组分和标准样品的峰面积或峰高，然后由下式直接计算样品溶液中待测组分的含量。

$$w_i = \frac{w_s \cdot A_i}{A_s} \quad 或 \quad w_i = \frac{w_s \cdot h_i}{h_s} \tag{7-25}$$

式中，w_i 为样品溶液中待测组分的质量分数；w_s 为标准样品溶液的质量分数；$A_i(h_i)$ 为待测样品的峰面积（峰高）；$A_s(h_s)$ 为标准样品的峰面积（峰高）。

外标法的优点是操作简单，计算方便，不需要校正因子，但对操作条件及进样量要求严格

控制，否则容易出现较大误差。此外，标准工作曲线绘制时，一般使用待测组分的标准样品（或已知准确含量的样品），而实际样品的组成却千差万别，因此也会给测量带来一定的误差。

(3)内标法

内标法是将一定量选定的标准物(称内标物 s)加入一定量样品中，混合均匀后，在一定操作条件下注入色谱仪进行分析，出峰后分别测量组分 i 和内标物 s 的峰面积(或峰高)，按公式计算组分 i 的含量。当样品中所有组分不能全部出峰或只要求测定样品中某个或某几个组分时，可用此法。

准确称取 m_i g 样品，加入某纯物质 m_s g 作为内标物，根据样品和内标物的质量比 m_i/m_s 及相应的色谱峰面积之比，按下式可求组分 i 的质量分数 w_i。

因为 $\dfrac{m_i}{m_s}=\dfrac{f'_i \cdot A_i}{f'_s \cdot A_s}$，一般常以内标物为基准，$f'_s=1.0$，则有

$$w_i=f'_i\frac{m_s \cdot A_i}{m_{样品} \cdot A_s}\times100\% \quad 或 \quad w_i=f'_{i(h)}\frac{m_s \cdot h_i}{m_{样品} \cdot h_s}\times100\% \tag{7-26}$$

内标法可消除操作条件变化所引起的误差，定量较准确。在很多仪器分析上得到广泛应用。但每次都需要称量样品及内标物，不宜快速分析，而且内标物选择至关重要，需要满足以下条件：

①内标物是样品中不存在的纯物质，能与样品完全互溶，但不能发生化学反应。

②内标物的性质应与待测组分性质相近，以使内标物的色谱峰处于待测组分的色谱峰附近，并与之完全分离。

③内标物浓度应接近待测组分，其峰面积与待测组分相差不大。

将标准曲线法和内标法结合起来则称为内标标准曲线法。该方法是以待分析组分的标准品和内标物的峰面积比为横坐标，质量比(浓度比)为纵坐标，作出标准曲线，然后分析未知样的含量。此方法集标准曲线法和内标法的各自优点，不需要单独计算校正因子，且能更准确地分析未知物的含量，因此在气相分析中应用比较广泛。

(4)标准加入法

标准加入法实质上是一种特殊的内标法，是在选择不到合适的内标物时，以待测组分的纯物质为内标物，加入待测样品中，然后在相同的色谱条件下，测定加入待测组分纯物质前后待测组分的峰面积(或峰高)，从而计算待测组分在样品中的含量的方法。

标准加入法的具体做法如下：首先在一定的色谱条件下作出待分析样品的色谱图，测定其中待测组分 i 的峰面积 A_i(或峰高 h_i)；然后在该样品中准确加入定量待测组分(i)的标样或纯物质(与样品相比，待测组分的浓度增量为 ΔW_i)，在完全相同的色谱条件下，作出已加入待测组分(i)标样或纯物质后的样品的色谱图。测定这时待测组分(i)的峰面积 A'_i(或峰高 h'_i)，此时待测组分的含量为

$$w_i=\frac{\Delta W_i}{\dfrac{A'_i}{A_i}-1}\times100\% \quad 或 \quad w_i=\frac{\Delta W_i}{\dfrac{h'_i}{h_i}-1}\times100\% \tag{7-27}$$

标准加入法的优点是：不需要另外的标准物质作内标物，只需待测组分的纯物质，进样量不必十分准确，操作简单。荐在样品的预处理之前就加入已知准确量的待测组分，则可以完全补偿待测组分在预处理过程中的损失，是色谱分析中较常用的定量分析方法。

标准加入法的缺点是：要求加入待测组分前后两次测定的色谱条件完全相同，以保证两次测定时的校正因子完全相等，否则将引起分析测定的误差。

7.5.3 认识气相色谱仪

气相色谱仪通常由载气系统、进样系统、分离系统、检测系统、温度控制系统和数据处理系统六大部分组成(图 7-27)。

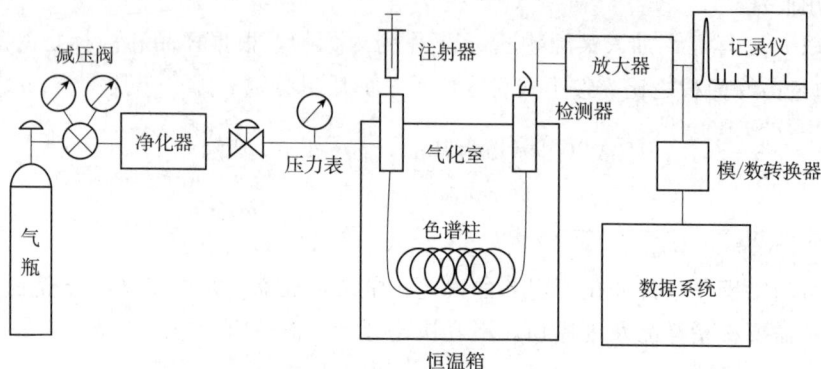

图 7-27 气相色谱仪构造

(1)载气系统

载气系统(carrier gas supply)包括气源钢瓶、减压阀、净化干燥管、稳压阀、针形阀、稳流阀、压力表等，为仪器提供连续运行且具有稳定流速与流量的载气与其他辅助气体。整个载气系统要求载气纯净、密封性好、流速稳定及流速测量准确。气相色谱的载气是载送样品进行分离的惰性气体，是气相色谱的流动相。常用的载气有：N_2、H_2(在使用氢火焰离子化检测器时作为燃气，在使用热导检测器时常作为载气)、He、Ar(He 和 Ar 价格昂贵，应用较少)，储存在高压气体钢瓶中。气相色谱仪使用的各种气体压力为 $0.2 \sim 0.4$ MPa，因此需要通过减压阀使钢瓶气源的输出压力下降；净化干燥管主要用来去除载气中的水、O_2、有机物等杂质(依次通过分子筛、活性炭等)；针形阀可以调节载气流量，也可控制燃气和空气流量；稳流阀维持载气流速的稳定。现代有电子流量计，并以计算机控制其流速保持不变。

(2)进样系统

进样系统(sample injection system)由进样器和气化室两部分组成，其作用是将样品定量引入色谱系统，并使样品有效地气化，然后用载气将样品快速"扫入"色谱柱。常用针形进样器和六通阀进样器(图 7-28)。进样速度必须要快(0.1 s 之内)；最大进样量一般液体为 $0.1 \sim 5$ μL，气体为 $0.1 \sim 10$ mL。进样量、进样速度和样品的气化速度都会影响色谱的分离效率以及分析结果的精密度和准确度。

(3)分离系统

分离系统是气相色谱仪的心脏部分，包括色谱柱、色谱炉(柱箱)和温度控制装置。其作用是把混合物样品中各组分进行分离，形成成分单一组分的装置。色谱柱一般可分为填充柱和毛细管柱。填充柱(装有颗粒状固定相的色谱柱)有 U 形或螺旋形，内径 $2 \sim 4$ mm，长 $1 \sim 3$ m。通常弯曲成直径 $10 \sim 30$ cm 的螺旋状(图 7-29)。毛细管柱又称空心柱，它比填充柱在分离效率上有更大的提高，可解决复杂的、填充柱难以解决的分析问题。常用的毛细管

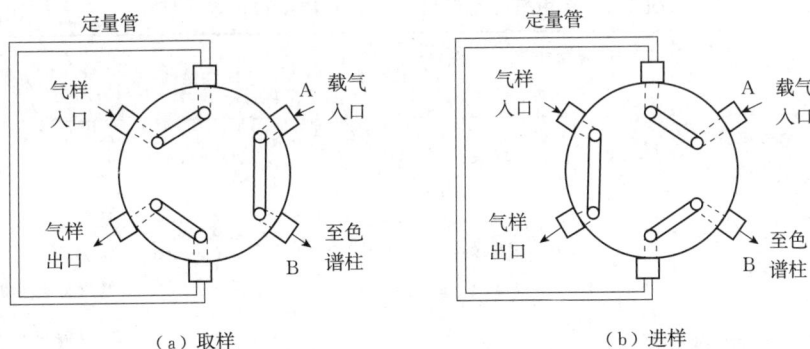

（a）取样　　　　　　　　　　　　　（b）进样

图 7-28　六通阀进样器平面

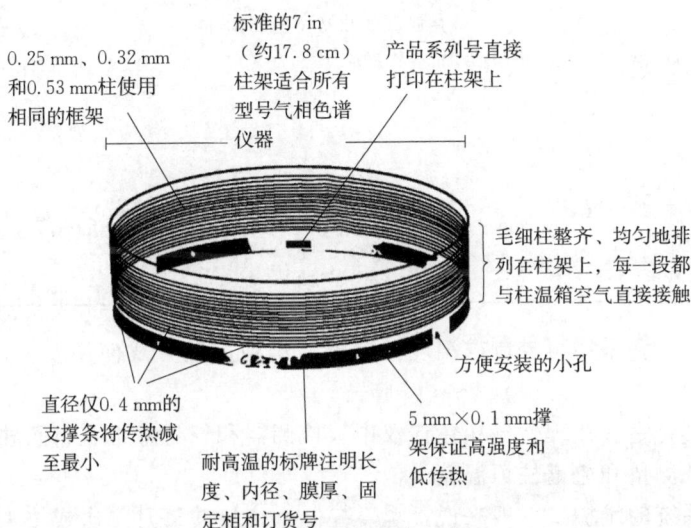

图 7-29　毛细管柱的结构

柱为涂壁空心柱，其内壁直接涂渍固定液，柱材料大多用熔融石英，内径一般 $0.1\sim$ 0.5 mm，柱长一般为 $25\sim100$ m。实验中柱温常常选择各组分沸点平均温度或更低。

（4）检测系统

将混合气体中组分的浓度（mg·mL^{-1}）或质量流量（g·s^{-1}）转变成可测量的电信号，并经放大器放大后通过记录仪得到色谱图。检测器的性能指标主要指灵敏度、检测限、线性范围和响应时间等。常用的有氢火焰离子化检测器（FID）、热导池检测器（TCD）、电子捕获检测器（ECD）、氮磷检测器（NPD）、火焰光度检测器（FPD）等。其特点和技术指标见表 7-2。

（5）温度控制系统

在气相色谱测定中，温度的控制是重要的指标，它直接影响柱的分离效能、检测器的灵敏度和稳定性。控制温度主要指对色谱柱、气化室、检测器三处的温度控制，尤其是对色谱柱的控温精度要求很高。

①柱箱。为了适应在不同温度下使用色谱柱的要求，通常把色谱柱放在一个恒温箱中，以提供可以改变的、均匀的恒定温度。恒温箱使用温度为室温～450℃，要求箱内上下温度差在 3℃ 以内，控制点的控温精度在 $\pm(0.1\sim0.5)$℃。

表 7-2 常用气相色谱仪检测器的特点和技术指标

检测器	类型	最高操作温度/℃	最低检测限	线性范围	主要用途
氢火焰离子化检测器（FID）	质量型、准通用型	450	丙烷：$<5\ pg \cdot s^{-1}$	$10^7(\pm10\%)$	各种有机化合物分析，对碳氢化合物的灵敏度高
热导池检测器（TCD）	浓度型、通用型	400	丙烷：$<400\ pg \cdot s^{-1}$ 壬烷：$20\ 000\ mV \cdot mL \cdot mg^{-1}$	$10^5(\pm5\%)$	适用于各种无机气体和有机物的分析，多用于永久性气体的分析
电子捕获检测器（ECD）	浓度型、选择型	400	六氯苯：$<0.04\ pg \cdot s^{-1}$	$>10^4$	适合分析含电负性元素或基团的有机化合物，多用于分析含卤素化合物
氮磷检测器（NPD）	质量型、选择型	400	用偶氮苯和马拉硫磷的混合物测定： $<0.4\ pg \cdot s^{-1}$氮 $<0.2\ pg \cdot s^{-1}$磷	$>10^5$	适合含氮和含磷化合物的分析
火焰光度检测器（FPD）	浓度型、选择型	250	用十二烷基硫醇和丁基膦酸酯混合物测定： $<20\ pg \cdot s^{-1}$硫 $<0.9\ pg \cdot s^{-1}$磷	硫：$>10^5$ 磷：$>10^6$	适合含硫、含磷和含氮化合物的分析

现代气相色谱仪多采用可控制硅温度控制器。这种控温方式使用安全可靠，控温连续，精度高，操作简便。

②检测器和气化室。在现代气相色谱仪中，检测器和气化室也有自己独立的恒温调节装置，其温度控制及测量和色谱柱恒温箱类似。

③温度控制系统的维护。一般来说，温度控制系统只需每月一次或按生产者规定的校准方法进行检查，就足以保证其工作性能。校准检查的方法可参考相关仪器的说明书。实际使用过程中，为防止温度控制系统受到损害，应严格按照仪器的说明书操作，不能随意乱动。

（6）数据处理系统

数据处理系统是气相色谱仪不可或缺的部分，虽然对分离和检测没有直接贡献，但分离效果的好坏，检测器性能的好坏，都通过数据处理系统所收集显示的数据反映出来。因此，数据处理系统最基本的功能是将检测器输出的模拟信号随时间的变化曲线，即色谱图画出来。

①电子积分仪。使用较为普遍的一种数据处理装置。利用电容的充放电性能，将一个峰信号（微分信号）变成一个积分信号，这样就可以直接测量出峰面积，最后打印出色谱峰的保留时间、峰面积和峰高等数据。

②色谱数据处理机。在积分仪中引入单片机，将积分仪得到的数据进行储存、变换、打印色谱分析结果的装置。有一些色谱处理机还增加了对色谱仪的控制功能。例如，气相色谱仪的进样口温度、柱温、检测器温度和参数等都可以由色谱数据处理机设定和控制。

③色谱工作站。由一台微型计算机来实时控制色谱仪器，并进行数据采集和处理的一个系统。它由硬件（包括微型计算机、数据采集卡、色谱仪器控制卡）和软件（包括色谱仪实时控制程序、峰识别和峰面积积分程序、定量计算程序、报告打印程序等）两部分组成。色谱

仪通过色谱数据采集卡和色谱仪器控制卡与计算机连接，在色谱软件的控制下，对气相色谱、高效液相色谱、离子色谱、凝胶色谱、超临界流体色谱、薄层色谱及毛细管电泳色谱等的检测器输出的色谱峰的模拟信号进行转换、采集、存储和处理，并对采集和存储的色谱图进行分析校正和定量计算，最后打印出色谱图和分析报告。

7.5.4　液相色谱分析

以液体作流动相的色谱称为液相色谱。广义上讲，除柱色谱外，薄层色谱(液-固色谱)、纸色谱(液-液色谱)也属于液相色谱，这里只讨论柱色谱。高效液相色谱分析与气相色谱分析一样，具有选择性高、分离效率高、灵敏度高、分析速度快的特点，适于分析气相色谱不能分析的高沸点有机化合物、高分子和热稳定性差的化合物以及具有生物活性的物质，弥补了气相色谱分析的不足。

7.5.4.1　定性方法

由于液相色谱过程中影响溶质迁移的因素较多，同一组分在不同色谱条件下的保留值相差很大，即便在相同的操作条件下，同一组分在不同色谱柱上的保留值也可能有很大的差别。因此，液相色谱与气相色谱相比，定性的难度更大。常用的定性方法有以下几种。

①利用已知标准样品定性。利用标准样品对未知化合物定性是最常用的液相色谱分析定性方法，该方法的原理与气相色谱分析相同。由于每一种化合物在特定的色谱条件下(流动相组成、色谱柱、柱温等相同)，其保留值具有特征性，因此可以利用保留值进行定性。如果在相同的色谱条件下被测化合物与标准样品的保留值一致，就可以初步认为被测化合物与标准样品相同。若流动相组成经多次改变后，被测化合物的保留值仍与标准样品的保留值一致，就能进一步证实被测化合物与标准样品为同一化合物。

②利用检测器的选择性定性。同一种检测器对不同种类的化合物的响应值是不同的，而不同种检测器对同一种化合物的响应也是不同的。因此，当某一被测化合物同时被两种或两种以上检测器检测时，对被测化合物检测的灵敏度比值是与被测化合物的性质密切相关的，可以用来对被测化合物进行定性分析，这就是双检测器定性体系的原理。

③利用紫外检测器全波长扫描功能定性。紫外检测器是液相色谱中使用最广泛的一种检测器。全波长扫描紫外检测器可以根据被测化合物的紫外光谱图提供一些有价值的定性信息。

传统的方法是：在色谱图上某组分的色谱峰出现极大值，即最高浓度时，通过停泵手段，使组分在检测池中滞留，然后对检测池中的组分进行全波长扫描，得到该组分紫外-可见光谱图；再取可能的标准样品按同样方法处理。对比两者光谱图即能鉴别出该组分与标准样品是否相同。对于某些有特殊紫外光谱图的化合物，也可以通过对照标准谱图的方法来识别化合物。

此外，利用二极管阵列检测器得到的包括有色谱信号、时间、波长的三维色谱图，其定性结果与传统方法相比具有更大的优势。

7.5.4.2　定量方法

高效液相色谱的定量方法与气相色谱定量方法类似，主要有面积归一化法、外标法和内标法，简述如下。

（1）归一化法

归一化法要求所有组分都能分离并有响应，其基本方法与气相色谱中的归一化法类似。由于液相色谱所有的检测器为选择性检测器，对很多组分没有响应，因此液相色谱法较少使用归一化法。

（2）外标法

外标法是以待测组分纯品配制标准溶液和待测样品同时做色谱分析来进行比较而定量的，可分为标准曲线法和直接比较法。具体方法可参照气相色谱的标准曲线法。

（3）内标法

内标法是比较精确的一种定量方法。它是将已知量的参比物（称内标物）加到样品中，那么样品中参比物的浓度为已知，在进行色谱测定后，由待测组分峰量进而求出待测组分的含量。

7.5.5　认识高效液相色谱仪

高效液相色谱仪是实现液相色谱分析的仪器设备，20 世纪 70～80 年代，吸收气相色谱仪的研制经验，并引入微处理技术，极大地提高了仪器的自动化水平，另外，使用高压输液泵、全多孔微粒填充柱和高灵敏度检测器，实现了对样品的高速、高效和高灵敏度的分离测定。

高效液相色谱仪种类繁多，仪器的结构和流程也是多种多样的，但基本原理都是相同的。高效液相色谱仪的基本组成（图 7-30）分为高压输液系统、进样系统、分离系统、检测系统和数据处理系统（色谱工作站），其整体类似于气相色谱，但是针对其流动相为液体的特点作出很多调整。高效液相色谱仪结构示意图如图 7-31 所示。

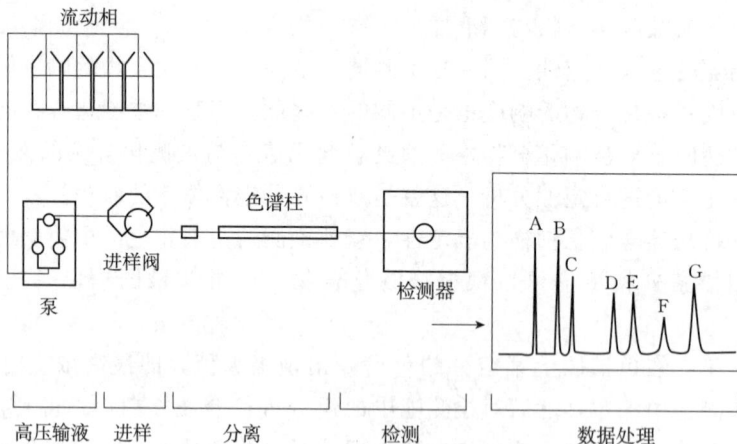

图 7-30　高效液相色谱仪的基本组成

（1）高压输液系统

高压输液系统一般包括储液器、高压输液泵、过滤器、梯度洗脱装置等。

①储液器。主要用来提供足够数量的符合要求的流动相以完成分析工作。储液器一般是以不锈钢、玻璃、聚四氟乙烯或特种塑料聚醚醚酮（PEEK）衬里为材料，容积一般以 0.5～2 L 为宜，放置位置要高于泵体，保持一定的输液静压差。

②高压输液泵。是高效液相色谱仪的关键部件，其作用是将流动相以稳定的流速或压力

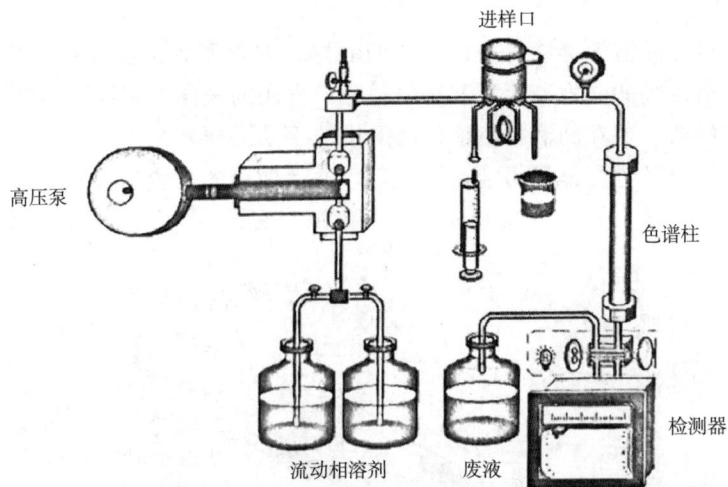

图 7-31　高效液相色谱仪结构示意图

输送到色谱分离系统。对于带有在线脱气装置的色谱仪，流动相先经过脱气装置后再输送到色谱柱。高压输液泵要求密封性好，输出流量恒定，压力平稳，可调范围宽，耐腐蚀等。

　　③过滤器。在高压输液泵的进口和它的出口与进样阀之间，应设置过滤器。高压输液泵的活塞和进样阀阀芯的机械加工要求精度非常高，微小的机械杂质进入流动相，会导致上述部件的损坏；同时机械杂质在柱头的积累，会造成柱压升高，使色谱柱不能正常工作，因此管道过滤器的安装是十分必要的。

　　过滤器的滤芯是用不锈钢结构材料制造的，孔径为 $2\sim3\ \mu m$，耐有机溶剂的侵蚀。若发现过滤器堵塞(发生流量减少的现象)，可将其浸入 HNO_3 溶液中，在超声波清洗器中用超声波振荡 $10\sim15\ min$，即可将堵塞的固体杂质洗出。若清洗后仍不能达到要求，则应更换滤芯。

　　④梯度洗脱装置。在进行多组分的复杂样品的分离时，经常会碰到一些问题，如前面一些组分分离不完全，而后面的一些组分分离度太大，且出峰很晚以及峰形较差。为了使保留值相差很大的多种组分在合理的时间内全部洗脱并达到相互分离，往往要用到梯度洗脱技术。

　　在液相色谱中常用的梯度洗脱技术是指流动相梯度，即在分离过程中改变流动相的组成(溶剂极性、离子强度、pH 值等)或改变流动相的浓度。梯度洗脱装置依据梯度装置所能提供的流路个数可分为二元梯度、三元梯度等，依据溶液的混合方式又可分为高压梯度和低压梯度。

　　高压梯度一般只用于二元梯度，即用两个高压泵分别按设定比例输送两种不同溶液至混合器，在高压状态下将两种溶液进行混合，然后以一定的流量输出。其主要特点是只要通过梯度程序控制器控制每台泵的输出，就能获得任意形式的梯度曲线，而且精度很高，易于实现自动化控制。其主要缺点是必须使用两台高压输液泵，因此仪器价格比较昂贵，故障率也相对较高。

　　低压梯度是将 2 种溶剂或 4 种溶剂按一定比例输入泵前的一个比例阀中，混合均匀后以一定的流量输出。其主要优点是只需一个高压输液泵，且成本低廉、使用方便。实际过程中多元梯度泵的流路是可以部分空置的，如四元梯度泵也可以进行二元梯度操作。

（2）进样系统

进样系统是将样品溶液准确送入色谱柱的装置，要求密封性好，死体积小，重复性好，进样引起色谱分离系统的压力和流量波动要很小。常用的进样器有以下两种。

①六通阀进样器。现在的液相色谱仪所采用的手动进样器几乎都是耐高压、重复性和操作方便的阀进样器。其进样体积由定量管确定，通常使用的是体积为 10 μL 和 20 μL 的定量管。六通阀进样器的结构如图 7-32 所示。

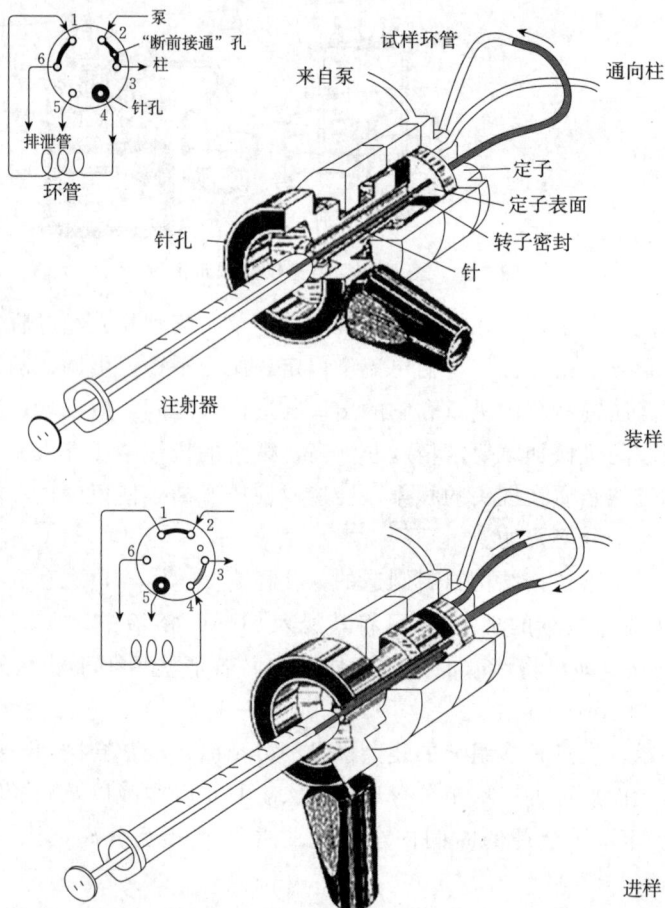

图 7-32　六通阀进样器的结构

②自动进样器。由计算机自动控制定量阀，按预先编制的注射样品程序进行工作。取样、进样、复位、样品管路清洗和样品盘的转动，全部按预定程序自动进行。自动进样器的进样量可连续调节，进样重复性高，适合大量样品的分析，节省人力，可实现自动化操作。

（3）分离系统

分离系统包括色谱柱、恒温装置和连接管等部件，是色谱仪的心脏，起分离作用。对色谱柱的要求是柱效高、选择性好、分析速度快。

色谱柱包括柱管和固定相两部分。色谱柱管为内部抛光的不锈钢柱管或塑料柱管，其结构如图 7-33 所示。目前，液相色谱常用的标准柱是内径为 4.6 mm 或 3.9 mm、长度为 10～15 cm 的直行不锈钢柱。填料颗粒度为 5～10 μm，柱效的理论值可达每米 5000～10 000 块理论塔板数。

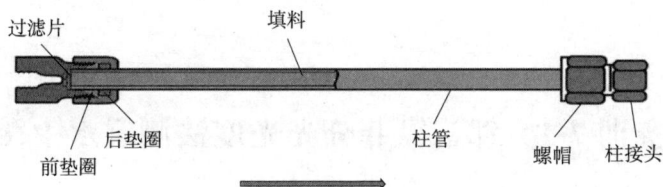

图 7-33　色谱柱结构示意图

色谱柱通常由专门的厂家生产提供。色谱柱填充完毕后是有方向的，即流动相的方向应与柱的填充方向一致。色谱柱的管外都以箭头显著标示了该柱的使用方向，安装和更换色谱柱时一定要使流动相能按箭头所指的方向流动。

为了保护分析柱不被污染，有时需要在分析柱前加一根保护柱(预柱)，即在分析柱的入口端装一根与分析柱相同固定相的短柱，可以防止来自流动相和样品中不溶性微粒堵塞色谱柱。保护柱一般柱长为 $30\sim50$ mm，柱内装有 0.2 μm 的过滤片。保护柱可以经常且方便地更换，可提高色谱柱的使用寿命，保持柱效。

(4)检测系统

检测系统是用于连续检测被色谱系统分离后的柱流出物组成和含量变化的装置，其作用是将色谱柱流出物中样品组成和含量的变化转化为可供检测的信号，完成定性、定量分析的任务。

①HPLC 检测器的要求。理想的 HPLC 检测器应具有灵敏度高、响应快、重现性好、线性范围宽、适用范围广、对流动相流量和温度波动不敏感、死体积小等特点。实际上很难找到满足上述全部要求的 HPLC 检测器，但可以根据不同样品的实际情况和的分离目的来选择合适的检测器。

②HPLC 检测器的分类。一般分为两类：通用型检测器和专用型检测器。

通用型检测器可连续测量色谱柱流出物(包括流动相和样品组分)的全部特性变化，通常采用差分测量法。这类检测器包括示差折光检测器、电导检测器和蒸发光散射检测器等，适用范围广，但灵敏度较低，易受温度和流量波动的影响，造成较大的漂移和噪声，一般不适合痕量分析和梯度洗脱。

专用型检测器用于测量被分离样品组分某种特性的变化，这类检测器对样品中组分的某种物理或化学性质敏感，而这一性质是流动相所不具备的，或至少在操作条件下不显示。这类检测器包括紫外检测器、荧光检测器、安培检测器等。专用型检测器灵敏度高，受操作条件变化和外界环境影响小，并且可用于梯度洗脱操作，但应用范围受到一定的限制。

(5)数据处理系统(色谱工作站)

高效液相色谱的分析结果除可用记录仪绘制谱图外，现已广泛使用色谱数据处理机和色谱工作站来记录和处理色谱分析的数据。多采用 16 位或 32 位高档微型计算机，具有自行诊断功能、全部操作参数控制功能、智能化数据处理和色谱图处理功能、进行计量认证的功能。此外，该工作站还具有控制多台仪器的自动化操作功能、网络运行功能，还可运行多种色谱分离优化软件、多维色谱系统操作参数控制软件等。

总的来说，色谱工作站的出现，不仅大大提高了色谱分析的速度，也为色谱分析工作者进行理论研究、开拓新型分析方法创造了有利的条件。随着电子计算机的迅速发展，色谱工作站的功能也会日益完善。

【任务实施】

实验实训 7-1 邻二氮菲分光光度法测定水中微量铁

一、实验目的

1. 熟悉紫外-可见分光光度计的操作。
2. 学会吸收曲线的绘制。
3. 学会对可见分光光度法的影响因素进行各方面的验证。
4. 掌握可见分光光度法的定量分析。

二、实验原理

可见分光光度法测定无机离子，通常要经两个过程：一是显色过程；二是测量过程。为了使测定结果有较高灵敏度和准确度，必须选择合适的显色条件和测量条件。这些条件主要包括入射波长、显色剂用量、有色溶液稳定性、溶液酸度等。

用于铁的显色剂很多，其中邻二氮菲是测定微量铁的一种较好的显色剂。邻二氮菲又称邻菲啰啉，它与 Fe^{2+} 生成稳定的橙红色配合物，是测定 Fe^{2+} 的一种高灵敏度和高选择性试剂。其反应如下：

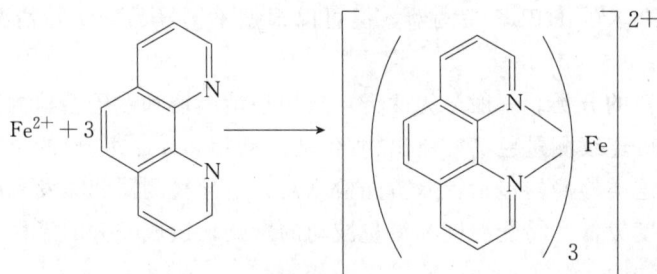

溶液 pH=3～8(一般维持在 pH=5～6)，在还原剂存在下，颜色可保持几个月不变。Fe^{3+} 与邻二氮菲生成淡蓝色配合物，稳定性很差，因此在加入显色剂之前，需用盐酸羟胺(或抗坏血酸等)先将 Fe^{3+} 还原为 Fe^{2+}。

此方法选择性高，相当于铁量 40 倍的 Sn^{2+}、Al^{3+}、Ca^{2}、Mg^{2+}、Zn^{2+}，20 倍的 Cr(Ⅳ)、V(Ⅴ)、P(Ⅴ)，5 倍的 Co^{2+}、Ni^{2+}、Cu^{2+} 等，不干扰测定。

三、实验仪器和试剂

仪器：可见分光光度计(或紫外-可见分光光度计)、容量瓶(250 mL)、容量瓶(50 mL)、吸量管(10 mL)、可调定量加液器(0～10 mL)、pH 计(或 pH 试纸)。

试剂：100.0 $\mu g \cdot mL^{-1}$ 铁标准贮备液、10％盐酸羟胺溶液(用时配制)、0.15％邻二氮菲溶液(避光保存，2 周内有效)、1.0 $mol \cdot L^{-1}$ NaAc 溶液、2 $mol \cdot L^{-1}$ HCl 溶液、1 $mol \cdot L^{-1}$ NaOH 溶液。

100.0 $\mu g \cdot mL^{-1}$ 铁标准贮备液：准确称取 0.863 4 g $NH_4Fe(SO_4)_2 \cdot 12H_2O$ 于烧杯中，

加入少量水润湿，用 30 mL 2 mol·L⁻¹盐酸溶液溶解，定容至 1 L。

四、实验步骤

1. 准备工作

①清洗容量瓶、移液管及需用的玻璃器皿。

②10.0 μg·mL⁻¹铁标准使用液的配制：吸取 25.00 mL 100.0 μg·mL⁻¹铁标准贮备液于 250 mL 容量瓶中，加入 20 mL 2 mol·L⁻¹HCl 溶液，用蒸馏水稀释至标线，摇匀。

③按仪器使用说明书检查仪器。开机预热 20 min，并调试至工作状态。

④检查仪器波长的正确性和吸收池的配套性(透光率之差≤0.5%)。

2. 绘制吸收曲线，确定最大吸收波长

用吸量管准确吸取 10.00 mL、10.0 μg·mL⁻¹铁标准使用液，置于 50 mL 容量瓶中，再依次加入 1 mL 10%盐酸羟胺溶液、2 mL 0.15%邻二氮菲溶液和 5 mL NaAc 溶液，每加入一种试剂得摇匀 2 min 后再加下一种试剂，最后用蒸馏水稀释至刻度，摇匀。放置 10 min后，将一部分溶液转移至 1 cm 比色皿中，以试剂空白溶液为参比液，在波长 440~560 nm，每隔 10 nm 测定一次吸光度(A)。并以波长 λ 为横坐标，吸光度 A 为纵坐标，绘制吸收曲线，找出最大吸收波长(λ_{max})，此波长即为本实验的适宜波长。

3. 有色配合物稳定性实验

取 2 个 50 mL 容量瓶，用同样的方法分别配制铁-邻二氮菲有色溶液和试剂空白溶液，放置约 2 min 立即用 1 cm 吸收池，以试剂空白溶液为参比溶液，在选定的波长下测定吸光度。以后隔 5 min 测定一次吸光度，并记录吸光度和时间。

4. 显色剂用量实验

取 6 个 50 mL 容量瓶，各加入 10.00 mL 10.0 μg·mL⁻¹铁标准使用液、1 mL 10%盐酸羟胺溶液，摇匀。分别加入 0.0 mL、0.5 mL、1.0 mL、2.0 mL、3.0 mL、4.0 mL 0.15%邻二氮菲溶液，5 mL 1.0 mol·L⁻¹ NaAc 溶液，用蒸馏水稀至标线，摇匀。用 1 cm 吸收池，以试剂空白溶液为参比溶液，在选定的波长下测定吸光度。绘制 A-$V_{显色剂}$曲线，以吸光度大且曲线较平稳、显色剂适当过量又不会减小吸光度的 $V_{显色剂}$范围作为适宜的显色剂加入量。

5. 溶液酸度实验

取 6 个 50 mL 容量瓶，各加入 10.00 mL 10.0 μg·mL⁻¹铁标准使用液、1 mL 10%盐酸羟胺溶液，摇匀。再分别加入 2 mL 邻二氮菲溶液，摇匀。用吸量管分别加入 1 mol·L⁻¹ NaOH 溶液 0.0 mL、0.5 mL、1.0 mL、1.5 mL、2.0 mL、2.5 mL，用蒸馏水稀释至标线，摇匀。用精密 pH 试纸(或酸度计)测定各溶液的 pH 值后，用 1 cm 吸收池，以试剂空白为参比溶液，在选定波长下，测定各溶液吸光度。绘制 A-pH 曲线，以吸光度大、且曲线较平稳的酸度范围作为适宜的酸度条件。

6. 标准曲线的绘制

取 6 个 50 mL 容量瓶，分别准确移取 10.0 μg·mL⁻¹铁标准使用液 0.00 mL、2.00 mL、4.00 mL、6.00 mL、8.00 mL、10.00 mL，再分别加入 1 mL 10%盐酸羟胺溶液，摇匀，放置 2 min 后，再各加入 2 mL 0.15%邻二氮菲溶液、5 mL 1.0 mol·L⁻¹ NaAc 溶液。每加入一种试剂后充分摇匀，再加入另一种试剂，最后用蒸馏水稀释至刻度，摇匀备

用。用 1 cm 吸收池，以试剂空白为参比溶液，在选定波长下，依次测定各溶液吸光度。以浓度为横坐标，吸光度为纵坐标，绘制标准曲线。

7. 铁含量测定

取 3 个 50 mL 容量瓶，分别加入适量(以吸光度落在工作曲线中部为宜)含铁未知试液，按步骤 6，加入显色溶液、测量吸光度并记录测量数据。

8. 结束工作

测量完毕，关闭电源，拔下电源插头，取出吸收池，清洗晾干后入盒保存。清理工作台，罩上仪器防尘罩，填写仪器使用记录。清洗容量瓶和其他所用的玻璃仪器并放回原处。

五、数据记录及处理

将实验数据及结果填入表 7-3～表 7-7。

(1)不同入射光波长(λ_{max})下的吸光度测定

表 7-3 吸光度结果

波长 λ_{max}/mm	450	460	470	480	490	500	505	510	515	520	530	540	550	560
吸光度 A														

(2)稳定性实验结果

表 7-4 稳定性结果

时间 t/min				
吸光度 A				

(3)标准曲线结果

绘制吸光度-时间曲线；绘制吸光度-显色剂用量曲线，确定合适的显色剂用量；绘制吸光度-pH 曲线，确定适宜 pH 值范围。

表 7-5 显色剂用量结果

显色剂用量/mL				
吸光度 A				

(4)绘制铁的工作曲线及样品测定数据

表 7-6 样品测定结果

移取铁标准液/mL					
铁含量/($\mu g \cdot mL^{-1}$)					
吸光度 A					
标准曲线线性方程及相关系数					

(5)由样品的测定结果，求出样品中铁的平均含量

表 7-7 铁含量计算结果

平行实验	1	2	3
移取样品体积 V/mL			
吸光度 A			
被测液浓度 $c/(\mu g \cdot mL^{-1})$			
稀释倍数			
样品中铁的含量/$(\mu g \cdot mL^{-1})$			
样品中铁的平均含量/$(\mu g \cdot mL^{-1})$			
相对极差/%			

六、注意事项

1. 显色过程中，每加入一种试剂均要摇匀。

2. 在考察同一因素对显色反应的影响时，应保持仪器的测定条件。在测量过程中，应不时重调仪器零点和参比溶液的 $T = 100\%$。

3. 样品和工作曲线测定的实验条件应保持一致，所以最好两者同时显色同时测定。

4. 待测样品应完全透明，如有浑浊，应预先过滤。

实验实训 7-2 紫外分光光度法测定未知物

一、实验目的

1. 巩固紫外-可见分光光度计的规范操作。

2. 掌握紫外分光光度法对物质的定性定量分析。

二、实验原理

用一定范围内的紫外线进行光谱扫描，绘制并比较已知物质和未知物质的吸收曲线，形状相似、最大吸收波长一样的为同一物质。此即对未知物质的定性分析；绘制标准曲线，测定未知物的吸光度，在标准曲线上即可找到未知溶液所对应的浓度。此为对未知物质的定量分析。

三、实验仪器和试剂

仪器：紫外-可见分光光度计、石英比色皿（1 cm）、容量瓶（100 mL）、吸量管（10 mL）、烧杯（100 mL）。

试剂：标准物质贮备液（实训时可任选 4 种）。2.0 mg·mL⁻¹ 水杨酸、2.0 mg·mL⁻¹ 磺基水杨酸、1.0 mg·mL⁻¹ 苯甲酸、1.0 mg·mL⁻¹ 维生素 C、1.0 mg·mL⁻¹ 硝酸盐氮、

0.5 mg·mL^{-1}糖精钠、0.4 mg·mL^{-1}邻菲啰啉、0.4 mg·mL^{-1}山梨酸。

未知液：4 种标准物质溶液中的任何一种。

四、实验步骤

1. 吸收池配套性检查

石英吸收池在 220 nm 装蒸馏水，以一个吸收池为参比，调节 $T=100\%$。测定其余吸收池的透射比，其偏差应小于 0.5％，可配成一套使用，记录其余比色皿的吸光度值作为校正值。

2. 未知物的定性分析

将标准贮备液和未知液配成约为一定浓度的溶液，以蒸馏水为参比，于波长 200～350 mm测定溶液吸光度，并绘制吸收曲线。根据吸收曲线的形状确定未知物，并从曲线上确定最大吸收波长作为定量测定时的测量波长。

各定性溶液的配制浓度和方法参考如下。

(1)参考浓度

10 μg·mL^{-1}水杨酸、10 μg·mL^{-1}磺基水杨酸、10 μg·mL^{-1}苯甲酸、10 μg·mL^{-1}维生素 C、10 μg·mL^{-1}硝酸盐氮、5 μg·mL^{-1}糖精钠、2 μg·mL^{-1}邻菲啰啉、2 μg·mL^{-1}山梨酸。

(2)配制溶液参考方法

进行定性分析时，可以用吸量管吸取一定量体积的贮备液，也可以用胶头滴管滴入大致的等量体积的溶液进行配制。例如，用于定性分析的苯甲酸的浓度约为 10 μg·mL^{-1}，可以用吸量管吸取 1 mL 标准贮备液于 100 mL 容量瓶中，稀释至刻度，稀释 100 倍；也可以用刻度胶头滴管吸取 1 mL(约为 25 滴)贮备液于 100 mL 烧杯，大约稀释 100 倍。用配好的溶液进行定性分析。

3. 标准曲线的绘制

(1)标准使用液的配制

准确移取 10 mL 标准贮备液于 100 mL 容量瓶中，以蒸馏水稀释至刻线，摇匀。

标准使用液的浓度分别为 200 μg·mL^{-1}水杨酸、200 μg·mL^{-1}磺基水杨酸、100 μg·mL^{-1}苯甲酸、100 μg·mL^{-1}维生素 C、100 μg·mL^{-1}硝酸盐氮、50 μg·mL^{-1}糖精钠、40 μg·mL^{-1}邻菲啰啉、40 μg·mL^{-1}山梨酸。

(2)标准工作曲线的配制

分别准确移取一定体积的标准使用液于 100 mL 容量瓶中，以蒸馏水稀释至刻度线，摇匀。各溶液的配制参考方法如下：

①水杨酸(磺基水杨酸)标准工作曲线的配制。用 10 mL 吸量管准确移取上述标准使用溶液 0.00 mL、1.00 mL、2.00 mL、4.00 mL、6.00 mL、8.00 mL、10.00 mL 于 7 个 100 mL容量瓶中（浓度分别为 0.00 μg·mL^{-1}、1.00 μg·mL^{-1}、2.00 μg·mL^{-1}、4.00 μg·mL^{-1}、6.00 μg·mL^{-1}、8.00 μg·mL^{-1}、10.00 μg·mL^{-1}），以蒸馏水稀释至刻度，摇匀。

②苯甲酸(维生素 C、硝酸盐氮)标准工作曲线的配制。用 10 mL 吸量管准确移取上述标准使用溶液 0.00 mL、1.00 mL、2.00 mL、4.00 mL、6.00 mL、8.00 mL、10.00 mL 于 7 个 100 mL 容量瓶中（浓度分别为 0.00 μg·mL^{-1}、2.00 μg·mL^{-1}、4.00 μg·mL^{-1}、

$8.00\ \mu g \cdot mL^{-1}$、$12.00\ \mu g \cdot mL^{-1}$、$16.00\ \mu g \cdot mL^{-1}$、$20.00\ \mu g \cdot mL^{-1}$)，以蒸馏水稀释至刻度，摇匀。

③糖精钠的标准工作曲线的配制。用 10 mL 吸量管准确移取上述标准使用溶液 0.00 mL、1.00 mL、2.00 mL、4.00 mL、6.00 mL、8.00 mL、10.00 mL 于 7 个 100 mL 容量瓶中(浓度分别为 $0.00\ \mu g \cdot L^{-1}$、$0.50\ \mu g \cdot L^{-1}$、$1.00\ \mu g \cdot L^{-1}$、$2.00\ \mu g \cdot L^{-1}$、$3.00\ \mu g \cdot L^{-1}$、$4.00\ \mu g \cdot L^{-1}$、$5.00\ \mu g \cdot mL^{-1}$)，以蒸馏水稀释至刻度，摇匀。

④邻菲啰啉(山梨酸)标准工作曲线的配制。用 10 mL 吸量管准确移取上述标准使用溶液 0.00 mL、1.00 mL、2.00 mL、4.00 mL、6.00 mL、8.00 mL、10.00 mL 于 7 个 100 mL 容量瓶中(浓度分别为 $0.00\ \mu g \cdot L^{-1}$、$0.40\ \mu g \cdot L^{-1}$、$0.80\ \mu g \cdot L^{-1}$、$1.60\ \mu g \cdot L^{-1}$、$2.40\ \mu g \cdot L^{-1}$、$3.20\ \mu g \cdot L^{-1}$、$4.00\ \mu g \cdot mL^{-1}$)，以蒸馏水稀释至刻度，摇匀。

根据未知液吸收曲线上最大吸收波长，以蒸馏水为参比，测定吸光度。以浓度为横坐标，以相应的吸光度为纵坐标绘制标准工作曲线。

4. 未知液浓度的测定

将原未知液稀释成工作曲线范围内的合适浓度，根据未知液吸收曲线上最大吸收波长，以蒸馏水为参比，测定未知溶液稀释后的吸光度。根据所测吸光度，确定未知稀释液的浓度。平行测定 3 次。

根据未知溶液的稀释倍数，求出未知物的含量。计算公式为

$$c_0 = c_x n$$

式中，c_0 为原始未知溶液浓度($\mu g \cdot mL^{-1}$)；c_x 为查得的未知溶液浓度($\mu g \cdot mL^{-1}$)；n 为未知溶液的稀释倍数。

五、数据记录及处理

1. 比色皿配套性检验

$A_1 = 0.000$　　　$A_2 = $ _____。

2. 定性结果

未知物为 _____。

3. 未知物溶液的定量检测

(1)标准溶液的配制(表 7-8)

标准贮备液浓度：_____　　标准使用液浓度 _____。

表 7-8　标准溶液配制结果

稀释次数	吸取体积/mL	稀释后体积/mL	稀释倍数

(2)标准曲线的绘制(表 7-9)

测量波长：_____；标准曲线：_____；相关系数 $R^2 = $ _____。

表 7-9　标准曲线绘制结果

溶液代号	吸取标液体积/mL	$\rho/(\mu g \cdot mL^{-1})$	A	$A_{校正}$
0				
1				
2				
3				
4				
5				
6				

（3）未知液的配制（表 7-10）

表 7-10　未知液配制结果

稀释次数	吸取体积/mL	稀释后体积/mL	稀释倍数

（4）未知物含量的测定（表 7-11）

表 7-11　未知物含量测定结果

平行实验	1	2	3
A			
$A_{校正}$			
查得的浓度/$(\mu g \cdot mL^{-1})$			
原始试液浓度/$(\mu g \cdot mL^{-1})$			
原始试液的平均浓度/$(\mu g \cdot mL^{-1})$			
相对极差/%			

实验实训 7-3　茶叶中铅含量的测定

一、实验目的

1. 了解茶叶中铅含量的测定的前处理过程。
2. 学会原子吸收分光光度计的规范、安全、文明操作。
3. 学会原子吸收分光光度计对应软件的应用和数据处理。

二、仪器和试剂

仪器：单火焰原子吸收分光光度计、空气压缩机、分析天平、吸量管（1 mL、2 mL、5 mL、10 mL、25 mL）、容量瓶（50 mL）、锥形瓶（250 mL）、分液漏斗（125 mL）、量筒（50 mL）、带塞刻度管（10 mL）、烧杯若干。

试剂：100 μg·mL⁻¹铅标准储备液、300 g·L⁻¹硫酸铵溶液、50 g·L⁻¹柠檬酸铵溶液、1 g·L⁻¹溴百里酚蓝溶液、1∶1 氨水、50 g·L⁻¹二乙基二硫代氨基甲酸钠(DDTC)溶液、4-甲基-2-戊酮(MIBK)、茶叶样品消解液 2 份。

三、实验原理

原子吸收光谱分析法是基于从光源发射出的待测元素的特征谱线，通过样品的原子蒸气时，被蒸气中待测元素的基态原子吸收，根据特征谱线的减弱程度求得样品中待测元素含量的分析方法。依照《食品安全国家标准　食品中铅的测定》(GB 5009.12—2017)操作。

样品经处理后，铅离子在一定 pH 值条件下与二乙基二硫代氨基甲酸钠形成络合物，经 4-甲基-2-戊酮萃取分离，导入原子吸收光谱仪中，火焰原子化后，吸收 283.3 nm 共振线，其吸光度与铅含量成正比，与标准系列比较定量。

四、实验步骤

1. 样品称量

用称量纸称取 1.000 0 g±0.050 0 g 茶叶样品 2 份，提前进行消解。及时填写样品称量记录单。

茶叶消解：样品粉碎，过 30 目筛，混匀存储于塑料瓶中。用称量纸称取 1.000 0 g±0.050 0 g 茶叶样品 2 份，放置于带刻度的消化管中，加入 10 mL 硝酸和 0.5 mL 高氯酸，在可调式电热炉上消解(参考条件：120℃，0.5～1 h；升至 180℃，2～4 h，升至 200～220℃)。若消化液呈棕褐色，再加少量硝酸，消解至冒白烟，消化液呈无色透明或略带黄色。取出消化管，冷却后用纯水定容至 100 mL，混匀，备用。

2. 萃取分离

分别吸取样品 1 号消解液和 2 号消解液 25.00 mL 及试剂空白液 25.00 mL，分别置于 125 mL 分液漏斗中，补加水至 60 mL。加 2 mL 50 g·L⁻¹柠檬酸铵溶液，1 g·L⁻¹溴百里酚蓝溶液 3～5 滴，用氨水调 pH 值至溶液由黄变蓝，加入 300 g·L⁻¹硫酸铵溶液 10.0 mL，DDTC 溶液 10 mL，摇匀。放置 5 min 左右，加入 10.0 mL 4-甲基-2-戊酮(MIBK)，剧烈振摇提取 1 min，静置分层后，弃去水层，将 MIBK 层放入 10 mL 带塞刻度管中，备用。

铅标准使用液的配制：将 100 μg·mL⁻¹铅标准储备液稀释至 10 μg·mL⁻¹。

铅标准工作液的配制：分别吸取 10 μg·mL⁻¹铅标准使用液 0.00 mL、1.00 mL、2.00 mL、3.00 mL、4.00 mL、5.00 mL(相当于 0.0 μg、10.0 μg、20.0 μg、30.0 μg、40.0 μg、50.0 μg 铅)于 125 mL 分液漏斗中。与样品相同方法萃取。

3. 上机测定

(1)参数设定

①选择检测使用灯(灯需提前预热)。

②进行样品检测参数和样品设置。

(2)测量

①点火。空气压缩机调出口压力为 0.2～0.25 MPa，乙炔调出口压力为 0.05～

0.07 MPa

②标准溶液测定。

③试剂空白和考核样品测定。

④实验结束，关气、关机。

五、数据记录及处理

将实验数据及结果填入表 7-12 和表 7-13。

表 7-12　样品称量结果

样品名称	茶叶	样品状态	粉状(　　)、匀浆(　　)、原样(　　)	
检测项目	铅	检测依据	GB 5009.12—2010	
倾出前质量/g				
倾出后质量/g				
取样量 m/g				

表 7-13　茶叶中重金属含量检测结果

样品名称		茶叶	样品状态	粉状(　　)、匀浆(　　)、原样(√)		
检测项目		铅	检测依据			
检测地点						
前处理方法		湿法消解(√)、微波消解(　　)、干法(　　)、浸提(　　)				
仪器条件		燃气组成：＿＿＿＿＿＿＿＿＿＿＿＿＿＿ 空心阴极灯：Pb 灯　　检测器检测波长＿＿＿＿＿＿(nm)				
重复次数			1	2		样品空白
取样量 m/g						
样品处理体积总体积 V_2/mL						
样品萃取体积 V_1/mL						
测定用样品体积 V_3/mL						
被测液质量浓度 c/(mg·L^{-1})						
测定值 X/(mg·kg^{-1})						
平均值 $\overline{X}$/(mg·kg^{-1})						
相对平均偏差/%						
标准曲线	质量浓度/(mg·L^{-1})					
	吸光度 A					
	回归方程及相关系数					

计算公式：$x=[(c_1-c_0) \times V_1 \times 1\,000]/[m \times V_3/V_2 \times 1\,000]$　结果保留三位有效数字

实验实训 7-4　溶液 pH 值的测定

一、实验目的

1. 掌握酸度计测定 pH 值的基本原理。
2. 学会酸度计的使用方法。

二、实验原理

电位法测定溶液 pH 值所用的仪器称为酸度计。酸度计能够准确测定溶液的 pH 值，其测定原理是在待测溶液中插入两个电极：指示电极（常用玻璃电极）为负极和参比电极（常用饱和甘汞电极）为正极。这两个电极与待测溶液构成一个电池。因为在一定条件下，参比电极的电极电位是定值，所以该电池的电动势便决定于指示电极的电极电位的大小，即取决于待测溶液的 pH 值。在 25℃时，电池的电动势 ε 可用下式表示：

$$\varepsilon = E_正 - E_负 = E_{甘汞} - E_玻 = K' + 0.059\,2pH$$

据此可进行溶液 pH 值的测量。

在实际测量过程中，为减小因为某些因素的改变而产生的测量误差，通常先用标准缓冲溶液校正仪器上的标度，使标度上的指示值恰好为标准缓冲溶液的 pH 值，再进行待测溶液的测量。

三、仪器和试剂

仪器：pHS－25 型（或其他型号）酸度计、231 型玻璃电极、232 型甘汞电极、烧杯（50 mL）、容量瓶（500 mL）。

试剂：pH 值分别为 4.01、6.86 和 9.18 的标准缓冲溶液、0.1 mol·L^{-1} NH$_4$Cl、0.1 mol·L^{-1}(NH$_4$)$_2$SO$_4$、0.1 mol·L^{-1}Na$_2$CO$_3$。

①pH＝4.01 的标准缓冲溶液。称取在 110℃烘干的分析纯邻苯二甲酸氢钾 10.21 g，用蒸馏水溶解后定容至 1 L。

②pH＝6.86 的标准缓冲溶液。称取在 110℃烘干的分析纯磷酸二氢钾 3.39 g 和磷酸氢二钠 3.53 g，用蒸馏水溶解后定容至 1 L。

③pH＝9.18 的标准缓冲溶液。称取分析纯硼砂 3.81 g，用蒸馏水溶解后定容至 1 L。

四、实验步骤

1. 电极的准备

将 pH 玻璃电极、饱和甘汞电极插入相应的电极插座中，用蒸馏水清洗电极，再用滤纸轻轻吸干电极上的水分。将电源线插入电源插座中，接通电源，预热 30 min。

2. 溶液 pH 值的测量

先用 pH 试纸粗略检查样品溶液的 pH 值，当溶液偏酸性，则将电极分别浸入 pH＝6.86 和 pH＝4.01 的标准缓冲溶液标定仪器；如果溶液偏碱性，则将电极分别浸入 pH＝6.86 和 pH＝9.18 的标准缓冲溶液标定仪器。

将冲洗干净且用滤纸擦干的玻璃-甘汞电极用待测水样润洗 2～3 次，然后浸入待测水样中，在显示屏上读取溶液的 pH 值，并将记录填入下表。

测量完毕，清洗电极，擦干后将玻璃电极浸泡在饱和的氯化钾保护液中。

五、数据记录及处理

将实验数据及结果填入表 7-14。

表 7-14 实验结果

待测溶液	0.1 mol·L⁻¹NH₄Cl	0.1 mol·L⁻¹(NH₄)₂SO₄	0.1 mol·L⁻¹Na₂CO₃
pH 值			

六、思考题

进行未知溶液的 pH 值测定前，为什么要先用 pH 试纸粗略地检测？

实验实训 7-5　牙膏中氯化钠含量的测定

一、实验目的

1. 学会电位滴定法的操作。
2. 学会判断电位滴定法的滴定终点。
3. 拓展酸度计的应用。

二、实验原理

电位滴定法是在用标准溶液滴定待测离子过程中，用指示电极的电位变化代替指示剂的颜色变化指示滴定终点的到达，是把电位测定与滴定分析互相结合起来的一种测试方法，它虽然没有指示剂确定终点那样方便，但它可以用于浑浊、有色溶液以及找不到合适指示剂的滴定分析。

三、仪器和试剂

仪器：ZD-2 型自动电位滴定仪、银电极、双盐桥饱和甘汞电极、带离心管的离心机、容量瓶（250 mL）、移液管（25 mL、50 mL）、烧杯（250 mL）、搅拌子、洗瓶等。

试剂：0.010 00 mol·L⁻¹ NaCl 标准溶液、1∶1 HNO₃ 溶液、0.010 mol·L⁻¹ AgNO₃ 标准溶液、牙膏样品。

四、实验步骤

1. 样品溶液的制备

称取牙膏样品 50 g（精确至 0.001 g）置于 100 mL 烧杯中，逐渐加入去离子水搅拌溶解，转移至 250 mL 容量瓶中，稀释至刻度，摇匀，倒入离心管中，在离心机（2 000 r·min⁻¹）中离心 30 min，上清液即为样品溶液，收集备用。

2. 电位滴定标准溶液

用移液管准确移取 25.00 mL 0.010 00 mol·L^{-1} NaCl 标准溶液于一个洁净的 250 mL 烧杯中，加入 1∶1 HNO$_3$ 溶液 4 mL，加去离子水至 100 mL 左右，放入干净的搅拌子，将其置于滴定装置的搅拌器平台上，开启搅拌器，将选择开关置于"MV"上，记录溶液的起始电位值 E。用 0.010 mol·L^{-1} AgNO$_3$ 标准溶液进行滴定，待电位稳定后读取电位值和对应加入的 AgNO$_3$ 标准溶液的体积。每加 2 mL 记录一次电位值，当电位值变化较大时，表明已接近终点。此时每加入一滴 AgNO$_3$ 标准溶液，记录一次电位值，直至电位值变化不大为止。平行滴定 3 次。

3. 测定样品溶液

准确移取样品溶液 100 mL 于 250 mL 烧杯中，加入 1∶1 HNO$_3$ 溶液 4 mL，放入干净的搅拌子，同上法安装好滴定管和电极，依据 $E-V$ 或 $\Delta E/\Delta V-V$ 曲线所确定出的终点电位为自动电位滴定的终点电位，预控点设置为终点电位(mV)，按下"滴定开始"按钮。到达终点后，记下所消耗的 AgNO$_3$ 标准溶液的体积。平行测定 2 次。

五、数据记录及处理

1. 实验数据及结果

(1)试样溶液的制备

牙膏样品质量_____g；定容体积_____mL。

(2)电位滴定标准溶液

将滴定的体积和相应的电位值填入表 7-15。根据电位滴定标准溶液的数据，绘制电位 (E) 对滴定体积(V)的滴定曲线或 $\Delta E/\Delta V-V$ 曲线，确定终点电位、终点体积，并计算出 AgNO$_3$ 标准溶液的准确浓度。

表 7-15　电位滴定标准溶液结果

1	滴定剂的体积/mL									
	电位值/mV									
	终点电位/mV					终点体积/mL				
	AgNO$_3$ 标准溶液的浓度/mol·L^{-1}									
2	滴定剂的体积/mL									
	电位值/mV									
	终点电位/mV					终点体积/mL				
	AgNO$_3$ 标准溶液的浓度/mol·L^{-1}									
3	滴定剂的体积/mL									
	电位值/mV									
	终点电位/mV					终点体积/mL				
	AgNO$_3$ 标准溶液的浓度/mol·L^{-1}									
终点平均电位/mV										
AgNO$_3$ 标准溶液的平均浓度/mol·L^{-1}										
相对极差/%										

（3）测定样品溶液

将测定数据填入表 7-16。根据实验数据计算牙膏样品中氯化钠的含量（mg·g^{-1}）。

表 7-16   测定样品溶液结果

平行实验	1	2
移取样品溶液的体积/mL		
滴定消耗 AgNO$_3$ 标准溶液的体积/mL		
牙膏试样中 NaCl 的含量/(mg·g^{-1})		
牙膏样品中 NaCl 的平均含量/(mg·g^{-1})		
相对极差/%		

2. 计算公式

（1）AgNO$_3$ 标准溶液的浓度计算公式为

$$c_{AgNO_3} = \frac{c_{NaCl} \cdot V_{NaCl}}{V_{AgNO_3}}$$

式中，c_{AgNO_3} 为 AgNO$_3$ 标准溶液的浓度（mol·L^{-1}）；V_{AgNO_3} 为滴定所消耗 AgNO$_3$ 标准溶液的体积（mL）；c_{NaCl} 为 NaCl 标准溶液的浓度（mol·L^{-1}）；V_{NaCl} 为移取 NaCl 标准溶液的体积（mL）。

（2）牙膏样品中 NaCl 的含量的计算公式为

$$w_{NaCl} = \frac{c_{AgNO_3} \cdot \dfrac{V_{AgNO_3}}{1\ 000} \cdot M_{NaCl}}{m_{样品} \times \dfrac{100.00}{250.00}} \times 100\%$$

式中，c_{AgNO_3} 为 AgNO$_3$ 标准溶液的浓度（mol·L^{-1}）；V_{AgNO_3} 为测定样品溶液时所消耗 AgNO$_3$ 标准溶液的体积（mL）；M_{NaCl} 为 NaCl 的摩尔质量（58.44 g·mol^{-1}）；$m_{样品}$ 为称取的牙膏样品的质量（g）；250.00 为样品溶液的定容体积（mL）；100.00 为移取样品溶液的体积（mL）；1 000 为单位换算系数。

实验实训 7-6   乙醇中微量水分的测定

一、实验目的

1. 掌握内标定量法。
2. 学会气相色谱仪的正确操作。
3. 了解气相色谱工作站的应用。

二、实验原理

分离有机物中微量水分，最好选用有机高分子聚合物固定相（如 GDX 类）。它的特点是憎水性，分离时水峰在前，出峰很快，峰形对称，而有机物出峰在后，主峰对水峰的测定无干扰。这是因为这类固定相对氢键型化合物，如水、醇等的亲和力很弱，一般又按相对分子质量大小顺序出峰。使用 GDX 类固定相，一般不需涂固定液，只将一定粒度的 GDX 装柱老化即可使用，制柱也较简单。为了校准和减少由于操作条件的波动而对分析结果产生的影响，实验采用内标法定量。

设样品中加入甲醇(内标物)的质量为 $m_{水}$，待测物水的质量为 $m_{甲醇}$，水和甲醇的峰高分别为 $h_{水}$ 和 $h_{甲醇}$，则样品中水的峰高相对校正因子 $[f'_{水(h)}]$ 和百分含量 $(w_{水})$ 分别为

$$f'_{水(h)} = \frac{m_{水} \cdot h_{甲醇}}{m_{甲醇} \cdot h_{水}}$$

$$w_{水} = \frac{m_{水}}{m_{样品}} \times 100\% = f'_{水(h)} \cdot \frac{m_{甲醇} \cdot h_{水}}{m_{样品} \cdot h_{甲醇}} \times 100\%$$

式中，$m_{样品}$ 为样品总量。

配制内标标准溶液时，可以按质量计，也可按体积计，本实验结果要求表示为组分的体积分数，故采用量取体积的方法配制内标标准溶液。

三、实验仪器和试剂

仪器：气相色谱仪、载气(氮气)、微量注射器($10\ \mu L$、$100\ \mu L$)、容量瓶($10\ mL$)。

试剂：GDX401(色谱固定相，$60\sim80$ 目)、甲醇、无水乙醇(在分析纯无水乙醇试剂中加入 $500℃$ 加热处理过的 5A 分子筛，并密封放置过夜)。

四、实验步骤

1. 色谱柱的准备

将内径 $3\ mm$、长 $1\ m$ 的不锈钢色谱柱洗净、烘干，按照装柱方法将 GDX401($60\sim80$ 目)装入柱内，在 $150℃$ 下老化几小时。

2. 色谱仪的调节

以氮气作载气，流量为 $20\ mL \cdot min^{-1}$，柱温为 $90℃$，气化室温度为 $120℃$，热导桥电流为 $140\ mA$，衰减倍数和记录仪纸速适当选择。基线稳定后即可进样。

3. 峰高相对校正因子的测定

内标标准溶液的配制：取 1 个 $10\ mL$ 容量瓶，先加入无水乙醇至刻度，然后用微量注射器分别加入蒸馏水 $100\ \mu L$，纯甲醇 $100\ \mu L$，摇匀。

吸取 $5\ \mu L$ 内标标准溶液进样，记录色谱图，测量各峰高。

4. 内标法定量

在一个盛未知样品溶液带刻度的 $10\ mL$ 容量瓶中，用微量注射器加入一定体积的甲醇，摇匀后，取 $5\ \mu L$ 进样，估算欲使甲醇色谱峰峰高接近于样品中水峰高时，内标物甲醇的体积加入量。

准确吸取适量体积的甲醇，加入 $10.00\ mL$ 样品溶液中，摇匀。取 $5\ \mu L$ 进样，记录色谱图，测量水及甲醇的色谱峰峰高。

五、数据记录及处理

将实验数据及结果填入表 7-17。

表 7-17　实验结果

峰高		相对校正因子 $f'_{水(h)}$	样品中水的含量	
$h_{甲醇}$	$h_{水}$		ω_1	ω_2

【任务实施拓展】

实验实训拓展 7-Ⅰ　水样中正磷酸盐含量的测定

一、实验目的

1. 巩固紫外-可见分光光度法的一般流程。
2. 学会用紫外-可见分光光度法检测水体中正磷酸盐的含量。
3. 进一步巩固紫外-可见分光光度计的操作，拓展其应用。

二、实验原理

在酸性条件下，正磷酸盐与钼酸铵反应生成黄色的磷钼酸铵，然后用抗坏血酸使之还原成蓝色络合物即磷钼蓝，在 710 nm 最大吸收波长处用分光光度法测定。

消化后水样中的正磷酸盐，与钼酸铵试剂在强酸溶液中作用，生成淡黄色磷钼酸铵：

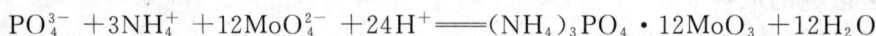

$$PO_4^{3-} + 3NH_4^+ + 12MoO_4^{2-} + 24H^+ =\!=\!= (NH_4)_3PO_4 \cdot 12MoO_3 + 12H_2O$$

磷钼酸铵在一定酸度下，可被还原剂(如氯化亚锡、抗坏血酸、亚硫酸钠等)还原成蓝色化合物"钼蓝"：

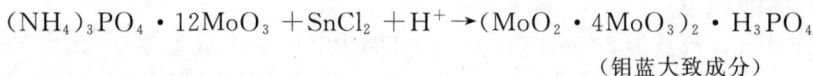

$$(NH_4)_3PO_4 \cdot 12MoO_3 + SnCl_2 + H^+ \rightarrow (MoO_2 \cdot 4MoO_3)_2 \cdot H_3PO_4$$

(钼蓝大致成分)

三、实验仪器和试剂

仪器：紫外-可见分光光度计、容量瓶(50 mL)、移液管(5 mL、10 mL)、比色皿(1 cm)、烧杯、废液缸、废固缸。

试剂：1∶1 H_2SO_4 溶液、10%抗坏血酸溶液、钼酸盐溶液、50.0 $\mu g \cdot mL^{-1}$正磷酸盐贮备溶液(以 P 计)。

①10%抗坏血酸溶液。溶解 10 g 抗坏血酸于水中，并稀释至 100 mL。该溶液贮存在棕色玻璃瓶中，在约 4℃可稳定几周。如颜色变黄，则弃去重配。

②钼酸盐溶液。称取 13 g 钼酸铵[$(NH_4)_6Mo_7O_{24} \cdot 4H_2O$]溶解于 100 mL 蒸馏水中。称取 0.35 g 酒石酸锑氧钾[$K(SbO)C_4H_4O_6 \cdot 1/2H_2O$]溶解于 100 mL 水中。在不断搅拌下，将钼酸铵溶液徐徐加入 300 mL 1∶1 H_2SO_4 溶液中，加酒石酸锑氧钾溶液并且混合均匀。贮存在棕色玻璃瓶中于约 4℃保存，可稳定 2 个月。

③50.0 $\mu g \cdot mL^{-1}$正磷酸盐贮备溶液(以 P 计)。将优级纯磷酸二氢钾(KH_2PO_4)于 110℃干燥 2 h，在干燥器中放冷。称取 0.219 7 g 溶于水，移入 1 000 mL 容量瓶中，加

$1:1\ H_2SO_4$ 溶液 5 mL，用水稀释至标线。

四、操作步骤

1. 正磷酸盐标准使用液的配制
准确吸取含磷 $50.0\ \mu g \cdot mL^{-1}$ 正磷酸盐贮备溶液 10 mL 于 100 mL 容量瓶中，加纯水定容至 100 mL，摇匀。

2. 正磷酸盐系列标准工作液的配制
准确吸取正磷酸盐标准使用液 0.00 mL、2.00 mL、4.00 mL、6.00 mL、8.00 mL、10.00 mL 于 50 mL 容量瓶中，加入 1 mL 10％抗坏血酸溶液，摇匀。再加入 2 mL 钼酸盐溶液，摇匀，定容。静置 15 min。

3. 吸收曲线绘制及测定波长的选择
选取系列正磷酸盐标准溶液浓度最大的溶液，用 1 cm 比色皿，以蒸馏水为参比，在 600~800 nm 范围内测定吸光度，并作吸收曲线，从曲线上确定最大吸收波长作为定量测定时的测量波长。

4. 校准曲线的绘制
在最大吸收波长处，以蒸馏水为参比，依次测定正磷酸盐系列标准工作液的吸光度，并记录在下表中。以浓度为横坐标，以相应的吸光度为纵坐标绘制校准曲线。记录公式和 R^2。

5. 样品中正磷酸盐含量的测定
分取适量经过处理的水样，加入 50 mL 比色管中，用水稀释至标线。以下按照校准曲线绘制的步骤进行显色和测量。减去空白试验的吸光度，记录在下表中。

6. 结果计算及数据报告
借助校准曲线计算出样品中正磷酸盐的浓度，根据样品的稀释倍数，求出样品中正磷酸盐的含量。

五、数据记录及处理

1. 测定波长的选择
结论：最大吸收波长：_____。

2. 校准曲线的绘制（表 7-18）

表 7-18　分光光度法测定样品中正磷酸盐校准曲线绘制

项目	1	2	3	4	5	6
磷标液体积/mL						
取磷的质量/mg						
吸光度						
吸光度校正						
回归方程						
相关系数(γ)						

3. 样品的测定（表 7-19）

表 7-19　分光光度法测定样品中正磷酸盐样品的测定

（样品的稀释倍数：＿＿＿＿＿＿＿）

项目	样品 1	样品 2	样品 3
吸光度			
从工作曲线中查得磷的质量/mg			
样品中磷含量/(mg·L⁻¹)			
样品中磷含量平均值/(mg·L⁻¹)			
相对极差/%			

实验实训拓展 7-Ⅱ　肉制品中亚硝酸盐含量的测定

一、实验目的

1. 学会肉制品检测的前处理操作。
2. 拓展可见分光度法的应用。

二、实验原理

亚硝酸盐采用盐酸萘乙二胺法测定。

样品经沉淀蛋白质、除去脂肪后，在弱酸条件下，亚硝酸盐与对氨基苯磺酸重氮化后，再与盐酸萘乙二胺偶合形成紫红色染料，外标法测得亚硝酸盐含量。

三、仪器和试剂

1. 仪器

天平（感量为 0.1 mg 和 1 mg）、组织捣碎机、超声波清洗器、恒温干燥箱、紫外-可见分光光度计。

2. 试剂和材料

①106 g·L⁻¹亚铁氰化钾溶液。称取 106.0 g 亚铁氰化钾，用水溶解，并稀释至 1 L。

②220 g·L⁻¹乙酸锌溶液。称取 220.0 g 乙酸锌，先加 30 mL 冰乙酸溶解，用水稀释至 1 L。

③50 g·L⁻¹饱和硼砂溶液。称取 5.0 g 硼酸钠，溶于 100 mL 热水中，冷却后备用。

④20%盐酸。54 mL 浓盐酸(37%)与 46 mL 纯水混合。

⑤4 g·L⁻¹对氨基苯磺酸溶液。称取 0.4 g 对氨基苯磺酸，溶于 100 mL 20%盐酸中，混匀，置棕色瓶中，避光保存。

⑥2 g·L⁻¹盐酸萘乙二胺溶液。称取 0.2 g 盐酸萘乙二胺，溶于 100 mL 水中，混匀，置棕色瓶中，避光保存。

⑦200 μg·mL⁻¹亚硝酸钠标准溶液（以亚硝酸钠计）。准确称取 0.100 0 g 于 110～120℃干燥恒重的亚硝酸钠基准试剂，加水溶解，移入 500 mL 容量瓶中，加水稀释至刻度，

混匀。

⑧5.0 μg·mL⁻¹亚硝酸钠标准使用液。临用前，吸取 2.50 mL 亚硝酸钠标准溶液，置于 100 mL 容量瓶中，加水稀释至刻度。

⑨市售香肠若干。

四、实验步骤

1. 样品预处理

香肠：称取 5 g(精确至 0.001 g)匀浆样品(如制备过程中加水，应按加水量折算)，置于 250 mL 具塞锥形瓶中，加 12.5 mL 50 g·L⁻¹饱和硼砂溶液，加入 70℃左右的水约 150 mL，混匀，于沸水浴中加热 15 min，取出置冷水浴中冷却，并放置至室温。定量转移上述提取液至 250 mL 容量瓶中。加入 5 mL 106 g·L⁻¹亚铁氰化钾溶液，摇匀，再加入 5 mL 220 g·L⁻¹乙酸锌溶液，以沉淀蛋白质。加水至刻度，摇匀，放置 30 min，除去上层脂肪，上清液用滤纸过滤，弃去初滤液 30 mL，滤液备用。

2. 亚硝酸盐的测定

吸取 40.0 mL 上述滤液于 50 mL 带塞比色管中，另吸取 0.00 mL、0.20 mL、0.40 mL、0.60 mL、0.80 mL、1.00 mL、1.50 mL、2.00 mL、2.50 mL 亚硝酸钠标准使用液(相当于 0.00 μg、1.00 μg、2.00 μg、3.00 μg、4.00 μg、5.00 μg、7.50 μg、10.00 μg、12.50 μg 亚硝酸钠)，分别置于 50 mL 带塞比色管中。于标准管与样品管中分别加 2 mL 4 g·L⁻¹对氨基苯磺酸溶液，混匀，静置 3～5 min 后各加入 1 mL 2 g·L⁻¹盐酸萘乙二胺溶液，加水至刻度，混匀，静置 15 min，用 1 cm 比色杯，以试剂空白调节零点，于波长 538 nm 处测吸光度，绘制标准曲线。同时做试剂空白检测。

亚硝酸盐(以亚硝酸钠计)含量的计算公式如下。

$$w_{NaNO_2} = \frac{m_2}{m_3 \cdot \dfrac{V_1}{V_0}}$$

式中，w_{NaNO_2}为样品中亚硝酸钠的含量(mg·kg⁻¹)；m_2为测定用样液中亚硝酸钠的质量(μg)；m_3为样品质量(g)；V_1为测定用样液体积(mL)；V_0为样品处理液总体积(mL)。

结果保留两位有效数字。

五、数据记录及处理

自行设计表格，将实验数据和结果填入表中。

实验实训拓展 7-Ⅲ　果蔬中硝酸盐含量的测定

一、实验目的

1. 拓展检测果蔬样品的前处理。
2. 拓展紫外分光度法在生活中的应用。

二、实验原理

用 pH＝10 的氨缓冲液提取样品中硝酸根离子，同时加活性炭去除色素类，加沉淀剂去除蛋白质及其他干扰物质，利用硝酸根离子和亚硝酸根离子在紫外区 219 nm 处具有等吸收波长的特性，测定提取液的吸光度，其测得结果为硝酸盐和亚硝酸盐吸光度的总和，鉴于新鲜蔬菜、水果中亚硝酸盐含量甚微，可忽略不计。测定结果为硝酸盐的吸光度，可从工作曲线上查得相应的质量浓度，计算样品中硝酸盐的含量。

三、仪器和试剂

仪器：紫外-可见分光光度计、1 cm 石英比色皿、分析天平（感量 0.01 g 和 0.000 1 g）、组织捣碎机、可调式往返振荡机、容量瓶（100 mL）、吸量管（10 mL）、烧杯（100 mL）。

试剂：25％浓氨水、氨缓冲溶液（pH＝10）、150 g·L^{-1} 亚铁氰化钾溶液、300 g·L^{-1} 硫酸锌溶液、硝酸钠基准试剂、500 mg·L^{-1} 硝酸盐标准储备液（以硝酸根计）、正辛醇（$C_8H_{18}O$）、活性炭（粉状）。

①氨缓冲溶液（pH＝10）。将 20 g 氯化铵溶于水，加浓氨水 100 mL，定容至 1 L。

②150 g·L^{-1} 亚铁氰化钾溶液。称取 150 g 亚铁氰化钾［$K_4Fe(CN)_6·3H_2O$］溶于水，定容至 1 L。

③300 g·L^{-1} 硫酸锌溶液。称取 300 g 硫酸锌（$ZnSO_4·7H_2O$）溶于水，定容至 1 L。

④500 mg·L^{-1} 硝酸盐标准储备液（以硝酸根计）。称取 0.171 4 g 于 110～120℃ 干燥至恒重的硝酸钠，用水溶解并转移至 250 mL 容量瓶中，加水稀释至刻度，混匀。此溶液硝酸根质量浓度为 500 mg·L^{-1}，于冰箱内保存。

四、实验步骤

1. 样品制备

选取一定数量有代表性的样品，先用自来水冲洗，再用水清洗干净，晾干表面水分，用四分法取样，切碎，充分混匀，于组织捣碎机中匀浆（部分少汁样品可按一定质量比例加入等量水），在匀浆中加 1 滴正辛醇消除泡沫。

2. 提取

称取 10 g（精确至 0.01 g）匀浆样品（如制备过程中加水，应按加水量折算）于 250 mL 锥形瓶中，加水 100 mL，加入 5 mL 氨缓冲溶液（pH＝10），2 g 粉末状活性炭。振荡（往复速度为 200 次·min^{-1}）30 min。定量转移至 250 mL 容量瓶中，加入 2 mL 150 g·L^{-1} 亚铁氰化钾溶液和 2 mL 300 g·L^{-1} 硫酸锌溶液，充分混匀，加水定容至刻度，摇匀，放置 5 min，上清液用定量滤纸过滤，滤液备用。同时做空白实验。

3. 标准曲线的绘制

①硝酸盐的标准使用液（100 mg·L^{-1}）的配制。吸取硝酸盐标准储备液 20.00 mL 于 100 mL 容量瓶中，加水定容至刻度，混匀。

②硝酸盐标准曲线工作液的配制。分别吸取 0.00 mL、1.00 mL、2.00 mL、3.00 mL、4.00 mL、5.00 mL、6.00 mL 硝酸盐标准使用液于 50 mL 容量瓶中，加水定容至刻度，混匀。此标准系列溶液硝酸根质量浓度分别为 0.0 mg·L^{-1}、2.0 mg·L^{-1}、4.0 mg·L^{-1}、

$6.0\ \mathrm{mg\cdot L^{-1}}$、$8.0\ \mathrm{mg\cdot L^{-1}}$、$10.0\ \mathrm{mg\cdot L^{-1}}$和$12.0\ \mathrm{mg\cdot L^{-1}}$。

③测量吸光度。将标准曲线工作液用 1 cm 石英比色皿，于 219 nm 处测定吸光度。以标准溶液质量浓度为横坐标，吸光度为纵坐标绘制工作曲线。

4. 测定样品

根据样品中硝酸盐含量的高低，吸取上述滤液 2～10 mL 于 50 mL 容量瓶中，加水定容至刻度，混匀。用 1 cm 石英比色皿，于 219 nm 处测定吸光度。

硝酸盐(以硝酸根计)的含量按下式计算。

$$w_{\mathrm{NO_3^-}}=\frac{\rho\cdot V_1\cdot V_3}{m_1\cdot V_2}$$

式中，$w_{\mathrm{NO_3^-}}$ 为样品中硝酸盐的含量$(\mathrm{mg\cdot kg^{-1}})$；$\rho$ 为由工作曲线获得的样品溶液中硝酸盐的质量浓度$(\mathrm{mg\cdot L^{-1}})$；$V_1$ 为提取液定容体积(mL)；V_2 为吸取的滤液体积(mL)；V_3 为待测液定容体积(mL)；m_1 为样品的质量(g)。结果保留两位有效数字。

五、数据记录及处理

自行设计表格，将实验数据和结果填入表中。

实验实训拓展 7-Ⅳ 分光光度法测定混合样品中各组分含量

一、实验目的

1. 进一步巩固紫外-可见分光光度计的操作。
2. 拓展紫外-可见分光光度法的应用。

二、实验原理

分光光度法是基于物质对光的选择性吸收的原理进行工作。混合样品中苯甲酸钠和山梨酸钾的吸收光谱互相重叠但又服从吸收定律，可根据在苯甲酸钠和山梨酸钾最大吸收波长 λ_1 和 λ_2 处测定吸光度 $A_{\lambda_1}^{\mathrm{苯+山}}$、$A_{\lambda_2}^{\mathrm{苯+山}}$，解联立方程式，即可计算苯甲酸钠和山梨酸钾的含量。联立方程如下：

$$\begin{cases} A_{\lambda_1}^{\mathrm{苯+山}}=\varepsilon_{\lambda_1}^{\mathrm{苯}}\cdot b\cdot c_{\mathrm{苯}}+\varepsilon_{\lambda_1}^{\mathrm{山}}\cdot b\cdot c_{\mathrm{山}} \\ A_{\lambda_2}^{\mathrm{苯+山}}=\varepsilon_{\lambda_2}^{\mathrm{苯}}\cdot b\cdot c_{\mathrm{苯}}+\varepsilon_{\lambda_2}^{\mathrm{山}}\cdot b\cdot c_{\mathrm{山}} \end{cases}$$

式中，$c_{\mathrm{苯}}$ 和 $c_{\mathrm{山}}$ 分别为混合物中苯甲酸钠和山梨酸钾的浓度；$\varepsilon_{\lambda_1}^{\mathrm{苯}}$ 和 $\varepsilon_{\lambda_1}^{\mathrm{山}}$ 分别为苯甲酸钠和山梨酸钾在波长 λ_1 处的摩尔吸光系数；$\varepsilon_{\lambda_2}^{\mathrm{苯}}$ 和 $\varepsilon_{\lambda_2}^{\mathrm{山}}$ 分别为苯甲酸钠和山梨酸钾在波长 λ_2 处的摩尔吸光系数；b 表示比色皿厚度。

三、仪器和试剂

仪器：紫外-可见分光光度计、比色皿(1 cm)、移液管、移液管架、容量瓶、烧杯、量筒、锥形瓶、玻璃棒、滴管、洗耳球、洗瓶。

试剂：$100\ \mu\mathrm{g\cdot mL^{-1}}$苯甲酸钠标准贮备液、$100\ \mu\mathrm{g\cdot mL^{-1}}$山梨酸钾标准贮备液、苯甲酸钠和山梨酸钾混合样(浓度为 $10\sim 20\ \mu\mathrm{g\cdot mL^{-1}}$)。

四、实验步骤

1. 标准工作液的配制

(1)苯甲酸钠系列标准工作溶液的配制

准确移取 100 $\mu g \cdot mL^{-1}$ 苯甲酸钠标准储备液 10 mL 于 100 mL 容量瓶中，定容至 100 mL。此溶液即为浓度为 10 $\mu g \cdot mL^{-1}$ 标准使用液。分别移取该溶液 0.00 mL、2.00 mL、4.00 mL、6.00 mL、8.00 mL、10.00 mL 于 50 mL 容量瓶中，加纯水定容至刻度。此系列标准工作溶液的浓度分别为 0.00 $\mu g \cdot mL^{-1}$、0.40 $\mu g \cdot mL^{-1}$、0.80 $\mu g \cdot mL^{-1}$、1.20 $\mu g \cdot mL^{-1}$、1.60 $\mu g \cdot mL^{-1}$、2.0 $\mu g \cdot mL^{-1}$。

(2)山梨酸钾标准使用液的配制

准确移取 100 $\mu g \cdot mL^{-1}$ 山梨酸钾标准贮备液 10 mL 于 100 mL 容量瓶中，定容至 100 mL。此溶液即为浓度为 10 $\mu g \cdot mL^{-1}$ 标准使用液。分别移取该溶液 0.00 mL、1.00 mL、2.00 mL、4.00 mL、6.00 mL、8.00 mL、10.00 mL 于 50 mL 容量瓶中，加纯水定容至刻度。此系列标准工作溶液的浓度分别为 0.00 $\mu g \cdot mL^{-1}$、0.20 $\mu g \cdot mL^{-1}$、0.40 $\mu g \cdot mL^{-1}$、0.80 $\mu g \cdot mL^{-1}$、1.20 $\mu g \cdot mL^{-1}$、1.60 $\mu g \cdot mL^{-1}$、2.0 $\mu g \cdot mL^{-1}$。

(3)分析混合样的稀释

准确移取分析混合样 10 mL 至 100 mL 容量瓶中，定容至 100 mL。平行稀释 2 份。

(4)比色皿配套性检验

在一组石英比色皿中加入蒸馏水，在 220 nm 处测定透光率，相差≤5％即可配套使用。

2. 绘制吸收曲线，确定组分最大吸收波长

分别用 2.0 $\mu g \cdot mL^{-1}$ 苯甲酸钠和山梨酸钾标准工作液，以纯水为参比，在 200～400 nm进行光谱扫描，绘制吸收曲线，确定苯甲酸钠和山梨酸钾的最大吸收波长 λ_1 和 λ_2。

3. 绘制工作曲线

以去离子水为参比，在 λ_1 和 λ_2 处分别测定苯甲酸钠和山梨酸钾系列标准工作液的吸光度，并绘制相应的工作曲线。以此确定出 $\varepsilon_{\lambda 1}^{苯}$、$\varepsilon_{\lambda 1}^{山}$、$\varepsilon_{\lambda 2}^{苯}$、$\varepsilon_{\lambda 2}^{山}$ 4 个参数值。

4. 样品分析

将稀释后的混合样品分别在 λ_1 和 λ_2 处测定溶液的吸光度。平行测定 2 次。

五、数据记录及处理

根据测定的数据解联立方程，计算样品中苯甲酸钠和山梨酸钾的质量浓度。结果保留四位有效数字。结果重现性用下列公式计算。

$$R_r = \frac{2(X_1 - X_2)}{X_1 + X_2}$$

自行设计表格，完成工作报告，包括 HSE、溶液的配制、实验过程、结果计算等。

实验实训拓展 7-Ⅴ　乙酸中铜含量的测定

一、实验目的

1. 进一步巩固原子吸收光谱仪计的使用方法和正确操作。

2. 掌握标准加入法的应用。

3. 拓展重金属铜离子的检测。

二、实验原理

原子吸收光谱分析法是基于从光源发射出的待测元素的特征谱线，通过样品的原子蒸气时，被蒸气中待测元素的基态原子所吸收，根据特征谱线的减弱程度求得样品中待测元素含量的分析方法。

三、仪器和试剂

仪器：原子吸收光谱仪、分析天平、容量瓶、移液管、洗耳球、分液漏斗、量筒（10 mL）、烧杯、玻璃棒。

试剂：$1.000\ g \cdot L^{-1}\ Cu^{2+}$ 标准贮备液、20% HCl 溶液、蒸馏水、乙酸样品。

四、实验步骤

1. 标准系列铜离子溶液的配制

①$0.100\ g \cdot L^{-1}\ Cu^{2+}$ 标准使用液的配制。取 10 mL 该标液定容至 100 mL。

②$10.00\ \mu g \cdot mL^{-1}\ Cu^{2+}$ 标准工作液的配制。取 10 mL Cu^{2+} 标准使用液定容至 100 mL。

③Cu^{2+} 的系列标准工作溶液的配制。准确移取 $10\ \mu g \cdot mL^{-1}$ 工作液 0.00 mL、2.00 mL、4.00 mL、6.00 mL、8.00 mL、10.00 mL，至 6 个 100 mL 容量瓶中定容，此时，配成的溶液即为 $0.00\ mg \cdot L^{-1}$、$0.20\ mg \cdot L^{-1}$、$0.40\ mg \cdot L^{-1}$、$0.60\ mg \cdot L^{-1}$、$0.80\ mg \cdot L^{-1}$、$1.00\ mg \cdot L^{-1}$ 的标准系列。

2. 配制样品溶液

称取 5.0 g 乙酸样品，水浴蒸干，残渣溶于 1 mL 20% HCl 溶液，加纯水稀释至 10 mL，即为所需样品溶液。

3. 测定

开机自检，选择合适的测定条件：光源灯电流、燃烧器高度、火焰类型、通带宽度等。

以空白溶液调零，在规定的仪器条件下，分别测定 $0.00\ mg \cdot L^{-1}$、$0.20\ mg \cdot L^{-1}$、$0.40\ mg \cdot L^{-1}$、$0.60\ mg \cdot L^{-1}$、$0.80\ mg \cdot L^{-1}$、$1.00\ mg \cdot L^{-1}$ 标准系列溶液的吸光度。以铜标准溶液的质量浓度为横坐标，相应的吸光度为纵坐标，绘制标准工作曲线。

在相同的仪器条件下，测定样品溶液的吸光度，平行测定 3 次。在标准曲线上查出样品溶液中铜离子的质量浓度。

五、数据记录及处理

自行设计表格，将实验数据和结果填入表中。

实验实训拓展 7-Ⅵ　混合酸中各组分的含量的测定

一、实验目的

1. 了解酸碱电位滴定法的基本原理。
2. 熟练掌握电位滴定法的基本操作技术。
3. 学会电位滴定法确定滴定终点的方法。

二、实验原理

电位滴定法是根据滴定过程中,指示电极与参比电极的电位差或溶液的 pH 值产生突跃,从而确定滴定终点的一种分析方法。

在酸碱电位滴定过程中,随着滴定剂的不断加入,被测物与滴定剂发生反应,溶液的 pH 值不断变化,在化学计量点附近发生 pH 值突跃。因此,测量溶液 pH 值的变化,就能确定滴定终点。滴定过程中,每加一次滴定剂,测一次 pH 值,在接近化学计量点时,每次滴定剂加入量要小到 0.10 mL,滴定到超过化学计量点为止。这样就得到一系列滴定剂用量 V 和相应的 pH 值数据。利用绘制 pH$-V$ 或 $\frac{\Delta pH}{\Delta V}-V$ 曲线确定滴定反应的终点,求出待测物的含量。

本实验测定的硫磷混酸中,H_2SO_4 和 H_3PO_4 都为强酸,H_2SO_4 的 $pK_{a_2}=1.99$,H_3PO_4 的 $pK_{a_1}=2.12$,$pK_{a_2}=7.20$,$pK_{a_3}=12.36$ 由 pK_a 值可知,当用 NaOH 标准碱溶液滴定至产生第一个 pH 值的突跃时,H_2SO_4 全部被中和,而 H_3PO_4 被中和至第一等当点;继续滴定,当 H_3PO_4 被中和至第二等当点时,出现第二个 pH 值的突跃。因此根据滴定过程中 pH 值的突跃、NaOH 标准碱溶液的浓度和用去的体积以及试液的用量,即可求出试液中各组分的含量。

三、主要仪器和试剂

仪器:pHS-3C 型(或其他型号)酸度计、231 型玻璃电极、232 型甘汞电极、碱式滴定管(25 mL)、烧杯(250 mL)、电磁搅拌器(配搅拌子)。

试剂:0.100 0 mol·L^{-1} NaOH 标准溶液,pH=4.01、6.86、9.18 的标准缓冲溶液,硫磷混酸待测液(稀 H_2SO_4 和稀 H_3PO_4,两酸浓度之和低于 0.5 mol·L^{-1})。

四、实验步骤

①用 pH=4.01 和 pH=6.86 的标准缓冲溶液校准 pHS-3C 型酸度计。

②在洁净的碱式滴定管内装入 0.100 0 mol·L^{-1} NaOH 标准溶液,排气泡,调零,备用。

③准确移取硫磷混酸待测液 10.00 mL 于 250 mL 烧杯中,加水至约 80 mL,放入搅拌子,浸入玻璃电极和参比电极。

④开启电磁搅拌器,用 0.100 0 mol·L^{-1} NaOH 标准溶液进行滴定,每间隔 1.00 mL

读数一次，记录相应的 pH 值。当被滴定液 pH 值达到 7 时，用 pH＝9.18 的标准缓冲溶液再校准一次酸度计。继续 NaOH 标准溶液滴定直至过了第二个化学计量点时为止。初步确定两个 pH 值滴定突跃范围。

⑤重复步骤④，在 pH 值突跃范围内，改为每加入一滴(约 0.05 mL)NaOH 标准溶液，读数一次，记录相应的 pH 值，注意尽量使每次滴加的 NaOH 标准溶液体积相等。

五、数据记录及处理

将测得的 V 和 pH 值数据填入表 7-20。

表 7-20　实验数据

加入 NaOH 标液体积 V/mL	pH 值	ΔpH ($\Delta pH = pH_{n+1} - pH_n$)	$\Delta V/mL$ ($\Delta V = V_{n+1} - V_n$)	$\Delta pH/\Delta V$
1.00		—	—	—
2.00				
...				

根据实验数据，绘制 $pH - V$ 或 $\dfrac{\Delta pH}{\Delta V} - V$ 曲线，确定滴定反应的 2 个终点，计算出硫酸和磷酸的含量。

六、思考题

当被滴定液 pH 值达到 7 时，为什么要用 pH＝9.18 的标准缓冲溶液再校准一次酸度计？

项目 7 小结

本项目主要介绍现代仪器分析。它与化学分析的不同在于，仪器分析是测量物质的物理及物理化学性质为基础的分析方法，而化学分析是以化学反应为基础的分析方法。仪器分析是在化学分析基础上的发展，不少仪器分析方法的原理，涉及有关化学分析的基本理论。

常用的现代仪器分析方法主要有紫外-可见分光光度分析、原子吸收分光光度分析、电化学分析、色谱分析等。

1. 分光光度法是基于物质(如无机化合物中的分子、离子，有机化合物中的官能团)对光的选择性吸收而建立起来的分析方法。根据物质吸收波长范围不同，分为可见分光光度法、紫外分光光度法和红外光谱法。

2. 电化学分析法是将一支电极电位与被测物质的活(浓)度有关的电极(称指示电极)和另一支电位已知且保持恒定的电极(称参比电极)插入待测溶液中组成一个化学电池，在零电流的条件下，通过测定电池电动势，利用电池电动势与被测离子活度的数量关系，测得被测离子的活度，进而测得溶液中待测组分含量的方法，称为电位分析法。电位分析法分为两大类：直接电位法和电位滴定法。

3. 色谱法也称色层法、层析法，是一种多组分混合物的两相分离分析技术，其分离原理是利用样品中不同组分在固定相和流动相中具有不同的分配系数。色谱流出曲线反映了样品在色谱柱内分离的结果，是组分定性和定量的依据。根据流动相的不同，色谱法可分为气相色谱、液相色谱或超临界流体色谱。

习题 7

1. 选择题

(1)在紫外-可见分光光度计中，光源为可见光区时常用的光源是(　　)。

　　A. 火焰　　　　　B. 空心阴极灯　　　C. 钨灯　　　　　　D. 氘灯

(2)有 A、B 两种不同浓度的同一有色物质的溶液，用同一波长的光测定。当 A 溶液用 1 cm 比色皿，B 溶液用 2 cm 比色皿时获得的吸光度值相同，则它们的浓度关系是(　　)。

　　A. $c_A=1/2c_B$　　B. $c_A=c_B$　　　　C. $c_A=2c_B$　　　D. $2c_A=c_B$

(3)利用紫外-可见分光光度法测定两种同一浓度的不同物质的溶液，从绘制的光吸收曲线上可以得出(　　)。

　　A. 光吸收曲线形状相同　　　　　B. 最大吸收波长相同

　　C. 最大吸收峰高度相同　　　　　D. 以上说法均不正确

(4)原子吸收光谱仪由(　　)组成。

　　A. 光源、原子化系统、检测系统

　　B. 光源、原子化系统、分光系统

　　C. 原子化系统、分光系统、检测系统

　　D. 光源、原子化系统、分光系统、检测系统

(5)关于参比电极的选择，下列说法错误的是(　　)。

　　A. 电极电位值已知且恒定　　　　B. 具有良好的重现性

　　C. 能快速、稳定地响应被测定离子　D. 具有很好的稳定性

(6)在气相色谱法中，用于定性分析的参数是(　　)。

　　A. 峰面积　　　B. 峰高　　　　　C. 标准偏差　　　　D. 保留时间

(7)气相色谱定量分析时，当样品中各组分不能全部出峰或在多种组分中只需定量其中某几个组分时，可选用(　　)。

　　A. 归一化法　　B. 标准曲线法　　C. 比较法　　　　　D. 内标法

(8)气相色谱法和液相色谱法的区别在于(　　)。

　　A. 色谱分离原理的不同　　　　　B. 固定相不同

　　C. 流动相不同　　　　　　　　　D. 定性和定量分析方法不同

2. 简答题

(1)简述物质对光选择性吸收的原因。

(2)什么是紫外-可见吸收分光光度法中的光吸收曲线？绘制光吸收曲线的目的是什么？

(3)电位法的指示电极和参比电极在测定时各起什么作用？

(4)色谱分析方法的分离原理是什么？

3. 计算题

(1)已知某溶液的吸光系数为 $2.10×10^4$ L·mol^{-1}·cm^{-1}，试计算 $2.00×10^{-6}$ mol·L^{-1}溶液在 1 cm 吸收池中吸光度。

(2) 以邻二氮菲法分析样品中 Fe(Ⅱ)含量，称取样品 0.500 g，经处理后，最后定容为 50.0 mL。用 1.0 cm 吸收池，在 510 nm 波长下测得吸光度 $A = 0.430$。计算样品中铁的质量分数。已知吸光系数为 1.1×10^4 L·mol⁻¹·cm⁻¹。

(3) 以紫外－可见分光光度法分析样品中铜含量时，分别量取 0.00 mL、0.50 mL、1.00 mL、1.50 mL、2.00 mL 100 μg·mL⁻¹ 铜标准溶液于 50.0 mL 容量瓶中，用 0.5 mol·L⁻¹ 硝酸稀释至刻度，摇匀。测定其吸光度分别为 0、0.075、1.149、0.219、0.300。要求：①绘制标准曲线；②若取 10.00 mL 未知铜样品溶液在上述相同条件下定容至 50.0 mL 容量瓶中，测得其吸光度值为 0.160，计算样品溶液中铜的含量。

习题答案

习题 1 答案

1. (1)D (2)C (3)D (4)A (5)D (6)D (7)C (8)B (9)B (10)A (11)D (12)B (13)C (14)A (15)C

2. (1)水均匀地附着在仪器内壁，既不成股流下，也不聚集成水珠

(2)检漏 转移溶液 定容 摇匀

3. (1)称取样品时，当样品为易吸潮、易氧化或易与二氧化碳反应时，选用减量称量法称量；当需要称取指定质量的物质时，选用固定质量称量法称量。

(2)①检漏。检漏时，在瓶中加水至标线附近，盖好瓶塞，一手用食指按住瓶塞，其余手指拿住瓶颈标线以上部分，另一手用指尖托住瓶底边缘，将瓶倒立 2 min，然后用滤纸检查瓶塞是否有水渗出。如不漏水，则将瓶直立，把瓶塞转动 180°，再检查一次。

②转移溶液。将准确称量的样品置于烧杯中，用少量蒸馏水或其他溶剂完全溶解（必要时可加热），待溶液冷却至室温后，用右手将玻璃棒伸入容量瓶中，使其下端靠在标线以下的瓶颈内壁，左手拿烧杯并将烧杯嘴边缘紧贴玻璃棒中下部，倾斜烧杯小心地使溶液沿玻璃棒转移至容量瓶中。待溶液全部流完后，将烧杯沿玻璃棒轻轻上提，再直立烧杯。残留在烧杯内壁和玻璃棒上的少许溶液要用洗瓶自上而下吹洗 5～6 次，每次洗涤液都需按上述方法全部转移至容量瓶中。

③定容。完成定量转移后，加水稀释到容量瓶容积的 2/3 左右时，旋摇容量瓶，使溶液初步混匀，继续稀释至距刻度线 1～2 cm 时，改用胶头滴管逐滴加水至弯月面恰好与刻度线相切，盖上瓶塞。

④摇匀。定容后，用一只手食指按住瓶塞，其余四指拿住瓶颈标线上部，另一只手的指尖托住瓶底边缘，将瓶倒立。待气泡上升到顶部后，再倒转过来，如此反复多次，使溶液充分混匀。

(3)排气泡时，酸式滴定管可迅速旋转活塞，使溶液快速冲下带走气泡；碱式滴定管，可将橡皮管向上弯曲 45°，挤捏玻璃珠，使溶液从尖嘴处快速喷出，带走气泡。

(4)无色溶液读取与弯月面最低处相切的刻度；有色溶液读取液面两侧最高点处的刻度。

习题 2 答案

1. (1)系统误差 做空白实验 (2)系统误差 校准仪器或做对照实验

(3)操作失误不属误差范畴 (4)偶然误差 多次测量

(5)操作错误不属于误差范畴 (6)系统误差，换成基准试剂

2. (1)B (2)C (3)B (4)B (5)D (6)C (7)A (8)C (9)C (10)A (11)B (12)C (13)C (14)D (15)C (16)B (17)B (18)A (19)C (20)B

3. $\bar{x}=20.03\%$ $\bar{d}=0.013\%$ $\bar{d}_r=0.065\%$

4. $Q=0.50<Q_{0.90}$ 所以 20.60% 应保留

5. (1)偏高 (2)偏低 (3)无影响 (4)偏低 (5)偏低 (6)偏高

6. (1)5 位 (2)4 位 (3)3 位 (4)2 位 (5)3 位 (6)2 位

7. 甲：$\bar{x}=40.15\%$ $\bar{d}=0.005\%$ $\bar{d}_r$(甲)$=0.012\%$

乙：$\bar{x}=40.15\%$ $\bar{d}=0.095\%$ $\bar{d}_r$(乙)$=0.24\%$

因为 $\bar{d}_r(甲) < \bar{d}_r(乙)$，所以甲的结果可靠

8. 34.15% 是可疑值，舍弃

9. 0.092 20 mol·L^{-1}

10. $w_{CaCO_3} = 84.66\%$

习题 3 答案

1. 选择题

(1)D (2)A (3)B (4)D (5)D (6)A (7)B (8)B (9)C (10)C (11)D (12)C (13)B (14)A (15)B (16)B (17)A (18)A (19)A (20)B

2. 判断题

(1)√ (2)× (3)√ (4)× (5)× (6)× (7)√ (8)√ (9)√ (10)×

3. 酸：(4)、(5)；碱：(2)、(3)；两性物质：(1)

4.(1)共轭酸：NH_4^+ (2)共轭碱：Ac^- (3)共轭酸：HCl

(4)共轭酸：H_2CO_3、共轭碱：CO_3^{2-}

5.(1) $K_b = 5.64 \times 10^{-10}$ (2) $K_b = 1.61 \times 10^{-5}$ (3) $K_{b_1} = 1.56 \times 10^{-10}$、$K_{b_2} = 1.69 \times 10^{-13}$

6.(1)2.88 (2)11.12 (3)5.12 (4)11.15

7. 9.55

8. $V_{HCl} = 16.72$ mL $m_{NaOH} = 8$ g

9. $V_{HAc} = 0.10$ L $m(NaAc \cdot H_2O) = 48$ g

10. 有 2 种碱性物质，分别是 Na_2CO_3 和 NaOH；$w_{Na_2CO_3} = 82.72\%$，$w_{NaOH} = 10.38\%$

11. $w_{NH_3} = 46.36\%$

习题 4 答案

1. ①酸度影响配位剂与被测离子形成配合物的稳定性，决定着配位反应完全程度

②酸度影响金属指示剂配合物的稳定性

③金属指示剂的变色需在一定 pH 值范围内

2. 配位滴定变色原理：

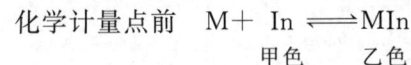

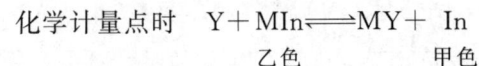

化学计量点前 M+ In ⇌ MIn
　　　　　　　 甲色　　 乙色

化学计量点时 Y+MIn ⇌ MY+ In
　　　　　　　 乙色　　 　 甲色

即滴定时溶液呈乙色，终点时变为甲色

3.(1)A (2)C (3)C (4)D (5)D (6)C (7)C (8)A (9)C (10)D (11)D (12)A (13)D (14)B (15)B (16)C (17)B (18)A (19)B (20)D

4.

序号	中心离子	配位体	配位原子	配位数	名称
(1)	Pt^{4+}	NH_3	N	6	四氯化六氨合铂(Ⅳ)
(2)	Cu^{2+}	NH_3	N	4	氢氧化四氨合铜(Ⅱ)
(3)	Co^{3+}	NH_3、H_2O	N、O	6	硫酸四氨·二水合钴(Ⅲ)
(4)	Co^{3+}	$-NO_2$	N	6	六硝基合钴(Ⅲ)酸钾
(5)	Cr^{3+}	Cl^-、NH_3	Cl、N	6	二氯化一氯·五氨合铬(Ⅲ)

5. (1)$[Cu(NH_3)_4]SO_4$　(2)$K_2[PtCl_6]$　(3)$[Co(NH_3)_3H_2OCl_2]Cl$
(4)$NH_4[Co(NH_3)_2(SCN)_4]$

6. 0.009 352 mol $\cdot$ L^{-1}

7. $w_{ZnCl_2} = 99.27\%$

习题 5 答案

1. (1)C　(2)B　(3)B　(4)C　(5)A　(6)D　(7)A　(8)A　(9)D　(10)D　(11)B　(12)D　(13)C　(14)C　(15)B　(16)C　(17)C　(18)C　(19)B　(20)B

2. (1)高锰酸钾；淀粉；(2)用蒸馏水溶解后没有煮沸并保持微沸 30 min 左右；冷却后的高锰酸钾溶液不能放置在容量瓶中，而应转入棕色试剂瓶中静置 7~10 d；过滤高锰酸钾溶液不能用滤纸过滤而是要用玻璃砂芯漏斗过滤。

3. (1)0.789 V　(2)1.404 V

4. (1)向正反应方向进行　(2)向逆反应方向进行　(3)向正反应方向进行

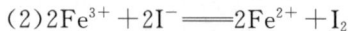

5. (1)$3Cu+2NO_3^-+8H^+ {=\!=\!=} 3Cu^{2+}+2NO\uparrow+4H_2O$

(2)$2Fe^{3+}+2I^- {=\!=\!=} 2Fe^{2+}+I_2$

6. I^-

7. 0.022 39 mol $\cdot$ L^{-1}

8. 17.39%

习题 6 答案

1~4 略

5. (1)√　(2)×　(3)×　(4)×　(5)√

6. (1)xy^2　(2)Pb^{2+}、Ag^+

7. (1)C　(2)D　(3)A　(4)C　(5)A　(6)A　(7)B　(8)C　(9)C　(10)B　(11)A　(12)A　(13)A　(14)D　(15)B　(16)C　(17)C　(18)A　(19)C　(20)D

8. 有 $AgCl$ 沉淀析出

9. (1)Cl^- 先沉淀　(2)5.42×10^{-5} mol $\cdot$ L^{-1}

10. 98.64%

11. 0.079 mol $\cdot$ L^{-1}

12. 8.75%

习题 7 答案

1. (1)C　(2)C　(3)D　(4)D　(5)C　(6)D　(7)D　(8)C

2. (1)物质对光选择性吸收的原因：分子中的电子吸收一定波长的光后，从最低能级的基态跃迁到较高能级的激发态。不同物质的基态与激发态的能量差不同，选择吸收光子的能量也不同，即吸收的波长不同。因此，特定分子只能选择性吸收特定波长的光，被称为物质对光的选择性吸收。

(2)以波长(λ)为横坐标，以吸光度(A)为纵坐标作图，称光吸收曲线。光吸收曲线清楚描述了物质对光的吸收情况。绘制光吸收曲线的目的是根据光吸收曲线的形状和最大吸收波长的位置，可以对物质进行初步的定性分析。

(3)电位法中，指示电极的电极电位可以反映电化学池中待测液浓度的变化情况，能指示待测离子的浓度。参比电极是提供相对标准的电极，在测定中电位恒定不变。

(4)色谱分析方法的分离原理是利用样品中不同组分在固定相和流动相中具有不同的分配系数。

3.(1)0.042　(2)0.02%　(3)①绘制标准曲线(略)　②2.08 $\mu g \cdot mL^{-1}$

参考文献

蔡蓊，2010. 分析化学实验[M]. 上海：上海交通大学出版社.

符明淳，王霞，2008. 分析化学[M]. 北京：化学工业出版社.

高岐，2006. 分析化学[M]. 北京：高等教育出版社.

高职高专化学教材编写组，2001. 分析化学实验[M]. 北京：高等教育出版社.

高职高专化学教材编写组，2006. 分析化学[M]. 北京：高等教育出版社.

郭英凯，2006. 仪器分析[M]. 北京：化学工业出版社.

韩忠宵，孙乃有，2009. 无机与分析化学[M]. 北京：化学工业出版社.

胡伟光，2006. 化学分析[M]. 北京：高等教育出版社.

黄尚勋，2000. 无机及分析化学[M]. 北京：中国农业出版社.

李春民，2022. 无机及分析化学[M]. 北京：中国林业出版社.

李春民，黄敏，2014. 分析化学[M]. 重庆：重庆大学出版社.

李艳辉，2012. 无机及分析化学实验[M]. 2版. 南京：南京大学出版社.

刘旭峰，刘传银，2010. 分析化学实训[M]. 武汉：华中科技大学出版社.

刘约权，2015. 现代仪器分析实用技术[M]. 北京：高等教育出版社.

吕方军，王永杰，2010. 分析化学[M]. 武汉：华中科技大学出版社.

苗向阳，顾准，2011. 化学品分析与检测[M]. 北京：化学工业出版社.

彭翠珍，2010. 农业基础化学[M]. 北京：北京师范大学出版社.

钱晓荣，郁桂云，2009. 仪器分析实验教程[M]. 上海：华东理工大学出版社.

秦中立，黄方一，2006. 无机及分析化学实验[M]. 武汉：华中师范大学出版社.

王炳强，曾玉香，2017. 化学检验工职业技能鉴定试题集[M]. 北京：化学工业出版社.

武汉大学，1995. 分析化学[M]. 3版. 北京：高等教育出版社.

徐英岚，2001. 无机与分析化学[M]. 北京：中国农业出版社.

叶芬霞，2005. 无机及分析化学[M]. 北京：高等教育出版社.

于晓萍，2022. 仪器分析[M]. 北京：化学工业出版社.

张凤，2011. 无机与分析化学[M]. 北京：中国农业出版社.

附　录

附录 1　常用洗涤剂

名称	配制方法	备注
合成洗涤剂（也可用肥皂水）	将合成洗涤剂粉用热水搅拌配成浓溶液	用于一般的洗涤
皂角水	将皂夹捣碎，用水熬成溶液	用于一般的洗涤
铬酸洗液	取 $K_2Cr_2O_7$(L. R.)20 g 于 500 mL 烧杯中，加水 40 mL，加热溶解，冷后，缓缓加入 320 mL 浓硫酸即成暗红色溶液（注意边加边搅），贮于磨口细口瓶中	用于洗涤油污及有机物，使用时防止被水稀释；用后倒回原瓶，可反复使用，直至溶液变为绿色（已还原为绿色的铬酸洗液，可加入固体 $KMnO_4$ 使其再生，这样，实际消耗的是 $KMnO_4$，可减少铬对环境的污染）
$KMnO_4$ 碱性洗液	取 $KMnO_4$(L. R.)4 g，溶于少量水中，缓缓加入 100 mL 10% NaOH 溶液中	用于洗涤油污及有机物，洗后玻璃壁上附着的 MnO_2 沉淀，可用粗亚铁盐或 Na_2SO_3 溶液洗去
碱性乙醇溶液	30%～40% NaOH 的乙醇溶液	用于洗涤油污
乙醇-浓硝酸洗液	—	用于洗涤沾有有机物或油污的结构较复杂的仪器；洗涤时先加少量乙醇于脏仪器中，再加入少量浓硝酸，即产生大量棕色 NO_2，将有机物氧化而破坏

附录 2 常用指示剂

一、酸碱指示剂

(1)单一指示剂

名称	变色 pH 值范围	颜色变化	配制方法
甲基橙，1 g/L	3.1～4.4	红～橙黄	将 0.1 g 甲基橙溶于 100 mL 热水中
甲基红，1 g/L	4.8～6.0	红～黄	将 0.1 g 甲基红溶于 60 mL 乙醇中，加水至 100 mL
甲基黄，1 g/L	2.9～4.0	红～黄	将 0.1 g 甲基黄溶于 90 mL 乙醇中，加水至 100 mL
甲基紫，1 g/L	0.13～0.5	黄～绿	将 0.1 g 甲基紫溶于 100 mL 水中
(第二次变色)	1.0～1.5	绿～蓝	—
(第三次变色)	2.0～3.0	蓝～紫	—
中性红，1 g/L	6.8～8.0	红～黄橙	将 0.1 g 中性红溶于 60 mL 乙醇中，加水至 100 mL
溴酚蓝，1 g/L	3.0～4.6	黄～紫蓝	将 0.1 g 溴酚蓝溶于 80 mL 乙醇中，加水至 100 mL
溴甲酚绿，1 g/L	3.8～5.4	黄～蓝	将 0.1 g 溴甲酚绿溶于 80 mL 乙醇中，加水至 100 mL
溴百里酚蓝，1 g/L	6.0～7.8	黄～蓝	将 0.1 g 溴百里酚蓝溶于 20 mL 乙醇中，加水至 100 mL
酚酞，1 g/L	8.0～9.6	无色～淡红	将 0.1 g 酚酞溶于 90 mL 乙醇中，加水至 100 mL
酚红，1 g/L	6.7～8.4	黄～红	将 0.1 g 酚红溶于 60 mL 乙醇中，加水至 100 mL
百里酚酞，1 g/L	9.4～10.6	无色～蓝色	将 0.1 g 百里酚酞溶于 90 mL 乙醇中，加水至 100 mL
百里酚蓝，1 g/L	2～2.8	红～黄	将 0.1 g 百里酚蓝溶于 20 mL 乙醇中，加水至 100 mL
(第二次变色范围)	8.0～9.61	黄～蓝	

(2)混合指示剂

指示剂溶液的组成	变色点 pH 值	颜色		备注
		酸色	碱色	
一份 0.2%甲基红乙醇溶液 一份 0.1%次甲基蓝乙醇溶液	5.4	红紫	绿	pH=5.2 红紫 pH=5.4 暗蓝 pH=5.6 绿
一份 0.1%溴甲酚绿钠盐水溶液 一份 0.1%氯酚红钠盐溶液	6.1	黄绿	蓝紫	pH=5.4 蓝绿 pH=5.8 蓝 pH=6.2 蓝紫
一份 0.1%溴甲酚紫钠盐水溶液 一份 0.1%溴百里酚蓝钠盐水溶液	6.7	黄	蓝紫	pH=6.2 黄绿 pH=6.6 紫 pH=6.8 蓝紫
一份 0.1%中性红乙醇溶液 一份 0.1%次甲基蓝乙醇溶液	7.0	蓝紫	绿	pH=7.0 蓝紫
一份 0.1%溴百里酚蓝钠盐水溶液 一份 0.1%酚红钠盐水溶液	7.5	黄	绿	pH=7.2 暗绿 pH=7.4 淡紫 pH=7.6 深紫

（续）

指示剂溶液的组成	变色点 pH 值	颜色		备注
		酸色	碱色	
一份 0.1%甲酚红钠盐水溶液 一份 0.1%百里酚蓝钠盐水溶液	8.3	黄	紫	pH=8.2 玫瑰色 pH=8.4 紫色
一份 0.1%甲基黄乙醇溶液 一份 0.1%次甲基蓝乙醇溶液	3.25	蓝紫	绿	pH=3.2 蓝紫色 pH=3.4 绿色
一份 0.1%甲基橙溶液 一份 0.25%靛蓝(二磺酸)水溶液	4.1	紫	黄绿	—
一份 0.1%溴甲酚绿乙醇溶液 一份 0.2%甲基橙水溶液	4.3	黄	蓝绿	pH=3.5 黄色 pH=4.0 黄绿色 pH=4.3 绿色
一份 0.1%溴甲酚绿乙醇溶液 一份 0.2%甲基红乙醇溶液	5.1	酒红	绿	—

二、氧化还原指示剂

名称	变色电位 φ/V	颜色		配制方法
		氧化态	还原态	
二苯胺，1%	0.76	紫	无色	将 1 g 二苯胺在搅拌下溶于 100 mL 浓硫酸，贮于棕色瓶中
二苯胺磺酸钠，0.5%	0.85	紫	无色	将 0.5 g 二苯胺磺酸钠溶于 100 mL 水中，必要时过滤
邻菲罗啉硫酸亚铁，0.5%	1.06	淡蓝	红	将 0.5 g $FeSO_4 \cdot 7H_2O$ 溶于 100 mL 水中，加 2 滴硫酸，加 0.5 g 邻菲罗啉并溶解
邻苯氨基苯甲酸，0.2%	1.08	紫红	无色	在 100 mL 0.2% Na_2CO_3 溶液中加 0.2 g 邻苯氨基苯甲酸，加热溶解，必要时过滤
淀粉，1%	—	—	—	将 1 g 可溶性淀粉，加少许水调成浆状，在搅拌下注入 100 mL 沸水中，微沸 2 min，放置，取上层溶液使用(若要保持稳定，可在研磨淀粉时加入 1 mg HgI_2)

三、沉淀及金属指示剂

名称	颜色		配制方法
	游离态	化合物	
铬酸钾	黄	砖红	5%水溶液
硫酸铁铵，40%	无色	血红	加数滴浓硫酸于 $NH_4Fe(SO_4)_2 \cdot 12H_2O$ 饱和水溶液中
荧光黄，0.5%	绿色荧光	玫瑰红	0.5 g 荧光黄溶于乙醇，并用乙醇稀释至 100 mL
铬黑 T(EBT)	蓝	酒红	将 0.5 g 铬黑 T 溶于 100 mL 去离子水中，贮于棕色瓶中

（续）

名称	颜色		配制方法
	游离态	化合物	
钙指示剂	蓝	红	将 0.5 g 钙指示剂溶于 100 mL 乙醇，贮于棕色瓶中
二甲酚橙（XO），0.1%	黄	红	将 0.1 g 二甲酚橙溶于 100 mL 去离子水中
K-B 指示剂	蓝	红	将 0.2 g 酸性铬蓝 K 与 0.4 g 萘酚绿 B 溶于 100 mL 离子交换水中
磺基水杨酸	无色	红	1% 水溶液
PAN 指示剂，0.2%	黄	红	将 0.2 g PAN 溶于 100 mL 乙醇中
邻苯二酚紫，0.1%	紫	蓝	将 0.1 g 邻苯二酚紫溶于 100 mL 去离子水中
钙镁试剂（Calmagite），0.5%	红	蓝	将 0.5 g 钙镁试剂溶于 100 mL 去离子水中

附录3 弱酸、弱碱的电离平衡常数(298 K)

名称	化学式	$t/℃$	电离平衡常数 K	pK
碳酸	H_2CO_3	25	$K_1 = 4.30 \times 10^{-7}$	6.37
		25	$K_2 = 5.61 \times 10^{-11}$	10.25
乙酸	CH_3COOH (HAc)	25 25	$K = 1.76 \times 10^{-5}$	4.75
亚硝酸	HNO_2	12.5	$K = 4.6 \times 10^{-4}$	3.37
磷酸	H_3PO_4	25	$K_1 = 7.52 \times 10^{-3}$	2.12
		25	$K_2 = 6.23 \times 10^{-8}$	7.21
		25	$K_3 = 2.2 \times 10^{-13}$	12.67
氢氰酸	HCN	25	$K = 4.93 \times 10^{-10}$	9.31
氢氟酸	HF	25	$K = 3.53 \times 10^{-4}$	3.45
氢硫酸	H_2S	18	$K_1 = 1.3 \times 10^{-7}$	6.89
		18	$K_2 = 7.1 \times 10^{-15}$	14.15
过氧化氢	H_2O_2	25	$K_1 = 2.4 \times 10^{-12}$	11.75
铬酸	H_2CrO_4	25	$K_1 = 1.8 \times 10^{-1}$	0.74
		25	$K_2 = 3.20 \times 10^{-7}$	6.49
硫酸氢根	HSO_4^-	25	$K = 1.2 \times 10^{-2}$	1.92
亚硫酸	H_2SO_3	18	$K_1 = 1.54 \times 10^{-2}$	1.81
		18	$K_2 = 1.02 \times 10^{-7}$	6.99
硅酸	H_2SiO_3	30	$K_1 = 2.2 \times 10^{-10}$	9.66
		30	$K_2 = 2 \times 10^{-12}$	11.7
砷酸	H_3AsO_4	18	$K_1 = 5.62 \times 10^{-3}$	
		18	$K_2 = 1.70 \times 10^{-7}$	9.18
		18	$K = 3.95 \times 10^{-12}$	
亚砷酸	H_3AsO_3	25	$K = 6.0 \times 10^{-10}$	9.22
硼酸	H_3BO_3	20	$K_1 = 7.3 \times 10^{-10}$	9.14
碘酸	HIO_3	25	$K = 1.69 \times 10^{-1}$	0.77
甲酸	HCOOH	25	$K = 1.77 \times 10^{-4}$	3.75
草酸	$H_2C_2O_4$	25	$K_1 = 5.90 \times 10^{-2}$	1.23
		25	$K_2 = 6.40 \times 10^{-5}$	4.19
次氯酸	HClO	18	$K = 2.95 \times 10^{-5}$	4.53
次溴酸	HBrO	25	$K = 2.06 \times 10^{-9}$	8.69
柠檬酸	$H_3C_6H_5O_7$	20	$K_1 = 7.1 \times 10^{-4}$	3.15
		20	$K_2 = 1.68 \times 10^{-5}$	4.77
		20	$K_3 = 4.1 \times 10^{-7}$	6.39
氨水	$NH_3 \cdot H_2O$	25	$K = 1.77 \times 10^{-5}$	4.75
氢氧化银	AgOH	25	$K = 1.0 \times 10^{-2}$	2.00

（续）

名称	化学式	$t/℃$	电离平衡常数 K	pK
氢氧化铝	$Al(OH)_3$	25	$K_1 = 5.0 \times 10^{-9}$	8.30
			$K_2 = 2.0 \times 10^{-10}$	9.70
氢氧化铍	$Be(OH)_2$	25	$K_1 = 1.78 \times 10^{-6}$	5.75
			$K_2 = 2.5 \times 10^{-9}$	8.60
氢氧化钙	$Ca(OH)_2$	25	$K = 6 \times 10^{-2}$	1.22
氢氧化锌	$Zn(OH)_2$	25	$K = 8 \times 10^{-7}$	6.10

附录 4　常用缓冲溶液

缓冲溶液组成	pK_a	缓冲溶液 pH 值	配制方法
一氯乙酸 NaOH	2.86	2.8	将 200 g 一氯乙酸溶于 200 mL 水中，加 NaOH 40 g，溶解后稀释至 1 L
甲酸 NaOH	3.76	3.7	将 95 g 甲酸和 40 g NaOH 溶于 500 mL 水中，稀释至 1 L
NH_4Ac HAc	4.74	4.5	将 77 g NH_4Ac 溶于 200 mL 水中，加冰 HAc 59 mL，稀释至 1 L
NaAc HAc	4.74	5.0	将 120 g 无水 NaAc 溶于水，加冰 HAc 60 mL，稀释至 1 L
$(CH_2)_6N_4$ HCl	5.15	5.4	将 40 g 六次甲基四胺溶于 200 mL 水中，加浓硫酸 10 mL，稀释至 1 L
NH_4Ac HAc	4.74	6.0	将 600 g NH_4Ac 溶于水中，加冰 HAc 20 mL，稀释至 1 L
NH_4Cl NH_3	9.26	8.0	将 100 g NH_4Cl 溶于水中，加浓氨水 7.0 mL，稀释至 1 L
NH_4Cl NH_3	9.26	9.0	将 70 g NH_4Cl 溶于水中，加浓氨水 48 mL，稀释至 1 L
NH_4Cl NH_3	9.26	10	将 20 g NH_4Cl 溶于水中，加浓氨水 100 mL，稀释至 1 L

附录5 常用基准物质及其干燥条件

基准物质	干燥后的组成	干燥温度及时间
$NaHCO_3$	Na_2CO_3	260～270℃干燥至恒重
$Na_2B_4O_7 \cdot 10H_2O$	$Na_2B_4O_7 \cdot 10H_2O$	NaCl 蔗糖饱和溶液干燥器中室温下保存
$KHC_6H_4(COO)_2$	$KHC_6H_4(COO)_2$	105～110℃干燥 1 h
$Na_2C_2O_4$	$Na_2C_2O_4$	105～110℃干燥 2 h
$K_2Cr_2O_7$	$K_2Cr_2O_7$	130～140℃加热 0.5～1 h
$KBrO_3$	$KBrO_3$	120℃干燥 1～2 h
KIO_3	KIO_3	105～120℃干燥
As_2O_3	As_2O_3	硫酸干燥器中干燥至恒重
$(NH_4)_2Fe(SO_4)_2 \cdot 6H_2O$	$(NH_4)_2Fe(SO_4)_2 \cdot 6H_2O$	室温下空气干燥
NaCl	NaCl	500～600℃灼烧至恒重
$AgNO_3$	$AgNO_3$	120℃干燥 2 h
$CuSO_4 \cdot 5H_2O$	$CuSO_4 \cdot 5H_2O$	室温下空气干燥
$KHSO_4$	K_2SO_4	750℃以上灼烧
ZnO	ZnO	约 300℃灼烧至恒重
无水 Na_2CO_3	Na_2CO_3	270～300℃灼烧至恒重
$CaCO_3$	$CaCO_3$	105～110℃干燥

附录6 某些常用试剂溶液的配制

名称	化学式	浓度(近似)	配制方法
盐酸	HCl	12 mol·L^{-1}	(相对密度为 1.19 g·mL^{-1}的盐酸)
		8 mol·L^{-1}	取 12 mol·L^{-1}盐酸 666.7 mL,稀释成 1 L
		6 mol·L^{-1}	取 12 mol·L^{-1}盐酸与等体积水混合
		2 mol·L^{-1}	取 12 mol·L^{-1}盐酸 167 mL,稀释成 1 L
硝酸	HNO$_3$	16 mol·L^{-1}	(相对密度为 1.42 g·mL^{-1}的硝酸)
		6 mol·L^{-1}	取 16 mol·L^{-1}硝酸 375 mL,稀释成 1 L
		3 mol·L^{-1}	取 16 mol·L^{-1}硝酸 188 mL,稀释成 1 L
硫酸	H$_2$SO$_4$	18 mol·L^{-1}	(相对密度为 1.84 g·mL^{-1}的硫酸)
		3 mol·L^{-1}	取 18 mol·L^{-1}硫酸 167 mL 缓缓倾入 835 mL 水中
		1 mol·L^{-1}	取 18 mol·L^{-1}硫酸 56 mL 缓缓倾入 944 mL 水中
乙酸	HAc	17 mol·L^{-1}	(相对密度为 1.05 g·mL^{-1}的乙酸)
		6 mol·L^{-1}	取 17 mol·L^{-1}HAc 350 mL,稀释成 1 L
		2 mol·L^{-1}	取 17 mol·L^{-1}HAc 118 mL,稀释成 1 L
氨水	NH$_3$·H$_2$O	15 mol·L^{-1}	(相对密度为 0.9 g·mL^{-1}的氨水)
		6 mol·L^{-1}	取 15 mol·L^{-1}氨水 400 mL,稀释成 1 L
		2 mol·L^{-1}	取 15 mol·L^{-1}氨水 134 mL,稀释成 1 L
氢氧化钠	NaOH	6 mol·L^{-1}	将 NaOH 240 g 溶于水,稀释至 1 L
		2 mol·L^{-1}	将 NaOH 80 g 溶于水,稀释至 1 L
碘溶液	I$_2$	0.005 mol·L^{-1}	将 1.3 g 碘和 5 g KI 溶在尽可能少的水中,充分摇动,待碘完全溶解后,再加水稀释到 1 L
碘化钾	KI	1 mol·L^{-1}	将 83 g KI 溶于 1 L 水中
淀粉溶液	(C$_6$H$_{10}$O$_6$)$_n$	5 mol·L^{-1}	将 1 g 易溶淀粉和 5 g HgI$_2$(作防腐剂)于烧杯中,加少许水调成糊状,然后倾入 200 mL 沸水中,再煮沸数十分钟,此澄清溶液可以久藏不变
邻二氮菲	C$_{12}$H$_8$N$_2$	20 mol·L^{-1}	将 2 g 邻二氮菲溶于 100 mL 水中

注:盛装各种试剂的试剂瓶,应贴上标签。标签上用炭黑墨汁(不能用钢笔或铅笔)写明试剂名称、浓度及配制日期。标签上面涂一薄层石蜡保护。

附录 7 标准电极电位(298 K)

一、在酸性溶液中

电极反应	$\varphi^{\ominus}/V$
$Li^+ + e^- \rightleftharpoons Li$	$-3.040\ 1$
$Rb^+ + e^- \rightleftharpoons Rb$	-2.98
$K^+ + e^- \rightleftharpoons K$	-2.931
$Cs^+ + e^- \rightleftharpoons Cs$	-2.92
$Ba^{2+} + 2e^- \rightleftharpoons Ba$	-2.912
$Sr^{2+} + 2e^- \rightleftharpoons Sr$	-2.89
$Ca^{2+} + 2e^- \rightleftharpoons Ca$	-2.868
$Na^+ + e^- \rightleftharpoons Na$	-2.71
$La^{3+} + 3e^- \rightleftharpoons La$	-2.522
$Ce^{3+} + 3e^- \rightleftharpoons Ce$	-2.483
$Mg^{2+} + 2e^- \rightleftharpoons Mg$	-2.372
$Y^{3+} + 3e^- \rightleftharpoons Y$	-2.372
$SiF_6^{3-} + 3e^- \rightleftharpoons Al + 6F^-$	-2.069
$Be^{2+} + 2e^- \rightleftharpoons Be$	-1.847
$Al^{3+} + 3e^- \rightleftharpoons Al$	-1.662
$SiF_6^{2-} + 4e^- \rightleftharpoons Si + 6F^-$	-1.24
$Mn^{2+} + 2e^- \rightleftharpoons Mn$	-1.185
$Cr^{2+} + 2e^- \rightleftharpoons Cr$	-0.913
$H_3BO_3 + 3H^+ + 3e^- \rightleftharpoons B + 3H_2O$	$-0.869\ 8$
$Zn^{2+} + 2e^- \rightleftharpoons Zn(Hg)$	$-0.762\ 8$
$Zn^{2+} + 2e^- \rightleftharpoons Zn$	$-0.761\ 8$
$Cr^{3+} + 3e^- \rightleftharpoons Cr$	-0.744
$Fe^{2+} + 2e^- \rightleftharpoons Fe$	-0.447
$Cd^{2+} + 2e^- \rightleftharpoons Cd$	$-0.403\ 0$
$PbSO_4 + 2e^- \rightleftharpoons Pb + SO_4^{2-}$	$-0.358\ 8$
$Co^{2+} + 2e^- \rightleftharpoons Co$	-0.28
$Ni^{2+} + 2e^- \rightleftharpoons Ni$	-0.257

（续）

电极反应	$\varphi^{\ominus}/V$
$Mo^{3+} + 3e^- \rightleftharpoons Mo$	-0.200
$AgI + e^- \rightleftharpoons Ag + I^-$	$-0.152\ 24$
$Sn^{2+} + 2e^- \rightleftharpoons Sn$	$-0.137\ 5$
$Pb^{2+} + 2e^- \rightleftharpoons Pb$	$-0.126\ 2$
$Fe^{3+} + 3e^- \rightleftharpoons Fe$	-0.037
$2H^+ + 2e^- \rightleftharpoons H_2$	$0.000\ 0$
$AgBr + e^- \rightleftharpoons Ag + Br^-$	$0.071\ 33$
$S_4O_6^{2-} + 2e^- \rightleftharpoons 2S_2O_3^{2-}$	0.08
$S + 2H^+ + 2e^- \rightleftharpoons H_2S(aq)$	0.142
$Sn^{4+} + 2e^- \rightleftharpoons Sn^{2+}$	0.151
$Cu^{2+} + e^- \rightleftharpoons Cu^+$	0.153
$SO_4^{2-} + 4H^+ + 2e^- \rightleftharpoons H_2SO_3 + H_2O$	0.172
$AgCl + e^- \rightleftharpoons Ag + Cl^-$	$0.222\ 33$
$Hg_2Cl_2 + 2e^- \rightleftharpoons 2Hg + 2Cl^-$	$0.268\ 08$
$Cu^{2+} + 2e^- \rightleftharpoons Cu$	$0.341\ 9$
$Cu^{2+} + 2e^- \rightleftharpoons Cu(Hg)$	0.345
$[Fe(CN)_6]^{3-} + e^- \rightleftharpoons [Fe(CN)_6]^{4-}$	0.358
$Ag_2CrO_4 + 2e^- \rightleftharpoons 2Ag + Cr_2O_4^{2-}$	$0.447\ 0$
$H_2SO_3 + 4H^+ + 4e^- \rightleftharpoons S + 3H_2O$	0.449
$Ag_2C_2O_4 + 2e^- \rightleftharpoons 2Ag + C_2O_4^{2-}$	$0.464\ 7$
$Cu^+ + e^- \rightleftharpoons Cu$	0.521
$I_2 + 2e^- \rightleftharpoons 2I^-$	$0.535\ 5$
$I_3^- + 2e^- \rightleftharpoons 3I^-$	$0.535\ 5$
$H_3AsO_4 + 2H^+ + 2e^- \rightleftharpoons HAsO_2 + 2H_2O$	0.560
$AgAc + e^- \rightleftharpoons Ag + Ac^-$	0.643
$Ag_2SO_4 + 2e \rightleftharpoons 2Ag + SO_4^{2-}$	0.654
$O_2 + 2H^+ + 2e^- \rightleftharpoons H_2O_2$	0.695
$Fe^{3+} + e^- \rightleftharpoons Fe^{2+}$	0.771
$Hg_2^{2+} + 2e^- \rightleftharpoons 2Hg$	$0.797\ 3$
$Ag^+ + e^- \rightleftharpoons Ag$	$0.799\ 6$
$Hg^{2+} + 2e^- \rightleftharpoons Hg$	0.851

(续)

电极反应	$\varphi^{\ominus}/V$
$2Hg^{2+}+2e^-\rightleftharpoons Hg_2^{2+}$	0.920
$NO_3^-+3H^++2e^-\rightleftharpoons HNO_2+H_2O$	0.934
$Pd^{2+}+2e^-\rightleftharpoons Pd$	0.951
$NO_3^-+4H^++3e^-\rightleftharpoons NO+2H_2O$	0.957
$HNO_2+H^++e^-\rightleftharpoons NO+H_2O$	0.983
$Br_2(l)+2e^-\rightleftharpoons 2Br^-$	1.066
$2IO_3^-+6H^++6e^-\rightleftharpoons I^-+3H_2O$	1.085
$Cu^{2+}+2CN^-+e^-\rightleftharpoons [Cu(CN)_2]^-$	1.103
$ClO_4^-+2H^++2e^-\rightleftharpoons ClO_3^-+H_2O$	1.189
$2IO_3^-+12H^++10e^-\rightleftharpoons I_2+6H_2O$	1.195
$ClO_3^-+3H^++2e^-\rightleftharpoons HClO_2+H_2O$	1.214
$MnO_2+4H^++2e^-\rightleftharpoons Mn^{2+}+2H_2O$	1.224
$O_2+4H^++4e^-\rightleftharpoons 2H_2O$	1.229
$Cr_2O_7^{2-}+14H^++6e^-\rightleftharpoons 2Cr^{3+}+7H_2O$	1.33
$Cl_2(g)+2e^-\rightleftharpoons 2Cl^-$	1.358 27
$ClO_4^-+8H^++8e^-\rightleftharpoons Cl^-+4H_2O$	1.389
$ClO_4^-+8H^++7e^-\rightleftharpoons 1/2Cl_2+4H_2O$	1.39
$BrO_3^-+6H^++6e^-\rightleftharpoons Br^-+3H_2O$	1.423
$2HIO+2H^++2e^-\rightleftharpoons I_2+2H_2O$	1.439
$ClO_3^-+6H^++6e^-\rightleftharpoons Cl^-+3H_2O$	1.451
$PbO_2+4H^++2e^-\rightleftharpoons Pb^{2+}+2H_2O$	1.455
$ClO_3^-+6H^++5e^-\rightleftharpoons 1/2Cl_2+3H_2O$	1.47
$HClO+H^++2e^-\rightleftharpoons Cl^-+H_2O$	1.482
$BrO_3^-+6H^++5e^-\rightleftharpoons 1/2Br_2+3H_2O$	1.482
$MnO_4^-+8H^++5e^-\rightleftharpoons Mn^{2+}+4H_2O$	1.507
$Mn^{3+}+e^-\rightleftharpoons Mn^{2+}$	1.541 5
$HClO_2+3H^++4e^-\rightleftharpoons Cl^-+2H_2O$	1.570
$2HClO_2+6H^++6e^-\rightleftharpoons Cl_2+2H_2O$	1.570
$HClO_2+2H^++2e^-\rightleftharpoons HClO+H_2O$	1.645
$MnO_4^-+4H^++3e^-\rightleftharpoons MnO_2+2H_2O$	1.679
$PbO_2+SO_4^{2-}+4H^++2e^-\rightleftharpoons PbSO_4+2H_2O$	1.691 3

（续）

电极反应	$\varphi^{\ominus}/V$
$Au^+ + e^- \Longrightarrow Au$	1.692
$Ce^{4+} + e^- \Longrightarrow Ce^{3+}$	1.72
$H_2O_2 + 2H^+ + 2e^- \Longrightarrow 2H_2O$	1.776
$Co^{3+} + e^- \Longrightarrow Co^{2+}(2\ mol \cdot L^{-1} H_2SO_4)$	1.83
$S_2O_8^{2-} + 2e^- \Longrightarrow 2SO_4^{2-}$	2.010
$F_2 + 2e^- \Longrightarrow 2F^-$	2.866
$F_2 + 2H^+ + 2e^- \Longrightarrow 2HF$	3.053

二、在碱性溶液中

电极反应	$\varphi^{\ominus}/V$
$Ca(OH)_2 + 2e^- \Longrightarrow Ca + 2OH^-$	-3.02
$Ba(OH)_2 + 2e^- \Longrightarrow Ba + 2OH^-$	-2.99
$Mg(OH)_2 + 2e^- \Longrightarrow Mg + 2OH^-$	-2.690
$Mn(OH)_2 + 2e^- \Longrightarrow Mn + 2OH^-$	-1.56
$Cr(OH)_3 + 3e^- \Longrightarrow Cr + 3OH^-$	-1.48
$Zn(OH)_2 + 2e^- \Longrightarrow Zn + 2OH^-$	-1.249
$ZnO_2^{2-} + 2H_2O + 2e^- \Longrightarrow Zn + 4OH^-$	-1.215
$SO_4^{2-} + H_2O + 2e^- \Longrightarrow SO_3^{2-} + 2OH^-$	-0.93
$P + 3H_2O + 3e^- \Longrightarrow PH_3(g) + 3OH^-$	-0.87
$2H_2O + 2e^- \Longrightarrow H_2 + 2OH^-$	-0.8277
$AsO_4^{3-} + 2H_2O + 2e^- \Longrightarrow AsO_2^- + 4OH^-$	-0.71
$Ag_2S + 2e^- \Longrightarrow 2Ag + S^{2-}$	-0.691
$2SO_3^{2-} + 3H_2O + 4e^- \Longrightarrow S_2O_3^{2-} + 6OH^-$	-0.58
$Fe(OH)_3 + e^- \Longrightarrow Fe(OH)_2 + OH^-$	-0.56
$HPbO_2^- + H_2O + 2e^- \Longrightarrow Pb + 3OH^-$	-0.537
$S + 2e^- \Longrightarrow S^{2-}$	-0.47627
$Cu_2O + H_2O + 2e^- \Longrightarrow 2Cu + 2OH^-$	-0.360
$[Ag(CN)_2]^- + e^- \Longrightarrow Ag + 2CN^-$	-0.31
$Cu(OH)_2 + 2e^- \Longrightarrow Cu + 2OH^-$	-0.222
$O_2 + 2H_2O + 2e^- \Longrightarrow H_2O_2 + 2OH^-$	-0.146
$CrO_4^{2-} + 4H_2O + 3e^- \Longrightarrow Cr(OH)_3 + 5OH^-$	-0.13
$NO_3^- + H_2O + 2e^- \Longrightarrow NO_2^- + 2OH^-$	0.01
$S_4O_6^{2-} + 2e^- \Longrightarrow 2S_2O_3^{2-}$	0.08

（续）

电极反应	$\varphi^{\ominus}/V$
$Hg_2O+H_2O+2e^- \Longleftrightarrow 2Hg+2OH^-$	0.123
$HgO+H_2O+2e^- \Longleftrightarrow Hg+2OH^-$	0.097 7
$Mn(OH)_3+e^- \Longleftrightarrow Mn(OH)_2+OH^-$	0.15
$Co(OH)_3+e^- \Longleftrightarrow Co(OH)_2+OH^-$	0.17
$PbO_2+H_2O+2e^- \Longleftrightarrow PbO+2OH^-$	0.247
$IO_3^-+3H_2O+6e^- \Longleftrightarrow I^-+6OH^-$	0.26
$Ag_2O+H_2O+2e^- \Longleftrightarrow 2Ag+2OH^-$	0.342
$[Ag(NH_3)_2]^++e^- \Longleftrightarrow Ag+2NH_3$	0.373
$O_2+2H_2O+4e^- \Longleftrightarrow 4OH^-$	0.401
$MnO_4^-+e^- \Longleftrightarrow MnO_4^{2-}$	0.558
$MnO_4^-+2H_2O+3e^- \Longleftrightarrow MnO_2+4OH^-$	0.595
$BrO_3^-+3H_2O+6e^- \Longleftrightarrow Br^-+6OH^-$	0.61
$ClO_3^-+H_2O+2e^- \Longleftrightarrow ClO_2^-+2OH^-$	0.33
$ClO^-+H_2O+2e^- \Longleftrightarrow Cl^-+2OH^-$	0.841
$O_3+H_2O+2e^- \Longleftrightarrow O_2+2OH^-$	1.24

附录 8　部分氧化还原电对的条件电极电位

电极反应	条件电势 $\varphi^{\ominus\prime}/V$	介质
$Ag^+ + e^- \rightleftharpoons Ag$	0.792	$1\ mol \cdot L^{-1}\ HCO_4$
	0.228	$1\ mol \cdot L^{-1}\ HCl$
	0.59	$1\ mol \cdot L^{-1}\ NaOH$
$Cd^{3+} + 2e^- \rightleftharpoons Cd$	-0.8	$8\ mol \cdot L^{-1}\ KOH$
	-0.9	CN^- 配合物
$Ce^{4+} + e^- \rightleftharpoons Ce^{3+}$	1.70	$1\ mol \cdot L^{-1}\ HCO_4$
	1.75	$3\ mol \cdot L^{-1}\ HCO_4$
	1.61	$1\ mol \cdot L^{-1}\ HNO_3$
	1.44	$1\ mol \cdot L^{-1}\ H_2SO_4$
	1.43	$2\ mol \cdot L^{-1}\ H_2SO_4$
	1.28	$1\ mol \cdot L^{-1}\ HCl$
$Co^{3+} + e^- \rightleftharpoons Co^{2+}$	1.84	$3\ mol \cdot L^{-1}\ HNO_3$
$Cr^{3+} + e^- \rightleftharpoons Cr^{2+}$	-0.40	$5\ mol \cdot L^{-1}\ HCl$
$Cr_2O_7^{2-} + 14H^+ + 6e^- \rightleftharpoons 2Cr^{3+} + 7H_2O$	0.93	$0.1\ mol \cdot L^{-1}\ HCl$
	1.00	$1\ mol \cdot L^{-1}\ HCl$
	1.08	$3\ mol \cdot L^{-1}\ HCl$
	0.92	$0.1\ mol \cdot L^{-1}\ H_2SO_4$
	1.08	$0.5\ mol \cdot L^{-1}\ H_2SO_4$
	1.10	$2\ mol \cdot L^{-1}\ H_2SO_4$
	0.84	$0.1\ mol \cdot L^{-1}\ HCO_4$
	1.10	$0.2\ mol \cdot L^{-1}\ HCO_4$
	1.27	$1\ mol \cdot L^{-1}\ HNO_3$
$Fe^{3+} + e^- \rightleftharpoons Fe^{2+}$	0.73	$0.1\ mol \cdot L^{-1}\ HCl$
	0.70	$1\ mol \cdot L^{-1}\ HCl$
	0.69	$2\ mol \cdot L^{-1}\ HCl$
	0.68	$0.1\ mol \cdot L^{-1}\ H_2SO_4$
	0.735	$0.1\ mol \cdot L^{-1}\ HCO_4$
	0.46	$0.7\ mol \cdot L^{-1}\ H_3PO_4$
$I_3^- + 2e^- \rightleftharpoons 3I^-$	0.545	$0.5\ mol \cdot L^{-1}\ H_2SO_4$
$MnO_4^- + 8H^+ + 5e^- \rightleftharpoons Mn^{2+} + 4H_2O$	1.45	$1\ mol \cdot L^{-1}\ HCO_4$
$Zn^{2+} + 2e^- \rightleftharpoons Zn$	-1.36	CN^- 配合物

附录 9　常见难溶电解质的溶度积

化合物	K_{sp}	化合物	K_{sp}	化合物	K_{sp}
AgBr	5.0×10^{-13}	$CaHPO_4$	1×10^{-7}	$MgCO_3$	3.5×10^{-8}
Ag_2CO_3	8.1×10^{-12}	$Ca_3(PO_4)_2$	2.0×10^{-29}	MgF	26.5×10^{-9}
$Ag_2C_2O_4$	3.4×10^{-11}	$CaSO_4$	9.1×10^{-6}	$Mg(OH)_2$	1.8×10^{-11}
AgCl	1.8×10^{-10}	$Cr(OH)_3$	6.3×10^{-31}	$MnCO_3$	1.8×10^{-11}
Ag_2CrO_4	1.1×10^{-12}	$CoCO_3$	1.4×10^{-13}	$Mn(OH)_2$	1.9×10^{-13}
$Ag_2Cr_2O_7$	2.0×10^{-7}	$Co(OH)_2$(新析出)	1.6×10^{-15}	MnS(无定形)	2.5×10^{-10}
$AgIO_3$	3.0×10^{-8}	$Co(OH)_3$	1.6×10^{-44}	MnS(结晶)	2.5×10^{-13}
AgI	8.3×10^{-17}	$\alpha - CoS$	4.0×10^{-21}	$NiCO_3$	6.6×10^{-9}
Ag_3PO_4	1.4×10^{-16}	$\beta - CoS$	2.0×10^{-25}	$Ni(OH)_2$(新析出)	2.0×10^{-15}
Ag_2SO_4	1.4×10^{-5}	CuBr	5.3×10^{-9}	$\alpha - NiS$	3.2×10^{-19}
Ag_2S	6.3×10^{-50}	CuCl	1.2×10^{-6}	$\beta - NiS$	1.0×10^{-24}
$Al(OH)_3$(无定形)	1.3×10^{-33}	CuCN	3.2×10^{-20}	$\gamma - NiS$	20×10^{-26}
$BaCO_3$	5.1×10^{-9}	$CuCO_3$	1.4×10^{-10}	$PbBr_2$	4.0×10^{-5}
$BaCrO_4$	1.2×10^{-10}	$CuCrO_4$	3.6×10^{-6}	$PbCO_3$	7.4×10^{-14}
BaF_2	1.0×10^{-6}	CuI	1.1×10^{-12}	PbC_2O_4	4.8×10^{-10}
BaC_2O_4	1.6×10^{-7}	CuOH	1×10^{-14}	$PbCl_2$	1.6×10^{-5}
$Ba_3(PO_4)_2$	3.4×10^{-23}	$Cu(OH)_2$	2.2×10^{-20}	$PbCrO_4$	2.8×10^{-13}
$BaSO_4$	1.1×10^{-10}	Cu_2S	2.5×10^{-48}	PbI	27.1×10^{-9}
$BaSO_3$	8×10^{-7}	CuS	6.3×10^{-36}	$Pb_3(PO_4)_2$	8.0×10^{-43}
BaS_2O_3	1.6×10^{-5}	$FeCO_3$	3.2×10^{-11}	$PbSO_4$	1.6×10^{-8}
$Bi(OH)_3$	4×10^{-31}	$Fe(OH)_2$	8.0×10^{-16}	PbS	8.0×10^{-28}
BiOCl	1.8×10^{-31}	$FeC_2O_4 \cdot 2H_2O$	3.2×10^{-7}	$Sn(OH)_2$	1.4×10^{-28}
Bi_2S_3	1×10^{-97}	$Fe(OH)_3$	4×10^{-38}	$Sn(OH)_4$	1×10^{-56}
$CdCO_3$	5.2×10^{-12}	$FePO_4$	1.3×10^{-22}	SnS	1.0×10^{-25}
$Cd(OH)_2$(新析出)	2.5×10^{-14}	FeS	6.3×10^{-18}	$ZnCO_3$	1.4×10^{-11}
CdS	8.0×10^{-27}	$K_2[PtCl_6]$	1.1×10^{-5}	ZnC_2O_4	2.7×10^{-8}
$CaCO_3$	2.8×10^{-9}	Hg_2I_2	4.5×10^{-29}	$Zn(OH)_2$	1.2×10^{-17}
$CaC_2O_4 \cdot H_2O$	4×10^{-9}	Hg_2SO_4	7.4×10^{-7}	$\alpha - ZnS$	1.6×10^{-24}
$CaCrO_4$	7.1×10^{-4}	Hg_2S	1.0×10^{-47}	$\beta - ZnS$	2.5×10^{-22}
CaF_2	5.3×10^{-9}	HgS(红)	4×10^{-53}		
$Ca(OH)_2$	5.5×10^{-6}	HgS(黑)	1.6×10^{-52}		

附录 10 常用化合物的相对分子质量

分子式	相对分子质量	分子式	相对分子质量
$AgBr$	187.78	K_2O	94.20
$AgCl$	143.32	KOH	56.11
AgI	234.77	$KSCN$	97.18
$AgCN$	133.84	K_2SO_4	174.26
$AgNO_3$	169.87	$KAl(SO_4)_2 \cdot 12H_2O$	474.39
Al_2O_3	101.96	KNO_2	85.10
$Al_2(SO_4)_3$	342.15	$K_4Fe(CN)_6$	368.36
AS_2O_3	197.84	$K_3Fe(CN)_6$	329.26
$BaCl_2$	208.25	$MgCl_2 \cdot 6H_2O$	203.23
$BaCl_2 \cdot 2H_2O$	244.28	$MgCO_3$	84.32
$BaCO_3$	197.35	MgO	40.31
BaO	153.34	$MgNH_4PO_4$	137.33
$Ba(OH)_2$	171.36	$Mg_2P_2O_7$	222.56
$BaSO_4$	233.40	MnO_2	86.94
$CaCO_3$	100.09	$Na_2B_4O_7 \cdot 10H_2O$	381.37
CaC_2O_4	128.10	$NaBr$	102.90
CaO	56.08	Na_2CO_3	105.99
$Ca(OH)_2$	74.09	$Na_2C_2O_4$	134.00
$CaSO_4$	136.14	$NaCl$	58.44
$Ce(SO_4)_2$	333.25	$NaCN$	49.01
$Ce(SO_4)_2 \cdot 2(NH_4)_2SO_4 \cdot 2H_2O$	632.56	$Na_2C_{10}O_8N_2 \cdot 2H_2O$	372.09
CO_2	44.01	FeO	71.85
CH_3COOH	60.05	Fe_2O_3	159.69
$C_6H_8O_7 \cdot H_2O$(柠檬酸)	210.14	Fe_3O_4	231.54
$C_4H_8O_6$(酒石酸)	150.09	$FeSO_4 \cdot 7H_2O$	278.02
CH_3COCH_3	58.08	$Fe_2(SO_4)_3$	399.87
C_6H_5OH	94.11	$FeSO_4 \cdot (NH_4)_2SO_4 \cdot 6H_2O$	392.14
$C_2H_2(COOH)_2$(丁烯二酸)	116.07	$NH_4Fe(SO_4)_2 \cdot 12H_2O$	482.19
CuO	79.54	$HCHO$	30.03
$CuSO_4$	159.60	$HCOOH$	46.03
$CuSO_4 \cdot 5H_2O$	249.68	$H_2C_2O_4$	90.04
$KMnO_4$	158.04	HCl	36.46

（续）

分子式	相对分子质量	分子式	相对分子质量
$HClO_4$	100.46	NaOH	40.01
HNO_2	47.01	Na_2SO_4	142.04
HNO_3	63.01	$Na_2S_2O_3 \cdot 5H_2O$	248.18
H_2O	18.02	Na_2SiF_6	188.06
H_2O_2	34.02	Na_2S	78.04
H_3PO_4	98.00	Na_2SO_3	126.04
H_2S	34.08	NH_4Cl	53.49
HF	20.01	NH_3	17.03
HCN	27.03	$NH_3 \cdot H_2O$	35.05
H_2SO_4	98.08	$(NH_4)_2SO_4$	132.14
$HgCl_2$	271.50	P_2O_5	141.95
KBr	119.01	PbO_2	239.19
$KBrO_3$	167.01	$PbCrO_4$	323.18
KCl	74.56	SiF_4	104.08
K_2CO_3	138.21	SiO_2	60.08
KCN	65.12	SO_2	64.06
K_2CrO_4	194.20	SO_3	80.06
$K_2Cr_2O_7$	294.19	$SnCl_2$	189.60
$KHC_8H_4O_4$	204.22	TiO_2	79.90
KI	166.01	ZnO	81.39
Na_2O	61.98	$ZnSO_4 \cdot 7H_2O$	287.54